中国古代建筑文献集要

【明代】 上（修订本）

程国政 编注

路秉杰 主审

同济大学出版社

内 容 提 要

本册选文对象为明代的建筑文献，分上、下两本，共选文240余篇，涵盖重要的历史事件、城池营造、园林营构、著名建筑、典章制度、水利工程和技术等方面，力求通过文章的遴选勾勒出明代建筑历史发展的轨迹。

全书文章编排按作者生卒年代顺序，兼顾当事之历史人物的时代顺序；作者等年代不详的文献按照事件发生的年代等线索酌定编排顺序；单篇篇目按照提要、作者简介、正文及注释进行编排。本书为建筑文献读本，适合广大建筑专业本、专科生及古建筑工作者和爱好者阅读、收藏。

图书在版编目(CIP)数据

中国古代建筑文献集要. 明代. 上/程国政编注. --修订本.
--上海：同济大学出版社，2016.8
ISBN 978 - 7 - 5608 - 6517 - 1

Ⅰ. ①中⋯　Ⅱ. ①程⋯　Ⅲ. ①古建筑-古籍-中国-明代　Ⅳ. ①TU - 092.2

中国版本图书馆CIP数据核字(2016)第208782号

上海市"十二五"重点图书
上海文化发展基金会图书出版专项基金项目

中国古代建筑文献集要　明代　上(修订本)
程国政　编注　路秉杰　主审
责任编辑　封 云　　　　责任校对　徐春莲　　　　封面设计　陈益平

出版发行　同济大学出版社　　www.tongjipress.com.cn
　　　　　(地址：上海市四平路1239号　邮编：200092　电话：021-65985622)
经　销　全国各地新华书店
印　刷　浙江广育爱多印务有限公司
开　本　787mm×1092mm　1/16
印　张　154.75
字　数　3 863 000
版　次　2016年10月第1版　　2016年10月第1次印刷
书　号　ISBN 978 - 7 - 5608 - 6517 - 1

定　价　980.00元(全8册)

序　言

　　1986 年前后,同济大学建筑与城市规划学院建筑历史与理论专业硕士、博士研究生导师陈从周教授,鉴于研究生古代汉语能力明显不足,甚至连普通的繁体字都不识,严重制约了中国建筑历史与理论研究的开展与深入,因此,建议设置"古代汉语"课,特聘海宁蒋启霆(字雨田)老先生授课,我负责具体依据考查研究需要选择合适的文章和组织上课。每周 2 学时,共计 32 学时,计 2 学分。

　　在教学过程中,我们逐步体会到我们所需要的并不仅仅是古代汉语,而是"古代汉文"。古代汉文实在太多了,汗牛充栋,时间有限,我只能选一些与建筑有关而又简单的文章。因此,直到 1996 年我将 10 余年来的讲课成果集结成书时,正书名还是用的《古代汉语》,副书名才是《中国古代建筑文选》。2000 年以后,才正式改成《中国古代建筑文献》。

　　因为博士研究生入学考试的专业课与硕士生的专业课原来都是三门:建筑历史(含中外)、建筑设计、建筑文献,现在国家规定只准考两门,三门课中的中外建筑史是必考的,因此,只能在古代汉语与建筑设计中选一门作为第二门考试科目。经过再三考虑和比较,最后我们保留了古代汉语即中国建筑文献课。因为考建筑历史与理论专业的几乎全是建筑学专业的,对建筑的认识和理解以及实际设计能力已达到了一定水平,而所缺少的却是中国文化的兴趣与素养、语言文字的识别和理解能力。而要培养出优秀的中国古建筑研究家来,必须从根本上提高他们中国文化的素质和修养,只有这样,才有可能达到目的。最后,我们选择了古代汉语,也正式改称"中国古代建筑文献"课。

　　1986 年集结成书的教材,共计 87 篇。文章顺序按时代先后,由近及远,这是考虑到难易问题,最后才涉及青铜器、金石铭文,但也不是我们全部教学过的。此外,还考虑到有关中国建筑的文献散布零落且流布极广,极不易搜寻。易得易寻的,我们就少选或不选了。尽量选一些对我们很有意义又不太易搜寻到的,以减少同学们的搜寻之苦。有些选文直接和建筑相关,有些则间接相关,有些则纯粹是思想方法和理论指导性的。

到最后,我们仍是感到不能满足,后来又逐渐发现了许多很精彩的篇章,如南宋董楷《受福亭记》,可以说是上海有建制以来关于市镇记载的第一篇;杜佑《通典·食货志》"黄帝经土设井"段,完全是一篇小区规划理论……于是,我又补充了18篇。这些文章有的有注解,有的无注解,文字极不规范,也不统一。要想将其全部加以注解,非一两人短期内所能胜任,因此,长期以来仅是维持教学而已。我曾先后邀请几位专门研究古文、古文献的专家协助进行注释,结果也都没有完成。

幸而近年得识程国政同志,武汉大学古文献整理与研究专业1987届研究生毕业,从周大璞、李格非、宗福邦等师受业,受过较为严格的古文献整理、研究方法之训练。来同济大学,闻古建筑文献读本阙如之情形,立下宏愿,广搜典籍,汇文成册,矢志补建筑历史与理论专业长期无正式入门教材之憾。

这些年,程国政同志在繁重的工作之余,始终如一地坚持从浩瀚的文献海洋中搜寻、甄别散落的篇章段落。据我所知,他浏览过的古籍在万种以上,册数难以计数,寒暑假、节假日,他都跋涉在故纸堆里;近年,他的搜寻又扩展到古代各类营造文献,有些篇目已经选入这套书中了,他说"正在酝酿更大的计划"。

皇天不负躬耕人。令人欣喜的是,这套丛书得到了上海文化发展基金会图书出版专项基金的多次资助,并被列入"上海市重点图书"、"上海市'十二五'重点图书";同时还获得多个奖励,这些奖掖都有效地促进了这项工作的持续推进。这正应了"慧眼识珠"的老话,可喜可贺。

光阴倏忽,寒暑迭易,转眼间到了2013年的春天,"末日"没有来临,集腋终而成裘,数百篇、几百万字的《中国古代建筑文献集要》就要出版了。此书有幸面世,对中国古代建筑文化研究之作用,甚有益补。吾虽老眼昏花,犹朦胧望见矣!

壬辰冬腊月初六日
东郡小邑 路秉杰
谨撰于上海同济新村旧寓

修订本前言

光阴荏苒，一眨眼《中国古代建筑文献集要》出版已经 4 年了；更没想到的是，这样一部专业性、学术性极强的图书居然受到读者的热情支持和点赞，初版的图书很快就销售一空。

对于我而言，《中国古代建筑文献集要》的出版只是我漫长的古代营造文献整理研究工作的第一步，本人的研究整理工作一直在继续。这次，出版社资深编辑封云先生说该书列入出版计划，这几年的修订成果、部分增补篇目也可一并纳入。

这次新增的篇目大多以专题的形式，或是某个古代作家的专题，或为某一著名营造案例、某一地域里的集中大规模营造等。

像李邕，稍稍了解书法史的人都知道，他的行书碑堪称遗世独立，其《麓山碑》《李思训碑》，世人谓之"书中仙手"。但你可曾知道，他还写有国清寺、曲阜孔子庙、东林寺及五台山等著名寺庙的碑文，这些寺庙在唐高宗、武则天到唐玄宗时代，大多是国字号寺庙。

还有孙樵，对长安到四川这一带似乎独有情钟，其《兴元路记》《梓潼移江记》生动地记录了中古时期我国开道路、修水利的生动历史。《兴元路记》中，孙樵亲身实地考察之后，经过深入地比较研究，认为新修的文川驿道比褒斜道散关褒城线好。虽然新道也有需要改进的地方，但荥阳公"其始立心，诚无异于古人，将济斯民于艰难也。然朝廷有窃窃之议，道路有唧唧之叹，岂荥阳公之始望也！"但是，这条新道修成一年不到，就被废弃了。虽然文川驿道很便捷，但从眉县林溪驿到城固县文川驿，尤其是中段平川驿到四十八窟窿，道路蜿蜒于红岩河中流的深山峡谷中，激流陡崖，险阁危栈，困难万重。青松驿以南，又要连续翻越好几座高山峻岭，山深林密，野兽出没，居民稀少，给养供应十分困难。更加上仓促修成的道路，基础不固，设备不全，一遇暴雨水涨，山塌水冲，桥阁摧毁，修复尤难，常致道路阻绝，使命中断，行旅商贩搁而不通。所以修成之后不到一年，又回到散关褒城线的旧驿道了。而《梓潼移江记》记录的则是唐朝一位官员为涪江将郪（今四川三台）民众谋福利的故事。涪江将郪（县）紧紧缠绕，所以每到三秋涨水季节，就如蟠龙迫城，洪水卷着狂澜冲突堤坝、啃咬崖岸，吞屋噬人，地方官员深以为忧但也无可奈何。荥阳公郑复来了，他知道前观察使想凿江东软地另开一条新江，让怒号的江水不再祸害百姓。可是，就像许多新工程一样，这样的民生工程

"役兴三月,功不可就"。什么原因? 原来是因为"江势不可决,讹言不可绝"。于是荥阳公说厚其值、戮其将、动其卒,种种方法都被认为不可。最后,荥阳公"视政加猛,决狱加断""杖杀左右有所贰事,鞭官吏有所阻政者",扰政、懒政官吏都受到惩罚;对百姓,他下令称"开新江非我家事,将脱郡民于鱼腹耳。民敢横议者死。"新江修好了,事迹汇报上去之后,你猜猜什么结果? 有关部门说:事先不报告就擅自开工,"诏夺俸钱一月之半"。

著名的工程像诸葛武侯祠的历代兴建,敦煌莫高窟、武当山、普陀山的营造,郧阳、安庆等新设省府营造,等等,还有石鼓书院、安庆府学,等等,都是以专题的形式呈现的。武当山的营造既罗列了历代帝王的诏书赐牒,也汇聚了赋文游记,等等。普陀山成为我国佛教四大名山,则与康熙、雍正和乾隆的襄助关系极大:南京明故宫的黄瓦龙宫都被移来,没有皇帝旨意谁能做到? 法雨寺新造大铜镬,裘琏不但把锻造文字写得活灵活现,还把工匠锻造的"潜规则"描画得栩栩如生,这些都是方丈亲口告诉他的。看来,工匠的江湖一样水深啊!

还有郧阳府,其实就是明朝时的特区。当剿灭政策发生逆转,转为安抚和给予户籍之后,原本的流民就成为了郧阳(今天鄂陕豫交界一带)民众,于是郧阳府、郧阳府学、郧阳府学孔子庙、书院、藏经阁、提督军务行台(类似今天的军分区),还有供大家登高赏美的镇郧楼、春雪楼都得一一建起来,于是在很长时间内,营造便时时生发,郧阳也从特区渐渐变成了大明治域里的一个副省级行政区。

安庆府也一样,其成长的过程同样漫长而有序。造衙门,造城,先是安庆府,后来渐渐成长为清朝的一个省级行政区,处理公务、修桥筑路、登临游观、训教生民、教育后生,乃至求雨弥龙王、礼贤敬烈的祠庙建筑一一都得安阶就列,悉心建造。从康熙朝的《安庆府志》看,安庆的营造最为崇隆就是学校书院的建设了,可谓是历代沿袭,从未断绝,可见中华民族对教育、教化的重视。尤其需要指出的是,那时学校书院的建设是没有专门经费的,只有官员解囊、百姓捐助,加上羡银余脖这样东拼西凑得来资金,并且一任接着一任干才能最后完成。看来古人的"立德立功立言"不是一句随便说说的话。

现在,有学者提出"中国需要重构社会科学",在我看来,重构社会科学首先要回望、重估数千年支撑这个民族的传统文化价值。不能因为近代以来我们挨打了、落后了,我们就抛弃了民族的精神内核和日常人文。回望、评估,要从大处着眼、细处入手,而脚踏实地的开展古代文献的整理研究就是中华社会科学体系重塑的第一步。

拉拉杂杂,是为序。

编者于同济园
二〇一六年十月　丹桂飘香时节

前　言

中国地域广大,气候差异明显,农业文明长期作为经济、社会的基础,宗法血缘制社会结构稳定,儒释道并存、海纳百川的政治、文化内核……改朝换代不断,但秦汉以来中国古代建筑始终有着稳定的精神内核维系其发展、演进,尽管有转折、递变,而到宗法血缘制封建王朝结束,其间的积淀与渐变一直没有停歇。这种中华风从城市与建筑的布局,到梁柱间架的多寡,形体、构件的比例,再到斗拱的等级层数,甚至装修、彩画、着色的规格,门簪、门钉的数量等等,都包含皇族到平民层层递减的制度安排等极为丰富的信息。

这些信息,都隐藏在代代传续、浩如烟海的典籍之中,经史子集中篇幅不等都能寻见其蛛丝马迹,虽然,服从于"礼"的建筑始终摆脱不了"末"与"技"的命运,但只要我们耐心搜寻,还是能不断获得新发现。令人欣慰的是,这些发现,常常都能与建筑遗存不谋而合。

明朝,中国古代经济社会长足发展,尤其是江南、岭南等得到广泛、持续且卓有成效的开发,南北货物随着海运,特别是大运河的运输,得到及时的交流。首都在北方,货物、财富尽在南方的明清社会经济格局,让古老的中华大地车水马龙、繁荣似锦。这一时期,近代西方文化开始传入中国,利玛窦、徐光启合译的《几何原本》、李时珍编著的《本草纲目》、宋应星的《天工开物》,等等,都对中国科技的进步产生了广泛而深远的影响。

应该说,我们今天看到的古建筑类型,大部分都是明代的遗存,尤其是以故宫为代表的宫殿式建筑,以徽州民居、北方四合院为代表的民间建筑样式及以明十三陵为代表的陵墓格局,它们成为我们津津乐道的"中国传统建筑"极为重要的基础"音符",共同谱出"大珠小珠落玉盘"的繁富旋律。

明朝,中国社会很长时间内处于稳定且相当繁荣的时期。虽然也有战争,虽然也有倭寇、蒙古瓦剌人的入侵、骚扰,但总体说来,**270** 余年的时间内,大江南北、长城内外,祥和、稳定是主色调,安居乐业、物畅其流是主旋律。伴随着社会稳定、经济活跃、市场繁荣,建筑活动自然也就十分频繁,筑路修桥、造屋营园便时时发生、随随而在。具体而言,整个明代,建筑之事至少有以下可说者。

明代都城的营造自然还是帝王家的大事。明太祖朱元璋定都南京,接着没过百年,成祖朱棣又将都城迁至北京。南京有南京的难处,北京也有北京的苦经。南京城的形状、北京城的南城营造,都说明帝都要想一劳永逸很难很难,强敌面前、国势衰弱之时,指望一堵城墙都是阻挡不住江河日下之情势的;还有中都凤阳的营建,史料载,终止之前已经完工大半,究竟为何戛然而止,值得我们深入探究。以宫殿为代表的礼制建筑,今天的故宫就是明朝为我们留下的范本。

虽然历史传说怪诞而离奇,但郑和下西洋却是实实在在地上演了 **7** 次。向南亚、西亚、非洲人民示好虽也是目的之一,但让明朝朝野开阔了眼界也是真真切切发生的事情,只可惜当时周边国家确无强大而殷实,国力、技术水平能让"天国"——大明王朝齐等而视之者;如果有,历史不知道又该朝哪个方向发展了。问题是,在那个以冷兵器为主的时代,造出郑和出海远洋那样的大船需要怎样的营造技术;驶入茫茫大海,又需要怎样的航海技术,郑和他两万多人的船队做到了,船队后面的技术支撑(犹如今天"神九"与"天宫"对接所需要的技术支撑同样道理),强大的中国、智慧的中国人做到了。

明朝,虽然国家强大殷实,但周边觊觎者历来不乏其种,倭寇与蒙古瓦剌可以说与明朝如影随形。**14** 至 **16** 世纪,日本海盗与大陆及沿海地区不法之徒勾结在一起,经常侵扰劫掠中国沿海地区,劫掠的魅影甚至飘荡游弋深入至今江苏、浙江等广大地区,所以明朝政府设立的卫所遍布海岸线和边关地区。这些建筑,不少至今犹存,长城、水寨、墩台、边关……不一而足,书中多有选编。

明代的户籍管理达到了一个崭新的水平,标志之一就是更加系统而严密的黄册库制度。不仅中央政府,地方政府的省级布政司、各府州县同样每十年更新一次赋役册籍,只是黄册上交南京后湖册库,而 **3** 套青色封面的册籍,省、府、县各藏一套。正是因为如此,日积月累,江西布政司的黄册库就需要扩容了,何乔新写了《修造记》;经济能力的不断增强,物畅其流的需要日趋强烈,向原野要田地、向江河要畅通的事件不断发生,明清两代的海塘修筑、渠陂浚修,架桥铺路、运河疏浚、圩田兴筑、黄河及长江的堤防修筑,不但规模大,而且技术水平已非昔日所能比拟,很多都居于当时的世界领先水平;尤值一提的是,大理石作为建材在明代,要从遥远的云南大理运至大兴土木的北京等地,其难度可想而知,所以蒋宗鲁写了《罢屏石疏》,为疲于奔命甚至动辄丢失性命的军民鼓与呼;有趣的是,明末在东北的义州(位于朝鲜西北部的平安北道,地处鸭绿江下游左岸的冲积平原上,距河口约**40**公里,与中国辽宁省丹东市隔江对峙)设立的边贸,交易虽为单一的木材,但定期的贸易对稳定边疆起到了独特的作用;旅游不是今天的专利,明代官员游武夷山就很盛行,所以当地官员专门在裴村建了一处公馆,方便进出;明代的救济面貌与今天有何不同,本书选编的《重建养济院记》可供参考。

武当山在明代的意义非同一般。唐代以来,武当山营构不断,明代达到鼎盛。明朝的历代皇帝都把武当山道场作为皇室家庙来修建。永乐年间,大建武当,史有"北建故宫,南建武当"之说;百年后的嘉靖皇帝又进行扩建,最终使武当山成为"仙山琼阁"的人间仙境。

……

需要指出的是,欲系统而又全面地整理散落在浩如烟海古文献中的建筑文献,非一人、非文献家或建筑史家所能单独完成的,它是一项浩瀚复杂的大工程。工作进行到明清时期,这种感受愈加强烈。但尽管要做的工作浩瀚而巨量,披荆辟莽的垦荒之事总还是要有人做的,不是吗?

本书为《中国古代建筑文献集要》的第三卷,选文对象为明代建筑文献。仍以同济大学建筑与城市规划学院研究生古建专业路秉杰的《古建筑文献读本》油印讲义之目录为基点,原篇目有筛酌,同时努力扩大文献征释范围;文章编排按作者生卒年代顺序,兼顾历史人物尤其是皇帝年号的顺序;作者等年代不详的文章遵循其中举年月、入仕途时间、事件发生的年代、年号等线索酌定顺序;具体篇目按照提要、作者简介、正文及注释进行编排。全书共选文近**380**篇,力求涵盖重要历史事件、城池营造、园林营构、著名建筑、典章制度、水利工程和技术、国防设施及企业、土地租借、旅游馆舍、社会救助设施等,期望为有志于此类工作的人们提供一个入门读本。

希望我们的工作能为方家、后来者提供一个靶子,后出转精也是学术前进的规律。念此,我们甘当这个靶子!

编　者
丁卯年十月
壬辰年十月再改

凡　例

一、取材原则及范围

1. 以古代建筑文化及技术发展史中有代表性的篇目为主,兼及地域及时代特色。

2. 以经、史、集部典籍为主,兼顾子集。

3. 考虑到阅读对象特点,所选篇目出处均以书名、出版社及年份构成。如:《十三经注疏》(中华书局 **1980** 年影印本)。

二、选文顺序

大体按照作者生卒时间顺序排列文字;作者生平不详者,依帝王年代、事件发生年月等酌定次序。

三、提要及作者简介

1. 提要:为本文阅读提示,力求用简洁的文字厘清所选篇目的内容、价值及背景线索等。

2. 作者简介:除简要介绍其生平事迹外,尽量介绍与选文有关的内容。

四、注释体例

1. 注释对象及单篇注释数量

注释对象以建筑、当事者、时代背景的词语为主,兼及有关文意理解的关键语;篇幅较大者注释数量限定在 **100** 个左右。

2. 注释格式

词语注释:先释词义,后释字义;注释用语力求规范、简洁。

注音:生僻词语先注意后释义;词语中单字注意则先释词义,后注单字音、释义;单字先注音,后释义。

例:① 词语。

鞑靼:音 dádá,我国古代北方一少数民族。

诡谲:阴险狡诈。谲,音 jué,欺诈,玩弄手段。

② 单字

耷,音 dā,向下垂,[书]大耳朵。

③ 句子

疑难句子先释全句句意,后释疑难词汇、单字。 如,"儒其居"句:谓平常读书人家。槁腴:谓干枯丰腴。

3. 古今字

有些古文字简化后字义扞格者,保持原貌。如:"束脩","甚夥"等。

目　录

明　代　上

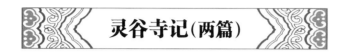

灵谷寺记（两篇）

明·朱元璋

【提要】

本文选自《明太祖文集》（黄山书社1991年版）。

"朕起寒微，奉天继元，统一华夷，鼎定金陵，宫室于钟山之阳，密迩保志之刹。其营修者，升高俯下，日月殿阁，有所未宜，特敕移寺，凡两迁方已。"朱元璋开宗明义，保（宝）志之刹因为居高临下俯瞰宫殿犹如日月般一清二楚，搬了一次；因为他相中了开善寺为自己修造陵墓，又搬一次。最后选中的是"山川形势非寻常之地"造寺，即今天的灵谷寺所在位置。造好后，朱元璋赐名"灵谷寺"，并写下《灵谷寺记》；接着游新庵，又写下一篇《游新庵记》，赐"第一禅林"匾额。

将原位于钟山西麓的六朝名刹开善寺（明初名蒋山寺）迁到这里，更名灵谷寺。迁寺详情，《灵谷寺志》有载，蒋山寺住持仲羲法师迁寺，是因为他认为蒋山寺离皇宫太近，只有一里之遥，"非惟吾徒食息靡宁，亦恐圣师神灵有所未妥，且佛法以方便为先，如得近地改建，诚至幸也"。于是，仲羲法师向明太祖朱元璋建议，要异地重建寺院。这与朱元璋文中所述不谋而合。具体情形是，不便直接开口的朱元璋派重臣李善长处理此事，李找到仲羲法师，委婉说明，仲羲法师当然顺水推舟。朱元璋很高兴，命中军都督府佥事崇山侯李新等人督造新寺，派数千名囚犯修造新寺，赐予大量田产，并连写两篇寺记。

灵谷寺是古代钟山70多所南朝佛寺中留传至今的唯一一座，其前身是梁武帝为名僧宝志所建的开善寺，建于梁天监十四年（515）。明朝初年，寺更名为蒋山寺。

灵谷寺工程始于洪武十四年（1381）九月，第二年六月竣工。"去将近刹余里，俄谷深处，岚霞之杪，出一浮图。又一里，既将近三门，立骑四顾，见山环水纡，禽兽之所以，果然左群山、右峻岭、北倚天叠嶂，复穷岑以排空，诸峦布势……"文字功底不深的朱元璋居然笔底生花，灵谷寺山川形势果然有"白毫之象"。

为何起名灵谷寺？《游新庵记》中说："钟山之阳有谷，谷有灵泉，曰八功德水。不稽何代僧因水以建庵……游人信士，无问春秋四季，时时往来，酌水焚香，涤愆忏罪"。群山峻岭中的八功德水有灵性，故而他称其地为"灵谷"。

明代的灵谷寺占地500亩，供养了1000多名僧人，其范围南抵孝陵卫，北接明孝陵的皇墙，自山门至梵宫长达2.5公里，一路松树，声如海涛，也称"灵谷深松"。据说当时每天傍晚，寺僧要骑马走过五里松径才能去关山门。寺内的主要建筑有金刚殿、天王殿、无梁殿、五方殿、大法堂（清朝称毗卢殿）、律堂（清朝称观音殿）、宝公塔等。寺东北还有一座宏伟壮丽的大宝法王殿，是明成祖为西藏活佛哈立麻所建的殿宇。因哈立麻曾来此建斋讲经，所以又称说法台。此外，在寺的两侧还有方丈、静室、钟楼等建筑。寺内还有148间画廊,绘有各种姿态的佛像壁画。

徐渭看到的就是鼎盛时期的灵谷寺。乔松苍色"无劳借岑岫",长长的步道同样也是"白道暗晴昼",走着看着,"再饭始及门"。寺庙"宇深不可觌,庑壁苍绘纷"。

当年香火兴盛的灵谷寺,如今只有无梁殿为原物。该殿原名无量殿,建于明洪武十四年(1381),因供奉无量佛而得名;整座建筑全用砖石砌成,无梁无椽,所以又称无梁殿。殿高22米,宽53.8米,进深37.85米,南北各有3个拱门,四面皆有窗。殿外部飞檐挑角,似巍峨的宫殿,内部形如前后回旋的涵洞,深邃幽静。如此巨大的殿堂,不用寸土,无一根梁柱,全部用大型长方砖砌成拱圆殿顶;无梁殿正背二面都有三拱门,左右各置拱形窗。殿立于台座上,作歇山顶,为仿木结构形式,结构坚固,气势雄伟。史料载,造无木之殿,工匠采用造拱桥的方法,先砌5个桥洞,合缝后再连叠成一个大型拱圆殿顶。特别坚固、不怕火烧的无梁殿留存至今,已超过600年历史。

当年的灵谷寺,是金陵四十八景之一,曲径通幽,松木参天。进山门后要走五里多的林荫山路,才可窥见琳宫梵刹;寺前有街,行走其上如拍掌而行,回声如同奏弦,故名"琵琶街";寺东有梅花坞,遍植绿梅,初春盛开,花繁如雪,香艳无比。徐渭绘有《钟山梅花图》。

《金陵梵刹志》统计,明代灵谷寺在上元、江宁、句容、六合等地拥有的地产,共达34 000余亩。明朝还把栖霞寺、方山的定林寺等12座佛寺划归灵谷寺管辖。清康乾时代,灵谷寺重新修复,又成东南名刹,并成为皇帝的行宫。康熙游览灵谷寺时,曾亲笔题书"灵谷禅林"匾额,还写了一副对联:"天香飘广殿,山气宿空廊。"乾隆皇帝六下江南,四次到过灵谷寺并驻跸,赋诗、赐物,亲笔御书"净土指南"四字,令刻在"三绝碑"上。四十九年(1784),乾隆最后一次到灵谷寺,写了一首诗,直率地批评明太祖迁寺建孝陵:建陵故迁寺,儒释典俱违。儒固有忠恕,释仍有是非。旧名殊杳杳,新景自依依。暂向匡床坐,那看花雨霏。

灵 谷 寺 记

朕起寒微,奉天继元,统一华夷,鼎定金陵,宫室于钟山之阳,密迩保志之刹[1]。其营修者,升高俯下,日月殿阁[2],有所未宜,特敕移寺,凡两迁方已。

当欲迁寺之时,命太师某诣山择地。及其归告,乃云山川形势非寻常之地。其势川旷水萦,且左包以重山,右掩以峻岭,背靠穿岑[3],排森松以摩霄汉,虎啸幽谷,应孤灯而侣影,莺啭岩前,启修人之清兴。饮洁流于山根,洗钵于湍外,鱼跃于前渊,鸟栖于乔木,鹿鸣呦呦,为食野之萍。云之若是。既听斯言,朕欢忻不已。此真释迦道场之所也。

即日召工曹[4],会百工,趋所在而建址。百工闻用伎以妥保志,曜灵佛法[5],人皆如流之趋下。呜呼! 地势之胜,岂独禽兽、水族之乐! 伎艺之人,惟利是务,云何闻建道场,不惮劳苦,一心归向? 自洪武某年某月某日时某甲子工兴,至某月日时,工曹奏朕,为释迦道场役百工,各施其伎。今百工告成,朕善其伎,特命礼曹赐给之。

工曹复奏:伎艺若是,有犯役者五千余人[6],为之奈何?朕忽然有觉。噫!佛善无上,道场既定,安可再罪!当体释迦大慈大悯,虽然真犯,特以眚灾[7],一赦既临,轻者本劳而役,死者本死而生。欢声动地,感佛慈悲。吁!佛之愿力,辉增日月,法轮建枢,灯继香连。呜呼,盛矣哉!愿力之深乎?

然是时,国务浩繁,不暇礼视,身虽未至,梦游几番。此观之欤?梦之欤?呜呼!未尝不欲体佛之心,而谓众生误,奈何愈治而愈乱,不治而愈坏,斯言乃格前王之所以。今欲宽不可,猛不可,奈何!

然一日,洁已而往礼视。去将近刹余里,俄谷深处,岚霞之杪,出一浮图。又一里,既将近三门,立骑四顾,见山环水纡,禽兽之所以,果然左群山、右峻岭,北倚天叠嶂,复穷岑以排空,诸峦布势,若堆螺髻于天边,朝鹤摩天而翅去,暮猿挽树而跳归,乔松偃蹇于崖畔[8],洞云射五色以霞天,此果白毫之象耶[9]?谷灵之见耶?朕欲有谓而恐惑人,故默是耳。今天人师有殿,诸经有阁,禅室有龛,云水有寮,斋有大厦,香积之所周全[10],庄严备具,以足朕心矣。故敕记之。

【作者简介】

朱元璋(1328—1398),明朝开国皇帝。原名朱重八,后取名兴宗。濠州钟离(今安徽凤阳)人,25岁时参加郭子兴领导的红巾军反抗元朝暴政,龙凤七年(1361)受封吴国公,十年自称吴王。元至正二十八年(1368),在基本击破各路农民起义军和扫平元的残余势力后,在南京称帝,国号大明,年号洪武,建立全国统一的封建政权。朱元璋统治时期史称"洪武之治"。

【注释】

[1]密迩:贴近,靠近。
[2]日月:谓每天如日月般俯视宫殿。
[3]穹岑:指隆起的山岗。
[4]工曹:犹工部。
[5]曜灵:太阳。
[6]犯役:犯罪。
[7]眚灾:因过失而造成灾害。
[8]偃蹇:高耸。
[9]白毫之象:即佛教的"白毫相"。如来三十二相之一。佛教传说世尊眉间有白色毫毛,右旋宛转,如日正中,放之则有光明,名"白毫相"。
[10]香积之所:即香积厨。佛教指僧人厨房。

游 新 庵 记

钟山之阳有谷,谷有灵泉,曰八功德水。不稽何代僧因水以建庵,不过数间而已。其向且未的然[1]。而游人信士,无问春秋四季,时时来往,酌水焚香,涤愆忏罪,已有年矣。

朕自至此二十年余，每观此地，景虽佳丽，庵将颓焉。朕尝叹息：蒋山住持寺者，自建庵以至于斯时，前亡后化者叠（按：当为迭）不知几人[2]，曾有定向而革庵者乎！故空景美而庵颓。

一日，暇游于此，有僧求布施于朕以崇建之。朕谓僧曰："愚哉！尔知梁武帝崇信慧超、云光等[3]，舍身同泰寺；陈武帝敬真谛等[4]，舍身大庄严寺。又如信道家之说者：秦皇遣方士而求神仙；汉武帝因李少君等而冀长生[5]；魏道武因寇谦之行天宫静轮之法[6]；唐玄宗与叶法善同游月宫[7]；宋徽宗任林灵素度道士数万[8]。此数帝之心未必不善，然善则善矣，何愚之至甚？其僧、道能则能矣，何招祸之如是？"答曰："未知。"曰："前数僧、道，当是时，日习世法，颇异常人，故作聪明于王侯。僧特云'天堂、地狱'，道务云'壶中日月'、'洞里乾坤'、'八寒、八热'，致使数帝畏地狱，惧'八寒、八热'，愿登'天堂'，入'壶中日月'、'洞里乾坤'，所以昧之，国务日衰，海内不安，社稷移而君亡，谤及法门[9]。是后，三武因此而灭僧，不旋踵而覆，岂佛、老之过欤！

"盖当时僧、道不才，有累于一时，社稷移而异姓兴，非天不佑，乃君愚昧非仁，连谤于佛、老。其三武罔知佛、老之机[10]，辄毁效者。因二教之机微而理秘，时难辨通，致令千古观于诸帝、臣之纪录，达斯文者，无有不切齿奋恨[11]，以其所以，非独当时为人唾骂，虽万古亦污名罪囚天地间。尔尚弗识，何愚之笃！

"近者有元，京师有异僧，名指空[12]，独不类凡愚之徒。元君顺帝有时问道于斯人，斯人答云：'如来之教，虽云色空之比假，务化愚顽，阴理王度，又非帝者证果之场，若不解而至此，糜费黔黎，政务日杜[13]，市衢嗷嗷，则天高听卑，祸将不远，豪杰生焉。苟能识我之言，悟我诚导，则君之修甚有大焉。所以修者，宵衣旰食，修明政刑，四海咸安。彝伦攸叙[14]，无有紊者。调和四时，使昆虫草木各遂其生，此之谓修。岂不弥纶天地[15]，生生世世，三千大千界中，安得不永为人皇者欤？'指空曰：'以此观之，贫僧以百劫未达于斯，若帝或不依此而效前，其堕弥深，虽千劫不出贫僧之右。'

"又丞相搠思监至，赍盛素羞以供，亦问于指空，意在增福。指空曰：'凶顽至此而王纲利，愚民来供则国风淳。王臣游此民无益，公相之来，是谓不可。修行多道，途异而理同。公相知否？'曰：'不知。'曰：'在知人，在安民，忠于君，孝于亲，无私于己，公于天下，调和鼎鼐，燮理阴阳[16]，助君以仁。诚能足备，则生生世世立人间天上王臣矣。吾将数劫不达斯地。苟不依此，刻剥于民[17]，欺君罔下，用施于我，虽万劫，奚齐吾肩！'"

"朕观指空之云如是。尔僧欲以庵为朕增福，可乎？彼虽有营造之机，朕安有己财于此！"僧曰："富有天下，肯若是耶？""不然。国之富，乃民之财，君天下者主之，度出量入以安民[18]，非朕之己物，乃农民膏血耳。若以此而施，尔必不蒙福而招愆。"僧云："佛法付之国王、大臣。"曰："当哉！所以付之者，国令无有敢谤。听化流行，非王、臣则不可。"僧乃省而叩头。时朕不施。后更一住持法印者。朕务繁，不暇来此。

将岁过七年冬十一月二十有五日，因暇入山，遂达斯地。想昔日之径，崎岖高下,今日崎而平,岖而直,坦途如是,岂不异乎? 何止此径而已,其庵架空幕谷,凌岩而出松,智流泉以成瀑布,飞吼长空。致猿啼夜月于峰巅,白鹤巢桐而每顾。深隐翠微,似有飘风而不至。游人遂乐,禽兽情欢,焕然一新。观斯创造,庸愚者弗能。噫! 有非常之人,建非常之功。法印如是,安得不神识者哉! 傍曰:"僧于此,不贪而不盗,无私于已,有功于众,从林仰之。"

呜呼! 庵为僧所新,僧为庵所名。人能知一躯,为囊神之室,以神修躯。若不知修躯,以躯使神,岂不愚人者欤!

【注释】

[1]的然:明显貌。

[2]前亡后化:犹亡故逝去。

[3]梁武帝:萧衍(464—549),祖籍兰陵(今属山东)。在位四十八年,三教兼弘,大倡佛法。慧超:梁武帝时为大僧正。云光:梁武帝时高僧。传说云光法师建康讲经,感动上天,落花如雨,坠地为五彩石子。讲经处即今雨花台。

[4]陈武帝:即陈霸先(503—559)。字兴国。吴兴郡长城县(县治在今浙江湖州长兴)人。初仕梁,曾辅佐王僧辩讨平侯景之乱。天成元年(555),杀僧辩,立敬帝,自为相国,封陈王。后称帝,国号陈,都建康。志度宏远,恭俭勤劳,为一代英主。真谛(499—569):西印度僧人。大同元年(546)来华,受梁、陈各朝礼敬。在华期间,译出佛经多部。

[5]李少君:方士,因懂得祭灶神求福、种谷得金、长生不老等方术受到汉武帝的尊崇。

[6]魏道武(371—409):鲜卑族人,拓跋氏,名珪。北魏开国皇帝。385 年,15 岁的拓跋珪趁乱重兴代国,在盛乐(今内蒙古和林格尔县境内)即位为王。次年改国号"魏",是为北魏,改元"登国"。398 年,将国都从盛乐迁到大同,自称皇帝。即位初年,积极扩张疆域,励精图治,将鲜卑政权推进封建社会,天下小康。后好酒色,刚愎自用,不团结兄弟,在宫廷政变中遇刺身亡。谥号道武皇帝。寇谦之(365—448):名谦,字辅真,北朝道教的代表人物。北魏太武帝始光元年(424),谦之献道书于太武帝,倡改革道教,制订乐章,建立诵戒新法。次年,太武帝更亲至道场,并建新天师道道场。

[7]叶法善(616—720):字道元,括州括苍(今浙江丽水松阳)人。唐代道士、官吏。有摄养、占卜之术,历高宗、中宗、则天朝,时被召入宫,尽礼问道。玄宗承祚继统,师于上京,佐佑圣主。凡吉凶动静,必予奏闻。会吐蕃遣使进宝函封,曰:"请陛下自开,无令他人知机密。"朝廷默然,唯法善曰:"此是凶函,请陛下勿开,宜令蕃使自开。"玄宗从之。及令蕃使自开,函中弩发,中番使死,果如法善言。

[8]林灵素(1075—1119):字通叟,温州(今属浙江)人。少时曾为苏东坡书童。后为道士,善妖幻,以方术得幸徽宗,赐号通真达灵先生,加号玄妙先生、金门羽客。惑众借安,众皆怨之。在京四年,恣横不悛,斥还故里。有《释经诋诬道教议》《归正议》等。

[9]法门:犹佛门。

[10]三武:北魏道武帝、北周武帝和唐武宗的合称。三帝皆禁佛教,令僧尼还俗,佛家称为"三武之难"。

[11]奋恨:犹"愤恨"。

[12]指空:天竺僧。元时来华传佛教。在元朝佛教界处于重要位置。久留燕,元顺帝称"渠是法中王"(《浮图碑》)。

[13]杜:阻塞。

[14] 彝伦:常理,常道;伦常。

[15] 弥纶:统摄,笼盖。

[16] 燮理阴阳:指大臣辅佐天子治理国事。燮:调和。

[17] 刻剥:侵夺剥削。

[18] 度出量入:犹量入为出。根据收入的多少来定开支的限度。

附:灵谷寺

明·徐 渭

乔松拂云姿,数柯亦森秀。较计此林中[1],多至一斛豆。
苍色满东南,毋劳借岑岫。中余一带长,白道暗晴昼。
再饭始及门,字深不可觏[2]。庑壁苍绘纷,阶响坊乐奏。
流水自西移,鲜萝直南绣。问之何为然?乃为宝公覆[3]。
真龙逝将藏,金椎扣泉窦。何土非王家,老缁敢索购。
白骨默不谈,皇情俨令售。付之以一抔[4],十里麋鹿囿。
贼髡[5]斫穆陵,西伯掩枯朽[6]。圣鉴朗白日,奚啻辨薰莸[7]。

按:本诗选自《徐渭集》(中华书局 1983 年版)。

【注释】

[1] 较计:计算,核算。

[2] 觏:音 gòu,遇见。

[3] 宝公:即宝志。南朝高僧。

[4] 抔:音 póu,用手捧东西,如一抔土。

[5] 髡:音 kūn,光头。指僧徒。

[6] 西伯:指周文王。《孟子》:吾闻西伯善养老者。

[7] 奚啻:何止,岂止。薰莸:香草和臭草。喻善恶、好坏等。

工匠顶替(第三十)

明·朱元璋

【提要】

本文选自《御制大诰三编》,载《明朝开国文献》(台湾学生书局 1963 年版)。

明初,金陵乃至中都都是大工地,"工作人匠,将及九万",足见其规模之大。所以造成"百工技艺尽在京城,人人上不得奉养父母,下不得欢妻抚子",这样一晃就是二十六七年。

更加上工部官吏"惟务贪饕",动不动虚报半月一月关支钞锭,揣进个人腰包。即使发放饭钱、安家钱,服役工期满限本应返归老家,都要勒索,方才准行;甚至有"来者方到,有钱贿赂即归","被卖去者,到家都无半月,亲戚邻里虽欲面会,不能完全,又乃起程"。

朱元璋在这篇亲自起草的诏告中感叹:"呜呼! 九万工技之人,年年在途、在京、在家者,皆无宁息。"而原因则是"工部官吏肥己为奇",以致出现"上费朝廷之供,下殃百工技艺"的局面。

于是,朱元璋派遣秦逵担任工部侍郎一职,专门研究对策,"将应用数目,立定期限,编成班次,使轮流而相代之"。按照 5 000 人一班轮值京城建造,九万人"四年有余,方轮一交"。朱元璋赞叹秦逵此策是"为诸色匠人造福有如此乎"! 称颂其为"良谋良政"。

朱元璋对"第四班匠人心生奸计,侮慢朝廷"大为恼怒,痛下杀手,"点出奸顽",将充数的"幼丁老者尽发广西充军",并警告:"今后,诸色匠人敢有不亲赴工者,迁发云南。"

　　工作人匠,将及九万。往者为创造之初,百工技艺尽在京城,人人上不得奉养父母,下不得欢妻抚子。如此者二十六七年。

迩年以来,工多成就,人匠应合省差[1]。朕为事繁,一时不能打点。其所任工部官吏惟务贪饕[2],本无大工,假此作为由,将近九万人,设计勾差[3]。一千二千方勾到京,文案明立到京月日,实不与上工,待一月后、半月后,方许上工。及至关安家钞[4],并月支食钱,照依文案所立月日,一概关支钞锭出库。及其赏匠也,或万或千,或数千人,止论上工之日准工。余虚半月一月,钞虽关出,诸色匠人不得。如此奸弊,诸匠虽关食钱、安家钱,工满应放回还,不即与批。又行刁蹬留难[5],直至将安家钱、每月食钱勒要贿赂,方才放归,诸匠所得甚少。

近年以来,愈见工减甚多,无处役使匠人。其工部官吏设计,将诸色匠人勾至便卖,得钱便放。来者方到,有钱贿赂即归。未到者,连日发批勾取[6]。被卖去者,到家都无半月,亲戚邻里虽欲面会,不能完全,又乃起程。

似如此者,九万工技之人,年年在途者有之,暂到京者有之,方到家者亦有之,无钱买嘱、终年被微工所役者有之。呜呼!九万工技之人,年年在途,在京,在家,皆无宁息。上废朝廷之供,下殃百工技艺。惟工部官吏肥己为奇,智人君子深察至此,岂不恨哉!九万工技之人,至如此艰难跋涉,不得休息。

朕命进士秦逵职工部侍郎[7],掌行其事。本官到任未久,识此奸诡甚多,躬亲来奏。其辞曰:"创造已定,工技有劳甚久。虽有些须未完[8],所用人匠,甚不须多。臣将应用数目,立定限期,编成班次,使轮流而相代之。其九万之人,一班诸色匠人,不满五千。以此轮之,四年有余方轮一交。"朕见其词善,可其奏,不月编成。除当该赴工者在京,余有八万五千尽皆宁家[9],各奉父母,保守妻子。

呜呼!甚矣哉!秦逵为诸色匠人造福有如此乎。此系良谋良政,公当无移。如此者,将一年余,第四班人匠心生奸计,侮慢朝廷,自取祸殃。朝廷既除多人,徒劳泛滥工役,减省用人,其诸技艺人等必躬亲赴工者乃当。人匠减少,所来者技艺不精,工有所误,事多迟滞,责罚焉。人匠沈添二等二百七名中,有三名乃亲身赴役,余皆以老羸不堪,幼懦难用[10]。以代正身,致使工不能就。点出奸顽,将幼丁老者,尽发广西充军。复于家下,务必要正身赴官。如此者自取不宁,又何恨哉!今后诸色匠人,敢有不亲身赴工者,迁发云南。

【注释】
[1]省差:指减少差役。
[2]贪饕:贪得无厌。饕:音 tāo,传说中一种凶恶贪食的野兽。
[3]勾差:捕人的差役。
[4]关:领取。
[5]刁蹬:刁难。留难:无理阻挠刁难。
[6]勾取:提取。
[7]秦逵(?—1392):字文勇,江浙行省宁国路宣城县(今安徽宣城市)人。洪武十八年(1386)进士。历事都察院。奉檄清理囚徒,宽严得宜。后升任工部侍郎,时营缮事繁,凡兴作事皆逵领之。初,议籍四方工匠,验其丁力,定三年为班,更番赴京,三月交代,名曰"输班匠"。未及行,至是逵议量地远近为班次,置籍,为勘合付之,至期赍工部,免其家徭役,著为令。二十二年进尚书。明年改兵部尚书。未几,复改工部尚书。明代士子衣冠,逵创制。后因事连坐自杀身亡。
[8]些须:一点儿,不多。
[9]宁家:回家。
[10]老羸:年老体弱。幼懦:犹稚弱驽钝。

游钟山记

明·宋 濂

【提要】

本文选自《宋学士全集》（丛书集成初编本）。

钟山，自古就是钟灵毓秀之地。从汉末开始，历代山房别墅、苑囿庙观日增月长，不胜其多。

元至正二十一年（1361），是宋濂应朱元璋征召到金陵的第二年。当时元朝面临覆灭，群雄逐鹿天下，朱元璋雄踞一方，但鹿死谁手，未见分晓。作者虽应召到金陵，但无意于帝王事业，情愿"放怀山水窟"，"老死烟霞中"。

宋濂忠实地记录了他在钟山看到的半山报宁寺、陆静修的茱萸园、齐文惠太子的博望苑、太平兴国寺、明庆寺、崇禧院、定林院、七佛庵、草堂寺……这些园囿寺观、山中精舍，无不曾经声名显赫，可是大多已经"白烟凉草，离离蕤蕤，使人踌躇不忍去"。

在作者眼里，钟山"无耸拔万丈之势，其与三山并称者，盖为望秩之所宗也"，这里历来隐居名士众多。可是，他们当年隐居之地，大多已经杳无踪迹。在宋濂眼里，世间"人事往来，一日万变"，不如"放怀山水窟，一刻之乐，千金不人易也。"

于是，宋濂笔下，两天多钟山游程中，刘基、夏煜，加上他，性格、兴趣不同的三人同上钟山，唯有他联句不就，饮酒不能，语险不任，笑受夏煜给弄，佩服刘基澄坐。他缺少志士风度，但他有名士情怀，从进入钟山，自圜悟关起，亲游三十来处名胜古迹，眺望十多处远山险峰，还向往搜访遗址幽境。

虽然登山遇虎恐让他有些窘，但登山之乐却是"千金不人易也"。

钟山一名金陵山。汉末秣陵尉蒋子文逐贼死山下[1]，吴大帝封曰蒋侯。大帝祖讳钟[2]，又更名蒋山。实作扬都之镇，诸葛亮所谓"钟山龙蹯"即其地也。

岁辛丑二月癸卯[3]，予始与刘伯温、夏允中二君游[4]。日在辰[5]，出东门，过半山报宁寺。寺，舒王故宅[6]，谢公墩隐起其后[7]，西对部娄小丘[8]。部娄盖舒王病湿[9]，凿渠通城河处。南则陆修静茱萸园[10]，齐文惠太子博望苑[11]。白烟凉草，离离蕤蕤[12]，使人踌躇不忍去。沿道多苍松，或为翠盖斜偃[13]，或蟠身矫首[14]，如玉虬搏人[15]，或捷如山猿，伸臂掬涧泉饮。相传其地少林木，晋宋诏刺史郡守罢官者栽之，遗种至今。抵圜悟关，关，宋勤法师筑，太平兴国寺在焉[16]。梁以前，山有佛庐七十，今皆废，唯寺为盛，近毁于兵，外三门仅存。自门左北折入广慈丈室[17]，谒钦上人[18]；上人出，三人自为宾主。适松花正开，黄粉氃氃触人[19]，捉笔联松花诗，诗未就。予独出，行函道间，会章君三益至[20]，遂执手止翠微亭，登玩珠峰。峰，独龙阜也。梁开善道场宝志大士葬其下[21]，永定公主造浮图五成覆之，后人作殿，四阿铸铜，貌大士实浮图[22]。浮图或现五色宝光，旧藏大士履。神龙初，郑克俊取入长安[23]。殿东木末轩，舒王所居[24]，俯瞰山足，如井底。出度第一山亭，亭颜米芾书。亭左有名僧娄慧约塔。塔上石，其制若圆槛，中斫为方，下刻二鬼擎之。方上书曰[25]："梁古草堂法师之墓。"有融匦法[26]，定为梁人书。复折而西，入碑亭，碑凡数辈，中有张僧繇画大士相[27]，李白赞，颜真卿书[28]，世号三绝。又东折，度小涧，涧前下定林院基。舒王曾读书于此。院废，更创雪竹亭，与李公麟写舒王像[29]，洗砚池，亦皆废。又北折，至八功德水[30]。天监中[31]，胡僧昙隐来栖，山龙为致此泉，今甓作方池。池上有圆通阁，阁后即屏风岭，碧石青林，幽邃如画。前乃明庆寺故址，陈姚察受菩萨戒之所[32]。又东行，至道卿岩。道卿，叶清臣字也[33]，尝来游，故名。有僧宴坐岩下，问之，张目视，弗应。时雉方桴粥[34]，闻人声，戛戛起岩草中[35]。从此至静坛，多臧矜先生遗迹[36]。复西折，遇桃花坞，询道光泉。舒王所植松已无，唯泉绀净沈沈如故[37]。日将夕，章君上马去，予还广慈。二君熟寐方觉，呼灯起坐，共谈古豪杰事，厕以险语，听者为改视[38]。

明日甲辰，予同二君游崇禧院。院，文皇潜邸时建[39]。从西庑下入永春园。园虽小，众卉略具。揉柏为麋鹿形[40]，柏毛方怒长，翠濯濯可玩[41]。二君行倦，解衣覆鹿上，挂冠鼠梓间[42]，据石坐。主僧全师具壶觞，予不能酒，谢二君出游。夏君愕曰："山有虎。近僧采荈[43]，虎逐入舍，僧门焉。虎爪其颡[44]，颡有瘢可验。子勿畏，往矣！"予意夏君绐我[45]，扶两驺奴[46]，登惟秀亭。亭宜望远，惟秀、永春皆文皇题榜，涂以金。又折而东，路益险。予更芒屩[47]，倚驺奴肩，踸踔行[48]，息促甚[49]，张吻作锯木声。倦极思休，不问险湿，喋喋据顿地[50]，视燥平处不数尺，两足不随。久之，又起行。有二台阔数十丈，上可坐百人，即宋北效坛，祀四十四神处。问蒋陵及步夫人冢[51]，无知者，或云在孙陵冈。至此屡欲返，度其出已远，又力行，登慢坡[52]。草丛布如毡，不生杂树，可憩，思欲借衲褥卧不去[53]坡。古定林院基，望山椒无五十弓[54]，不翅千里远[55]。竭力跃数十步辄止，气定又复跃，如是者六七，径至焉。大江如玉带横围；三山矶、白鹭洲皆可辨；天阙、芙蓉诸峰，出没云际；鸡笼山下接落星涧[56]，涧水潝潝流[57]；玄武湖已堙久；三神山皆随风雨幻去。西望久之，击石为浩歌；歌已，继以感慨。又久之，傍厓寻一人泉，泉出小窍中，可饮一人，继以千百勿竭。循泉西，过黑龙潭，潭大如盎[58]，有龙当浮屠，侧有龙鬼庙，颇陋。由潭上行，从行翳路，左右手开竹，身中行，随过随合。忽腥风逆鼻，群鸟哇哇乱啼。忆夏君有虎语，心动，急趋过，似有逐后者。又棘针钩衣，足数踬[59]，咽唇焦甚，幸至七佛庵。庵，萧统讲经之地[60]。有泉白乳色，即踞泉斸咽[61]，衫袂落水中，不暇救。三咽，神明渐复[62]。庵后有太子岩，一号昭明书台。方将入岩游，庵中僧出肃[63]，面有新瘢。询之，即向采荈者，心益动，遂舍岩问别径以归。所谓白莲池、定心石、宋熙泉、应潮井、弹琴石、落人池、朱湖洞天，皆不复搜览。还抵永春园，见肴核满地，一髫童立花下，问二客何在？童云："迟公不来[64],出壶中酒饮,且赋诗大噱[65]。酒尽,径去矣。"予遂回广慈,二君出迎。夏君曰:"子颜色有异,得无有虎恐乎?"予笑而不答。刘君曰:"是矣,子幸不葬虎腹,当呼斗酒,涤去子惊可也。"遂同饮。饮半酣,刘君澄坐至二更[66];或撼之,作舞笑钓之,出异响畏胁之,皆不动。予与夏君方困,睫交不可擘[67],乃就寝。又明日乙巳,上人出犹未归,欲游草堂寺,雨丝丝下,意不往,乃还。

按《地理志》,江南名山,惟衡、庐、茅、蒋。蒋山固无耸拔万丈之势,其与三山并称者,盖为望秩之所宗也[68]。晋谢尚[69],宋雷次宗、刘勔[70],齐周颙、朱应、吴苞、孔嗣之[71],梁阮孝绪、刘孝标[72],唐韦渠牟[73],并隐于此。今求其遗迹,鸟没云散,多不知其处。唯见荛儿牧竖[74],跳啸于凄风残照间,徒足增人悲思。况乎人事往来,一日万变,达人大观,又何足深较?予幸得与二君放怀山水窟,一刻之乐,千金不人易也[75]。山灵或有知,当使予游尽江南诸名山,虽老死烟霞中,有所不恨,他尚何望哉!他尚何望哉!章君约重游未遂,因历记其事,一寄二君,一遗上人云[76]。

【作者简介】

宋濂(1310—1381),字景濂,号潜溪,别号玄真子、玄真道士、玄真遁叟。浙江浦江(今浙江浦江)人。元顺帝时征作翰林院编修,他以奉养父母为由,辞不奉诏,隐居龙门山著书。至正二十年(1360),应朱元璋征召赴建康。明初奉命主修《元史》,官至翰林院学士承旨知制诰。后因其长孙宋慎牵连胡惟庸党案,被贬四川,死于途中。谥号文宪。曾被明太祖朱元璋誉为"开国文臣之首",明初朝廷许多重要文章,多出自他手。其诗文后合刻为《宋学士全集》75卷。

【注释】

[1] 秣陵:今南京。

[2] 钟:孙钟。为乌程侯孙坚之父,东吴大帝孙权祖父。东汉后期,天下将乱,遂隐于原乡富春江畔阳平山,以种瓜为业。路人有求,慷慨相赠。因此,孝友之名闻乡里。

[3] 辛丑:即至正二十一(1361)年。

[4] 刘伯温:即刘基(1311—1375)。字伯温。谥文成,温州文成县南田(旧属青田县)人。元末明初军事谋略家、政治家及诗人,通经史、晓天文、精兵法。辅佐朱元璋完成帝业、开创明朝并使尽力保持国家的安定,因而驰名天下,被后人比作诸葛亮。朱元璋多次称刘基为:"吾之子房(张良)也。"夏允中:即夏煜。江宁人(今属南京)。有俊才,工诗。明太祖辟中书省博士。曾与刘基一起起草朱元璋征讨陈友谅檄文。洪武初总制浙东诸府,后以不良死。

[5] 辰:7—9时。

[6] 舒王:指王安石。徽宗时受封为舒王。

[7] 谢公墩:南京钟山有谢公墩,其址说法不一。传谢安、王羲之曾登临,故名。

[8] 部娄:小山丘。

[9] 病湿:以湿为患。宋神宗元丰元年(1078),王安石居半山,此地积水成患,王开渠决水,舍住处为寺,并名"报宁寺"。

[10] 陆修静(406—477):字元德,谥号简寂先生。南朝宋道士,曾两度居建康。

[11] 齐文惠太子:即南朝齐武帝长子萧长懋(458—493)。字云乔,小字白泽,未即位而卒。

[12] 离离:繁盛貌。蕤蕤:音ruí,茂盛貌,下垂貌。

[13] 斜偃:斜仰倒下。

[14] 蟠身矫首:谓盘身昂头。

[15] 王虺:大毒蛇。虺:音 huī。

[16] 太平兴国寺:原名开善寺,梁武帝天监十四年(515)建,北宋初改名为太平兴国寺。后又改名蒋山寺、灵谷寺。

[17] 广慈:寺内院落名。

[18] 钦:方丈法号。上人:旧时尊称僧人,或称高僧。

[19] 毵毵:音 sān sān,毛发、枝条等细长垂拂,纷披散乱的样子。此指松花蕊细长。

[20] 章三益:名益,字三益。浙江龙泉人,朱元璋起事后被聘用,官至御史中丞。

[21] 开善道场:即开善寺。宝志:南朝名僧。生年跨宋、齐、梁三代,被尊为中土祖师禅创始人之一。大士:对高僧的敬称。

[22] 永定公主:按,南梁朝武帝萧衍皇后郗徽有三女儿:永兴公主萧玉姚、永世公主萧玉婉、永康公主萧玉嬛。武帝另有长城公主。无封"永定公主"的女儿。《灵谷寺志·宝志公行实》:梁武帝"以金二十万易其地,敕造木塔五级,用皇女永康公主遗下奁具成之,仍以无价宝珠置其上"。按:"永定公主"疑为"永康公主"。五成:五层。实:谓填充,安放(于)。

[23] 神龙:唐中宗李显年号,705—706 年。

[24] 舒王:指王安石(1021—1086),字介甫,号半山,封荆国公。政和三年(1113),追封舒王。他与南京关系深远,曾在此购置半山园。其《营居半山园作》:今年钟山南,随分作园囿。凿池构吾庐,碧水寒可漱。沟西雇丁壮,担土为培塿。扶疏三百株,莳棘最高茂。不求鹓鸰实,但取易成就。中空一丈地,斩木令结构。

[25] 方上:谓物体的上方作方形。

[26] 融:似指王融(468—494)。字元长,琅邪临沂(今山东临沂北)人。"少而神明警惠","博学有文才"(《南齐书》本传)。永明五年(487),为竟陵王萧子良拔为法曹参军,参与编纂《四部要略》。虽少年得意,融犹有未足,自恃才地,冀望三十以内位至台辅。而后,屡陈政见,为齐武帝所赏识,擢为宁朔将军。融更加意气风发,进《上北伐疏》《请习校部曲疏》。天有不测风云,齐武帝永明十一年(493)病死,融谋划的北伐事业随之搁置。新主萧昭业即位才十余日,便将他投入牢狱,令人罗织罪状,必欲置之死地。而融却宁折不弯,据理一一驳斥,但萧昭业不予置理,诏命赐死,时年仅 27 岁。

[27] 张僧繇:南北朝梁武帝时画家。吴中(今江苏苏州)人。生卒年不详。梁武帝天监中为武陵王国侍郎、直秘阁知画事,历任右军将军、吴兴太守。写真、龙鹰、花卉、山水等无所不能,尤擅人物故事画及宗教画。梁武帝好佛,凡装饰佛寺,多命他画壁。所绘佛像,自成样式,被称为"张家样"。张僧繇吸收了天竺等外来艺术之长,在中国画中首先采用凹凸晕染法,所画人物像和佛像栩栩如生、传神逼真。他与顾恺之、陆探微及吴道子并称为"画家四祖"。

[28] 颜真卿(709—785):唐京兆万年(今西安)人。他创立的"颜体"丰腴雄浑、结体宽博、气势恢宏且骨力遒劲、气概凛然。与柳公权并称"颜柳"。

[29] 李公麟(1049—1106):字伯时,号龙眠居士。庐江郡舒县(今安徽舒城)人。其白描画,扫去粉黛、淡毫轻墨、高雅超逸,被后人称为"天下绝艺矣"。李公麟与王安石交情深厚,二人常在半山园中品茗论诗,谈天说地。

[30] 八功德水:本指佛经中说的须弥山下有八功德水。此借为地名。书载钟山八功德水有"一清、二冷、三香、四柔、五甘、六净、七不饐、八除病"等八种功效。

[31] 天监:梁武帝萧衍年号,502—519 年。

[32] 姚察(533—606):字伯审,吴兴武康(今浙江德清)人。南朝历史学家。信佛吃素。历仕梁、陈、隋三朝。入隋,授秘书丞、晋王侍读,袭封北绛郡公,授太子内舍人。隋文帝曾说"闻姚察学行当今无比,我平陈唯得此一人"(《南史》)。开皇九年,察奉诏撰《梁史》《陈史》,未竟而卒。临终时遗命,嘱其子姚思廉继续撰史。

[33] 叶清臣(1000—1049):字道卿,苏州长洲(一作乌程,今浙江湖州)人。天圣二年(1024)榜眼。历任光禄寺丞、集贤校理,迁太常丞,晋直史馆。论范仲淹、余靖以言事被黜事,为仁宗采纳,仲淹等得以近徙。同修《起居注》,权三司使。知永兴军(治所今西安)时,修复三白渠,溉田六千顷,实绩显著,后人称颂。

[34] 㭀粥:同"孵育"。

[35] 戛戛:音 jiá,翅膀拍击声。

[36] 臧矜先生:南朝梁陈之际人。时称宗道先生,梁武帝国师。学识渊博、智深幽微,深得皇室礼重。陈宣帝(569—582)时,曾建玄真观迎宗道先生居之。

[37] 绀净:青碧。沈沈:亦作"沉沉",深邃貌。

[38] 厕:参,混杂在里面。险语:耸人听闻的话。改视:改变看法,重视。

[39] 文皇:元文宗图帖睦尔 1328—1330 年间,常居建康。潜邸:指皇帝即位前的住所。

[40] "揉柏"句:谓把树的枝条修剪、缚扎成鹿的样子。

[41] 濯濯:清新,明净。

[42] 鼠梓:木名。落叶灌木或小乔木。叶对生,春季开黄绿色花。实大小如豆,紫黑色。

[43] 荈:音 chuǎn,茶的老叶,即粗茶。

[44] 颧:音 quán,眼睛下边两腮上面的颜面骨。

[45] 绐:音 dài,古同"诒",欺骗,欺诈。

[46] 驺奴:旧时驾驭车马的奴仆。

[47] 芒𫐉:芒鞋。𫐉:音 juē,草鞋。

[48] 踸踔:音 chěn chuō,跳,跳跃。此谓一跛一瘸地行走。

[49] 息促甚:指呼吸急促。

[50] 喋喋:迭迭,频频。据顿地:谓坐到地上。

[51] 步夫人(?—238):名练师。临淮淮阴(今属江苏)人。东吴丞相步骘同族,孙权妃子。宠冠后庭,生有二女。卒后封为皇后,葬于蒋陵。

[52] 慢坡:缓坡。

[53] 裀褥:坐卧的垫具。

[54] 山椒:山顶。弓:《韵会》:一日一肘为二尺,一日一尺五寸为一肘,四肘为一弓,三百弓为一里。

[55] 不翅:同"不啻"。不止,不只。

[56] 鸡笼山:今名鸡鸣山。明初于山顶置仪器,名观象台。西接落星涧,北临玄武湖,东麓为鸡鸣寺。

[57] 滮滮:音 biāo,水急流貌。

[58] 盎:音 àng,盆。

[59] 踬:绊倒。

[60] 萧统(501—531):字德施,小字维摩,梁武帝萧衍长子、太子。谥"昭明"。主持编辑《文选》,后世称《昭明文选》。

[61] 斣咽:舀水喝。斣:音 jū,舀。

[62] 神明:此指神志。

[63] 出肃:出门迎接。肃:恭敬貌,作揖貌。

[64] 迟公:等着你。

[65] 大噱:大笑。噱:音 jué。

[66] 澄坐:静坐。

[67] 擘:开,剖。

[68] 望秩:按等级望祭山川。

[69] 谢尚(308—356):字仁祖。东晋人。精通音律,善舞蹈,工书法,尚清谈。历任江州刺史、尚书仆射,后进号镇西将军,累官至散骑常侍。世称谢镇西。曾于北伐中得到传国玉玺,又于牛渚采石制为石磬,为江表钟石之始。

[70] 雷次宗(386—448):字仲伦。南北朝刘宋南昌(今属江西)人。少入庐山,师事佛学大师慧远,学《三礼》《毛诗》,并修净业。其后,立馆于东林寺之东,笃志好学,兼通儒佛。元嘉二十五(448)年,帝强征至京师,为筑招隐馆于钟山西岩下。为皇太子和诸王讲授经学。刘勔:字伯猷,彭城(今江苏徐州)人。少有志节,兼好文义。元嘉二十七年,除宁远将军、绥远太守。累以征讨功绩,终为振威将军、屯骑校尉,入直阁。

[71] 周颙:字彦伦,汝南安城(今属河南)人。解褐为海陵国侍郎。益州刺史萧惠开携其入蜀,为厉锋将军,带肥乡、成都二县令。宋明帝好言理,以颙有辞义,引入殿内,亲近宿直。元徽初,出为剡令,有恩惠,百姓思之。齐太祖萧道成辅政,引接颙。颙音辞辩丽,出言不穷,宫商朱紫,发口成句。凡涉百家,长于佛理。于钟山西立隐舍,休沐则归之。转太子仆,兼著作,撰起居注。朱应:生平未详。吴苞:字天盖,濮阳鄄城(今属山东)人。善《三礼》及《老》《庄》。宋泰始中,过江聚徒教学。冠黄葛巾,蔬食二十余年。隆昌元年,诏征太学博士,不就。于蒋山南立馆,学者咸归之。孔嗣之:字敬伯。南朝宋时为中书令人,并非所好,自庐陵郡去官,隐居钟山。

[72] 阮孝绪(479—536):字士宗,南朝梁陈留尉氏(今河南尉氏)人。幼以孝闻,性沉静,年十三通五经。所居唯一床,竹树环绕,读书其中,学养精进。屡被征,以世路多艰,终不出仕。有《七录》。刘孝标:即刘峻(462—521)。字孝标,平原(今属山东)人。南朝梁学者、文学家。仕途多舛,最终选择金华山为栖隐之地。以注释《世说新语》闻于世。

[73] 韦渠牟:唐京兆万年(今西安)人。贞元中,官至太常卿。少警悟,工诗,李白异之。

[74] 荛儿:樵夫。荛:音 ráo,柴草。牧竖:牧奴,牧童。

[75] 千金不人易:犹谓千金不换。

[76] 遗:音 wèi,赠送。

阅江楼记

明·宋濂

【提要】

本文选自《宋濂全集》(浙江古籍出版社 1999 年版)。

阅江楼与武汉黄鹤楼、岳阳岳阳楼、南昌滕王阁合称江南四大名楼。位于南京古城西北角,临近长江。明洪武七年(1374)春,明太祖朱元璋决定在京师(今南京)狮子山建一座楼阁,亲自命名为阅江楼并撰写《阅江楼记》,又命众文臣职事每人写一篇《阅江楼记》,大学士宋濂所写一文最佳,后入选《古文观止》。建楼所用地基平砥完工后,朱元璋突然决定停建。直至2001年建成,从此结束了六百年来"有记无楼"的历史。"一江奔海万千里,两记呼楼六百年"一联写尽阅江楼六百年的风雨沧桑。

倡建阅江楼者,明朝开国皇帝朱元璋。朱元璋称帝前,在狮子山上以红、黄旗为号,指挥数万伏兵,击败了陈友谅40万大军,为其建立大明王朝奠定了基础。十四年后的洪武七年(1374),朱元璋决定在狮子山建一楼阁。朱元璋还动用了服刑的囚犯,在狮子山顶修建了建楼用的"平砥",也就是地基。朱元璋在写了楼记、打了地基后又突然决定停建阅江楼,并在他的《又阅江楼记》中说明了停建的理由:一是上天托梦给他,叫他不要急于建阅江楼;二是在他经过深思熟虑后,觉得应该抓迫切需做的大事,建阅江楼应该缓一缓。其实还有一个原因是集中财力人力修建南京和中都凤阳的城墙,后来连中都凤阳的城墙也因耗费巨大而停建了。

这一停就是600余年,2001年,阅江楼终于建成。

阅江楼碧瓦朱楹、飞檐峭壁、朱帘凤飞、彤扉彩盈,明代风格鲜明。内部布局围绕明太祖朱元璋和明成祖朱棣两代帝王的政治主张展开。底层是一椅、一壁、一匾。摆放在金匾靠壁前的是一把"朱元璋龙椅",以上等红木制成,椅背雕九龙,重量超过千斤。二层有一船、一画。明朝永乐帝朱棣,取消海禁,扩大贸易、文化交流,当时南京龙江关(今称下关)地区是龙江等造船厂。船厂打造最长的船,长138米,宽56米,航行时有九桅12帆,载重7000吨。而巨幅瓷画反映的是郑和七下西洋的历史。画面由12个部分组成,详细描写了航海家郑和按照永乐皇帝的旨意建造宝船,到西洋各国宣传中华文明的盛况。阅江楼的顶层可观蟠龙藻井。屋顶盘踞的金龙用整根香樟木雕刻而成,龙身上用的是24K黄金,用江宁金箔制作工艺制成。整座楼共用去11千克24K纯金,阳光下阅江楼金碧耀目、辉煌无比。

在宋濂的笔下,阅江楼虽并不存在,但实体没有文字也威。"狮子山……蜿蜒而来""长江如虹贯,蟠绕其下""风日清美"之时,"见江汉之朝宗,诸侯之述职,城池之高深,关阨之严固";"见波涛之浩荡,风帆之下上,番舶接迹而来庭,蛮琛联肩而入贡";"见两岸之间、四郊之上,耕人有炙肤皲足之烦,农女有捋桑行馌之勤",凭阑遥瞩,自生创业艰辛、拥有疆土、威服海内的复杂情感,帝王大业,得之不易!

金陵为帝王之州。自六朝迄于南唐,类皆偏据一方,无以应山川之王气。逮我皇帝定鼎于兹,始足以当之。由是,声教所暨[1],罔间朔南[2],存神穆清,与天同体。虽一豫一游,亦可为天下后世法。

京城之西北,有狮子山,自卢龙蜿蜒而来。长江如虹贯,蟠绕其下。上以其地雄胜,诏建楼于巅,与民同游观之乐,遂锡嘉名为"阅江"云。登览之顷,万象森列,千载之秘,一日轩露。岂非天造地设,以俟夫一统之君,而开千万世之伟观者欤?当风日清美,法驾幸临,升其崇椒,凭阑遥瞩,必悠然而动遐思。见江汉之朝宗[3],

诸侯之述职,城池之高深,关阨之严固,必曰:"此朕栉风沐雨,战胜攻取之所致也。"中夏之广,益思有以保之。见波涛之浩荡,风帆之上下,番舶接迹而来庭[4],蛮琛联肩而入贡[5],必曰:"此朕德绥威服,覃及内外之所及也[6]。"四陲之远,益思有以柔之。见两岸之间,四郊之上,耕人有炙肤皲足之烦,农女有捋桑行馌之勤[7],必曰:"此朕拔诸水火,而登于衽席者也[8]。"万方之民,益思有以安之。触类而思,不一而足。臣知斯楼之建,皇上所以发舒精神,因物兴感,无不寓其致治之思,奚止阅夫长江而已哉?

彼临春、结绮[9],非不华矣;齐云、落星[10],非不高矣。不过乐管弦之淫响,藏燕赵之艳姬。不旋踵间,而感慨系之。臣不知其为何说也。虽然,长江发源岷山,委蛇七千余里而入海[11],白涌碧翻。六朝之时,往往倚之为天堑。今则南北一家,视为安流,无所事乎战争矣。然则果谁之力欤?逢掖之士[12],有登斯楼而阅斯江者,当思圣德如天,荡荡难名,与神禹疏凿之功,同一罔极。忠君报上之心,其有不油然而兴耶?

臣不敏,奉旨撰记,欲上推宵旰图治之功者[13],勒诸贞珉[14]。他若留连光景之辞,皆略而不陈,惧亵也。

【注释】

[1]暨:音 jì,到,至。

[2]朔南:北南。

[3]朝宗:比喻小水注大水。

[4]番舶:旧称来华贸易的外国商船。

[5]蛮琛:指南方的珍宝。

[6]覃及:延及。覃:音 tán,延,延及。

[7]馌:音 yè,给在田间耕作的人送饭。

[8]衽席:床褥与莞簟。借指太平安居的生活。

[9]临春、结绮:均为阁名。《陈书·皇后传》:南朝陈后主至德二年(584),起临春、结绮、望仙三阁,阁高数丈,并数十间,窗牖、壁带之类皆以沉檀香木为之,饰以金玉,间以珠翠,其服玩之属,瑰奇珍丽,穷极奢华,近古所未有。后主自居临春阁,张贵妃居结绮阁,龚、孔二贵嫔居望仙阁,并复道交相往来。

[10]齐云、落星:均楼名。

[11]委蛇:音 wēi yí,曲折绵延貌。

[12]逢掖:宽大的衣袖。《礼记·儒行》:"丘少居鲁,衣逢掖之衣;长居宋,冠章甫之冠。"因指儒生所穿之衣。借指儒生。

[13]宵旰:宵衣旰食。即天不亮就起床,天晚了才吃饭。

[14]贞珉:石刻碑铭的美称。

附:阅江楼记

明·朱元璋

朕闻三皇五帝下及唐宋,皆华夏之君,建都中土。《诗》云:"邦畿千里",然甸服五百里外,要荒不治,何小小哉?古诗云:"圣人居中国而治四夷",又何大哉?询于儒者,考乎其书,非要荒之不治,实分茅胙土,诸侯以主之,天王以纲维之。

然秦汉以下不同于古者何?盖诸侯之国以拒周,始有却列土分茅之胙,擅称三十六郡,可见后人变古人之制如是也。若以此观之,岂独如是而已乎?且如帝尧之居平阳,人杰地灵。尧,大哉圣人,考终之后,舜都蒲坂,禹迁安邑。自禹之后,凡新兴之君,各因事而制宜,察形势以居之,故有伊洛陕右之京,虽所在之不同,亦不出乎中原,乃时君生长之乡,事成于彼,就而都焉,故所以美称中原者为此也。孰不知四方之形势,有齐中原者,有过中原者,何乃不京而不都?盖天地生人而未至,亦气运循环而未周故耳。近自有元失驭,华夷弗宁,英雄者兴亡叠叠,终未一定,民命伤而日少,田园荒废而日多。观其时势,孰不寒心?

朕居扰攘之间,遂入行伍,为人调用者三年。俄而匹马单戈,日行百里,有兵三千,效顺于我。于是乎帅而南征,来栖江左,抚民安业,秣马厉兵,以观时变,又有年矣。凡首乱及正统者,咸无所成,朕方乃经营于金陵,登高临下,俯仰盘桓,议择为都。民心既定,发兵四征。不五年间,偃兵息民,中原一统,夷狄半宁。

是命外守四夷,内固城隍,新垒具兴,低昂依山而傍水,环绕半百里,军民居焉。非古之金陵,亦非六朝之建业,然居是方,而名安得而异乎?不过洪造之鼎新耳,实不异也。然宫城去大城西北将二十里,抵江干曰龙湾。有山蜿蜒如龙,连络如接翅飞鸿,号曰卢龙,趋江而饮水,末伏于平沙。一峰突兀,凌烟霞而侵汉表,远观近视实体狻猊之状,故赐名曰狮子山。既名之后,城因山之北半,壮矣哉!若天雾登峰,使神驰四极,无所不览,金陵故迹,一目盈怀,无有掩者。俄而复顾其东,玄湖钟阜,倒影澄苍,岩谷云生而霭水,市烟薄雾而蓊郁,人声上彻乎九天。登斯之山,东南有此之景。俯视其下,则华夷舸舰泊者樯林,上下者如织梭之迷江。远浦沙汀,乐蓑翁之独钓。平望淮山,千岩万壑,群嶂如万骑驰奔青天之外。极目之际,虽一叶帆舟,不能有蔽。江郊草木,四时之景,无不缤纷,以其地势中和之故也。备观其景,岂不有御也欤?

朕思京师军民辐辏,城无暇地,朕之所行,精兵铁骑,动止万千,巡城视险,隘道妨民,必得有所屯聚,方为公私利便。今以斯山言之,空其首而荒其地,诚可惜哉。况斯山也,有警则登之,察奸料敌,无所不至。昔伪汉友谅者来寇,朕以黄旌居山之左,赤帜居山之右,谓吾伏兵曰:赤帜摇而敌攻,黄旌动而伏起。当是时,吾精兵三万人于石灰山之阳,至期而举旌帜,军如我约,一鼓而前驱,斩溺二万,俘获七千。观此之山,岂泛然哉!

乃于洪武七年甲寅春,命工因山为台,构楼以覆山首,名曰阅江楼。此楼之兴,岂欲玩燕赵之窈窕,吴越之美人,飞舞盘旋,酣歌夜饮?实在便筹谋以安民,壮京师以镇遐迩,故造斯楼。今楼成矣,碧瓦朱楹,檐牙摩空而入雾,朱帘风飞而霞卷,彤扉开而彩盈。正值天宇澄霁,忽闻雷声隐隐,亟倚雕栏而俯视,则有飞鸟雨云翅幕于下。斯楼之高,岂不壮哉!

噫,朕生淮右,立业江左,何固执于父母之邦。以古人都中原,会万国,当云道里适均,以今观之,非也。大概偏北而不居中,每劳民而不息,亦由人生于彼,气之使然也。朕本寒微,当天地循环之初气,创基于此。且西南有疆七千余里,东北亦然,西北五千之上,南亦如之,北际沙漠,与南相符,岂不道里之均?万邦之贡,皆下水而趋朝,公私不乏,利益大矣。故述文记之。

按:本文选自《明太祖御制文集》(台湾学生书局1965年版)。

又阅江楼记并序

明·朱元璋

(洪武七年二月)朕闻昔圣君之作,必询于贤而后兴。噫,圣人之心幽哉。朕尝存之于心,虽万千之学,独不能仿。今年欲役囚者建阅江楼于狮子山,自谋将兴,朝无入谏者。抵期而上天垂象,责朕以不急。即日惶惧,乃罢其工。试令诸职事妄为《阅江楼记》,以试其人。及至以记来献,节奏虽有不同,大意比比皆然,终无超者。朕特假为臣言而自尊,不觉述而满章,故序云。

洪武七年二月二十一日,皇帝坐东黄阁,询臣某曰:京城西北龙湾狮子山,扼险而拒势,朕欲作楼以壮之,雄伏遐迩,名曰阅江楼。虽楼未造,尔先为之记。

臣某谨拜手稽首而曰:臣闻古人之君天下,作宫室以居之,深高城隍以防之,此王公设险之当为,非有益而兴。土皆三尺,茅茨不剪,诚可信也。今皇上神谋妙算,人固弗及,乃有狮子山扼险拒势之诏,将欲命工。臣请较之而后举。

且金陵之形势,岂不为华夷之魁?何以见之?昔孙吴居此而有南土,虽奸操、忠亮,卒不能擅取者,一由长江之天堑,次由权德以沾民。当是时,宇内三分,劲敌岂小小哉?犹不能侵江左,岂假阅江楼之拒势乎?

今也皇上声教远被遐荒,守在四夷,道布天下,民情效顺,险已固矣,又何假阅江楼之高扼险而拒势者欤?夫宫室之广,台榭之兴,不急之务,土木之工,圣君之所不为。皇上拨乱返正,新造之国,为民父母,协和万邦,使愚夫愚妇无有谤者,实臣之愿也。

臣虽违命,文不记楼,安得不拜手稽首,以歌陛下纳忠款而敛兴造,息元元于市乡。乃为歌曰:

天运循环,百物祯颁。真人立命,四海咸安。

臣歌圣德,齿豁鬓斑。亿万斯年,君寿南山。

按:本文选自金陵图书馆《南京诗文集》。

20

明·宋讷

【提要】

　　本文选自《明经世文编》(中华书局 1962 年影印本)。

　　明朝金陵的太学是朱元璋敕建,宋讷主持修筑的。"臣恭奉明诏,夙夜匪懈。梗楠豫樟,来积如阜。凿山载石,舆土筑基。梓人效艺,以宏其制。又遣金吾前卫亲军指挥谭格督其工。凡堂有七:彝伦,所以会讲;率性、修道、诚心、正义、崇志、广业,则诸生肄业所也。"建成的国学"会馔有堂,庖厨有室。井覆有亭,物贮以库。伧廪蔬园,重门缭垣,回廊储书。两堂之间,东西有馆,助教、正、录居焉。东偏列室鳞次,诸生处焉。庙在学东,亢以增基。大成有门,七十二贤有庑。凡为楹八百一十有奇,壮丽咸称"。

　　负责太学事务的祭酒宋讷"对扬帝命,式昭盛代之兴文"有了郁郁庄严的地方了。

　　明朝太学又称国子监,规模宏阔,校内建筑直接用于教学活动的有正堂和支堂:正堂称"彝伦堂",共 15 间,"左列鼓架,右建钟楼,堂前树石晷";支堂在正堂后,共有 6 堂,"每堂各十五间,中五间设师座,左右各五间,设凳桌,为弟子肄业所。庭前各树以杉桧"。明朝的国子监同时接收皇帝指派的贵族子弟和由地方官保送的平民子弟,分别称为官生和民生。国子监的学生是作为国家后备官员在此接受培养训练的。洪武五年(1322),规定国子监生学习到一定年限,分拨到政府各部门"先习吏事",称为"历事监生"。历事监生的见习时间短的 3—6 个月,长的达一年,甚至更长。建文时还确定了考核办法:历事监生期满经考核,分为上、中、下三等,上等者送吏部铨选授官,中、下等者仍历一年再考,上等者依上等用,中等者不拘品级,随才任用,下等者回监读书。

　　明初,从朝廷到地方需要大量的官员;加上明初又屡兴大狱,胡惟庸案、蓝玉案、空印案、郭桓案,官员被杀、赐死、流徙者无数,靠三年一试的科举考试已远不敷使用,监生们走向官途自然顺理成章。如洪武十八年(1385)的郭桓案,被杀的官员便以万计,第二年千余名监生便走向各地填补空缺,甚至平步而至高位(布政使)。因为需求巨大,国子监的生员越来越多。洪武二十六年,国子监的学生竟超过八千,而官生只有四名,国子监一时成为培养百姓子弟当官的学校。

　　洪武十五年(1382)五月,国子监落成,第一任祭酒宋讷"严立学规,终日端坐,讲解无虚晷,夜恒止学舍"。他对学生管束极严,国子监里时常有生员自尽。于是,学录金文征串通同乡吏部尚书余火气,由吏部令宋讷致仕。宋讷向朱元璋辞别时,说出自己的致仕并非自愿,乃是有人暗中捣鬼。朱元璋问明原委,杀了余火气、金文征等人,在监前张榜示其罪状。宋讷终以八十高龄死于祭酒任上。

洪武十四年夏[1]，上诏群臣曰："王者受命，武功文德，相继成治。定天下以武，治不以武也，其崇文乎！顾兹成均[2]，地隘而陋，何以振文教？朕相基于鸡鸣山下[3]，高爽平远，岂天协朕心，若藏此地，俟兴一代学乎？"群臣稽首曰："皇上圣神，斯文福也。"乃以天子学制授诸冬官。

冬官臣恭奉明诏，夙夜匪懈[4]。梗楠豫樟[5]，来积如阜；凿山载石，舆土筑基；梓人效艺，以宏其制。又遣金吾前卫亲军指挥谭格督其工。

凡堂有七，彝伦，所以会讲；率性、修道、诚心、正义、崇志、广业，则诸生肄业所也。会馔有堂[6]，庖厨有室，井覆有亭，物贮以库。饩廪蔬园[7]，重门缭垣，回廊储书。两堂之间，东西有馆，助教、正、录居焉[8]。东偏列室鳞次，诸生处焉。庙在学东，亢以增基[9]。大成有门，七十二贤有庑。凡为楹八百一十有奇，壮丽咸称[10]。自经始以来，大驾临役者不一。夫子而下，像不土绘，祀以神主，数百年夷习乃华。

明年五月，冬官奏庙学成。十有一日，天子遣使祀先师以太牢。礼毕，胄子及民之俊秀[11]登堂受业，学之礼制备矣。十有七日，上躬临庙礼，行酌献，再拜而退。乃达学，学官率诸生进拜堂下，博士臣龚敩执经，祭酒臣吴颙讲经。既毕，万乘是还。此千载旷仪，讲而行之，斯文增重矣。六月一日，上又赐勅文重谕胄子，禁制防遏之法[12]，训迪诱掖之意[13]，无不至焉。

越一日，帝御奉天门，诏臣讷文之于石。臣拜手稽首，不敢以不文辞，承命。遂运兴造始末，为之言曰[14]："孔子之道，垂宪万世；帝王之兴，首建太学。盖学所以扶天理，淑人心也[15]。皇极由之而建，大化由之而运，世道由之而清。风化本原，国家政务，未有舍此而先者。或有未备，则无以维三纲五常之具，示作人重道之心。圣天子位居君师，续道统于尧舜禹汤文武，建学定规，高出前古。凡我登堂养正游艺之士[16]，斯言斯诵，相勉相诲，无负教养，则正人端士从出，而为国家桢干[17]，祚圣子神孙之业[18]，万世而无穷者，当自今始。

顾臣肤陋，敢不对扬帝命，式昭盛代之兴文也！拜手稽首而献颂曰：

于惟圣皇，臣伏万方。乘时经纶，文偃武扬。储庆发祥，载整乾纲[19]。乃相学基，鸡鸣山阳。平远高爽，非麓非冈。武辉京邑，隐若天藏。考制定规，圣度曷量。乃授工曹，孰敢怠遑[20]。工师用劝，效技允臧。有庙有庑，有廊有堂。鳞比而重，龙起而翔。登用儒臣，教化昭彰。佩服锵锵[21]，弦诵洋洋[22]。正学有传，师道有常。万乘来临，俎豆生光[23]。千载礼仪，一代典章。躬亲讲道，超轶百王[24]。圣制昭宣，启迪激昂。宠及青衿[25]，垂范流芳。材育化崇，殷序周庠。立极作则，远绍虞唐。德进英豪，业修俊良。股肱朝廷，都俞岩廊。以弘文化，庆祚灵长。愿佑皇图，万世无疆。

【作者简介】

宋讷(1311—1390)，字仲敏。元末明初滑县(今属河南)人。元至正进士。任盐山府尹，后弃官归隐。洪武初年应征编礼、乐诸书，事竣，不仕归。后经荐任国子助教。十五年(1382)超迁翰林学士，改文渊阁大学士，再迁国子监祭酒。讷为学严立学规，治太学有绩，颇受明太祖赏识。卒，"帝悼惜，自为文祭之"(《明史·宋讷传》)。

【注释】

[1]洪武十四年:1381 年。

[2]成均:古之大学。后泛称官设的最高学府。

[3]鸡鸣山:在南京城中,今东南大学周围地区。

[4]夙夜匪懈:形容日夜谨慎工作,勤奋不懈。夙夜:早晚,朝夕。匪:不。懈:懈怠。

[5]梗楠豫樟:皆木名。梗:音 pián,即黄梗木。楠:楠木。常绿大乔木,木材坚固,为贵重的建筑材料。豫樟:枕木和樟木的并称。

[6]会馔:犹会餐。

[7]饩廪:音 xì lǐn,古代官府发给作为月薪的粮食。亦泛指薪俸。

[8]助教:古代学官名。协助国子祭酒、博士教授生徒。正、录:均为国子监中低级学官。学正协助博士教学,并负训导之责。学录掌执行学规,协助博士教学。

[9]亢:高。

[10]按:"壮丽咸称"左,有侧注:太祖之意若此,何疑于世庙之易耶。

[11]胄子:古代称帝王或贵族的长子。泛称贵族子弟。

[12]禁制:禁阻制约。防遏:防备遏止。

[13]训迪:教诲开导。诱掖:引导扶植。

[14]按:"言曰"右侧原有:此亦进御之文,故引于此。

[15]淑:善,美;清澈。

[16]养正:涵养正道。

[17]桢干:筑墙时所用的木柱,竖在两端的叫桢,竖在两旁障土的叫干。后喻指起重要、决定作用的人或事物。

[18]祚:赐福。

[19]乾纲:天道,朝纲。

[20]怠遑:懈怠而闲暇。

[21]锵锵:盛美貌。此谓学生着装统一整齐。

[22]弦诵:泛指吟哦诵读。洋洋:形容声音响亮。

[23]俎豆:指祭祀。俎:音 zǔ,古代祭祀时放祭品的器物。

[24]超轶:超越。

[25]青衿:青色交领的长衫。古代学子的常服。

西林禅院圆应塔记

明·竺 隐

【提要】

本文(两篇)为路秉杰先生抄录自上海松江西林寺碑刻,参校《上海碑刻资料

23

选辑》《上海宗教志》。

圆应塔,南宋咸淳年间(1265—1274)所建。明初,此塔倾,洪武二十年(1387)重建,改名"圆应塔"。塔砖木结构,八面七层,高46.5米,为上海市郊目前已测定的古塔中最高的一座。

圆应塔为楼阁式宝塔。塔外形与上海龙华塔相似,而内部构造却不同。西林塔在厚厚的砖壁内,置砖级和石级,进出口都在各层壶门过道两侧砖壁上。各层都有飞檐、翘角、曲折栏杆,底层有围廊,下有台座。正统九年(1444),迁建该塔于佛殿后。此次搬迁,黄翰为之撰记。

现存圆应宝塔由主塔和附属小塔构成,全用砖砌。主塔底层四隅各附建一座六角形亭状小塔,小塔环抱主塔,高低错落,主次相依,精巧华丽,壮观秀逸。主塔通高31.5米,共分四层,各层檐下均配置华丽的砖仿木构斗拱。一至三层平面作八角形,底层中部砖制斗拱,北侧辟一券门。二、三层均设平座。除各正面辟拱形券门外,还在各侧面雕以斜棂假窗、方形佛龛。第三层平座甚大,而塔身显著缩小,檐上拐角处均雕力士像,以承托塔身的第四层。第四层平面略呈圆形,外观如同一圆锥体。这是塔的主要部分,也是塔的精华所在,其高度约占全塔通高的三分之一。圆锥体内檐塔室供奉两尊石佛,外檐以八面八角垂线为中心,交错彩塑菩萨、力士、禽兽、狮、象及楼台亭阁等形象,题材广泛、构图新颖、排列有序、做工精巧。其中,尤以动物造型最为逼真,凶猛的狮子、憨厚的大象、欲跃的青蛙,无不生动传神,活灵活现。第四层周身列一组雕塑群,五光十色、光艳夺目。该层上端以砖刻制斗拱,上覆八角亭式塔檐,再上则冠以八角攒尖形塔刹。

由主塔、附塔组合而成的宝塔坐在同一方形基台上,总平面呈八角形,四正面通宽6.2米,四斜面阔3.5米,中央为主塔,四斜面各建一附塔,主塔与附塔之间为宽1.36米的内回廊。附塔顶原饰有小喇嘛塔,现已不存。下面为一扁六角形亭状的单层套室,套室四斜面有破子棂窗,各面转角处有砖砌依柱,柱上配置阑额斗。四个斜面的附塔联墙构成主塔副阶,中间各辟圆拱门,单檐布瓦顶。

1982年,圆应塔被列为上海市文物保护单位。1990年有关部门筹备重修时,发现砖身还是宋代原物,而各层外檐斗拱、罗汉枋、撩檐枋等都是明式,说明明代确曾重修。1993年10月,修缮工程开工。维修人员在塔刹中的宝瓶内发现金银佛像、玉雕人物等50余件文物。次年1月,在塔刹覆盆下砖砌"天宫"内,发现藏有金、银、铜佛像,玉璧、玉环等;在地宫中又出土文物500余件,有金银铜质佛像、银塔模型,以及玉、水晶、玛瑙、珊瑚等摆件、饰件。

佛本不生不灭,而示乎生灭法者,度众生也。所以有生处焉,有成道处焉,有转法轮入涅槃处焉[1]。如来示涅槃将已,此之四处皆可建塔,意令其人睹相生善而为归向之方也。故我释迦世尊双林唱寂荼毗之后[2],八王各分舍利,还国起塔。又阿育王造塔八万四千,天上人间皆有之。

自汉明感梦,大教东渐,摩腾至洛阳[3],指白马寺圣冢曰:"阿育王所造舍利塔,震旦一十九处[4],此其一也。至于建业、盦峰等皆是焉。"后代因凡通都大邑、阛阓要地[5],必建塔以镇之。

松为东南乐土,旧有四塔,曰普照、超果、兴圣、延恩。唯兴圣岿然独存,三皆毁矣。比丘淳厚尝受业于霞雾山石屋珙禅师,有所得,乃属其随方建立道场[6],结从缘,植福田[7]。忽善友告曰,城西有宋圆应盦师接待浴院,兵烬之余,遗址在焉。遂即其地创西林精舍,堂殿门庑,规置井井,像设庄严[8],宜有悉备。复贾余力,募缘补建延恩宝塔,八面七层,题名"圆应",不忘本也。中奉华严,一大藏教,众宝庄校,一一如法。

或者语之,塔庙之建,非小因缘,若不纪其事绩,后之来者奚考焉。于是,遣其徒慧隆来京师,乞文以记之。

原夫诸佛,法身常在,世间未始生灭也。山河大地,草木丛林,至于一尘之微,莫不皆是佛所住处。第以众生障故,不见择殊胜地,树立浮图[9],退迩耸观。殆若真身在世,不异生善灭恶,革凡成圣,功德岂易量哉!今淳厚以一念之诚,变荆棘瓦砾之墟,为金银幢刹之所,非以圆机感圆应[10],有大愿行过于人者,能若是□?或谓浮图氏,以善恶因果之说处人,使不吝其施者焉。知吾佛设教化人,断贪欲,脱生死,致之于清净无为之地也耶。

淳厚号无际,幼有出尘之志。既雉发[11],参见性成□话。昼则禅坐,夜礼千佛,寒暑不废。尝刺指血书《华严》,顶炷及二指。建桥梁,利津涉[12],凿井甃路,及众善缘。苟有益于人者,皆乐为之。并书以记。

洪武二十五年四月十三日[13],京都僧录司左善世、上天竺住山弘道撰,从事郎中书舍人新安詹希原书并篆。

【作者简介】

竺隐法师(1315—1392),讳弘道,别号存翁。姑苏(今苏州)吴江人,俗姓沈。遵父命,出家青镇密印寺。十九岁落发,进受具足戒。元末赴杭州圆觉寺任首座。洪武三年(1370),朱元璋诏天下僧道问鬼神事。竺隐弘道法师与其列。十五年(1382),被选任杭州僧纲司都纲,并迁住上天竺。翌年,擢为僧录司左善世,一任9年。二十四年(1391)春,以年老请辞,朱元璋许之。

【注释】

[1]法轮:佛教语。谓佛说法,圆通无碍,运转不息,能摧破众生的烦恼。释迦牟尼佛成道之初,三度宣讲"苦、集、灭、道"四谛,称为"三转法轮"。涅槃:佛教语。意译灭、灭度、寂灭、圆寂等。是佛教全部修习所要达到的最高理想,一般指熄灭生死轮回后的境界。

[2]双林:指释迦牟尼涅槃处。荼毗:佛教语。指僧人死后火化。

[3]摩腾:即摄摩腾。东汉永平十一年(69),汉明帝从西域请入中土的高僧,在京都洛阳建白马寺。此为中国建佛寺的开端。

[4]震旦:古代印度人称中国。

[5]阛阓:街市,街道。

[6]随方:依据情势。

[7]福田:佛教语。佛教以为供养布施,行善修德,能受福报,犹如播种田亩,有秋收之利,故称。

[8]像设:典出《楚辞·招魂》:"像设君室,静闲安些。"朱熹集注:"像,盖楚俗,人死则设其形貌于室而祠之也。"后称所祠祀的人像或神佛供像为"像设"。

[9]浮图:佛塔。

[10]圆机:指见解超脱,圆通机变。圆应:普遍应化。

[11]雉发:指剃度。

[12]津涉:渡口。

[13]洪武二十五年:1392年。

附:重建西林大明禅寺圆应塔记

明·黄 翰

国朝龙兴,并存三教,庙宇寺观,弥布寰区,盖欲斯兴,斯民有所观,感同至于善而已。然为教有别,□□□于前,徒述于后,在得其人。

松江西林大明禅寺,旧为宋僧圆应睿禅师所建接待院,元毁于兵□□□□。皇明启运,中外清宁,百废待兴。比丘淳厚,始以其地创为西林禅院,又以松江旧有塔四:普照、超果、兴圣、延恩。三皆堕圮,兴圣独存。辄复募缘补建延恩宝塔,特立山门之右,题名圆应,不忘本也。距今岁久,□□□□。

徒孙法瑞,日夕忧惧,图维新之,相度地理所宜,欲迁大殿之后。正统九年甲子,经始营之。岁潦而歉,难以自持;度材庀工,至忘寝食。于是,远近称扬,咸助资力,惟恐或后,遂落成于十三年戊辰。

竣峙蟠固,八面七层;掘地筑台,下及泉壤;冶金作顶,上接云霄,香灯夜烛。诸天铃铎,声闻数里。神人起敬,遐迩耸观。

可□□(正)统十二年丁卯,上章具奏,得许移改,额为"西林大明禅寺"。诸山交庆,缁素称荣。继而,所司复以法碙住持本寺,而其所勉,益力体行,光大先业为心。增建观音、弥陀二殿,移置山门廊庑。方丈斋堂,庄严黝垩,焕然一新。

大众瞻礼,赞叹不已。皆谓:若非凤赋善缘,素有力量,何能振作如斯?设使三教之中,咸有高徒,得人如此,则皆光前裕后,圣贤为治之心,有补于兴教不浅。于是,稽首皈依,合掌向佛,异口同音,而作偈曰:

> 佛大慈悲,发清净愿。百亿化身,法界周遍。济度群迷,种乃方便。
> 惟睿禅师,开山设院。兵燹之余,藐茫如线。比丘淳厚,始弘堂殿。
> 首创禅林,招延法眷。补立浮图,镇安郊甸。积久倾危,莫能修缮。
> 梃生徒孙,良心发现。相度经营,聿新鼎建。插地擎天,七层八面。
> 遐迩耸观,顶礼欢颜。惟有为法,经文贯穿。如梦幻泡,如影露电。
> 应作是观,心明性见。觉海慈航,圆机应变。兴兴生生,昭示来彦。

大众说是偈已,作礼而退,拜求予文勒石。予因次第其说以告来者,《传》有之曰:"莫为于前,虽盛而弗传;莫述于后,虽美而弗彰。宜知勉。"

夫法碙年富气充,志于有为,师礼寺僧,似比墨名而儒行,贤士大夫,多乐与游,古谓有志事竟成,其信然矣。于是乎书。

永乐壬辰进士、正议大夫资治尹、提刑按察使黄翰撰文并书丹撰额。大明正统十三年,岁次戊辰春三月初九日立石,郡人姚晟镌。

次 归 州

明·孙 蕡

【提要】

本诗选自《明诗别裁集》(上海古籍出版社 1979 年版)。

"归州城门半天开,白云晚向城下起。"归州位于湖北省西部,长江西陵峡畔,地处长江上游下段的三峡河谷地带,此地悬崖峭壁,望之落帽,但"市廛架屋依岩峦","城中夜闻滩濑响"。古归州,崖壁上的州城。

归州,唐武德二年(619)置,辖秭归、巴东二县,治所在今秭归县长江边。民国元年(1912)废州为秭归县。三峡水库修建后,古归州淹没。

归州城门半天里,白云晚向城下起。
市廛架屋依岩峦[1],妇女提罂汲江水[2]。
巴山雪消江水长,城中夜闻滩濑响。
客船树杪钩石棱,渔父云端晒罾网[3]。
家家芜田山下犁,倒枯大树烧作泥。
居人养犬获山鹿,稚子缚柴圈野鸡。
楚王台高对赤甲[4],四时猛气长飒飒。
柁工鸣板避漩涡[5],橹声摇上黄牛峡。

【作者简介】

孙蕡(1334—1389),字仲衍,广东顺德人。中进士后授工部织染局使,长虹县主簿。召入,为翰林典籍。出为平原主簿,坐累逮系,旋得释。起为苏州经历,复坐累戍辽东。后因尝为蓝玉题画,论死。蕡博学,工诗文,著述甚富,今存《西庵集》九卷。

【注释】

[1]市廛:市中店铺。

[2]罂:音 yīng,古代大腹小口盛物器。

[3]罾网:鱼网。罾:音 zēng,古代一种用木棍或竹竿做支架的方形鱼网。

[4]楚王台:指巫山阳台。相传为楚襄王梦神女处。《寰宇记》:楚宫,在巫山县西二百步阳台古城内,即襄王所游之地。赤甲:亦作"赤岬"。山名。在重庆奉节东。

[5]柁工:船上掌舵的人。

晚登南冈望郡邑宫阙二首

明·高 启

【提要】

本诗选自《高青丘集》(上海古籍出版社 1985 年版)。

明初南京宫殿最终定位于南京城东侧钟山西趾之阳(今中山门内御道街一带),坐北向南,前朝后寝,后妃六宫以次序列。南京宫殿的规模形成,大致经历了三个阶段:

第一阶段:至正二十六年(1366)——吴元年(1367),解决了选址问题并奠定了宫殿基本模式,形成三朝二宫制度,"正殿曰奉天殿,前为奉天门,殿之后曰华盖殿,华盖殿之后曰谨身殿,皆翼以廊庑。奉天殿之左右各建楼,左曰文楼,右曰武楼。谨身殿之后为宫,前曰乾清宫,后曰坤宁宫,六宫以次序列。周以皇城,城之门南曰午门,东曰东华,西曰西华,北曰玄武"(《明太祖实录》)。此为南京宫殿创建初期,朱元璋"敦崇俭朴,犹恐习于奢华"(《明史·舆服志》),所以宫殿建筑较为简朴,摒除了雕琢奇丽的装饰。宫城的规模也较小,正殿之前仅有奉天门及午门二重门阙。

第二阶段:洪武八年(1375)——洪武十年,朱元璋停止中都(凤阳)的宫殿建设后,开始了大规模改作南京宫殿的工程。这次改造,首先加强了门的建设,午门翼以两观,形成阙门,中有三门,东西为左右掖门,奉天门左右建东西角门,奉天殿左曰中左门,右曰中右门,奉天门外两庑之间也有门,左曰左顺门,右曰右顺门,左顺门之外为东华门,右顺门之外为西华门。同时增建一些殿宇,如东华门内建文华殿,为东宫视事之所,西华门内建武英殿,为斋戒时居住之地等。

第三阶段:洪武二十五年(1392),再次扩建大内,增加宫前建筑。改建金水桥,又建端门、承天门、长安东西二门,向南直抵洪武六年建成的洪武门,遂成完整的明南京宫殿布局。

据考古测算,南京宫城面积约为 790 米×750 米,其布局特色如下:

其一,选址顺应自然。宫城卜地于城东钟山之阳,北倚钟山的"龙头"富贵山,并以之作为镇山,放弃了对平坦的中心地带——原六朝及南唐宫殿旧址的利用,而采用填湖造宫的办法。究其原因,除了"六朝延祚不永"的忌讳外,不外是"(旧内)因元南台为宫,稍庳隘",且旧城居民密集,功臣府第众多,拆迁不妥;加之南京属丘陵地带,平地难寻,而因地就势傍山而建,能创造出气象宏伟的效果。明代南京宫城以富贵山作为依托,并巧用原来的东渠作为皇城西城隍,将午门以北的内五龙桥、承天门以南的外五龙桥和宫城城濠与南京城水系相互连通,取得人工和自然相互辉映的效果。而宫城偏于城之东,则可减缓居中布局常带来的交通阻塞问题。因此南京宫殿选址是综合考虑地形地貌和社会心理因素而进行决策的结果。

其二，宫殿形制上，朱元璋力图恢复汉族文化传统，严格遵循礼制。建筑形式努力寻找礼制的依据：例如采用三朝五门，即《礼记》郑玄注所称，周天子及诸侯皆有三朝：外朝一，内朝二；天子有五门：外曰皋门，二曰雉门，三曰库门，四曰应门，五曰路门。明南京宫殿五门为：洪武门、承天门、端门、午门、奉天门。三殿为：奉天殿、华盖殿、谨身殿。至于后妃六宫，《礼记·昏义》：“古者，天子后立六宫……以听天下之内治，以明章妇顺，故天下内和而家理。”南京宫殿建立后妃六宫，以趋合礼制的要求。关于门阙，《礼记》有“以高为贵”的规定。历代门阙均按此理办，南京宫殿午门采用“门”形高大门阙也是这种传统的延续。

此外，朱元璋还刻意借“天道”来加强礼制在宫殿建筑上的作用。所谓“礼者天地之序也”。崇信天人感应和礼制秩序的朱元璋，在南京宫殿中更是运用礼制的原则来强化皇帝的权威。如在正殿之后建立乾清、坤宁二宫，象征帝后犹如天地；在乾清宫之左右立日精门、月华门，象征日月陪衬于帝后之左右；在东安门外者曰青龙桥，在西华门外者曰白虎桥，取自星宿二十八宿，以象征天津之横贯。在建筑的称谓上也采用一些拟天的象征手法，如前朝正殿名为“奉天”，意为奉天命而统治天下。“华盖”本是星名，古称天皇大帝座上的九星叫“华盖”，象征明太祖统一天下是应帝星之瑞。“谨身”是说皇帝加强自身修养。

其三，开创了明清两代宫殿的自南而北中轴线与全城轴线重合的模式。南京宫殿和衙署都沿着这条轴线串合在一起。从《洪武京城图志》中可见，以南端外城的正阳门为起点，经洪武门至皇城的承天门，为一条宽广的御道，御道两边为千步廊，御道的东面分布着吏部、户部、礼部、兵部和工部等中央行政机构（只有刑部在皇城以北太平门外），西面则是最高军事机构——“五军都督府”所在地。御道尽头承天门前是长安左、右门形成的东西横街——长安街（广场）和外五龙桥，向北引延，经端门、午门、内五龙桥至奉天门，进入宫城。经三大殿、两大宫抵宫城北门玄武门，至皇城北门北安门出皇城，正对钟山“龙头”富贵山。这种宫、城轴线合一的模式，既为南京特殊的地理条件使然，亦很突出地表达出封建集权统治唯我独尊的精神。成为后来明成祖朱棣迁都北京时改建北京城和设计宫城的蓝本。

洪武年间，明朝还处于经济恢复时期，对于都城建设朱元璋多次强调节俭朴实的方针。洪武八年改建南京宫殿时曾对廷臣说：“唐虞之时，宫室朴素，后穷极侈丽，习尚华美，去古远矣。朕今所作，但求安固，不事华丽，凡雕饰奇巧一切不用。”（明《太祖实录》台湾校勘本，江苏国学图书馆藏本卷一百一）这种思想使明初建筑风格也较为朴质，注重实用。臣子及地方建筑、各种兴作均受这一制度的严格约束，无敢轻慢逾制者。

明朝南京宫殿开创了明、清两代宫城的模式，但在选址上存在先天不足。南京江湖丘陵交汇，地形复杂，城市建设无法沿袭两汉以来的传统模式，只能因地制宜。朱元璋在选择宫城位置时，避开了整个旧城，在它的东侧、富贵山以南的一片空旷地上建造新宫。这片地北枕钟山支脉富贵山，南临秦淮河，既有水运方便，又与旧城紧密相联，且与风水术中所谓“背山、面水、向阳”的阳宅吉地模式相合。唯一的缺陷是东北部地势低洼，有一片水面叫燕雀湖。为此，朱元璋不惜工本，“移三山填燕雀”，平整出一块完整的宫城基地。尽管填湖并对建筑基础做了相应的处理（打木桩及采用块石、三合土分层夯实等技术措施），但到洪武末年还是显出宫城南高北低，由此导致后宫积涝。此外，宫城还有战时易受城外敌军威胁等隐患，以致朱元璋曾计划迁都长安、洛阳，最终因年事已高且太子病逝而作罢。

"落日登高望帝畿,龙蟠山下见龙飞。云霄双阙开黄道,烟树三宫接翠微。"洪武初(1368—1370),高启应召在南京宫中教授皇子,纂修《元史》,闲暇时看到的宫阙景象让他诗兴大发,连写数首咏唱帝都的诗篇。

其一

落日登高望帝畿,龙蟠山下见龙飞[1]。
云霄双阙开黄道[2],烟树三宫接翠微[3]。
沙苑马闲秋猎罢[4],天街车斗晚朝归[5]。
明朝欲献升平颂,还逐仙班入琐闱[6]。

其二

秦金不厌气佳哉,紫盖黄旗此日开。
残雪已销鸀鹊观[7],浮云不隐凤凰台[8]。
山如洛下层层出,江自巴中渺渺来。
六代衣冠总成土,幸逢昌运莫兴哀。

【作者简介】

高启(1336—1373),字季迪,号槎轩。长洲县(今江苏苏州市)人。洪武初,以荐参修《元史》,授翰林院国史编修官,受命教授诸王。擢户部右侍郎,不就,赐金放还。但朱元璋怀疑他作诗讽刺自己,心生忌恨。归乡,以教书治田自给。苏州知府魏观在张士诚宫址改修府治,获罪被诛。高启为之作《上梁文》,有"龙蟠虎踞"四字,被疑为歌颂张士诚,连坐腰斩。有《高太史大全集》《凫藻集》等。

【注释】

[1]龙蟠山:南京古称虎踞龙蟠之地。论者称,老城内山有两支,一支为钟山余脉延揽入城,包括富贵山、九华山、鸡笼山(又称北极阁)、鼓楼岗、五台山一线,称"龙蟠线";另一支为外秦淮边的清凉山、菠萝山等,称"虎踞线"。

[2]双阙:古代宫殿、祠庙、陵墓两边高台上的楼观。借指宫门。

[3]三宫:指奉天、华盖、谨身三殿。

[4]沙苑:地名。在今陕西大荔县南。临渭水,东西八十里,南北三十里,其地宜牧畜。西魏大统三年,宇文泰大败高欢于此。唐在此置沙苑监。

[5]斗:按,一作"响"。

[6]琐闱:镂刻连琐图案的宫中房门。常指代宫廷。

[7]鸀鹊观:西汉建造鸀鹊观,在云阳甘泉外。骆宾王《帝京篇》:复道斜通鸀鹊观,交衢直指凤凰台。鸀鹊:音 zhī què,鸟名。

[8]凤凰台:在今南京凤凰山上。相传南朝刘宋元嘉年间有凤凰飞集于此山,故在此修凤凰台。

附:登天界寺钟楼望京城

明·高 启

朝罢登楼赏晚晴,三山二水总分明。

人间地涌黄金界,天上云开白玉城。

宫树远连江树色,寺钟微答禁钟声。

凭高空此观形胜,深愧无才赋帝京!

广 济 桥 记

明·姚友直

【提要】

本文选自《古今图书集成》职方典卷一三四〇(中华书局 巴蜀书社影印本)。

"世界第一座启闭式桥梁""十八梭船二十四洲""廿四楼台廿四样""一里长桥一里市"说的都是位于广东潮州韩江上的一座桥梁——广济桥,当地百姓更喜欢叫它为"湘子桥"。

广济桥始建于南宋乾道七年(1171),"垒石为墩二十有三,深者高五六丈,低者四五十尺,墩石以尺计者数千百万余。上架石梁,间以巨木,长以丈计者四十、五十有奇。中流惊湍尤深,不可为墩。设舟二十四,为浮梁、栏楯、铁练三,每练重四千斤,连亘以渡往来"。令人称奇的是,中间浮梁,遇洪峰或大船驶过,可开可闭,这座桥成为世界上最早的启闭式桥梁。

乾道七年(1171),太守曾江创建此桥,初为浮桥,由86只大船联结而成,始名"康济桥"。淳熙元年(1174),浮桥被洪水冲垮,太守常祎重修,并创杰阁于西岸,开始了西岸石桥墩的建筑,至绍定元年(1194)的二十年里,朱江、王正功、丁允元、孙叔谨等太守、郡佐相继增筑,完成了十个桥墩的建造。其中,淳熙十六年(1189),知州丁允元修浮梁,自西岸增四洲为八,亘以坚木,覆以华屋,建造的规模最大、功绩最著,此桥的西桥改称"丁公桥"。绍熙五年(1194),知州沈宗禹"蟠石东岸",筑"盖秀亭",并称东桥为'济川桥'。接着,知州陈宏规、林骠、赵师会、林会、孙叔谨等相继增筑,至绍定元年(1228),东西桥墩基本完备。东西桥建起来后,中间仍以浮舟连结,形成了梁桥与浮桥相结合的基本格局。宋末至元代,广济桥又有诸多兴废,明宣德十年(1435),知府王源主持了规模空前的叠石重修,"凡墩之颓毁者,用坚磐以补之;石梁中断者,用梗楠樟梓之固巨者以更之;中流狂澜触啮不能为梁者,仍设以浮舫,系以铁缆"。竣工后,"西岸为十墩九洞,计长四十九丈五尺;东岸为十三墩十二洞,计长八十六丈;中空二十七丈三尺,造舟二十有四为浮桥",并于桥上"立亭屋百二十六间",亭屋间建起 12 座高楼,以壮游观。修成后的桥更名为"广济桥"。正德八年(1513),知府谭纶又增一墩,减浮船六只,桥遂成"十八梭船二十四洲"的独特风格。清雍正二年(1724 年),知府张自谦修广济桥,并铸铁牛二只,分置西桥第八墩和东桥第十二墩,意在"镇桥御水"。道光二十二年(1842)洪水,东墩铁牛坠入江中。故有民谣:"潮州湘桥好风流,十八梭船二十四洲,二十四楼台二十四样,二只铁牛一只溜。"

所谓"十八梭般廿四洲"是指广济桥梁舟结合,刚柔相济,有动有静,起伏变化。湘子桥东、西段是重瓴联阁、联芳济美的梁桥,中间是"舳舻编连、龙卧虹跨"的浮桥。从结构上说,梁舟结合,实开世界上启闭式桥梁之先河。

所谓"廿四楼台廿四样"说的是广济桥亭。广济桥初创时,便"覆华屋"于桥墩上,并冠以"冰壶""玉鉴"等美称。明宣德年间,知府王源除了在 500 多米长的桥上建造百二十六间亭屋之外,还在各个桥墩上修筑楼台,并分别以奇观、广济、凌霄、登瀛、得月、朝仙、乘驷、飞跃、涉川、右通、左达、济川、云衢、冰壶、小蓬莱、凤麟洲、摘星、凌波、飞虹、观滟、浥翠、澄鉴、升仙、仰韩为名。至此,桥楼之设,乃造其极。风雨桥在古代的南方较为常见,但规模如此之大,形式如此之多,装饰如此之美,广济桥为仅见。

而"一里长桥一里市"说的是广济桥为全粤东境,闽、粤、豫章接壤交通的枢纽,因桥成市。桥上二十四楼台的 76 间桥屋,很快便成为交通、贸易、游冶,乃至休闲娱乐的中心,形成了汇四海商贾、集八方士民的桥市。清代丘逢甲吟道:"五州鱼菜行官帖,两岸莺花集妓篷""涨痕雨急三门信,夹道风喧百果香""踏上湘桥不知桥,疑是身在闹市中。"五州是指潮州、嘉应州、汀州、赣州、宁州,这些州的鱼粮、食盐均由桥市发运,一年税额高达 16 万两白银。而这只是桥市一项。

广济桥自古以来就是交通要津,建国后更是一度通行机动车,直到 1989 年 11 月,潮州市政府在广济桥下游一公里处建成现代化的韩江大桥,才结束了广济桥作为交通纽带的历史使命,并为其全面修复提供了先决条件

2003 年 10 月,广济桥维修工程正式动工。工程以修旧如旧为准则,以重现明代风貌为设计依据,功能定位为旅游观光步行桥,共分二期实施:一期为加固桥墩、修复桥面及十八梭船;二期修复桥上的亭台楼阁。2007 年 9 月 20 日,全面维修后的广济桥向游客开放。

广济桥与赵州桥、洛阳桥、芦沟桥并称中国古代四大名桥,全国重点保护文物。

郡治东并城水曰:恶溪。旧有修桥累石为墩二十有三,深者高五六丈,低者四五十尺,墩石以尺计者数千百万余。上架石梁,间以巨木,长以丈计者四十、五十有奇。中流惊湍尤深,不可为墩。设舟二十四,为浮梁、栏楯、铁练三[1],每练重四千斤,连亘以渡往来,名曰:济川。

考之《图经》[2],肇建此桥,或经二三守,须数岁,始成一墩。更数守,历数十余岁,桥始成。其途通闽、浙,达二京,实为南北要冲。其流急如马骋而汹涌,触之者木石俱往。水落沙涌,一苇可渡;水涨沙逸,数里旷隔。虽设济舟,日不能三四,渡咫尺之居若千里。士女不得渡,日夜野宿以伺其便。军民病涉,莫此为甚。自宋

至是,因循不能修复者殆百余岁。凡登途而望者,莫不痛恨,以为斯桥不复,终古苦涉矣[3]。

宣德乙卯冬[4],我韦庵王公莅任后,百废皆作。渡溪拜昌黎祠[5],顾桥之遗址,询诸僚吏。卫指挥赖君荣作而言曰:"斯桥之毁,累经修筑,不能为工,岁溺人畜不可数计。非德望若昌黎伯、神化宜民者,不能也。惟公所至,有声迹,斯桥之兴不在于公而谁欤?"

公乃揆诸心,谋诸众,毅然兴作,新之怀命。耆民之贤者,化财经途。尊官巨贾,捐金弃玉者相踵籍[6]。而海邑泊潮、揭、程之民趋赴之者,各殚其财力,若有鬼神阴来相之。于时,慎简官属若海阳县令李衡等赞其计,选耆民董工、许懋等出纳赀费于以购木石,募工佣[7]。凡墩之颓毁者,用坚磐以补之;石梁中断者,用梗楠樟梓之固巨者以更之;中流狂澜触啮[8],不能为梁者,仍设以浮舫,縶以铁缆,无陷溺之忧。

桥之上,乃立亭屋百二十六间。屋之下,梁之上,镘以厚板[9],板上侧卧二层甓,用灰弥缝之,以蔽风雨寒暑,以防回禄之虞[10]。环以栏槛五采,桩饰坚致,倍莅于旧。不期月,告成,四方之人骤闻者,疑而骇,若不之信。更名其桥曰:广济。取济百粤之民,其功甚大也。又间联屋作高楼十有二,由桥西亭而东行。楼之一西曰"奇观",东曰"广济";桥楼之二,西曰"凌霄",东曰"登瀛";楼之三,西曰"得月",东曰"朝仙";楼之四,西曰"乘驷",东曰"飞跃";楼之五,西曰"涉川",东曰"右通";是为西矶头西厓抵矶,凡楼屋计五十间,矶叠级二十有四。按二十四气,以便人畜上下过浮梁者。

下级由浮梁东行至穷处,曰"东矶头",亦叠级二十有四,为楼之六,西曰"左达",东曰"济川";上级越楼,由亭西而东行为楼之七,西曰"云衢",东曰"冰壶";楼之八西曰"小蓬莱",东曰"凤麟洲";楼之九西曰"摘星",东曰"凌波";楼之十西曰"飞虹",东曰"观滟";楼之十一西曰"浥翠",东曰"澄鉴";楼之十二西曰"升仙",东曰"仰韩"。阁楼之上重檐,又曰"广济桥"。

东厓至矶,凡楼屋七十有六间。桥之穷矣,仰韩阁之东,有祠曰"宁波",塑波神以安水怒,祠之。后曰"碑亭",四邑民献颂太守王公功德碑,列于两序。四方来观者,咸曰:"斯桥实为江南第一。"

【作者简介】

姚友直(?—1438),名益,以字行。浙江会稽(今属杭州萧山区)人。洪武甲戌(1394)进士,授中书舍人。累升司经局洗马。永乐中,升左春坊左庶子。及滕王朱瞻垲建国云南,升云南左参政,掌长史事。宣德年间,帝嘉念旧劳,擢太常寺卿。

【注释】

[1]槛楯:栏杆。铁练:同"铁链"。

[2]图经:附有图画、地图的书籍或地理志。

[3]终古:经常。

[4]宣德乙卯:即宣德十年(1435)。

[5]昌黎祠:祭拜韩愈的祠堂。

[6]踵籍:谓一个接一个前来。

[7]慎简:谨慎简选。耆民:年高有德之民。

[8]触啮:谓波涛冲击侵蚀。

[9]锾:铺。

[10]回禄:相传为火神之名。引伸指火灾。

重修南海庙记

明·徐 宏

【提要】

本文选自《广州碑刻集》(广东高等教育出版社 2006 年版)。

南海神庙又称"波罗庙",是中国古代祭海场所,坐落在今广州黄埔区庙头村,为我国古代东南西北四大海神庙中唯一留存下来的建筑遗存,是中国古代海上"丝绸之路"始发地的一处重要史迹。

南海庙创建于隋开皇十四年(594),距今已有 1 400 年的历史。现存的庙宇是清代建筑,但仍保留隋唐时代的规模和建制。1988 年起,广州市政府对南海神庙陆续作过 3 次较大的修复,现已基本恢复了庙宇的古貌。

南海神庙坐北朝南,规模宏大,占地面积 3 万平方米。庙宇的主体建筑沿着中轴线从南到北共五进,一进高于一进。其他附属建筑均以五进为中心,左右对称,是较典型的中国传统庙宇建筑样式。

中轴线上由南而北分别有牌坊、头门、仪门、礼亭、大殿、后殿,两侧有廊庑,西南小岗上有浴日亭。现存建筑多为清代结构,但庙宇建筑布局具有中国早期建筑特色,如仪门的复廊形制、头门的垫台等,据专家考证,尚存周代建筑遗风。

牌坊为三间四进柱冲天式,花岗石打制,正面石刻清朝康熙皇帝题写的"海不扬波"四字。头门建于清代,面阔三间,进深二间,分心墙用两柱,梁架雕刻鳌鱼等纹饰,前后两侧均设垫台,硬山顶,二龙争珠陶塑瓦脊。门前置一对红砂岩石狮,两侧为八字墙影壁。

仪门面宽三间、进深四间,硬山顶,两侧与复廊相通。

礼亭,原建于明代,1990 年仿明代风格重建。大殿原为明代建筑,单檐歇山顶,宽五间深三间。"文革"期间被毁,1989 年重建。后殿是 20 世纪 30 年代陈济棠主粤期间改建的钢筋混凝土结构。1991 年修建时,后殿重新安装了陶塑瓦脊。该庙因历代皇帝御祭碑甚多,加上韩愈、苏轼等名人碑刻,被誉为"南方碑林"。

庙西侧有古名"章丘"的小山丘,昔为观海上日出之地,建有浴日亭,单檐歇山顶,梁架简洁。"扶胥浴日"是宋、元、清三代羊城八景之一。

中国古代海上丝绸之路从西汉时就已经开始形成,隋唐时期达到鼎盛时期。

尤其是唐代,从广州出发的贸易船队,经过南亚各国,越印度洋,抵达西亚及波斯湾,最西可到达非洲的东海岸。明清之后更远至欧美了。这条航线长一万多公里,连通东、西方政治、经济和文化,扩大了中国在世界上的影响力。众多商船顺路经过这里,都要停下来上庙祭祀,以祈求航路平安、生意顺利。于是,神庙附近的扶胥镇便商旅云集,民间庙会交易频繁。因此,从唐代开始,南海神庙香火日盛,各朝代政府也派人前往管理庙事。

粤自唐虞,既克受命,配天享帝,又必禋类于名山大川岳渎之神[1],所以表诚敬报本始也。厥繇古矣。皇帝奉承天命,奄有四海岳渎,群祀悉在,境内所至,分遣殖臣遍走,群望以致恭,肃法故道也。

中书平章廖公奉征南之命[2],取两浙,破闽下广,遂定五岭以南暨于海岛,万里靡不臣服。于是访前闻,稽祀典,曰南海神祝融最贵,位崇东西北海三神河伯上,自唐天宝中,册以王爵,加以"广利洪圣"之号。旧有庙,在广治东南八十里,扶胥之口,兵燹历载,废坏不修,匪称神居。

乃命中书掾高希贤董之,以县尹吴诚督工,输以没人之财,役以贷售之氓[3],易腐朽以坚贞,饰昏漫以丹黝[4],殿堂寝室,载辉载崇,致斋有庐,更衣有所,廊庑庖湢,修列毕备,乃洪武二年三月初吉[5],朝廷遣玄教院掌书徐九皋[6],钦奉御署祝册、香币致祭于神庙。

初落成,秩与礼会。征南公亲率僚属致斋行礼,用体皇上敬事神祇之意。脯醢豆笾[7],有羞孔洁[8],牲币载虔,既陈既献。神灵盼蚃[9],风涛恬息,岁卜奉稔。

公之南征,副以参政朱亮祖,赞襄以省椽高希贤[10],竭知殚力,知无不为,故理民事神,咸尽其道。公之功施社稷,泽被生民,不可殚述,而此其一事尔,髦倪士庶[11],咸愿播之文辞,永垂不朽!遂序其概,刻石以纪。

洪武二年三月日,闽中徐宏撰,广州元妙观住持主领波罗庙焚修萧德□立,乡老徐麟、梁成、钟亮、吴尹篆并书。

【作者简介】

徐宏,生卒年不详。福建闽县人。至正二十三年(1363)进士。元时仕历不详,洪武中为府学教授。

【注释】

[1] 禋:音 yīn,诚心祭祀。

[2] 廖公:廖永忠(1323—1375)。明初大将。巢县(属今安徽)人。元末,随其兄率水军归附朱元璋,渡江克集庆(今南京)。兄死,袭职为枢密金院,总领水军。攻陈友谅,大战鄱阳湖;从徐达攻张士诚,破平江,皆建奇功,由中书省右丞拜中书平章政事。不久,充征南副将军,与汤和水陆两道讨降方国珍。洪武元年(1368),拜征南将军,与副将朱亮祖率军略定福建、两广,以功封德庆侯。四年,平蜀主明升。八年,因僭用龙凤诸不法事,赐死。朱元璋以漆牌亲书"功超群将,智迈雄狮"赐之,悬于城门。

[3]贷眚:谓宽恕过错(的百姓)。眚:音 shěng,过错。氓:民,草民。

[4]丹黝:指鲜丽的色彩。黝:音 yǒu,黑色。

[5]初吉:朔日。即阴历初一日。

[6]玄教院:洪武元年(1368),明太祖在朝天宫设立玄教院,司掌全国道教。

[7]脯醢:音 fǔ hǎi,佐酒的菜肴。豆笾:祭器。木制的称豆,竹制的叫笾。

[8]羞:同"馐"。菜肴。

[9]肸蚃:音 xì xiàng,亦作"肸蠁"。散布,弥漫。比喻灵感通微。

[10]赞襄:辅助,协助。

[11]髦倪:犹旄倪。老幼。

附:御祭南海神文

明·朱元璋

维洪武三年岁次庚戌七月丁亥朔越十一日丁酉,典仪臣王造蒙中书省点差,钦赍祝文,致祭于南海之神。皇帝制曰:

生同天地,浩瀚之势既雄,浅深之处莫测。古昔人君名之曰海神而祀之,于敬则诚,于礼则宜,自唐及近代皆敕以封号。

予因元君失驭,四方鼎沸,起自布衣,上天后土之祐,百神之助,削平暴乱,以主中国,职当奉天地,享鬼神,以依时式故法以治民。

今寰宇既清,特修祀仪。因神有历代之封号,予起寒微,详之再三,畏不敢效。盖观神之所以生,与穹壤同立于世,其来不知岁月几何,凡施为造化,人莫可知,其职必受命于上天后土,为人君者何敢烦焉?

予惧不敢加号,特以"南海"名其名,依时祭祀,神其鉴之!

御制大明孝陵神功圣德碑

明·朱 棣

【提要】

本文选自《中外重大历史之谜图考》第一集(中国社会科学出版社 2006 年版)。

这篇碑文是永乐皇帝朱棣亲自撰写的。

朱棣率大军进入金陵后,第一件事不是入皇宫,而是去父亲的陵墓——明孝陵拜谒。然后他亲笔撰写了这篇长文,全面而仔细地概述、评价了父亲一生的功德。建文四年(1402)六月十三日,朱棣的"靖难之师"入金陵,建文帝不知下落。

"永乐元年(1403)六月戊午(十二日),合臣庶之辞,奉宝册,上尊谥。"应该说,朱棣续皇统的速度是相当快的。

文中,朱棣历数朱元璋身世、相貌、奋斗经历,建立大明的丰功伟绩及其"丁宁告戒,以不杀为务"的仁慈厚德。

朱元璋的原名叫朱重八,濠州(今安徽凤阳县东)钟离太平乡人。年少时家乡遭遇瘟疫和旱灾,父母都死了,为了生存,朱元璋做了和尚。25岁时加入郭子兴领导的红巾军反抗元朝暴政,龙凤七年(1361)受封吴国公,十年自称吴王。元至正二十八年(1368),在"疆宇日广,威德日盛,臣民劝进"的情况下,"三让乃许"于南京称帝,国号大明,年号洪武,建立了全国统一的封建政权。

天下归一后,父亲"崇君道,修人纪""修古经训于殿廊,出入省观为鉴戒"。不仅如此,他还"采古明堂遗意,合祀天地""复建奉先殿于禁中,朝夕荐献""自为诏敕""性节俭……四方异味,不许入贡""无行宫别殿,苑囿池台"……不仅如此,他还为明朝确立了完整而又可行的制度、机构,大力发展生产,阜民之财;节约开支,省民财力;节省工役,减轻负担;宣传教化,加强法治;打击贪官,澄清吏治。

即使如陵墓修筑,作为明朝的开国皇帝,朱元璋的明孝陵也相当朴素。

正因为如此,朱元璋统治时期被史家称为"洪武之治"。

仰惟皇考,备大圣之德,当亨嘉之运[1],受上天之成命,正中夏文明之统,开子孙万亿世隆平之基。予小子棣恭承鸿业,夙夜靡宁,图效显扬,思惟罔极。

乃永乐元年六月戊午,合臣庶之辞,奉册宝,上尊谥。复命儒臣,纂修实录,编类宝训,以纪成烈。载惟皇考,稽古创制,树石皇祖考英陵,刻辞垂训,予尝伏读,为之感激。矧自《诗》《书》所载[2],彝鼎所铭,皆古先圣王,称颂祖考之德,用垂无穷。是亦继志述事之大者,不可以缓。谨颂述功德,勒之贞石[3],表揭于孝陵[4],以示子孙臣庶,永永无极。

序曰:皇考太祖,圣神文武钦明启运俊德成功统天大孝高皇帝,姓朱氏,句容大族也[5]。皇曾祖,熙祖裕皇帝,居泗州[6]。皇祖、仁祖淳皇帝,居濠州[7]。

皇考生焉,聪明天纵,德业日崇,至考纯诚[8],动与天应。龙髯长郁,然项上奇骨隐起至顶,威仪天表,望之如神。

及天下乱,豪杰相率来归。乃焚香祝天,为民请命。发迹定远[9]。遂至滁州,进保和州[10],率众渡江,由采石驻师太平,入居建康,亲取宁国,下婺州,保境息民,以待天命。伪汉来寇[11],亲击败之,复亲征之,取江州,江西诸郡悉归附。已而伪汉主围龙兴[12],自将往救,大败之鄱阳,伪汉主死。进攻武昌,其子以城降,封归德侯,湖湘底平,继取姑苏,执伪吴主浙西。用靖命大将军下山东,清中原,分兵取闽广,一军由□□,一军由庆元入闽[13],一军入苍梧[14],放乎南海。疆宇日广,威德日盛,臣民劝进,凡三让乃许。岁戊申春正月乙亥,告祀天地,即皇帝位于南郊。定有天下之号曰"大明",纪元洪武,建社稷宗庙,追尊四代考妣为帝后,册中宫[15],建皇太子,追封同姓。

是岁八闽肃清,广海奠服,山东就降,河南顺附。大将军师次通州,元君夜遁,其下举城降,诸将逐收山西。自龙门济河长安,父老迎降,关陇悉定,元亡将屡为边患,败之定西,逐出塞外。复命将攻应昌[16],获元君之孙,群臣请献俘于庙,不许,封崇礼侯。已而礼遣之归,漠北元宗室及吐蕃皆降。命将征蜀,伪夏主降[17],封归义侯。蜀平。元将以辽东降,因而任之。吐蕃别部寇边,命将逐之,至昆仑山而还。西南夷作乱,命将征之,廓云南地数千里,悉为郡县。元主乘间寇边,命将征之,度大岭之北,元主走死,余众皆降。其命将出师也,必丁宁告戒,以不杀为务。率授成算,举无遗策,而恒归功于下。由是群雄殄灭,武功告成,天下归一。

至于崇君道,修人纪,革胡元弊习,以复先王之旧者,其谟烈为尤盛。渡江首辟礼贤馆,聘致贤士,与讨论治道,虽祁寒盛暑不废。书古经训于殿廊,出入省观为监戒。采古明堂遗意,合祀天地,岁一享之,宗庙时享,至诚至敬。复建奉先殿于禁中,朝夕荐献,每四鼓而兴,昧爽临朝[18],日晏忘餐,晡复听政[19]。日常居外,盗贼小警,终夕不寐。边防武备,尤注意。臣庶有所陈奏,无间疏贱,皆得接见,虚心清问,从善若决江河。谕告臣民,动引古道。自为诏敕,不待构思,洞达幽隐。

性节俭,服御朴素,遇靡异奇巧之物,辄弃毁之。食不用乐,间设麦饭野蔬[20],四方异味,不许人贡。非宴群臣,不设盛馔。无行宫别殿,苑囿池台,不事游猎。有司不得奏祥瑞。恒儆天戒[21],以修庶政,遇灾伤辄宽刑罚。尤重农事,语及稼穑艰难,或至出涕,亲耕籍田,命守令劝课农桑,教民树艺,修陂池堤防,以备旱涝,屡赐民田租;弛坑冶之利[22],罢淘金网珠诸产;珍怪洞穴,塞而禁之。

分天下为十三道,考古封建之制,册诸子为王,以固藩屏。罢中书省,内升六部,分理庶务。析五军都督府,以掌兵政。置都察院,以司纠察。外置布政司统郡邑,都司统军卫;而以按察司监临之。外戚不予政,宦寺服扫除而已[23]。

自居建康,即有事于学宫,天下既定,乃建国学,亲祀孔子,数视学讲经。郡邑咸建庙学。春秋释奠,下及里社[24],皆立学,分遣国子生教,北方郡县,赐以经籍。诏天下文体,务崇古雅,毋泥声律对偶。海外蕃国,皆遣子入学,太学生常数千人。召名儒,修五礼。作九韶之乐,咏歌祖德,勒之金石。审天象,作地志,演绎经传,定法律。亲为祖训,以示子孙。翊戴功臣[25],咸锡封爵铁券,殁祀于庙。有军功者,皆世其禄。古帝王忠臣义士,在祀典者,陵庙皆为修治禁防。正山川百神封号,废天下淫祠。元臣以死殉国者,咸命列祀典。诏天下置旌善甲明亭[26],行乡饮酒礼。凡先王所以教民成俗者,举行无遗。维护户口滋殖,年谷屡登,盗贼屏息,边境晏然。东极海隅,西越流沙,南逾丹徼[27],北尽朔漠,重译来朝者[28],无虚岁。声教所及,罔不率服。

初,皇祖妣淳皇后,梦神馈药如丸,烨烨有光[29],吞之,既觉异香袭体,遂娠皇考。及诞之夕,有光烛天。长游定远,道中遇疾,有紫衣两人,饮食之,与共卧起;疾愈,莫知所之。尝夜隐麻湖中,遇群童称迎乘舆,叱之不见。渡军采石,上有云气如龙文,贯牛渚矶[30]。亲征婺州,五色云如盖,覆其军,皇考皆不恃为祥,而临事之际,恒存儆戒。

皇考年廿五起率师。三十有四为吴国公,三十九即吴王位,四十有一即皇帝位,在位三十一年,岁戊寅闰五月乙酉,崩于西宫,寿七十一。皇妣孝慈昭宪至仁艾德承天顺圣高皇后马氏[31]，宋太保默之后，追封徐王，马公之子，坤厚含弘，同勤开创，化家为国，功德并隆。涂山有妾，古今一揆[32]。壬戌八月丙戌崩，寿五十一，合葬孝陵。

陵予作于钟山之阳，因山为坟，遗命不藏金玉，器用陶瓦。万方哀悼，若丧考妣。

皇子，男二十有四，女十四。男：懿文皇太子标，秦愍王樉，晋恭王㭎，予小子棣，自燕藩入继大统，周王橚，楚王桢，庶人槫，潭王梓，鲁荒王檀，蜀王椿，湘献王柏，代王桂，肃王楧，辽王植，庆王㮸，宁王权，岷王楩，谷王橞，韩宪王松，沈王模，安王楹，唐王桱，郢王栋，伊王㰘。

女：临安公主，宁国长公主，崇宁公主，安庆公主，汝宁公主，怀庆长公主，大名长公主，福清公主，寿春公主，南康长公主，永嘉长公主，含山长公主，汝阳长公主，宝庆公主。

孙：建文君允炆，皇太子高炽，秦隐王尚炳，嗣晋王济熺，汉王高煦，赵王高燧，周世子有燉，楚世子孟烷，嗣鲁王肇辉，蜀悼庄世子悦熑，代世子逊煓，宁世子磐烒，岷世子徽焲，谷世子赋灼，嗣韩王冲𬬮，余悉封郡王。

曾孙男瞻基，嗣秦王志垣，晋世子美圭，余以次册封。

于戏！皇考皇帝，除暴救民，实有难于汤武者[33]。自商周之后，享国长久称汉唐宋。然不阶一旅而得天下者，惟汉高帝，我皇考迹与之同，而功业过之。盖元氏入主中夏，将及百年，衣冠之俗，变为左衽，彝伦斁坏，恬不为怪[34]。上天厌之，遂至大乱。皇考起徒步而靖之，修复□□，甄陶六合[35]，重昏沉痼[36]，一旦昭苏。大功大德，在天地，在生民，固不待予小子之赞扬。然使后世有所凭借，仪式以上继英□石刻之意，有不可已者。谨拜于稽首而陈颂曰：

天命皇考，肇基大明。□□□□，万世理平。

天命皇考，诞降发祥。有光烛天，渊潜濠梁[37]。

皇考神圣，与天同运。龙飞云从，百神协顺。

人之奔赴，如寒就温。麾之益附，避之益亲。

乃整师徒，东渡大江。仰观俯察，绥靖寇攘[38]。

天锡铺翼，多士祁祁[39]。合而施之，大小具宜。

畴咨□□[40]，相臣将臣。非庸拓地，惟仁保民。

义旗所指，强负来属[41]。浙左江西，俾藩俾牧。

伪汉来侵，往覆其穴。宥而弗诛，俾自惩刷[42]。

顽不革心，蠕噬江西[43]。皇考秉钺，以讫天诛。

天休诱掖[44]，庆阙攸徂[45]。爰定荆楚，爰服三吴。

孰闽而守，孰海之遁[46]。孰居岭表，以沫自濡。

以吊以伐，于武弗究。旱望云霖，迟降恐后[47]。

茫茫中原，关河陇蜀。德威所临，奔走府伏。

不汗寸兵，农田贾肆。响怀义师[48]，如饥之食。

天历在躬，天眷日隆。四方劝进，弗谋佥同。

皇登大宝，圣作物覩。元主炳几，退代其所。

天兵徐驱,不震不劬。不剪不屠,朔漠为墟。

乾坤定位,日月重辉。岂伊智力,天命人归。

巍巍成功,本乎峻德。神武睿文,通明信塞。

贱货贵德,不为游畋。既绝旨酒,亦拜善言。

雍雍肃肃[49],顾泥天明。不以微隐,如临大廷。

一民寒饥,谓己致之。乾乾夕惕[50],至于耄期。

允俭允勤,允孝允诚。礼乐文章,焕如日星。

庙祀有严,神天歆格[51]。学教修明,化恰蛮貊[52]。

生齿日繁[53],年谷屡丰。民不知力,吏不言功。

视其法度,周官仪礼。相厥民风,关睢麟趾[54]。

舆图之广[55],亘古所无。功侔开辟,式应贞符[56]。

洪河载清,海不扬波。穷发编户[57],鼓舞讴歌。

诸福毕至,不盈而惧。惟日罔德,弗恃祥瑞。

极天所覆,极地所载。太和絪缊,赍若万汇[58]。

功成上宾,陟降帝所。式我子孙,惟福是祜[59]。

思齐皇妣,贞顺柔嘉。坤厚承天,徽音孔遐[60]。

含章内美[61],以相以翼。民戴考妣,覆焘无极[62]。

瓜瓞绵绵,螽斯诜诜[63]。保我子孙,为王为君。

天作钟山,永奠玄宫。世万世亿,福禄攸同。

永乐十一年九月十八日孝子嗣皇帝棣谨述。

【作者简介】

朱棣(1360—1424),太祖朱元璋第四子。受封为燕王。后发动靖难之役,夺侄儿建文帝位登基。永乐十九年(1421),明成祖迁都北京,以南京为留都。庙号为"太宗",百多年后由明世宗朱厚熜改为"成祖"。其统治时期被称为"永乐盛世"。

永乐时期,明成祖在文化事业上加强儒家文化思想的统治,大力扩充国家藏书。永乐元年(1403)命解缙等人编纂"凡书契以来经史子集百家之书,至于天文、地志、阴阳、医卜、技艺之言,各辑为一书,毋厌浩繁"。动用文人儒臣3 000余人,辑古今图书8 000余种,谓"纂集四库之书,及购天下遗籍,上自古初,迄于当世"。于永乐六年(1408)编成22 877卷、11 095册的《永乐大典》。收录入永乐大典的图书,均未删未改,实为中华文化的一大贡献。他5次北征蒙古,追击蒙古残部,大大缓解了其对明朝的威胁;疏通大运河;迁都并营建北京,奠定了北京此后500多年的首都地位;设立奴儿干都司,以招抚为主要手段管辖东北少数民族;遣郑和下西洋,最远到达非洲东海岸。明成祖可谓是大有功于中华的一代英主。

【注释】

[1]亨嘉:犹"亨会"。嘉会,众美之会。

[2]矧:音shěn,况且。

[3]贞石:坚石。碑石的美称。

[4]表揭:标志。

[5]句容:今属江苏镇江。

[6]泗州:在今江苏盱眙境内。

[7]濠州:今安徽凤阳县。

[8]至考:犹至真。

[9]定远:今属安徽滁州。

[10]和州:今安徽和县。

[11]伪汉:指陈友谅政权。

[12]龙兴:今江西南昌一带。至正二十三年(1363)七月,朱元璋在鄱阳湖发动了对陈友谅的攻击,这场水战,双方投入兵力超过40万,战斗持续近40天,以朱元璋完胜告终。

[13]庆元:在今浙江省西南部。

[14]苍梧:在今广西东部。

[15]中宫:指皇后。

[16]应昌:元代蒙古地区重要城市,故址在今内蒙古克什克腾旗西北。

[17]蜀夏:元末农民起事领袖明玉珍(1331—1366)所建。至正二十年(1360),陈友谅自立为帝,明玉珍不服,不与相通,自称陇蜀王。后受拥戴称帝,国号大夏。1366年,明玉珍病故,蜀夏被明朝所灭。

[18]昧爽:拂晓,黎明。

[19]晡:申时,即午后三点至五点。

[20]麦饭:磨碎的麦煮成饭。

[21]儆:敬畏。

[22]坑冶:唐宋以来称金属矿藏的开采与冶炼。

[23]宦寺:即宦官。宦官古称寺人,故云。

[24]里社:借指乡里。

[25]翊戴:辅佐拥戴。翊:音 yì,辅佐,帮助。

[26]旌善:表彰美善。

[27]丹徼:古代称南方的边疆。《古今注·都邑》:"南方微色赤,故称丹徼,为南方之极也。"

[28]重译:辗转翻译。指译使。借指各国使者。

[29]烨烨:明亮,灿烂。

[30]牛渚矶:即采石矶。在今安徽马鞍山市长江中,与岳阳城陵矶、南京燕子矶合称"长江三矶"。

[31]马氏:即马皇后。名秀英(1327—1382)。安徽宿州人。为仁慈、善良、俭仆、爱民的一代贤后。

[32]涂山:传说禹会诸侯及娶妻的地方。一说在今安徽蚌埠之淮河东岸。揆:道理。

[33]汤武:即商汤、周武王。商朝和周朝的开国之君。《易·革·彖辞》:"汤武革命,顺乎天而应乎人。"

[34]左衽:衣襟向左掩。古代指中原地区以外少数民族的装束。彝伦:指伦常。斁坏:谓滞坏,败沦。恬:坦然,安然。

[35]甄陶:烧制瓦器。此谓化育。六合:天地加四方。

[36]重昏:指愚昧之人。沉痼:历时较久、顽固难治之病。

[37]渊潜:潜伏深渊之中。濠梁:犹濠上。典见《庄子·秋水》:庄子与惠子游于濠梁之上,见儵鱼出游从容,因辩论鱼知乐否。后多以"濠上"喻别有会心、自得其乐之地。

[38] 绥靖:安抚平定。

[39] 多士:指众多的贤士。也指百官。祁祁:娴静貌,和顺貌。

[40] 畴咨:访问,访求。

[41] 襁负:泛指人肩挑背驮。

[42] 惩刜:戒处剔除。

[43] 蝓:音 yú,一种软体虫,俗称"鼻涕虫"。

[44] 诱掖:引导扶植。

[45] 徂:往。《书·仲虺之诰》:"东征西夷怨,南征北狄怨。曰:'奚独后予。'攸徂之民,室家相庆。"

[46] 逋:音 bū,逃。

[47] 迓:迎。

[48] 响怀:响应盼望。

[49] 雍雍:和洽貌,和乐貌。肃肃:恭敬貌。

[50] 乾乾:光明磊落貌。

[51] 歆格:为祭祀神灵或祖先时的套语,谓请其享用供品。

[52] 蛮貊:亦作"蛮貉"。古代称南方和北方落后部族。

[53] 生齿:借指人口。

[54] 关雎:《诗经》中的诗篇。诗中既承认男女之爱是自然正常的感情,又要求对这种感情加以克制,使其符合社会美德。麟趾:喻子孙昌盛。

[55] 舆图:指疆域,疆土。

[56] 贞符:祯祥的符瑞,指受命之符。

[57] 穷发:极北不毛之地。编户:指编入户口的平民。

[58] 太和:天地间冲和之气。细缊:烟气、烟云弥漫的样子。贲:音 bēn,奔走,快跑。

[59] 祜:音 hù,福。

[60] 孔遐:谓远播。

[61] 含章:包含美质。

[62] 覆焘:覆盖。

[63] 瓜瓞:喻子孙繁衍,相继不绝。《诗·绵》:"绵绵瓜瓞,民之初生,自土沮漆。"瓞:音 dié,小瓜。螽斯:虫名。《诗经·螽斯》:"螽斯羽,诜诜兮。"其序曰:"螽斯,后妃子孙众多也。"后用为多子之典实。螽:音 zhōng。诜诜:音 shēn,众多貌,和集貌。

元夕赐午门观灯

明·金幼孜

【提要】

本诗选自《天府广记》(北京古籍出版社 1984 年版)。

"鳌山高耸架层空,万烛烧春瑞气融。星动银河浮菡萏,天垂琼岛绽芙蓉。"金幼孜描述的午门观灯盛况,展示的是中国元宵灯会鼎盛期的面貌。

中国古代有元宵节观灯夜游的习俗。有文献记载的观灯夜游始于唐代,到了明朝,朱元璋为了显示一统天下的太平盛世,将元宵节增至10夜,正月初八开始,到十七方才落灯。这是古代灯节的鼎盛时期,那时人们几乎"家家走桥,人人看灯"。永乐年间,明成祖朱棣还下令在皇宫午门外扎"鳌山万岁灯",与民同乐。《皇明通纪》载:"永乐十年正月元宵,上赐百官宴,听臣民赴午门外观鳌山三日,自是岁以为常。"这种灯规模宏大,以数千种几万盏彩灯叠成山形,中间用五色玉栅簇成"皇帝万岁",经灯火一射,五光十色,熠熠生辉。另外有数百伶官奏乐,下有百艺群工演出。到二更时,明成祖乘小轿出宫门观鳌山,皇后、妃嫔及大臣随后,此时笙歌喧阗,伎舞翩跹,花炮齐放,热烈壮观。待皇帝观毕退去,百姓即如潮水般涌向鳌山。

这里的午门是指南京紫禁城的午门,永乐十九年迁都后,北京午门外在上元之夜仍然灯火辉煌。永乐帝为何特赐臣民在午门外观灯?原来,从侄儿手里夺得帝位的朱棣,在午门外设鳌山灯,则既可显示大明王朝的盛世太平景象,又能宣扬"与民同乐"的美名。除此之外,朱棣还沿用了朱元璋"放灯十日"的祖规,让臣民一如既往地欢度元宵。永乐七年正月十一日的圣旨称:太祖开基创业,平定天下,四十余年,礼乐政令,都已备具。朕即位以来,务遵成法,如今风调雨顺,军民乐业,今年上元节正月十一日至二十日,这几日官人每都与节假,著他闲暇休息(沈德符《万历野获编》)。

同时,永乐帝还要求官员"有要紧的事,明白写了封进来。民间放灯,从他饮酒作乐快活,兵马司都不禁,夜巡著不要搅搅生事"。所有这些,均当"永为定例"。此后,此成例一直延至万历年间,历时200余年,百官享受着10天上元节假期。崇祯时期,由于社会危机日益严重,才改为放假5日。伴随着元宵观灯,明代北京渐渐成为全国的政治中心和繁荣的商业城市。赏灯时节,上自帝王百官,下至商贾士民,万人空巷,倾城夜游。紫禁城内更是悬灯结彩,灯火通明,皇帝召群臣赐宴于殿,舞乐于庭,观灯于苑,通宵达旦,一派君臣同乐的祥和氛围。

灯节也是北京城一年中最热闹的节日,民间同样架松棚,缀彩缦,悬彩灯,放灯十昼夜。当时城内还设有灯市,今东城区"灯市口"的地名即由此而来。北京的灯市在东安门外迤北(今灯市口一带)。做灯者,皆各持所有,到灯市出售。"灯之名不一,价有值千金者。"这时,四方商贾云集,珠石奇巧,罗绮绸缎,古今异物毕至。更有技艺百戏,于市上演出,观者男妇交错,挨肩擦背,热闹非凡。正阳、宣武、崇文各门皆不闭,任民往来,校尉巡守,通宵达旦,盛况空前。

金幼孜的《观灯》诗写的就是这样一幅盛况。

鳌山高耸架层空,万烛烧春瑞气融。星动银河浮菡萏[1],天垂琼岛绽芙蓉。行行彩队穿华月,曲曲鸾笙度好风。自是太平多乐事,君王要与万方同。

凤辇初临鼓吹喧[2],千官环侍紫宸边。九门灯火云霄上,午夜山河锦绣前。春散炉烟浮树暖,月移宝仗映花妍。从臣忝预传柑宴,既醉犹歌湛露篇。

天上红云湿翠旗,楼前灯影动罘罳[3]。御筵花暖歌声近,紫禁风清玉漏迟。

中使传宣还赐果,词臣献赋更陈诗。华夷尽道承恩泽,千载昌期际此时[4]。

绛节氤氲上太清,紫烟缥缈冠层城[5]。鹓行不动瑶墀影[6],凤幄微闻玉藻声[7]。律应一阳璇象转,福凝五位泰阶平。礼成回跸传行漏[8],百尺华灯阙下明。

灯下薰天夹路旁,属车旋处翠华张[9]。非烟拥盖璇霄丽,若月乘轮御陌长。十里香花连泰畤[10],千门鼓吹彻昭阳。皇诚已自通天贶,万祀应知宝祚昌。

紫气葱葱绕禁庐[11],南郊近日履长初。皇王礼乐光前殿,侍从声华满后车。汉畤龙鳞金匮纪,周台云物彩毫书[12]。雄文亦是乡人似,齐客谈天恐不如。

【作者简介】

金幼孜(1367—1431),名善,以字行,号退庵。明新淦县(今江西峡江县)人。建文二年(1400)进士。永乐元年(1403)任翰林检讨。与解缙同值文渊阁,为太子讲学。二十二年(1424)四月,鞑靼阿鲁台犯境,永乐帝亲征。军至榆木川(今内蒙多伦西北),永乐帝病逝。幼孜与马云为稳定军心,密不发丧,每日晋见、进食如常仪。一切诏令,皆出幼孜手。洪熙元年(1425)拜户部右侍郎兼文渊阁大学士,不久加太子少保衔兼武英殿大学士,年底升任礼部尚书兼大学士如故,支领三俸。时,法司判死罪冤屈甚多,帝命法司,凡判死罪案,必须"会知三学士"(幼孜、杨士奇、杨荣)。卒谥文靖。有《北征诗》《北征录》,后人辑为《文靖公全集》。

【注释】

[1] 菡萏:荷花。古人称未开的荷花为菡萏。

[2] 凤辇:皇帝的车驾。

[3] 罘罳:音 fú sī,古代一种屏风,设在门外。

[4] 昌期:兴隆昌盛时期。

[5] 绛节:传说中上帝或仙君的仪仗。太清:天空。泛指仙境。

[6] 鹓:音 yuān,古书上指凤凰一类的鸟。瑶墀:玉阶。借指宫廷。

[7] 玉藻:古代帝王冕冠前后悬垂的贯以玉珠的五彩丝绳。借代天子。

[8] 行漏:古代计时的漏壶。因水随时移而持续滴注,故称。《宋史·舆服志》:行漏舆,隋大业行漏车也。制同钟、鼓楼而大,设刻漏如称衡。首垂铜钵,末有铜象,漆匮贮水,渴乌注水入钵中。长竿四,舆士六十人。

[9] 灯下:按,当为"灯火"。翠华:天子仪仗中以翠羽为饰的旗帜或车盖。

[10] 泰畤:古代天子祭天神之处。畤:音 zhì。

[11] 禁庐:宫廷侍从官员寓值的官舍。

[12] 汉畤:汉代帝王祭天地五帝的地方。龙鳞:指帝王。杜甫《秋兴》之五:云移雉尾开宫扇,日绕龙鳞识圣颜。金匮:亦作"金柜""金锁"。铜制的柜。古时用以收藏文献或文物。汉贾谊《新书·胎教》:胎教之道,书之玉版,藏之金柜,置之宗庙,以为后世戒。

按:考《文靖公全集》、徐世昌编《列朝诗集·乙集》等,金幼孜诗第四首当为:

天仗森森列宝台,教坊初进鼓如雷。金莲夜放轻寒散,绛蜡春融瑞气回。

仙乐谩调双玉管,紫宸频上万年杯。传柑岁岁承恩渥,感遇深惭负不才。

又考《四库全书·谷城山馆诗集》、徐世昌编《列朝诗集·丁集》,此《观灯》诗后三首当为于慎行《冬至南郊扈从纪述和陈玉垒太史韵六首》中之后三首:

绛节氤氲上太清,紫烟缥缈冠层城。鹓行不动瑶墀影,凤幄微闻玉藻声。
律应一阳璇象转,福凝五位泰阶平。礼成回跸传行漏,百尺华灯阙下明。

灯火薰天夹路旁,属车旋处翠华张。非烟拥盖璇霄丽,若月乘轮御陌长。
十里香花连泰畤,千门鼓吹彻昭阳。皇诚已自通天贶,万祀应知宝祚昌。

紫气葱葱绕禁庐,南郊迎日履长初。皇王礼乐光前殿,侍从声华满后车。
汉畤龙麟金匮纪,周台云物彩毫书。雄文亦是乡人似,齐客谈天恐不如。

凤 凰 桥 记

明·陈敬宗

【提要】

本文选自《古今图书集成》职方典卷八〇四(中华书局 巴蜀书社影印本)。

凤凰桥遗址位于今安徽广德宛水河上,是该市城区最古老的桥梁之一。"古宛陵郡城之东有二桥,曰'济川',曰'凤凰'。隋开皇中刺史王选所建,唐李白诗'双桥落彩虹'者是也。"

凤凰桥始建于隋朝开皇年间,取名凤凰桥,与不远处的济川桥遥遥相望。宋朝初年,凤凰桥就被暴涨的大水冲毁,后变成浮桥,不久又毁。可是,"郡当徽、婺、江、浙往来之交,渡者相踵。"一旦洪水来临,"公私病沮"。正统壬戌(1442),宁国知府袁旭发动当地百姓以石整修,"桥广二十六尺,修三百尺。旁翼扶栏,下分七洞"。

这次重修,官府拿不出多少钱来,百姓说,"此吾民之利也,吾等愿尽心焉"。于是大家"富者倾囷,勇者宣力,智者效谋,艺者呈技"。所以,陈敬宗感叹:"因民之所利而利之,民亦因己之所欲而欲之。"凤凰桥此后二百年不废。清康熙三年(1664),宣城知县李文敏将其修为五孔拱桥;乾隆四年(1739),知县张大宗又重修一次;光绪十年(1885),知府吴潮又重修一次。民国二十二年(1933),周君南赴宣,又重修此桥。

凤凰桥,是一座交通之桥,更是一座观景之桥,富有诗情画意之桥。当年桥上有桥棚,可供游人休憩观景。桥上,曾留下李白的身影、韩愈的足迹,白居易的哦吟,还有杜牧、梅尧臣、沈括、文天祥,都曾在此桥上留连。清人梅庚曾作《登凤凰桥望敬亭积雪歌》,诗曰:"鳌峰之北北楼东,澄潭如镜垂双虹,李侯去后明镜改,五城十里烟雾中。我今积雪过其上,双虹变成双白龙。直枕陵阳郭,倒衔敬亭峰。"

宁国,古宛陵郡。城之东有二桥,曰"济川",曰"凤凰",隋开皇中[1]刺史王选所建[2],唐李白诗"双桥落彩虹"者是也。宋初,凤凰桥涨毁,乃联舟为梁,改名"上浮桥"。后亦寻废,以舟渡。

郡当徽、婺、江、浙往来之交,渡者相踵。洪水泛溢,公私病沮。太守袁公悯焉,谋于众曰:"视民之病而弗加之意,非长吏之道也。吾欲修旧址,复旧名,架石以为桥,可乎?"众皆曰:"良。"又曰:"经费不赀[3],计将安在?"众皆曰:"此吾民利也,吾等愿尽心焉。"于是富者倾困[4],勇者宣力,智者效谋,艺者呈技。辇石于山,市铁于肆,百尔之需,刻期咸集。

肇役于正统壬戌八月,讫工于明年二月。桥广二十六尺,修三百尺。傍翼扶阑,下分七洞。坚壮雄伟,聿崇具瞻。

是役也,因民之所利而利之,民亦因己之所欲而欲之,是以官不烦而民不扰。桥既成,轮者、蹄者、负者、疲者、耄者、艾者,舍风波不测之艰,就通达坦然之履。莫不赞曰:"是皆太守仁恩之及也。桥之固垂千百年,太守之寿宜与之并。"人心颂祷如此,何其盛哉!

唯太守职务众矣,笃彝伦[5],厚风俗,务农重谷,尊贤养老。下至官府次舍[6],川梁道途,无所不当治者,亦先王之遗政也。夫祠庙所以祀神,公宇所以临民,学校所以养贤育才,厚风敦本之道胥此焉出。袁公经营缮治,举能维新,一郡之耳目矣。又能推诚感动,使民不靳赀力[7],以成不世之功,其贤矣哉!昔子产相郑,善政多矣,而以乘舆济人,孟子遂以"不知为政"讥之。《夏令》九月除道,十月成桥,兹梁之作信乎!得夏令之时,而异于不知为政者矣。

郡人托宣城教谕钱如埙祈予言记于石[8],此盛事也。君子乐道人善,奚可以辞?因书其颠末[9],以示永久。

【作者简介】

陈敬宗(1377—1459),字光世,号澹然居士,又号休乐老人,浙江慈溪人。永乐二年(1404)进士。选庶吉士,与修《永乐大典》,擢刑部主事。迁南京国子司业,进祭酒。以师道自任,立教条,革陋习,德望文章,名闻天下。卒,谥文定。有《澹然集》。

【注释】

[1]开皇:隋文帝杨坚年号,581—600年。

[2]王选:生卒年月不详。开皇十一年(591)出任宣州刺史。将宣州城北拓至敬亭山麓,东过宛溪河,并跨河建凤凰等桥。其所建宣州城方圆30里。

[3]赀:音 zī,计算,计量。

[4]倾困:谓倾尽囊中所有。

[5]彝伦:指常理,常道。

[6]次舍:止息之所。指府署等设施。

[7]不靳:不计较。

[8]教谕:学官名。宋代始设,负责教育生员。

[9]颠末:始末。

明·平 显

【提要】

本诗选自《古今图书集成》考工典卷九七(中华书局 巴蜀书社影印本)。

"白日送客还南滇,夜梦还踏滇池船。连峰倒垂三百里,白云水底行青天。"诗人平显开篇吟道。

聚远楼在五华山,五华山在昆明城内,东有祖遍山,北有圆通山,为昆明城区的最高点。登山遥遥望见,田畦如棋坪,滇池如碧镜。

聚远楼属于五华寺(悯忠寺)。《悯忠寺记》载:至元十四年(1277),云南王忽哥赤、平章赛典赤等,在山顶建五华大殿,匾曰:悯忠寺。"其地左蟠龙,右玉案,滇池朝于前,商山耸于后。设像五,如来居于其中,周檐四壁绘画诸佛菩萨神龙之仪形,范金填彩,绚烂人目。其殿制高爽宏丽,重檐叠拱,奇巧异乎它构,真一方兰若之甲也。"寺后遭兵火损坏,明代加以改建,内有聚远楼、无边楼,旷怡、泰然、净明、真意等亭台。明代云南王沐氏,每遇良辰暇日,常与宾客游。每来"必登'聚远'而望",及倦,"相牵入'真意'焚香传茗"(《泰然堂记》)。

聚远楼成为远近游人常常登临之地,被贬之人平显亦不例外。"楼中古篆屈鼎足,黄金揭榜蟠银钩。""摅虹耸见西浪风,遥闻鸡犬白云中。"五华山、滇池,还有楼内的美景简直令他目不暇接。

五华山虽小,在辛亥革命中却留下了波浪壮阔的一页,蔡锷为首的新政权就设在五华山。

白日送客还南滇,夜梦还踏滇池船。连峰倒垂三百里,白云水底行青天。五华山上香风起,万点菱花堕秋水。僧游海藏受斋归[1],小笠轻袍船一苇。

霜眉碧眼高结喉,揖余同登绝顶楼。楼中古篆屈鼎足,黄金揭榜蟠银钩。倾壶共洒浮提汁,东壁淋漓电光入。扶桑恶风掀海立,金马腾骧脱其鞎[2]。

摅虹耸见西浪风,遥闻鸡犬白云中。羽人不谨碧鸡笼,跃出一朵青芙蓉。芙蓉花开成碧藕,玉案流香旨于酒。东北飞来鹤上仙,云是商山采芝叟[3]。

苾刍厌喧寂坐久[4],空床却作狮子吼。狮子吼声吼如雷,螺岩石扇訇而开[5]。招我题诗苍翠壁,呼童为扫夜明苔。膜拜其中金粟影[6],珊瑚舌相青连台。

因谈空空论白业[7],分霭法喜清凉杯[8]。我时六人断尘缚,若将终身有斯乐。天鸡振羽啼一声,下界奔涛满松壑。松涛扑面冷然惊,官街钟鼓交锽锽[9]。

烟霞已失笑傲伴,梦寐徒忆滇阳城。滇阳城,渺何许,客归应念平生语。相思石上旧精魂,万里萝龛一灯雨[10]。

【作者简介】

平显,生卒年月不详。字仲微,明仁和(今杭州)人。官广西藤县令,后被降为主簿,贬谪云南戍边。平西侯沐英爱其才,请命朝廷,免去其伍籍,聘为塾宾西席。显酷爱松树,闻、遇奇松,必往观,晚年益爱松。在滇近二十年。永乐四年(1406),归仁和,居处曰水竹居,自号松雨老人。有《松雨轩集》。

【注释】

[1]海藏:传说中大海龙宫的宝藏。

[2]腾骧:飞腾,奔腾。

[3]商山:山名。在陕西商县东。地形险阻,景色幽胜。秦末汉初四皓曾在此隐居,史称"商山之皓"。

[4]苾刍:即比丘。

[5]訇:音 hōng,形容大声。

[6]金粟影:本指晋顾恺之所绘维摩画像。后指描绘传神的佛像。

[7]白业:佛教语。谓善业。

[8]法喜:佛教语。谓闻见、参悟佛法而产生的喜悦。

[9]锽锽:音 huáng huáng,钟鼓声。

[10]萝龛:指藤蔓做的小佛阁。

郑和下西洋文(三篇)

明·郑 和 等

【提要】

本文选自《西洋番国志》(中华书局 1961 年版)。

明成祖朱棣为了扬兵威、宣德化,派遣郑和下西洋。永乐三年(1405),郑和率领由 200 多艘海船、27 400 名船员组成的庞大船队远航,访问了西太平洋和印度洋沿岸的 30 多个国家和地区。此后,又连续 6 次从太仓刘家港出发,泊驻福建长乐太平港伺风开洋,一直到宣德八年(1433),共七次下西洋。

下西洋,需要大量的船只和人员。永乐年间(1402—1424),明朝在全国各地下达过 25 批次新造和改装海船的任务,共约 2 860 余艘。其中,明确造宝船和备使西洋诸国的海船有 4 批,计 343 艘。这些宝船与海船,由于建造地点不同,船型也有些差异,如福船、乌船、广船、沙船等。船只在舰队中因分工任务等不同,也会有不同称谓,如大、中、小号宝船,水船、战船、座船、马船、粮船等。宝船,在郑和航海时代既可指大、中型宝船,也可将郑和船队中所有船只泛称为"西洋取宝之船",宝船能带回海外赠送的珍奇动植物、礼品或采购的中国当时稀缺的原料、香料、草药、农作物种子等。宝船分大号、中号、小号:大号长 44 丈 4 尺(1 明尺≈0.317米)、宽十八丈;中号长 37 丈、宽十五丈,堪称"体势巍然,巨无与敌"。郑和下西洋船队中还配用八橹船,帆橹兼用,风顺扬帆,风息荡橹,行动灵活。郑和下西洋,每次船只数量不少于 200 艘、人员不下 25 000 人。

每次下西洋,郑和一般都从太仓刘家港出发。位于今江苏太仓(古称娄东)浏河口的刘家港,直通长江,距长江出海口很近;加上太仓水网密布、浏河口港阔水深,是历代南北海运的枢纽,刘家港可谓是得天独厚的良港,所以郑和选择这里作为下西洋舟师的集中地和出发港。明成祖决定派郑和下西洋之令一出,各地建造的海船尤其是南京宝船厂建造的巨舶,陆续向太仓刘家港集中,各路人马到此汇聚;明朝送给西洋各国的礼物,包括名贵的丝绸、瓷器、纸张、珍宝、茶叶,在这里装船。

长乐太平港则是庞大船队的泊驻港。太平港是闽江下游围绕长乐城西浮峰山的环形深水港湾。高山屏峙,可以阻遏台风和东北风的侵袭,风平浪静,是天然良港。因此,郑和船队从太仓刘家港(或南京)起航后,几乎每次都开进长乐城西的"马江",等待风起出洋。永乐七年(1409)第三次下西洋前夕,郑和奏请改马江为太平港。船队在这里泊驻,少则两个月,多则十个月。当冬、春东北季风劲吹时,郑和船队拔锚扬帆,出闽江口五虎门,转舵南下,乘着强劲的东北风,浩浩荡荡下西洋,顺风十昼夜便可到达占城(今越南中南部)。

为何挑中长乐太平港作为远洋母港?专家分析,太平港地处福建最大河流闽江入海口的南岸,是全国少有的淡水港湾。其宽阔的水域,不但便于数百艘海船停泊,更有取之不尽的饮用淡水,免去陆上取水的跋涉辛劳。太平港背靠大陆,面对的数个小岛屿宛如天然屏障,可消减台风威力,减少台风对船队的袭扰。长乐属南亚热带海洋性气候,夏无酷暑,冬无霜雪,便于庞大的水军停泊驻训。宛如天赐的是,长乐每年 10 月至翌年 3 月,多刮东北大风,大大便于以风为动力的船队扬帆下西洋。不仅如此,素有"水手之乡"美誉的长乐,古时便是吴王夫差和三国吴主孙皓造船和训练水师的要地。郑和驻泊的年代,长乐及周边连江、福清等地的沿海港口,更是集聚起雄厚的造船、航海技术力量。长乐当年有 6 万人,土地肥沃,物产丰富,其丰富的物产为数百艘宝船和二万多人提供了强大的后勤保障。郑和船队每次出洋均携带大量福建德化瓷器,长乐与德化之间有闽江支流大樟溪沟通,格外方便。

刘家港天妃宫和长乐天妃宫碑记,都是郑和下西洋立下的。巩珍(介绍附后)所录附于《西洋番国志》文后的碑文,实为郑和下西洋的第一手资料。每次出洋,郑和都要到天妃宫里祈求天妃保佑其安全航行,立碑忠实记录了七次出洋的时间、经历地点等等情在理中。1930 年,长乐南山天妃宫遗址出土了郑和所立的《天妃灵应宫记》碑,此碑系为郑和最后一次出使西洋前所立。碑文历述郑和下西洋的目的、意义,前六次下西洋的经过、成果和第七次下西洋的任务等。其中,提到下西洋的目的是"宣德化而柔远人也",即发展与各国的友好往来及经贸交流。

郑和下西洋是明朝综合国力的集中体现;七次下西洋,毫无争议地证明了明朝确为当时的"天国"。

娄东刘家港天妃宫石刻通番事迹记

明·郑 和

明宣德六年岁次辛亥春朔正[1]，使太监郑和、王景弘[2]，副使太监朱良、周满、洪保、杨真，左少监张达等立。其辞曰：

勅封护国庇民妙灵昭应弘仁普济天妃之神[3]，威灵布于巨海，功德著于太常[4]，尚矣。和等自永乐初奉使诸番，今经七次，每统领官兵数万人，海船百余艘。自太仓开洋，由占城国、暹罗国、爪哇国、柯枝国、古里国[5]，抵于西域忽鲁谟斯等三十余国[6]，涉沧溟十万余里[7]。观夫鲸波接天，浩浩无涯，或烟雾之溟濛[8]，或风浪之崔嵬[9]。海洋之状，变态无时，而我之云帆高张，昼夜星驰，非仗神功，曷能康济！直有险阻，一称神号，感应如响，即有神灯烛于帆樯。灵光一临，则变险为夷，舟师恬然，咸保无虞。此神功之大概也。及临外邦，其蛮王之梗化不恭者生擒之[10]，寇兵之肆暴掠者殄灭之，海道由而清宁，番人赖之以安业，皆神之助也。

神之功绩，昔尝奏请于朝廷，宫于南京龙江之上，永传祀事，钦承御制记文，以彰灵贶[11]，褒美至矣，然神之灵无往不在。若刘家港之行宫，创造有年，每至于斯，即为葺理。宣德五年冬复奉使诸番国，舣舟祠下[12]，官军人等瞻礼勤诚，祀享络绎，神之殿堂益加修饰，弘胜旧规。复重建峗山小姐之神祠于宫之后，殿堂神像，粲然一新。官校军民咸乐趋事[13]，自有不容已者。非神之功德感于人心而致乎！是用勒文于石，并记诸番往回之岁月，昭示永久焉。

永乐三年统领舟师往古里等国。时海寇陈祖义等聚众于三佛齐国抄掠番商[14]，生擒厥魁。至五年回还。

永乐五年统领舟师往爪哇、古里、柯枝、暹罗等国，其国王各以方物珍禽兽贡献。至七年回还。

永乐七年统领舟师往前各国，道经锡兰山国[15]，其王亚烈苦奈儿负固不恭[16]，谋害舟师，赖神灵显应知觉，遂擒其王，至九年归献，寻蒙恩宥，俾复归国。

永乐十二年统领舟师往忽鲁谟斯等国。其苏门答剌国伪王苏幹剌寇侵本国[17]，其王遣使赴阙陈诉请救，就率官兵剿捕，神功默助，遂生擒伪王，至十三年归献。是年满剌加国王亲率妻子朝贡[18]。

永乐十五年统领舟师往西域。其忽鲁谟斯国进狮子、金钱豹、西马；阿丹国进麒麟[19]，番名祖剌法，并长角马哈兽；木骨都束国进花福鹿并狮子[20]；卜剌哇国进千里骆驼并驼鸡[21]；爪哇国、古里国进麋里羔兽。各进方物，皆古所未闻者。及遣王男王弟捧金叶表文朝贡。

永乐十九年统领舟师遣忽鲁谟斯等各国使臣久侍京师者，悉还本国。其各国王贡献方物，视前益加。

宣德五年，仍往诸番开诏，舟师泊于祠下。思昔数次皆仗神明护助之功，于是勒文于石。

【作者简介】

郑和(1371—1433):原名马三保。洪武十三年(1381)冬,明朝军队进攻云南,十岁的马三保被掳入明营,并被阉割成太监,之后进入朱棣的燕王府。靖难之变中,马三保在河北郑州(今河北任丘北)为燕王朱棣立下战功。永乐二年(1404),明成祖朱棣认为马姓不能登三宝殿,御书"郑"字以赐之,改其名为"和",任为内官监太监,官至四品。宣德六年(1431)钦封郑和为三保太监。永乐三年(1405)奉成祖命,郑和从南京龙江港起航,经太仓出海,偕王景弘率27 800人第一次下西洋,此后近二十年间先后七下西洋。

【注释】

[1]宣德六年:1431 年。

[2]王景弘:福建漳平人。洪武年间入宫为宦官。永乐三年(1405)六月,偕郑和等首下西洋。随后,又参加了第二、第三、第四、第七次下西洋。宣德八年(1433),第七次下西洋,郑和病逝于印度古里。王景弘率队归返,当年七月初六返回南京。他同郑和一样是我国历史上伟大的航海家、外交家。

[3]昭应:应验,相应。

[4]太常:官名。掌礼乐郊庙社稷事宜。

[5]占城国:占城(Champa),即占婆补罗(梵语之意为城),简译占婆、占波,是古代存在于东南亚中南半岛上的一个王国。王都位于因陀罗补罗(今茶荞),国土较广,北起今越南河静省横山关,南至平顺省潘郎、潘里地区。占城上古时被称为象林邑,简称林邑,为秦汉象郡象林县故地。东汉末,象林功曹之子区连自立为王,从此独立。8 世纪下半叶至唐末,改称环王国,五代复称占城,后为越南阮氏王朝吞并。《明史》载:"占城居南海中,自琼州航海顺风一昼夜可至,自福州西南行十昼夜可至,即周越裳地。"暹罗:今泰国的古称。爪哇国:东南亚古国,其境主要在今印度尼西亚爪哇岛一带。唐朝时,一度为佛教国家。宋朝时分为三国,满者伯夷王朝时期,伊斯兰教兴盛。元朝时,元军大举征伐其地,败绩。明朝时,屡有入贡。二战后,并入印度尼西亚。柯枝国:古国名。故地在今印度西南岸柯钦(Cochin)一带,为东西方交通重要港口。古里国:又作"古里佛",是位于南亚次大陆西南部的一个古代王国。其境在今印度西南部喀拉拉邦的科泽科德一带,为古代印度洋海上的交通要冲。这个出现于公元 13 世纪的古国频频出现在中国古籍之中,宋时称作南毗国(Namburi),元时称作"古里佛",明时称作"古里"。宣德八年(1433)农历四月,郑和最后一次下西洋途中,就在古里国去世。

[6]忽鲁谟斯:即霍乐木兹,在今伊朗东南米纳布附近,临霍尔木兹海峡,遗址在霍尔木兹海峡,扼波斯湾出口处,为古代交通贸易要冲。是郑和下西洋的主要目的地之一。

[7]沧溟:大海。

[8]溟濛:昏暗,模糊不清。

[9]崔嵬:高大貌,高耸貌。

[10]梗化:谓顽固不服从教化。

[11]灵贶:神灵赐福。贶:音 kuàng,赠,赐。

[12]舣:音 yǐ,停船靠岸。

[13]官校:泛指低级文武官吏。

[14] 陈祖义:祖籍广东潮州人,洪武年间,全家到南洋。陈祖义盘踞在马六甲为海盗十余年,鼎盛时该团伙人数超过万人,战船百艘。霸于日本、台湾、南海、印度洋等海面,劫掠过往船只达万艘,攻打50多座沿海镇城。明太祖悬红50万两白银捉拿陈祖义。后来,他逃到了三佛齐(今属印度尼西亚)的渤林邦国,在国王麻那者巫里手下当上了大将。永乐五年(1407)九月,郑和将其押回中国,当众斩首示众。

[15] 锡兰山国:即今斯里兰卡。古又称狮子山国。

[16] 亚烈苦奈儿:郑和的宝船队到达了锡兰山,国王亚烈苦奈儿觊觎船队的宝物,遂派兵来劫掠。郑和认为,敌人的大部分兵力来抢船,城内肯定空虚,遂带领两千多名将士攻陷了锡兰山的都城,生擒了亚烈苦奈儿及其妻子官属。在打败闻讯赶回的劫船队伍后,郑和把亚烈苦奈儿扣留于船上并把他带回中国,而明成祖释放了亚烈苦奈儿。

[17] 苏门答剌国:永乐十二年,郑和出使到了苏门答剌国。该国前伪王子苏干剌,刚杀掉了国王自立为王,怨恨郑和不赏赐自己,率兵抄击郑和的官军。郑和奋力作战,生擒苏干剌及其妻儿,永乐十三年七月回国。

[18] 满剌加国:十四至十六世纪马来亚封建王国,在今马六甲州。15世纪初,与中国建立友好关系,其国王曾数度来访。郑和船队屡至其国。15世纪末、16世纪初,该国击败暹罗,控制海上贸易,扩张势力。其于1511年葡萄牙殖民者侵入后衰亡。其港口马六甲,在新加坡开埠前为东方船舶在马六甲海峡中的主要泊所。

[19] 阿丹国:古国名,今译作亚丁,故地在今亚丁湾西北岸一带,扼红海和印度洋出入口,为海陆交通要冲。古时为宝石珍珠集散地,15世纪前期便与中国互通使节、贸易。今之亚丁市位于亚丁湾一个突出的小半岛上。

[20] 木骨都束国:今索马里首都摩加迪沙,就是昔日木骨都束国所在地。郑和曾于永乐十五年(1417)、十九年(1421)和宣德五年(1430)三次到达这里。在今日索马里的布拉瓦郊区,有一个较大的村子,名叫郑和屯(亦叫中国村),相传郑和使团曾到过此地。

[21] 卜剌哇国:古国名。故地一般以为在今索马里的布腊瓦(Brava)一带。

长乐南山寺天妃之神灵应记

明·郑 和

皇明混一海宇,超三代而轶汉唐,际天极地,罔不臣妾。其西域之西,迤北之国,固远矣。而程途可计,若海外诸番,实为遐壤,皆捧珍执贽,重译来朝。皇上嘉其忠诚,命和等统率官校旗军数万人,乘巨舶百余艘,赍币往赉之。所以宣德化而柔远人也。自永乐三年奉使西洋,迨今七次,所历番国:由占城国、爪哇国、三佛齐国、暹罗国,直踰南天竺锡兰山国、古里国、柯枝国,抵于西域忽鲁谟斯国、阿丹国、木骨都束国,大小凡三十余国,涉沧溟十万余里,观夫海洋洪涛接天,巨浪如山,视诸夷域,迥隔于烟雾缥缈之间。而我之云帆高张,昼夜星驰,涉彼狂澜,若履通衢者,诚荷朝廷威福之致,尤赖天妃之神护佑之德也。神之灵固尝著于昔时,而盛显于当代。溟渤之间[1],或遇风涛,既有神灯烛于帆樯,灵光一临,则变险为夷,虽在颠连,亦保无虞。及临外邦,番王之不恭者生擒之,蛮寇之侵略者剿灭之。由是海道清宁,番人仰赖者,皆神之赐也。

神之感应未易殚举。昔尝奏请于朝,纪德太常,建宫于南京龙江之上,永传祀典,钦蒙御制记文以彰灵贶,褒美至矣。然神之灵无往不在。若长乐南山之行宫,余由舟师屡驻于斯,伺风开洋。乃于永乐十年奏建以为官军祈报之所,既严且整。右有南山塔寺,历岁久深,荒凉颓圮,每就修葺,数载之间,殿堂禅室,弘胜旧规。今年春仍往诸番,蚁舟兹港,复修佛宇神宫,益加华美。而又发心施财,鼎建三清宝殿一所于宫之左,雕妆圣像,粲然一新,钟鼓供仪,靡不俱备。佥谓如是[2],庶足以尽恭事天地神明之心。众愿如斯,咸乐趋事,殿庑宏丽,不日成之,画栋连云,如翚如翼。且有青松翠竹,掩映左右,神安人悦,诚胜境也。斯土斯民,岂不咸臻福利哉!人能竭忠以事君,则事无不立;尽诚以事神,则祷无不应。和等上荷圣君宠命之隆,下致远夷敬信之厚,统舟师之众,掌钱帛之多,夙夜拳拳,唯恐弗逮,敢不竭忠于国事,尽诚于神明乎!师旅之安宁,往回之康济者,乌可不知所自乎?是用著神之德于石,并记诸番往回之岁月,以贻永久焉。

一永乐三年统领舟师至古里等国。时海寇陈祖义聚众三佛齐国,劫掠番商,亦来犯我舟师,即有神兵阴助,一鼓而歼灭之。至五年回。

一永乐五年统领舟师往爪哇、古里、柯枝、暹罗等国,番王各以珍宝珍禽异兽贡献。至七年回还。

一永乐七年统领舟师往前各国,道经锡兰山国,其王亚烈苦奈儿负固不恭,谋害舟师,赖神显应知觉,遂生擒其王,至九年归献。寻蒙恩宥,俾归本国。

一永乐十一年统领舟师往忽鲁谟斯等国。其苏门答剌国有伪王苏斡剌寇侵本国,其王宰奴里阿比丁遣使赴阙陈诉,就率官兵剿捕。赖神灵助,生擒伪王,至十三年回献,是年满剌加国王亲率妻子朝贡。

一永乐十五年统领舟师往西域。其忽鲁谟斯国进狮子、金钱豹、大西马。阿丹国进麒麟,番名祖剌法,并长角马哈兽。木骨都束国进花福鹿并狮子。卜剌哇国进千里骆驼并驼鸡。爪哇、古里国进糜里羔兽。若乃藏山隐海之灵物,沉沙栖陆之伟宝,莫不争先呈献。或遣王男,或遣王叔王弟,齐捧金叶表文朝贡。

一永乐十九年统领舟师,遣忽鲁谟斯等国使臣久侍京师者悉还本国。其各国王益修职贡,视前有加。

一宣德六年仍统舟师往诸番国,开读赏赐,驻舶兹港,等候朔风开洋。思昔数次皆仗神明助佑之功,如是勒记于石。宣德六年岁次辛亥仲冬吉日正使太监郑和、王景弘,副使太监李兴、朱良、周满、洪保、杨真、张达、吴忠,都指挥朱真、王衡等立。正一住持杨一初稽首请立石。

【巩珍及《西洋番国志》】

巩珍,号养素生,明朝应天府人,生卒年不详。士兵出身,后升为幕僚。明宣德六年(1431)至宣德八年(1433)被提拔为总制之幕(相当于秘书)随郑和下西洋。宣德九年(1434)著《西洋番国志》,忠实纪录了郑和船队所经过的20个国家,记述了各国的风土人情以及中国与亚非各国人民的友好交往。

《西洋番国志》保存了诸多珍贵的史实:巩珍自序和所附的三通皇帝敕书。如《自序》中提到的指南针——水罗盘的航海应用:"皆斫木为盘,书刻干支之字,浮针于水,指向行舟";又如谈到的宝船和水船的情况:"其所乘之宝舟,体势巍然,巨无与敌,篷帆锚舵,非二三百人莫能举动";"水船载运,积贮仓舟者(储),以备用度"。现已成为今日耳熟能详的常见引文。

【注释】

[1]溟渤:泛指大海。
[2]佥:全,都。

附:郑和传

清·张廷玉 等

郑和,云南人,世所谓三保太监者也。初事燕王于藩邸,从起兵有功。累擢太监。成祖疑惠帝亡海外,欲踪迹之,且欲耀兵异域,示中国富强。永乐三年六月,命和及其侪王景弘等通使西洋。将士卒二万七千八百余人,多赍金币。造大舶,修四十四丈、广十八丈者六十二。自苏州刘家河泛海至福建,复自福建五虎门扬帆,首达占城,以次遍历诸番国,宣天子诏,因给赐其君长,不服则以武慑之。五年九月,和等还,诸国使者随和朝见。和献所俘旧港酋长。帝大悦,爵赏有差。旧港者,故三佛齐国也,其酋陈祖义,剽掠商旅。和使使招谕,祖义诈降,而潜谋邀劫。和大败其众,擒祖义,献俘,戮于都市。

六年九月,再往锡兰山。国王亚烈苦奈儿诱和至国中,索金币,发兵劫和舟。和觇贼大众既出,国内虚,率所统二千余人,出不意攻破其城,生擒亚烈苦奈儿及其妻子官属。劫和舟者闻之,还自救,官军复大破之。九年六月献俘于朝。帝赦不诛,释归国。是时,交阯已破灭,郡县其地,诸邦益震詟,来者日多。

十年十一月,复命和等往使,至苏门答剌。其前伪王子苏干剌者,方谋弑主自立,怒和赐不及己,率兵邀击官军。和力战,追擒之喃渤利,并俘其妻子,以十三年七月还朝。帝大喜,赉诸将士有差。

十四年冬,满剌加、古里等十九国咸遣使朝贡,辞还。复命和等偕往,赐其君长。十七年七月还。十九年春复往,明年八月还。二十二年正月,旧港酋长施济孙请袭宣慰使职,和赍敕印往赐之。比还,而成祖已晏驾。洪熙元年二月,仁宗命和以下番诸军守备南京。南京设守备,自和始也。宣德五年六月,帝以践阼岁久,而诸番国远者犹未朝贡,于是和、景弘复奉命历忽鲁谟斯等十七国而还。

和经事三朝,先后七奉使,所历占城、爪哇、真腊、旧港、暹罗、古里、满剌加、渤泥、苏门答剌、阿鲁、柯枝、大葛兰、小葛兰、西洋琐里、琐里、加异勒、阿拨把丹、南巫里、甘把里、锡兰山、喃渤利、彭亨、急兰丹、忽鲁谟斯、比剌、溜山、孙剌、木骨都束、麻林、刺撒、祖法儿、沙里湾泥、竹步、榜葛剌、天方、黎伐、那孤儿,凡三十余国。所取无名宝物,不可胜计,而中国耗废亦不赀。自宣德以还,远方时有至者,要不如永乐时,而和亦老且死。自和后,凡将命海表者,莫不盛称和以夸外番,故俗传三保太监下西洋,为明初盛事云。

当成祖时,锐意通四夷,奉使多用中贵。西洋则和、景弘,西域则李达,迤北则海童,而西番则率使侯显。

按:本文选自《明史》卷三百十四(中华书局1974年版)。

敕赐昭化寺记

明·罗亨信

【提要】

本文选自《觉非集》(《北京图书馆古籍珍本丛刊本》集部,书目文献出版社1998年版)。

昭化寺原名永庆禅寺,初创于明洪武三十年(1397),原为民间祝禧道场,后因多年失修几近荒废,明正统元年(1436)开始重修扩建,正统癸亥年(1443)竣工。寺庙落成后上奏朝廷,英宗朱祁镇赐匾额"昭化寺"。

坐落在今河北省怀安县怀安城的昭化寺,寺院由山门、天王殿、大雄宝殿、后殿、偏殿以及钟楼、鼓楼、碑楼等组成。中轴线上从南到北依次由山门、天王殿、大雄宝殿、后殿及东西配殿组成,系汉式寺庙"伽蓝七堂"式建筑。

昭化寺主体建筑外观为较典型的明代官式做法,但梁架结构保留了很多明代以前的做法,为研究古代建筑结构的演变提供了十分重要的实例。大雄宝殿的殿内纵向梁架为平梁前后接双步梁,横向构架采用大内额式。大内额的使用,为减柱和移柱造法的设计提供了方便,大大增加了殿内空间,体现了当时工匠们因材制宜、灵活多变的建筑技艺。昭化寺全部建筑均为石条基础,砖木结构,曲槛雕栏,修廊大厦,天王殿、大雄宝殿均为歇山顶木结构建筑,四面斗拱,玻璃瓦盖顶,玉龙卧脊,兽头出飞檐。殿内金像悬山,雕梁画栋,金碧辉煌。

大雄宝殿是昭化寺的主要建筑,面宽五间,进深三间,占地面积248.5平方米。明朝嘉靖年间,画工绘于大雄宝殿和后殿内墙四壁的精美壁画是昭化寺留给后人的宝贵遗产。

壁画主要集中在东西墙壁上,古代匠人们发挥丰富的想象力,浓墨重彩地将天堂的美好、地狱的恐怖、人间的风土人情、菩萨的慈悲、神将的威猛、仙人的飘逸、百姓的虔诚、帝王的威严、后妃的华贵、儒流的文雅、贤士的潇洒、贞妇烈女的气节,挥洒得栩栩如生、惟妙惟肖。笔画共有人物故事画47幅,三教九流人物490个,面积达93平方米,其内容丰富、人物众多、题材广泛、工艺精湛,令人叹为观止。

大殿南墙左边门神面的左上方,留有作者楷书题记:"时大明嘉靖四十一年(1562),岁在壬戌冬十月初十日吉时,谨志。画工匠人任朝相。"

专家认为,昭化寺壁画构图饱满,设色艳丽不俗,技法娴熟,人物造型准确生动,比例适度匀称。服饰线条流畅秀丽、潇洒飘逸,充分继承了"曹衣出水,吴带当风"的传统佛像绘画的技法。还可以见到"丁头鼠尾描"笔法的运用,技法十分娴熟。是研究明代佛教信仰及民间崇拜内涵、壁画艺术发展及绘画流派传承不可多得的宝贵实例,堪称我国明代壁画艺术之珍品。1930 年,挪威画家斯卡根来张家口一带传教,1935 年到怀安时发现了昭化寺壁画,赞叹不已,1937 年临摹了全部壁画。2001 年昭化寺被国务院公布为全国重点文物保护单位。

昭化寺内现存明正统十年(1445)立的汉白玉质"勅赐昭化寺碑"一道,碑高2.4 米、宽 0.95 米、厚 0.25 米,碑文由罗亨信撰,文中详细地记录了昭化寺的重修过程、建筑布局等情形。

怀安卫东二十里[1],昔置怀安县,隶兴和路。元运既终,普天率土,咸归于我职方[2]。以县地临□□,尽徙其民入居腹里,城空陁险而不利于战守。洪武壬申[3],乃相西郊高明夷旷,筑城宿兵以镇焉。卫则因县之旧也。

城西隅初创永庆禅寺,为祝禧道场[4],规模宏豁,神人具瞻。岁久,风雨飘零,日就凋弊。于时,边镇政殷,修葺有不暇及,竟致倾圮。遗基虽存,鞠为茂草[5],见者莫不兴叹。

永乐甲辰秋[6],仁庙昭皇帝嗣大历服[7],更新治化,选将总师,控制西北。复简中官才识超迈者[8],统领神机[9],分涖边卫,以镇御塞垣。于是,奉御公玉武、公住相继来御怀安卫。卫东自新河口、西至西阳河,延袤几三百里,俱濒北塞,实为要冲。二公更相往守二十年,于兹仰赖。列圣威灵,丑类远遁[10],边尘不兴,士卒安于耕牧,恒若有神为之。默相旦夕,思为酬答。每恨祝延无所。忽夜形梦寐,有人对曰:"明府欲报四恩[11],惟修古刹,获福无量。"觉而访之耆旧[12],曰"城西旧有废寺,时现神光。梦之所感,其惟是邪?"乃斋沐,躬谒拜许,鼎新修建,塑庄诸佛。上祝皇图永固,下保边境清宁。

先舍己资为倡,官僚士庶闻而翕然乐从,咸曰:"斯寺之废已久。一旦幸遇明公举修,殆非偶然。"于是,富者助财,贫者舍力。谋猷相度[13],俶工庀材,诹日兴作[14]。治其繁芜,扩其规制。中立大雄宝殿,次列天王殿,前辟山门,东居观音、罗汉,西奉地藏、十王,后建三大士殿。伽蓝有位,护法有堂,僧房丈室,庖湢廪库[15],供具器物,种种咸备。修廊广厦,栋宇翚飞;曲槛雕阑,榱题藻丽;像设尊严[16],金碧炳焕:诚足以觉群迷而化善类矣!

经始于正统改元丙辰某月,落成于癸亥春二月[17]。二公之用心,可谓勤且劳矣!

乃具本末疏闻于朝,特奉玉音,赐额曰:昭化寺。命仪曹授僧人印稳为住持,俾率其徒,披诵真诠,以祈景贶。复念斯寺之建,非一日而成,苟无文以纪其绩,将何以示后人?因奉状以征予,言:"勒诸贞石以垂不朽。"

呜呼！粤自如来灭度[18]，象教东传，迄今千三百八十余载矣。凡有国家者，咸知尊奉以神政化。丛林大刹，宏豁壮丽，则又莫过于今日。其据阛阓而擅形胜者[19]，殆周于天下，何其盛哉！二公来御是邦，同寅协恭[20]，抚绥士卒，政教兴行，兵民咸遂。不惟克举其职，尤能集福以利于人，其志诚可嘉矣。后之嗣守于斯者，尚思前人创建之勤，相与维持协赞而无或弛[21]，则香火绵绵而不替，福泽弥远而弥隆，是寺历百世而愈昌矣。系以铭曰：

> 佛法东传，肇于后汉。历代咸尊，华夷靡间。塞北藩镇，曰惟怀安。昔建梵刹，化导愚顽。岁久圮倾，崇基俨若。鬼神护呵，有待兴作。中官出镇，瞻拜叹惊。自任其责，鼎新建营。首捐己资，复化众力。焦思劳心，不懈朝夕。八载工成，厥惟艰哉。诸天像设，堂殿周回。伐鼓考钟，晓参暮礼。缁衲云从，金仙戾止[22]。降福简简，密裨化机。兵无战伐，民乐雍熙[23]。圣子神孙，安居天位。丕烈显谟[24]，昭于万世。

【作者简介】

罗亨信(1377—1457)，字用实，广东东莞人。永乐二年(1404)进士，入仕途任工科给事中，迁右给事中、监察御史。后升为右佥都御史，奉命到陕西守备边疆。正统五年(1440)三月，罗亨信任巡抚宣府、大同都督。先后上疏提议加固城墙、淘汰冗官、节省费用、充实物资储备、禁止乱征徭役、免边民垦田之税等，都被皇帝采纳。时北方蒙古瓦剌部首领也先入侵，诸卫堡的长官皆弃城不守。他动员诸将誓死守城，以孤城阻敌进攻，外御强敌，内保京师。以功擢为左副都御史。

【注释】

[1] 怀安：今属河北。元中统元年(1260)置县。先属隆兴府，后属兴和路。洪武二十三年(1390)，置怀安卫。
[2] 职方：犹版图。泛指国家疆土。
[3] 洪武壬申：1392年。
[4] 祝禧：祝告神灵，以求福祥。
[5] 鞠：弯曲。
[6] 永乐甲辰：永乐二十三年(1424)。
[7] 仁宗昭皇帝：即朱高炽(1378—1425)。为明成祖朱棣长子。在位一年，随后病死。历服：谓久远之业。指王位。
[8] 简：选择。超迈：卓越高超，不同凡俗。
[9] 神机：谓灵巧机变的谋略。
[10] 丑类：坏人、恶人。
[11] 明府：犹言大府、官府。汉魏以来多用于对郡守牧尹的尊称。
[12] 耆旧：年高望重者。
[13] 谋猷：计谋、谋略。相度：观察估量。
[14] 诹日：商量选择吉日。
[15] 庖湢：厨房、浴室。湢，音bì。廩库：粮仓；仓库。
[16] 像设：此指所祠祀的神佛供像。

[17] 正统丙辰:1436 年。这年,明英宗朱祁镇登基。癸亥:正统八年(1443)。

[18] 灭度:佛教语。指僧人死亡。

[19] 阛阓:街市、街道。借指民间。

[20] 寅:敬。协恭:勤谨合作。

[21] 协赞:协助,辅佐。

[22] 缁衲:僧人。缁:僧尼多穿黑衣,故称。戾止:到来。戾:音 lì。

[23] 雍熙:谓和乐升平。

[24] 丕烈:大功业。显谟:犹大谋略。谟:计谋,策略。

宣府新城记

明·罗亨信

【提要】

本文选自《觉非集》(《北京图书馆古籍珍本丛刊本》集部,书目文献出版社 1998 年版)。

宣化历史悠久,历来是兵家必争之地,战略地位十分重要。战国至秦汉属上谷郡,唐代置武州,文德元年(888),设文德县,始建宣化城。辽改武州为归化州,金改归化州为宣德州,元中统四年(1263),始置宣德府。明洪武三年(1370),朱元璋改宣德府为宣府。次年,置前卫、左卫、右卫,遣将卒把守。洪武二十七年(1394),展筑宣府城,边长"六里十三步",周长达 12 公里。次年皇子朱橞受封谷王,就藩宣府,宣府成为边防重地。

明正统五年(1440),罗亨信任宣府巡抚、大同总督,"凡兵民安否,粮刍盈耗、边务弛张、刑狱清滥,并听厘而正之"。修缮宣府自然也在其中。工始于辛酉(1441)夏,丙寅(1446)秋九月完工,修缮一新的宣府城:"城基厚四丈五尺,址甃石三层;余用砖砌至垛口,高二丈八尺,雉堞又崇七尺,高三丈有五尺,面阔则减基之一丈七尺。四门之外,各环以瓮城,甃砌如正城之法。瓮城之外又筑墙作门,设钩桥,遇警则起,以绝奸路。"这样还不够,还在"城东偏之中,筑崇台,建高楼七间,崇四丈七尺余五寸,深四丈五尺,广则加深之二丈五尺五寸","上置鼓角漏刻,以司晓昏、昼夜、十二时之节"。虽然这次整修上留下"隍堑浅狭,尚有待于浚涤"的遗憾,但城垣包砖,建起司晨昏、警边烟的警眺楼,宣府可谓是城高池深、气象雄伟,足以拱居庸、蔽雁门了。

明代宣府属京师,归属万全都指挥使司。宣府镇更是保卫京都,防御蒙古族南下的咽喉之地。明程道生在《九边图考》中称:"宣府山川纠纷,地险而狭,分屯建将倍于他镇,是以气势完固号称易守,然去京师不四百里,锁钥所寄,要害可知。"清人顾祖禹在《读史方舆纪要》中论宣府镇长城地理形势时说:宣府,"南屏京师,后控沙漠,左扼居庸之险,右拥云中之固",诚边陲重地。

修好不久的宣府，很快遭遇大难考验。正统十四年(1449)七月发生的土木之变，明英宗被俘。英宗既被俘，边城官兵斗志尽失，赤城、怀来、永宁、保安等守将纷纷弃城逃散。"有议弃宣府城者，官吏军民纷然争出。亨信仗剑坐城下，令曰：'出城者斩！'又誓诸将为朝廷死守，人心始定。也先挟上皇至城南，传命启门。亨信登城语曰：'奉命守城，不敢擅启。'也先逡巡引去。"(《明史·罗亨信传》)也先只好押着英宗，破了紫荆关，从那里直扑北京。

罗亨信坚守住宣府，后人赞誉颇多。《皇明通纪》云："幸罗亨信忠义誓死以守，不独一城蒙福，而京师实赖之。世谓亨信有安社稷之功，信矣。"

边城之建，所以壮中国威，远□而安众庶也。塞北宣府，古幽州属地。元置宣德府，秦为上谷郡。分野当析木之次[1]，入尾一度。地土沃衍[2]，四山明秀。洋河经其南，柳川出于阴。古今斯为巨镇，恒宿重兵以控御北狄。

我朝太祖高皇帝诞膺景命[3]，奄有华□，遂电扫妖氛，残□为之遁迹。其地既入职方，然谓濒于朔漠，尽徙居民，迁入内郡，兹土旷墟[4]。洪武初岁，发兵营屯。二十五年壬申[5]，始立宣府前、左、右三卫，遣将帅兵以镇之。癸酉又命谷王来治焉[6]，捍外卫内之意益严矣。

旧城凑隘[7]，不足以居。士卒□成，展筑土城，方二十有四里，辟七门以通耕牧。东曰"安定"，西曰"大新"，南曰"昌平"、曰"宣德"、曰"承安"，北曰"广灵"、曰"高远"。

岁己卯[8]，太宗文皇帝举靖难之师王遗城[9]，还京时，止留四门，其宣德、承安、高远并室之，以慎所守。永乐甲辰秋[10]，仁宗昭皇帝嗣大历服[11]，诏曰："西北二□，狼子野心未易，□恩信结，不可不为之备。"于是分遣将臣，大饬边防。命永宁伯谭公广佩镇朔，将军印充总兵官来镇于斯，修营垒，缮甲兵，严斥堠[12]。复命工甃圈四门，创建城楼、角楼各四座，以谨候望；屋于雉堞之间者又若干，以严巡徼[13]。

二十年间，边燧不兴，兵民安于无事。宣宗章皇帝复祚改元[14]，宣德之五年庚戌[15]，立万全都指挥使司统摄宣府、万全、怀保、蔚州、保安、怀来、永宁、龙门、开平等一十九卫所控地，东西千余里。

今皇帝继登大宝[16]，改元正统之五年庚申夏四月，予自内台奉玺书出巡塞北[17]，凡兵民安否、粮刍盈耗[18]、边务弛张、刑狱清滥，并听厘而正之。睹其城土不坚，每雨辄倾圮，非直人疲于修筑，遇警亦不利于战守。因封章上闻[19]，特命前都指挥使马升，督属分兵伐石陶甓[20]，炼石为灰，以包砌之。自辛酉夏启工[21]，时则有镇守尚膳监、右少监赵公琮，备御中官陈公美，参将都督佥事朱公谦，都指挥纪公广，参谋户部右侍郎刘公琏，同寅协恭[22]，左右赞理。乙丑秋[23]，又得今总戎武定侯郭公玹，以戚里世勋之重[24]，来代谭公，委心自任，夙夜孜孜，督同都指挥使董斌暨诸官属，严励士卒，殚力竭诚，至丙寅秋九月[25]，其工始完。

城基厚四丈五寸，址甃石三层，余用砖砌至垛口，高二丈八尺，雉堞又崇七尺，高三丈有五尺，面阔则减基之一丈七尺。四门之外，各环以瓮城，甃砌如正城之法。瓮城之外,又筑墙作门,设钓桥[26],遇警则起,以绝奸路。隍堑浅狭,尚有待于浚涤。复即城东偏之中,筑崇台,建高楼七间,崇四丈七尺余五寸,深四丈五尺,广则加深之二丈五尺五寸焉。上置鼓角漏刻,以司晓昏、昼夜、十二时之节,俾人知儆动而不懈于经理[27]。其檐二级,南扁曰"镇朔",北扁曰"丽谯",盖取镇静高华之义,其规制可谓弘丽而周密矣。

总镇诸公乃曰:"比岁□使来朝,动余千数,边阃急于欤[28]。遇镇城修筑,人不惮劳,乃能成斯永固之功。苟无文以纪其本末来者,亦孰知修营之艰哉?"因速予为之记。

予惟城池者,古今保民之藩屏也。粤自周公营洛邑,其制乃备。后世因之,以基太平之治。我国家列圣相承,措天下于泰山磐石之安者,亦推城池是赖。虽中州内郡,列城相望,而况于边塞乎?诸公汲汲焉于斯[29],可谓真知边务而不孤委任之重矣。嗟乎!欲建万世不拔之基,必思久远无穷之计。斯城之建,前人创之始,诸公成于终。虽劳力一时,实获久安之利。自今以往,人望层城万堞,楼橹翚飞,虽古之金城天府,亦未多让,外侮尚奚足虑哉!是用书其创修之由,勒之贞石,以昭示于无穷焉。系以诗曰:

> 北有名藩,曰惟上谷。原隰衍夷[30],山川清淑[31]。三边阨塞,斯为要冲。
> 内卫中国,外遏羌□。立之屏翰,镇服疆圉[32]。戍卒云屯,如貔如虎。都城
> 匪坚,鼎新砌营。辇石连鬌,六载而成。诸将效诚,众功毕力。手足胼胝[33],
> 一劳百逸。金汤巩固,□□畏威。海晏河清,共乐雍熙。我作诗歌,纪功载
> 政。万世无虞,四方底定。圣人御极,寿禄无疆。永保家邦,地久天长。

【注释】

[1]析木:星次名。十二星次之一。与十二辰相配为寅,与二十八宿相配为尾、箕两宿。古代以析木为燕的分野,属幽州。

[2]沃衍:平坦辽阔的沃土。

[3]诞膺:承受(天命或帝位)。景命:大命。指授予帝王之位的天命。

[4]旷墟:空阔荒废。

[5]二十五年壬申:洪武二十五年(1392)。

[6]癸酉:1393 年。谷王:朱橞。洪武二十八年(1395),就藩宣府。军事上受制于燕王朱棣,成祖即位,移长沙府。后以谋逆罪自焚死。

[7]凑隘:谓狭窄拥挤。

[8]己卯:建文元年(1399)。

[9]太宗文皇帝:即朱棣。

[10]永乐甲辰:1424 年。

[11]仁宗昭皇帝:朱高炽(1378—1425)。大历服:指天子的职位。

[12]斥堠:侦察,候望。亦指用以瞭望敌情的土堡。

[13]巡徼:巡行视察。

[14]宣宗:明宣宗朱瞻基(1398—1435)。洪熙元年(1425)即位,年号宣德。

[15]宣德庚戌:1430 年。

[16]今皇帝:指明英宗朱祁镇,1436 年即位。

[17] 内台:指御史台。

[18] 粮刍:粮草。

[19] 封章:言机密事之章奏皆用皂囊重封以进,故名。

[20] 陶甓:陶砖。

[21] 辛酉:正统辛酉年(1441)。

[22] 协恭:勤谨合作。

[23] 乙丑:正统十年(1445)。

[24] 戚里:帝王外戚聚居的地方。世勋:世代功勋。郭玹为朱元璋开国功臣郭英的后人。

[25] 丙寅:1446 年。

[26] 钧桥:吊桥。

[27] 傲动:谓戒惧不安。指保持高度警惕。

[28] 边圉:边境,边界。阃:音 kǔn,门槛。

[29] 汲汲:心情急切貌。

[30] 衍夷:广平。

[31] 清淑:清和,秀美。

[32] 疆圉:边境,边界。圉:音 yǔ,边陲。

[33] 胼胝:手掌或足底因长期摩擦而生的厚皮,俗称老茧。

虎丘修塔记

明·张　益

【提要】

本文选自《古今图书集成》神异典卷一二三(中华书局　巴蜀书社影印本)。

"虎丘有塔,凡七级,在绝顶。"虎丘塔是苏州云岩寺塔的俗称,位于江苏苏州虎丘山上。塔"始建于隋仁寿九年(601)",为木塔,后毁。现存的虎丘塔建于五代后周末年(959),落成于北宋建隆二年(961),塔平面呈八角形、七级,为仿楼阁式砖木结构,高 47 米。由于塔基土厚薄不均、塔墩基础设计构造不完善等原因,从明代起,虎丘塔就开始向西北倾斜,现在塔顶中心偏离底层中心 2.34 米,塔身倾斜度为 2.48°。

和中国诸多古塔一样,虎丘塔(云岩寺塔)同样命运多舛,仅明朝初期就连遭厄运。"洪武乙亥(1395),僧舍不戒于火,寺焚延及浮图……宣德癸丑,火复作于僧舍,浮图又及于灾,而加甚于昔焉。"这次重修"经始于正统丁巳(1437)之春,落成于戊午八月三日"。

虎丘塔为大型多层仿木构楼阁式砖塔,以条砖和黄泥为主要建筑材料。虎丘塔的八边形外部特征和套筒式内部结构,既增强了塔的美观性,更增强了塔的坚固性。其内外塔层间的连接以叠涩砌作的砖砌体连接上下左右,让虎丘塔历经千年斜而不倒。塔身平面由外墩、回廊、内墩和塔心室组合而成。全塔由8个外墩和4个内墩支承。内墩之间有十字通道与回廊沟通，外墩间有8个壶门与平座（即外回廊）连通。虎丘塔后,我国的大型高层佛塔多采用套筒式结构。而现在,世界上的高层建筑也多采用套筒结构以增强其稳定性,此足可印证我国古代建筑匠师们的智慧和技术水平。

不仅如此,虎丘塔的砌作、装饰同样精致华美。塔的砖砌斗拱、柱、枋等全按木构真实尺寸做出,斗拱出跳两次,形制相当粗硕、宏伟;外塔壁外设置了平座栏杆,登塔者能够自由走出塔体,俯瞰世界。而在虎丘塔之前的砖塔中,目前还未发现塔体外建有平座栏杆的先例。虎丘塔内有大量的装饰彩塑,如牡丹花、太湖石等立体的灰塑图案;塔楼二层西南面的内墩上,还刻有两扇毯纹图案的装饰门,这是唐宋门式样的实例;仿木的斗拱、梁、柱子等处都有彩绘,"七朱八白",鲜艳夺目。

虎丘斜塔塔身设计完全体现了唐宋时代的建筑风格。虎丘斜塔被尊称为"中国第一斜塔"和"中国的比萨斜塔"。

虎丘塔所在的云岩寺年龄更大。寺内碑刻记载,东晋咸和二年(327)司徒王珣、司空王珉兄弟舍宅为寺,名"虎丘寺"。唐时为避李虎(唐高祖李渊祖父)之讳,便改名为"武丘报恩寺"。会昌年间(841—847)佛寺废毁。北宋至道年间(995—997),重建时又改名为"云岩禅寺",塔名也改为"云岩寺塔"。

杨士奇所记云岩寺重修是洪武火后那一次。永乐初,"性海主寺,始作佛殿,又作浮图七级。继性海者,楚芳作文殊殿。十七年(1419),良价继楚芳。是年作庖库,作东庑;明年作西庑,作僧舍;又明年,作妙庄严阁。又三年,阁成"。云岩寺的这次重修一直延续到永乐二十一年(1423),那时的寺内最为壮观的就是"阁之功最巨。凡三重,崇百二十尺有奇,广八十尺有奇,深六十尺。上奉三世佛及万佛像,中奉观音大士及诸天像"。

云岩寺屡建屡毁,但并不妨碍其成为东南名刹,甚至形成了禅宗一派——虎丘派。

虎丘有塔,凡七级,在绝顶,故视他塔特高。始建于隋仁寿九年,当其掘地筑基,得舍利一,人闻空中奏乐、井之吼者三日。虎丘既为苏之胜地,而塔之灵异又若此,其来游者多以致崇信之心焉。

寺凡屡毁,塔固无恙。

洪武乙亥,僧舍不戒于火,寺焚,延及浮图。永乐初,住持法宝重构殿宇,而塔则专托寺僧宝林加葺之。宣德癸丑[1],火复作于僧舍,浮图又及于灾,而加甚于昔焉。住山定公南印慨然叹曰:"不有废也,则何以兴!"乃罄衣资所有,粗具材石。既而,巡抚侍郎周公、郡守况公,闻南印之有为也,即捐己俸首助之,郡人争以财物来施。由是,材非美者,绳墨不加;石非坚者,奢琢不及。

经始于正统丁巳之春,落成于戊午八月三日。露台初上,白鹤数十回旋塔顶,久之乃去。舍利之光,连夕烛天。既阅月,复有红白之光,自塔顶出,横亘北斗之下,灵异洊彰[2],众目所睹。南印又因余财,创构大雄殿,丹碧交辉,实与塔称。

惟前塔之重建也,始发心于南印,而力所成就,多出于周、况二公。亦因南印梵行,内学有以动之也。其徒永端求文以识建塔之由,用示久远,乃为书石云。

【作者简介】

张益(1378—1449),字士谦,号蠢庵,昆山(今江苏昆山)人,一作江宁人。永乐十三年(1415)进士,授中书舍人,改大理评事,与修《宣宗实录》,迁修撰,进侍读学士。正统十四年(1449)入文渊阁。正德《江宁县志》载,随即护驾,死于北御军中。谥文僖。有《画法》《文僖公集》。

【注释】

[1]宣德癸丑:1433 年。

[2]洊:音 jiàn,古同"荐"。再;屡次,接连。

附:虎丘云岩寺重修记

明·杨士奇

苏长州县之西北不十里,有山曰"虎丘",吴阖闾所葬处也。世传既葬有白虎之异,故名。冈阜盘郁,泉石奇诡,盖晋王珣及弟珉之别墅。咸和二年,捐为寺。始东西二寺,唐会昌中合为一,而名云岩者。昉于宋大中祥符间,载卢熊郡志如此。始,清顺尊者主此寺,至隆禅师而复振。历世变,故寺屡坏辄屡有兴之。

洪武甲戌,寺复毁。永乐初,性海主寺。始作佛殿,又作浮图七级。继性海者,楚芳作文殊殿。十七年,良价继楚芳。是年作庖库,作东庑;明年作西庑,作僧舍;又明年作妙庄严阁,又三年阁成。

盖寺至良价始复完。价所作阁之功最巨,凡三重,崇百二十尺有奇,广八十尺有奇,深六十尺,上奉三世佛及万佛像,中奉观音大士及诸天像。其材之费,为钞三十余万贯,金石彩绘之费六十余万贯。又经营作天王殿,以次成。

良价,杭之海昌人,石庵其字。今僧录阐教,止庵其师也。予闻诸刑部主事陈亢宗云:良价尝从亢宗游,遂因以求予记其成。

予闻虎丘据苏之胜,岁时苏人耆老壮少闲暇而出游者,必之此;士大夫宴饯宾客,亦必之此;四方贵人名流之过苏者,必不以事而废游于此也。然亦有兴念夫王氏之尝乐于此者乎?当是时,王氏父子兄弟宠禄隆盛,光荣赫奕,举一世孰加也,而能遗弃所乐,轻若脱屣焉者,岂独以为福利之资乎!其亦审夫富贵之不可久处,与子孙之未必世有者乎?虽其智识趋向高明正大,不足以庶几范希文之为而无所系累乎外物。观李文饶溺情役志,下至于草木之微者,岂不超然过之也。

而自建寺以来,今千余年,虽屡坏而屡兴。其飞甍杰构,凌切云汉,与其山川相辉焕。称名胜于东南,愈久而不衰者,固佛之道足以鼓动天下,亦必其徒多得夫瑰玮踔绝、刻厉勤笃材智之人,能张大其师之道,以致夫多助之力也。瑰玮踔绝、刻厉勤笃之人,其用意也宏,其立志也确,有不为为之而孰御其成哉!

嗟乎! 若人也能就于世用,有不立事建功,而可以裨当时闻后世哉! 吾又以慨夫屡见之于彼而鲜遇于此也。

按:本文选自《明文在》卷六一(清光绪江苏书局本)。

【作者简介】

杨士奇(1366—1444),名寓,字士奇,以字行,号东里,泰和(今江西泰和)人。以精通《周易》受重于朱棣。官至礼部侍郎兼华盖殿大学士,兼兵部尚书,历五朝,在内阁为辅臣四十余年,首辅21年。与杨荣、杨溥同辅政,并称"三杨"。因其居地所处,时人称之为"西杨"。先后担任《明太宗实录》《明仁宗实录》《明宣宗实录》总裁。卒谥文贞。有《三朝圣谕录》《奏对录》《历代名臣奏议》《周易直指》《西巡扈从纪行录》《北京纪行录》《东里集》等。

明·高 毅

【提要】

本文选自《古今图书集成》考工典卷二七(中华书局 巴蜀书社影印本)。

明代中都即今天的安徽凤阳。明朝曾在三地构筑国都,即北京、南京和凤阳,其中最早的是中都凤阳。朱元璋在至正十六年(1356)进据古都金陵,之后他从金陵挥师四向,统一南北,然而对定都于金陵却并不满意。洪武元年(1368)八月,朱元璋决定仿古代两京之制,以金陵为南京,但哪里为北京却未决定。二年九月,建都问题再次提了出来。当时朝中大臣,有的主张定都关中,有的建议都设洛阳,有的提出以汴梁为都,有人认为就元大都的宫殿之便建都为好。出于各种考虑,朱元璋乃以其家乡临濠前江后淮,有险可依,又有漕运之便为由定为中都,随后开始了宫阙城池的营建。到洪武八年(1375)四月,正当中都规模已具时,朱元璋亲自巡幸了中都,又下诏停止了。洪武十一年正月,朱元璋终于下诏改南京为京师,正式确定为国家的首都。

洪武二年,朱元璋决定以其家乡临濠为中都,像京师一样在家乡建置城池宫阙,并将临濠更名为凤阳。《中都志》载,在凤阳建都,是"取中天下而立,定四海之民之义也"。中都营造工程于洪武二年(1369)九月开始,集全国名材、百工技艺于此,于洪武八年(1375)四月停建,历时近六年,大部分工程项目已经完工。

中都工程进度:洪武三年,建宫殿、宗庙、大社、中书省、大都督府、御史台;四年,建圜丘、方丘、日月社稷山川坛及太庙;五年,定中都城基址,筑禁垣、皇城,建百万仓、公侯第宅、钦天监、观星台;六年,建皇城、城隍庙、功臣庙、历代帝王庙、军士营房;七年,建会同馆、中都土城;八年,建中都国子学、鼓楼、钟楼。

中都城方圆约 45 里,有城门 9 座,城内建有皇城 1 座。皇城又名紫禁城,位于中都的中心,方圆 9 里,有城门楼 4 座。当时,中都城内有 94 个坊,24 条街巷,3 个市场,2 个闹市口,可容纳居民及守城军 22 万多人。

中都城的建筑布局的基本特点是对称,它与南京、北京两城大体相似,分为内、中、外三道城。外为中都城,周长 30 公里,开 9 门。中为禁垣,周长近 8 公里,开 4 门,曰午、东华、西华、玄武门。城内有正殿、文华和英武两殿,文、武两楼,东、西、后三宫,金水河、金水桥等。正南午门外,左为中书省、太庙,右为大都督府、御史台、社稷。《中都志》称当时的中都"规制之盛,实冠天下"。明中都在建筑布局上,上承宋元传统,下启明清风格,对明北京城的规划有深远的影响。

中都城墙大有可观。皇城城墙雄伟坚固,皆用大城砖砌筑,已发现署有 22 个府、70 个州县及大量卫所、字号的铭文砖。城砖一般宽 20 厘米、长 40 厘米、厚 11 厘米左右,重约 20 公斤,质地细密,规格整齐,烧造考究。为确保墙砖质量,他们还层层建立了责任制,要求各地生产的城墙砖烧制出府、州、县、制砖人等 5 至 6 级责任人的名字。砌砖所用的灰浆用石灰、桐油、糯米汁等材料混合而成。在城墙的关键部位,甚至用熔化的生铁代替灰浆灌铸。所以中都城在明代的 200 多年中,城墙完好无损。

朱元璋下令停建中都后,营建中都宫室的余材,便就地用来修建陵墓、寺观和其他工程。中都城虽只建成了大半,但中都皇城是明代南京、北京的原型,其对后世的影响至大至深,甚至连承天门、午门、玄武门等名称都被一一沿用。

而穆盛镇守中都时期距城初建已经八十余年,"岁月既久,倾圮不堪"。他出己资,"役遗卒,运甓于原,伐木于山,董工并力,昼夕版筑不息"。接着又修好了城隍庙宇,"众不劳而事集,工不亟而就有",不扰民,公之能与德不可不嘉之尔,于是高毅为之《记》。

中都城在明末农民起义和近代太平天国起义中,遭到了毁灭性破坏。抗日战争时期,日伪曾拆墙营建军事设施。"文革"期间,大批城墙砖被转卖到上海、蚌埠等地,残留的古迹遭到彻底毁灭。

孟轲氏谓:"三代之得天下也,以仁。夏之历年四百,商之历年六百,至周历年八百,又过其历,兹非本乎仁之明验欤? 然则兴王启运,固本乎仁。如此观夫夏之冀、商之亳、周之丰镐,其间形胜风俗,山川人物,实有以拱峙夹辅以成王业于无穷者,亦基于先王建邦启土之所致也。

凤阳古昔号为濠郡,自秦并天下,南北分裂,历代沿革不一。我太祖高皇帝,龙飞淮甸,崛起临淮,仁声义闻布满四方,不数载以成帝业。尝欲因兹以建都治,不果,爰定鼎金陵为子孙万世帝王之大业。

于戏盛哉! 谨按古志云:"中都民性真直,无游惰之习,有周恤之义[1]。长淮濠水,萦带左右;凤凰云母[2],峙列前后,真帝乡万古根本重地。

爰自高皇即位以来,迄今八十余载,城故有土垣,无壕,周围以里计者五十步零四百三十有三[3],内设九门,门楼台基有无相半。岁月既久,倾圮不堪,兵民错居者,咸曰:"此非有大力量者弗克为。"于是,虽有留守、观风者,往往勤彼怠此,因循苟简,岁月复日,莫能振举其事。

适左掖都指挥燕山穆公,用廷臣荐来守兹土,莅政未再期[4],乃出己资,乃役遗卒[5],运甓于原,伐木于山,董工并力,昼夕版筑不息。于是,昔未成者,公为之备;今未举者,公为之先。

工用告成,壮金汤而坚铁石,民安堵而戎息肩。洎而慨念城隍旗纛庙宇大不修治,以为百姓仰赖、保护障卫者,莫二祠为然,载在郡志,所宜崇祀。爰即旧址,以撤以新,众不劳而事集,工不亟而就有。若水之赴壑,轮之转毂,其敏且速不亦可嘉也哉。

予尝以为城池者,民之扃镢也[6];城隍者,民之福祐也;旗纛者,民之兵卫也。非扃镢则民无所依归,非福祐则民无所趋避,非兵卫则民无所恃赖。三者既备,然后可以求其全,求其全则风俗愈见淳美,仁义愈见兴行,皇陵巩固,山川底宁[7],家礼乐,人诗书,斯世斯民,生依尧舜之乡,鼓舞尧舜之化,有道之长与三代侔等。又得贤郡守仲君相与戮力为政,以共图安辑之,是皆可书也,因为之记。

公名盛,字用谦。操履端洁,智识超卓,即其行事,有古良将之风云。

【作者简介】

高穀(1391—1460),或称高谷,字世用,一字育斋,扬州兴化人。永乐十三年(1415)进士,选庶吉士,授中书。后历明仁宗、宣宗、英宗、代宗、英宗五朝。被尊为"五朝元老"。高穀入仕以来,一直担任翰林清职。正统元年(1436)升为经筵,成英宗朱祁镇的帝师,十年(1445)参与阁务。正统十四年(1449)八月,发生土木堡之变,明英宗朱祁镇成了瓦剌人的战俘。土木堡之变后,朱祁钰侥幸登基,是为代宗。代宗很感激那些主张抗击蒙古的主战派,升高穀为东阁大学士,以少保衔入阁拜相。未几加太子太傅,享双俸。七年(1456),再晋为谨身殿大学士兼东阁大学士,成次辅。景泰二年(1451),蒙古瓦剌内部矛盾激化,酋长也先愿意赎还英宗朱祁镇。由于代宗朱祁钰态度暧昧,朝中久议不决。高穀坚定地主张迎驾,并力主"礼宜从厚"。英宗赎回后,被奉为"太上皇"搁置深宫。景泰八年(1457),朱祁钰沉疴不起,蓄谋已久的朱祁镇在一群心腹的拥戴下,突然夺宫升殿,废黜景泰,改元天顺,史称"夺门之变"。朱祁镇复辟后,对景泰大臣一一清算,高穀自知不可恋位,上书乞归。有《高文义公集》《拾遗集》《归田集》《育斋先生诗集》。

【注释】

[1]周恤:亦作"賙恤"。周济救助。
[2]凤凰、云母:俱为凤阳附近山名。
[3]五十步:按,疑有误。与凤阳城遗址长度不合。明代一步约合今1.5米。
[4]再期:两周年。
[5]遗卒:犹残弱之兵。
[6]扃镢:门闩锁钥之类。镢:音 jué,锁。
[7]底宁:安宁,安定。

附:议凤阳府不当筑城疏

明·夏 言

南京礼部等部右侍郎黄绾等题,该钦差总督漕运兼巡抚凤阳等处地方都察院右副都御史刘节题开地方应议事宜,内一件建城垣。据直隶凤阳府申前事,行南京礼、工二部各委堂上官一员,并钦天监熟知地理风水官员,亲诣凤阳府,精加相度。如果便利无碍,相应建筑砖城,就行定拟阔狭远近,奏请裁夺等因,该户部等衙门会议题奉。

钦依咨行工部看得所题建筑砖城事宜,相应勘处,备咨到部,转委臣等亲诣凤阳府查照都御史刘节所议前项事宜,随该臣等行委南京钦天监冬官正许济等,各亲诣相度。随据委官冬官正许济等呈称,相看得凤阳府治,原无城垣,止存土埂五十余里。中有皇城,内包万岁山。东西山势相连,皆拱对皇陵,其万岁山正当前案。自建皇陵到今,土脉灵气,秘结年久。诚恐建筑城垣,不免开壕动土,关系匪轻。

臣等又经亲诣陵寝及府治处所,逐一相度。切照凤阳府治所关,固宜有城池以为保障。都御史刘节之奏,诚为地方急务,但仰惟皇陵乃宗社万年基本,而凤阳府治正在皇陵前面护砂明堂之中。凡附近四围山场地土,累朝以来例有重禁,不许军民砍伐树株,掘取土石,开凿窑井。及皇城内外,不许耕种。近陵处所,不许置设油榨,恐有震惊。况今欲筑凿城池,大兴工役,山川风气,焉保无伤?且皇城所包万岁山,即皇陵案山。所以,圣祖当时建立皇城,形如半月,抱向皇陵。其东西钟鼓一楼,并各城门台基,亦皆拱向。

又看得周围城基止有万岁山后北门一段,见存砖城数丈,其余俱是土墙,亦无开凿壕河。及查中都《志》书,亦云"土墙无壕"。窃想圣祖建极开基三十余年,九州四海,周思曲虑,无有不至高城深池,随处创建,未尝患财力之不足,岂有龙飞故乡之地虑犹未及,而惜此数十里城池之费哉!盖有深意存乎其间,而非今日所敢轻测也。若欲于此建筑城池,决当审避。以故前此累经相勘人员,不敢明言,姑以年向不利,地方荒歉为辞。

臣等亲诣相度,实见陵寝所关如此,焉敢苟徇一方私见,依违两可,不为陛下明言,致万一之误哉!奉旨抄出送司案呈到部,看得凤阳府治皇陵所在,乃圣朝祖宗根本之地。山川灵秀,王气所钟,不宜震惊腾泄。诚如各官所议依拟,合候命下行移各该衙门,一体遵守。不须筑城,则皇陵永固,而长保亿万年无疆之休矣!

按:本文选自《明经世文编》卷二〇三《夏文愍公文集》(二)(中华书局 1962 年影印本)。

游嵩阳记[1]

明·周 叙

【提要】

本文选自《历代游记选》(湖南人民出版社 1980 年版)。

周叙所游的是五岳之一——嵩山。嵩山由太室山和少室山组成,夏、商之际,已称嵩山为中岳。嵩山属伏牛山系,是中国五岳之一,嵩山最高处1 512米。嵩山地区古代文化积淀深厚,《中国文物地图集·河南分册》载,各类文物古迹共956 处,其中,国家级重点文物保护单位达 13 处。宫观庙宇、亭台楼阁在嵩山星罗棋布,著名的有北魏嵩岳寺塔、汉代嵩山三阙、元代观星台、少林寺、中岳庙、会善寺、法王寺塔、初祖庵、嵩阳书院、刘碑寺题刻等。

少林寺位于嵩山少室山北麓五乳峰下。寺建于北魏太和十九年(495)。唐贞观年间(627—649)重修,唐代以后僧徒在此习武,禅宗和少林寺名扬天下。现存建筑有山门、方丈室、达摩亭、白衣殿、千佛殿等,包括已毁的天王殿、大雄宝殿等,均已修葺完好。千佛殿中有著名的明代"五百罗汉朝毗卢"壁画。壁画约 300 多平方米。少林寺西的塔林,为历代和尚墓地,自唐到清的 1 000 余年间,圆寂的高僧大德都栖息于此。

嵩阳观,北宋后为嵩阳书院。始建于北魏太和八年(484)。隋炀帝时期,改为道教庙宇嵩阳观。唐高宗辟为行宫——奉天宫,唐高宗去世后,武则天为超度亡夫,施舍给道教,名嵩阳观。五代后周时,改为太室书院。宋代理学的"洛学"创始人程颢、程颐兄弟都曾在嵩阳书院讲学。此后,嵩阳书院成为宋代理学的发源地之一。明末书院毁于兵燹,清代康熙时重建。

嵩山被誉为我国历史发展的博物馆,儒、释、道三教荟集,留下大量的历史遗迹。其中有中国六最:禅宗祖庭——少林寺;现存规模最大的塔林——少林寺塔林;现存最古老的塔——北魏嵩岳寺塔;现存最古老的阙——汉三阙;树龄最高的柏树——汉封"将军柏";现存最古老的观星台——告成元代观星台。此外,太室山黄峰盖下的中岳庙始建于秦,唐宋时极盛,是河南现存规模最大的寺庙建筑群;嵩阳书院屋宇恢宏、古朴高雅,宋时与睢阳、岳麓和白鹿洞书院称四大书院;加上苍翠清幽的法王寺,回环险绝的轩辕关、慧可断臂求法的立雪亭等等,皆为中国人文风物的瑰宝。

2010 年 8 月 1 日,联合国教科文组织第 34 届世界遗产大会审议通过,将这些古建筑群列为世界文化遗产。

宣德丙午三月十五日[2],予在巩祀宋陵毕[3],瞻望嵩少诸山,慨然想其胜,与广文宜春吴公逊志约游焉[4]。行李仆御已戒[5]，至期，闻有达官至，吴君不果行[6]。越二日，予遂携邑庠生王庸、刘清、李暄同往。

行二十五里，至黑石渡[7]，沿洛阳南至河，水清，驶水滨[8]，山石荦确[9]。下步行二里余，午食将军赵仁家。又行半舍许地[10]，曰漫流冈。上有郭汾阳庙[11]，环庙古柏数百株，苍翠蔚然可爱。有碑二通：一金元光二年天党赵琢撰[12]，云：汾阳尝领兵清河上，至是，索刍米[13]，不获。里人告以是邦西南冈尝出毒雾为灾，故田谷不秋[14]，无以供饷。汾阳乃旋军登其上以压之，毒因以息。里人遂立庙祠之。相传祠下有洞，时有声隆隆然，盖毒雾所出处。予惟古人称扫清氛祲[15]，汾阳之谓矣。一则缑山东老人所题[16]，老人逸其名，必宋元显者。夜宿原良村王庸家。自巩至是七十余里。

翌日，遵赵城陟轘辕道[17]，石径崎岖，盘回以上。中有关名穹岭，老卒数人守之。时天旱，邑人祈祷甚久。忽微雨从西北来，予顾谓二生曰："今日之游，固乐；天复雨，又乐之尤也。"转南，仅五里，入少林寺。竹木蔽翳，仰不见日。花草余香，郁郁袭人。寺在五乳峰麓，少室山当其南，隐若屏列。寺僧闻客至，迎迓甚恭[18]。佛殿后为讲堂，堂后有立雪亭，则佛徒惠可受法于达磨处[19]。惠可尝侍达磨，雪深至腰，不去，竟得其法。予因叹曰："昔游定夫、杨中立立雪于程门[20]，卒传其道。惠可学佛法亦然。使世之为弟子者皆若此，其学讵有不成者邪[21]！"因观历代所建碑刻。其文最旧，则有梁武帝御制达磨大师赞，前刻欧阳圭斋序[22]，余皆唐宋以下文字。又向西北循山厓深入三里许，攀援而上，山势岈然环抱，视寺之台殿，山之林壑，若在席下[23]，是为达磨面壁庵。庵有石影，云："达磨面壁九年之遗迹也。"时雨止云收，烟雾澄霁，幽鸟玄蝉，鸣声上下，倏然有尘外之想。僧云："西南八里巅有惠可庵，有卓锡泉[24]。"以榛莽蒙翳不果上。寺主僧二人，曰圆宗林之廷者甚能言，相与辩论亹亹[25]，亦自可敬。饭毕，启行，逾十里，则嵩山少室，东西对屹，山色掩映，苍翠如滴。路循深溪，滩石垒硊[26]，按辔徐行，毛发森竖。俄经一小土神祠，南忽有一赤衣童子急趋道左，令导途者索之，弥久不见。窃自念曰：连月旱暵[27]，而赤色者南方朱火之象也，是岂旱魃之流欤[28]！因相与名其地曰赤童子山。又行十里，憩邮亭中。亭后一里，有寺名会善，刻元雪庵所书《茶榜》[29]，字径三寸许，遒伟可观。观毕，即出，晚至登封，假馆学宫[30]。自原良至是，又六十里。

明日，同广文刘仲武、司训吴永庸谒中岳神祠[31]。且默祷，久旱，祈赐雨泽。礼毕，而县丞李政继至。祠在县东八里嵩山之阳。中原壤地平旷，有山亦培塿不奇崛。唯嵩山蜿蜒磅礴，骑奔云矗[32]，绵长数十里，屹然在天地之中。诸山环列，势若星拱[33]。盖乾坤秀粹所钟，宜神灵之宅也。祠规制极宏壮，峻极，殿南为降神殿，三面皆图申甫像[34]。丹青颇剥落，而笔意苍古，督李丞命画工模之。宋金以来石刻以百数，唯王曾奉敕撰者[35]，碑最穹壮。字体虽甚劲丽，又漫灭不可读。并命诸生用纸墨模榻以考其旧。既出，李具酒肴于道士方丈，相与宴饮甚欢。丈室后有竹数百竿，微风度之，铿然有声，如击金石，此又洛中之仅见也。

又明日，与仲武、永庸循北门游嵩阳观[36]。观久废，惟古柏三株存。大者围几三丈，高两倍之，相传汉武帝封为大将军，有石刻识其下。次者亦几二丈围，云皆封次将军。望之,如张帷幄,如拥车盖,风动,又闻如丝竹之音。相对倚久之,不能去。惟朝廷方取材川蜀,以资梁栋。此木近在河洛,似独遗弃,岂造物者固有以庇之?抑以孤处僻远,不见知于世邪?前有天宝三载纪圣德感应碑[37]。高大异常制,书法极妙。又从东度涸涧,寻崇福宫[38],即太乙观。林深,从者迷失道,往返数四,始达。宫亦屡废,惟三清殿存[39],亦至元间重修者。房屋近毁于野火。道官依殿以居[40]。旧有弈棋、樗薄、泛觞三亭,今惟九里池存。有泉名太乙,岁久亦湮,则泛觞亭之故址也。二宫观俱汉唐宋以来天子巡幸暨王公卿士宴游之所。方其盛时,珠宫琳馆[41],金碧交映,銮舆所至,草木生辉。及其废也,荒烟断础,鞠为丘墟[42]。樵人牧竖,得而辱焉。噫!方外之流恒自视其道与天地长久永存,今既若此,岂非物之兴废,固自有时哉!升高以望远,则箕颖诸山川[43],隐然如画,追想巢由之高风[44]。

西则少室三十六峰,绮绾绣错[45],高插霄汉,深悲李山人之陈迹[46]。目与景接,心契神会,超然若御灏气[47],游鸿蒙[48],而不知其所止也。稍东有启母石[49],云:涂山氏所化。其说怪诞不经。极西有法王寺[50],亦名刹,殿宇颓圮,惟浮图巍然[51]。南下,则有周公测影、观星二台废址[52]。

北顾嵩高二十四峰,舒奇献秀,历历可指。并山顶而东,则又有所谓卢鸿岩、投龙洞[53],皆嵩阳胜处。

拟次日再约往游。是夕,予冒风寒,颇不怿[54]。且疲于登陟,遂不果。而顾予先后之所已赏者,其所得亦可谓富矣。因累书其事于简以识予是游之勤。并各书一通,一以遗巩邑广文吴公,俾想见兹游之胜;一以留登封学宫,以备他日好游者之故实云。是为记。

【作者简介】

周叙(1392—1453),字功叙,一字公叙,号石溪,吉水(今属江西)人。永乐十六年(1418)进士,历修撰、侍读学士,迁南京翰林院侍讲学士。宣德元年春三月,奉诏祭宋陵,假道嵩阳,有此游。有《石溪集》。

【注释】

[1]嵩阳:县名。即今河南登封县。中岳嵩山坐落其境,有太阳、少阳、万岁、凤凰、黄盖等七十二峰。

[2]宣德丙午:1426年。

[3]宋陵:宋代皇陵,在巩县西南。有北宋宣祖永安陵、太祖永昌陵、太宗永熙陵、真宗永定陵、仁宗永昭陵、英宗永厚陵、神宗永裕陵、哲宗永泰陵。

[4]广文:广文馆。唐玄宗天宝时始设,置博士、助教,领国子监学生修进士业。明清时亦泛指儒学教官。

[5]仆御:仆从。戒:准备。

[6]不果行:没有走成。

[7]黑石渡:一名黑石关。在河南巩县西南,为洛水津渡处。扼巩、洛之中,为驿路咽喉。

[8]驶:马快跑。

[9] 荦确:怪石嶙峋貌。荦:音 luò,杂色牛,引申为杂色。

[10] 半舍:十五里。古代行军,三十里为一舍。

[11] 郭汾阳:即郭子仪(697—781)。中唐名将。华州郑县(今陕西华县)人。以武举高第入仕从军,累迁至九原太守、朔方节度右兵马使。天宝十四载(755),安史之乱爆发,任朔方节度使,率军收复洛阳、长安两京,功居平乱之首,晋为中书令,封汾阳郡王。代宗时,又平定仆固怀恩的叛乱,并说服回纥酋长,共破吐蕃,朝廷赖以为安。郭子仪戎马一生,屡建奇功,唐朝因他而获得安宁 20 多年,史称"权倾天下而朝不忌,功盖一代而主不疑"。年八十五寿终,赐谥忠武,配飨代宗庙廷。

[12] 元光二年:1223 年。赵琢:生卒年不详。撰《大唐功臣汾阳王庙记》时,官文林郎、守虢州军判。

[13] 刍米:指粮食、草料。刍:喂牲畜的草。

[14] 不秋:谓没有收成。

[15] 氛祲:雾气。祲:音 jìn,不祥之气,妖氛。

[16] 缑山:缑氏山镇。在今河南偃师南。缑,音 gōu。

[17] 轘辕道:道名。在河南偃师东南轘辕山中,山道奇险。苏轼《轘辕道》:青山欲上疑无路,涧道相萦九十盘。东望嵩高分草木,回瞻原隰涌波澜。

[18] 迎迓:迎接。迓:音 yà。

[19] 惠可(487—593):俗名姬光,北魏虎牢(在今河南荥阳)人。幼通老庄周易,旋览佛书,依洛阳香山宝静出家。年四十,往少室,立雪断臂,求法于菩提达摩。从学六载,受衣钵为禅宗二祖。说法所到处,听者云集。其在管城正救寺说法时,有沙门愤其众渐被惠可引去,谤之于宰邑。县令翟仲侃迫害致其圆寂。达摩:全称菩提达摩,意译为觉法。南天竺人,生卒年月不详。自称佛传神宗第二十八祖,为中国禅宗的始祖,被尊称为"东土第一代祖师""达摩祖师"。南朝梁武帝时期渡海到广州,至建业会梁武帝。面谈不契,遂一苇渡江,北上北魏都城洛阳,驻锡嵩山少林寺,面壁九年。达摩在中国始传禅宗,"直指人心,见性成佛,不立文字,教外别传"。传衣钵于慧可。后出禹门游化终身。

[20] 游定夫:游酢。杨中立:杨时。俱为北宋时福建人。二人携手去洛拜访程颐。颐正暝坐。二人侍立不去。颐既觉,门外雪深一尺矣。

[21] 讵:岂,哪里。

[22] 欧阳圭斋:即欧阳玄。字原功,号圭斋。元庐陵(今江西吉安)人。延祐元年(1314)进士第三名。为官 40 余年,六入翰林,史学成就、诗文创作均闻名天下,人称"一代宗师"。

[23] 席:座位。

[24] 卓锡泉:亦名卓锡井,在少林寺西二祖庵前,四井相对,四桧覆之。相传为惠可居止地,故名卓锡。

[25] 亹亹:音 wěi,勤勉不倦貌。

[26] 垒硊:垒积不平的石块。硊:音 wěi,山石高险貌;又音 kuǐ,(石)高低不平。

[27] 暵:音 hàn,干旱。

[28] 旱魃:迷信说法指造成旱灾的鬼怪。魃:音 bá。

[29] 雪庵:元代僧溥光。俗姓李,字玄晖,号雪窗。画家、书法家,善真行草书。

[30] 假馆:寄宿,借宿。

[31] 中岳神祠:即嵩山中岳庙。位于嵩山太室山脚下。始建于秦,光大于汉,兴盛于唐宋。武则天、唐玄宗、宋太祖纷纷加以修扩。中岳庙北魏以来还成为道教重要宫观。

[32] 驰奔云矗:谓(嵩山峰脉)像马奔驰,像云矗立。

[33] 星拱:像星星拱卫北极星一样。

[34] 申甫:周代名臣申伯和仲山甫的并称。《诗·崧高》:"崧高为岳,骏极于天。维岳降神,生甫及申。"

[35] 王曾:字孝先。宋青州益都(今属山东潍坊)人。状元。初授秘书省著作郎,出知应天府,转陕西转运使,官至同中书门下平章事。卒谥文正。

[36] 嵩阳观:在太室山南麓。北魏孝文帝太和八年(484)建,名嵩阳寺。唐代改为观。

[37] 天宝三载:744 年。

[38] 崇福宫:在万岁峰下。汉武帝登泰山听到"万岁"声,因建宫名万岁宫。唐高宗李治更名太乙观,宋代更名崇福宫。

[39] 三清殿:道教供奉玉清、上清、太清的殿宇。

[40] 道官:道士。

[41] 珠宫琳馆:用珠玉装饰的宫馆。琳:美玉。

[42] 鞠:弯曲颓塌。

[43] 箕颍:指箕山、颍水,俱在登封。

[44] 巢由:指巢父、许由。上古隐士,隐于颍水北岸、箕山脚下。

[45] 绮绾绣错:谓像绮罗绾结,锦绣交错。

[46] 李山人:李渤(773—831),字浚之,河南洛阳人。与兄涉偕隐庐山,更徙少室。唐穆宗即位,召为考工员外郎。不避权贵,该升则升,该降则降,加之越职言事,终为权臣挤兑,出为虔州刺史,后徙江州。

[47] 灏气:弥漫在天地间之气。

[48] 鸿蒙:宇宙形成前的混沌状态,或指高空。

[49] 启母石:在崇福宫左。相传夏禹治水,欲速通轘辕山,变为熊。先告诉妻子涂山氏,给我送饭,要听到鼓声才来。禹跳石误中鼓,涂山氏往,看到禹正变成熊,羞惭而去,至嵩山下,化为石。此时,正怀着启。禹说:送还我儿子,石头裂开,生了启。参见《汉书·武帝纪》颜师古注。

[50] 法王寺:《嵩山志》:法王寺地势高敞,背负嵩岭,俯瞰二熊诸山,排列如拱,嵩前第一刹也。建自东汉永平(58—75),与洛阳白马寺最为首创。

[51] 浮图:佛塔。

[52] 测影台:在告成镇。台上竖石表,南面刻周公测影台。观星台:在测影台北。高五丈、阔三丈。台背中凹,上下如沟,世传为刻漏。下有石三十六方,连接平铺,面为二溜槽,至尽头环通,世称"量天尺"。

[53] 卢鸿岩:在太室山东南,削壁千仞,瀑布飞流而下,景甚奇。是唐人卢鸿隐居之地。卢鸿,字颢然,本范阳人。结庐嵩山。朝廷屡征召,不应,或甫至旋归。

[54] 怿:音 yì,欢喜。

附:少林寺重建初祖殿记

明·罗洪先

达磨止少林面壁九年,未尝诵经,却时时显释迦以来教外别传,口口密义是常诵真经,答梁武论功德。不数造寺,却处处立妙净庄严佛土,是常造宝寺。纵使具长广舌,尽十二部妙论,遍三千大千界中,殿台亭阁幡盖香花、鱼磬鼓钟,种种色色,微细备足,一切俱令灭度,了无所在,亦无余剩方名究竟平等。

又况西来单传,直指有说法否? 有三十二相否? 虽然释氏视少林,犹吾党洙泗。洙泗所传,一贯当时,实鲜与闻。顾又谓能距杨墨即圣人徒,洒扫应对,精义无二? 由是而观,有能升孔氏堂,群洙泗弟子数千人鸣弦歌习,俎豆其间,不厌不倦,此其人难耶易耶,有不与其进耶!

自达磨入震旦,称初祖五传,黄梅法门益盛。虽顿渐分途,总归含育。持偈礼像,随资应机。至于手挈衣钵,乃在初来。岭南獦獠,必俟雪中,断臂始堪顾盼,则堂前茂草谁诱众生? 是知有言无言,有为无为,迷悟差殊,不可执著。盖其设教弥近,故易炽而不坠若此。然超此二见,亦必待人以是少林住持咸相让避余三十年,而今有宗书。

宗书名大章,本顺德南和李氏子。自幼受度,历叩名僧参诘。省解京师,贵人延供腾誉。嘉靖三十六年丁巳,河南府廉其名招致授牒,曾未四载,起废约涣,朝梵夕定,玄风流远。时举单传,直指衍奥拨疑,千人心降并食,聚仰间,出余力大葺故刹。

已未腊月八日,重建初祖殿。旧面壁处高三十二尺,广增二十有二,而深视高强其三。位爽势尊,楹栋壮坚,瓴甋泽好,仪序丹藻,靡有损缺。凡八越月告成,累千百金,不动声色。左右两翼,各联七室,区息禅诵。身依茇舍,被露席蓐,律戒谨严。少林大众,欢未曾有。

故友天真往遇衡山,假此因缘,遣徒光护千里重跰,乞言表信。予笑谓曰:"吾当距杨墨,宁尔贷辞"? 光护哀请浃旬,弗怠。怜其专诚,足以激发吾党且资广譬,为记建殿岁月,书贻以归。

按:本文选自《嵩书》卷二二(两江总督采进本)。

广 寒 殿 记

明·朱瞻基

【提要】

本文选自《古今图书集成》考工典卷四八(中华书局 巴蜀书社影印本)。

广寒殿,址在今北京北海公园内。北海的历史和北京城的发展关系密切。这里最初是永定河故道,河道自然南迁后留下一片原野和池塘。

北海园林的开发始于辽代。辽太宗耶律德光在会同元年(938)建都燕京后,在城东北郊"白莲潭"(即北海)建"瑶屿行宫",在岛顶建"广寒殿"等。《辽史》:"西城巅有凉殿(即广寒殿),东北隅有燕角楼、坊市、观,盖不胜书"。

金灭辽后,改燕京为"中都"。金海陵王完颜亮天德二年(1150)扩建"瑶屿行宫",增建"瑶光殿"。金大定三年至十九年(1163—1179),金世宗仿照北宋汴梁(今河南开封)艮岳园,建琼华岛,并从"艮岳"御苑运来大量太湖石砌成假山岩洞,在中都的东北郊以瑶屿(即北海)为中心,修建大宁离宫。从那时起,北海就基本形成了今天所看到的皇家宫苑格局。当时把挖"金海"的土扩充成岛屿和环海的小山,岛称"琼华岛",水称"西华潭",并重修"广寒殿"等建筑。

至元元年(1264),元世祖忽必烈决定在旧中都城东北郊选择新址,营建大都。随后的八年里,三次扩建琼华岛,重建广寒殿。广寒殿东西宽120尺、深62尺、高50尺,殿广7间,作为帝王朝会之处。

明朝朱棣迁都北京后,对北海又加以扩充、修葺,但基本上保持了元代北海的格局。到了明宣德年间,宣宗朱瞻基对"万岁山"进行大规模的扩建和修缮,在圆坻(今团城)修复了仪天殿,在圆坻南面小岛上建起了犀山抬圆殿,在团城的东部拆桥填土,将其与陆地相连。"永乐中,朕常侍皇祖太宗文皇帝万机之暇,燕游于此",看到万寿山"嵌岩如屋,左右二道宛转而上,步蹑屡息,乃造其巅,而飞楼复阁、广亭危榭,东西拱向,俯仰辉映,不可殚纪。最高者为广寒殿,崇栋飞檐,金铺玉砌,重丹叠翠,五彩焕焉。轶云霞,纳日月,高明闿爽"。万寿山大兴工后,宣德皇帝要表达的则是爷爷朱棣的"汝将来有国家天下之任,政务余闲,或一登此,则近而思吾之言,远而不忘圣贤之明训,国家生民无穷之福矣"。所以他为之记,"朕拜稽受命,无时或忘"。

明天顺二年(1458),在北海北岸(现五龙亭处)建太素殿,由于用锡做材料,又称为"锡殿",也叫"避暑凉殿"。修建此殿役使工匠3 000余人,用白银20万两。在东岸建"凝和殿";在西岸建"迎翠殿"。把团城西面中断的八孔石桥(原断部有吊桥)改为九孔石桥,称为"金鳌玉蝀桥"。

万历七年(1579),历经四朝600余年风雨战乱的广寒殿坍毁,人间天宫主景建筑从此灰飞烟灭。清顺治八年(1651),清廷在广寒殿的废址上建藏式白塔,在塔前建白塔寺。

北京之万岁山在宫城西北隅,周回数里而崇倍之,皆奇石积叠以成,巍巍乎、矗矗乎巉峭峻削[1],盘回起伏,或陡绝如壑,或嵌岩如屋[2]。左右二道宛转而上,步蹑屡息[3],乃造其巅。而飞楼复阁,广亭危榭,东西拱向,俯仰辉映,不可殚纪。

最高者为广寒殿,崇栋飞檐,金铺玉砌,重丹叠翠,五彩焕焉;轶云霞,纳日月,高明闿爽[4];而北枕居庸,东挹沧海,西挟太行;嵩岱并立乎前,大河横带于中;俯视江淮,一目无际。寰中之胜概,天下之伟观,莫加于此矣!

永乐中,朕尝侍皇祖太宗文皇帝万机之暇,燕游于此。从容之顷,天颜悦怿[5],指顾山川而谕朕曰:"此古轩辕所都,而后来赵宋之疆境也。宋弗良于行,金取而都之。金又弗良,元取而都之。元之后裔不存殷鉴[6],加弗良焉!天鉴我太祖高皇帝圣德,命之弔伐,用诞安天下。天下既定,高皇帝念前故都也,简于诸子以命我奠兹一方。我惟夙夜敬励[7]，不敢怠。宁以仰副高皇帝付托之重。暨建文嗣位，信用奸回[8]，戕刘宗室[9]，举四方全盛之师以加我。于时兹城孤立，殆一发引千钧矣。赖天地祖宗之佑，获以城之。屡弱赢老，安其危而存其覆。又因以清奸憝、奠社稷而至于今日[10]。

夫山川犹昔也，昔之人以否德而失之，高皇帝以大德而得之。我承藉高皇帝，克艰难而保存之，奈何其可忘慎德？"

又顾兹山而谕朕曰："此宋之艮岳也。宋之不振，以是金不戒而徙于兹；元又不戒而加侈焉。睹其处，思其人，《夏书》所为'儆峻宇雕墙'[11]者也。肆吾始来就国[12]，汰其侈，存其概而时游焉。则未尝不有儆于中。昔唐九成宫[13]，太宗亦因隋之旧，去其泰侈，而不改作，时资燕游以存监省[14]。汝将来有国家天下之任，政务余闲，或一登此，则近而思吾之言，远而不忘圣贤之明训，国家生民无穷之福矣。"

朕拜稽受命[15]，无时或忘，《书》不云乎"皇祖有训"，《诗》不云乎"仪刑文王"。肆嗣位以来，凡事天爱民，一体皇祖之心，敬而行之。洞洞属属[16]，罔间夙夜。今登兹山，顾视殿宇，岁久而圮。遂命工修葺，永念皇祖，俨如在上。敬以所授大训笔而勒诸石，既以自省，亦以昭示我子孙于亿万年。

宣德八年四月丁亥记[17]。

【作者简介】

朱瞻基（1398—1435），明仁宗朱高炽长子，永乐九年（1411）立为皇太孙，数度随其爷爷成祖朱棣征讨。洪熙元年（1425）即位，年号宣德，成为明朝第五位皇帝。宣德元年（1426）平定汉王朱高煦叛乱。他与其父一样，较能倾听臣下的意见，听从阁臣杨士奇、杨荣等建议，停止对交趾用兵，与明仁宗并称"仁宣之治"。

【注释】

[1] 巉峭：险峻陡峭。峻削：陡峭。
[2] 嵌岩：指峻险的山岩。
[3] 步蹑：指攀登的步伐。
[4] 闿爽：开朗。
[5] 悦怿：欢乐，愉快。
[6] 殷鉴：谓殷人子孙应以夏的灭亡为鉴戒。后泛指可以作为借鉴的往事。
[7] 敬励：谓敬畏鞭策。
[8] 奸回：指奸恶邪僻的人或事。
[9] 戕刘：谓屠杀。
[10] 奸憝：奸恶。憝：音 dūn，恶。
[11] 儆：古同"警"，犹警惕。峻宇雕墙：高大的屋宇和彩绘的墙壁。形容居处豪华奢侈。
[12] 肆：语助词。遂。
[13] 九成宫：位于今陕西宝鸡。本隋阳离宫。唐太宗贞观五年（631）修复扩建，更名为九成宫。
[14] 监省：监督（鉴戒）反省。
[15] 拜稽：跪拜礼。跪地，拱手至地，叩头至地。

[16] 洞洞属属:恭敬谨慎貌。

[17] 宣德八年:1433年。

明·侯琎

【提要】

本文选自《滇志·艺文志》卷第十一之二(云南教育出版社1991年版)。

腾冲,位于云南高黎贡山西麓,拥有长达148公里的国境线,南距缅甸克钦邦首府密支那仅227公里。境内山谷纵横,大道贯通,为历代兵家必争之地。腾冲城,为腾冲军民指挥使司城,司城兴筑也是历尽曲折:

始建于明正统十年(1445)冬,杨宁等率云南将士万五千"筑方城,周匝七里三分",此城"前昂后偃,因形胜也";第二年(丙寅),侯琎再次奉勅统兵砌城垣,可是由于"兵燹草创,砖料艰就",将士们只好在城西凿石砌城,"竈券四门,台高二丈五尺,洞阔丈四尺、高丈六尺、邃七尺、广十二丈",腾冲城模样初具。又过了一年,协助侯琎诸官员率"将士工师力其役",时值天日冬霁,"瘴候顿弭,人心协和,乐趋事工,罔觉倦苦"。这次构筑,"建城门楼四座,高四丈有奇,广六丈四尺,重檐三滴,三间转五,垣三十八楹"。不仅如此,"城墉四面连雉,高二丈五尺"。

正统戊辰(1448)年,腾冲城终于竣工。

腾冲城城门也颇有深意,为沾化、永安、靖边、藻润四门。城墉连雉、门楼高耸、石色苍苍,腾冲城浑如铁铸。城池筑成后的近五百年间,虽经受了数十次5级以上地震及数不清大大小小的战乱,城却岿然屹立,了无大碍。但是,1942年5月,日寇占领腾冲,1944年中国远征第二十集团军对腾冲反攻,此城在惨烈的战斗中被夷为平地。

仰惟皇上,缵承列圣[1],嗣登宝位,四夷八荒,莫不梯山航海[2],稽颡称臣[3],述职纳贡。《书》曰:"万邦黎献,共惟帝臣。"《易》曰:"圣人作而万物睹。"正兹时也。

越五载,麓川酋长思任侦边守缓驭,遂肆倔强,戕害犬豕,侵轶疆场,尥烂泯夷[4]。云南守臣以闻,上乃敕廷臣曰:"夷狄禽兽,不可以中国道理处,自古但羁縻而已。"复申命守臣:"谨封域,戒斥堠,严备守,需招徕,俾贼去逆效顺,转祸为福,仍守彼土,庶全草木命。"实皇上好生之德同天生之涵育,不忍加兵蛮夷者,诚以兵凶战危,一压境壤,胁从罔道,殃及无辜也[5]。蠢兹思任,负固恃险,执迷顽梗,愈作跳梁,蚁聚蜂屯,乃捅我南甸,乃突我干崖,乃犯我腾冲,叛衅弗庭[6]。适守帅辂以事闻[7],上轸念边民悉吾赤子[8],遘贼荼毒[9],匪加兵殄之[10],得以猖獗,犷悍不可附也。不得已出师,命兵部尚书王骥行便宜事总督戎务,定西伯蒋贵充总兵,简偏裨,统虎贲、羽林、骁骑,各镇士马十有五万徂征之。分路并进,穷捣贼巢;设奇制变,鼓噪齐鸣;士气贾勇,左右夹攻;斩杀贼孽,噍类无遗[11]。贼既败衄[12],惟子思机狼狈夜潜,遁匿孟养[13]。时正统辛酉十有二月十三日也[14]。凯旋献捷,朝廷嘉之,凡同征将士,升赉有差。

迨壬戌七月,上以麓贼平,谂无西顾矣,但云南遐荒[15],去京万里,百蛮杂处,叛服不常,自昔虽有武臣镇临,特乏文臣以佐耳,乃敕兵部左侍郎侯琎、刑部右侍郎杨宁迭更参赞戎务,用靖边夷。时兵部尚书靖远伯王公复总军旅,仍行便宜事节制云南诸司,偕前总兵都督沐昂,同琎泊云南方面官佥谓:"腾冲去镇二十有二程,山川限隔,险厄悬绝,夷獠环处[16],甲于西陲,实诸夷出入要害地。旧有千户兵防御,力不支,为贼窃袭。今复其地,苟非镇静,曷克慑远夷、固疆圉、垂永久哉?"乃请于上,可其奏,改立腾冲军民指挥使司,调都指挥李升控守以兵。

乙丑十月,秋官杨公代琎参戎务,奉敕偕总兵镇守官黔国公沐斌等,帅云南将士万五千城筑故址,乃敩度地理民数[17],教士卒筑方城,周匝七里三分。匪帙匪博[18],容民居也;前昂后偃,因形胜也;可规可矩[19],便守成也。

丙寅十月,琎再奉敕,统兵五千,用砌城垣。然兵燹草创,砖料艰就,乃与都指挥李升教将士凿石城西。山距七里,去坠盈尺,得石坚美。用工寡,成就多,殆非人力强作,实天道保民默造耳。第匠作未备,工促三月,窾券四门[20],台高二丈五尺,洞阔丈四尺、高丈六尺、邃七尺、广十二丈,与城称。

越明年丁卯,总兵官黔国沐公斌、镇守左监丞郝宁、参将都督佥事方瑛,偕琎奉敕,统兵万五千驻操腾冲[21],振扬威武;复调木邦、缅甸、干崖、陇川、芒市、湾甸、镇康夷兵涉金沙江,进孟养,令伐贼子。时率领士卒云南都司指挥李升、李友、李福、杨浚、司韶给足军饷,布政司左布政贾铨、按察司副使郑颙、佥事张清因遇暇日[22],复督将士修城垣,凿伊域,昀屯田[23]。

斯役也,总帅诸公综其事,方面诸官董其务,将士工师力其役,值天日冬霁,瘴候顿弭,人心协和,乐趋事工,罔觉倦苦。建城门楼四座,高四丈有奇,广六丈四尺,重檐三滴[24],三间转五,亘三十八楹。剧用材木[25],梗楠豫章[26],悉域此三十里,皆蠹直精微。城墉四面连雉,高二丈五尺;复剧西山右石包城[27]。经营是岁甲辰月己酉日,落成戊辰年甲寅月甲午日。然而楼橹棼丽[28],悚蛮狄之观瞻;城池高深,保军民之无虞。诚足壮封疆士旅之气,剧夷丑窥觇之心矣[29]。

既而,贼子就擒,边氛靖息,民庶安堵,班师振旅,留兵戍守,将告厥功。咸谓予宜述大概始末,命工镂石,以纪岁月云。

【作者简介】

侯琎(1398—1450),字廷玉。泽州(今属山西)人。少慷慨有志节。登宣德二年(1427)进士,入仕途。迁兵部主事,进郎中。从王骥征麓川(今属云南),因军功拜礼部右侍郎,参赞云南军务。骥再征麓川,琎以功迁左侍郎。屡立军功,乃明中期著名边帅,累官至总督贵州军务进兵部尚书。

【注释】

[1] 缵承:继承。

[2] 梯山航海:登山渡海。谓长途跋涉。

[3] 稽颡:古代一种跪拜礼。屈膝下拜,以额触地,表示极度的虔诚。

[4] 戢香:汇集。香:音 nǐ,繁盛的样子;聚集。叒:音 róu,古同"蹂"。

[5] 罔逭:无免。逭:音 huàn,免除。

[6] 顽梗:非常固执。跳梁:亦作"跳踉",跳跃。庭:此作动词,犹归顺。

[7] 荐:音 jiàn,再,重。

[8] 轸念:悲痛地思念。

[9] 遘:音 gòu,遭遇灾难。

[10] 殄:诛。

[11] 噍类:本指能吃东西的动物。特指活人。噍:音 jiào,咀嚼。

[12] 败衄:战败。衄:音 nù,挫败。

[13] 孟养:蛮名迤水。洪武十五年改为云远府。成祖即位,改云远府为孟养府。辖境相当今缅甸八莫、开泰以北,伊洛瓦底江以西,那加山脉以东地区。

[14] 正统辛酉:1441 年。正统:明英宗朱祁镇年号。

[15] 遐荒:边远荒僻之地。

[16] 夷獠:古代对西南少数民族的称呼。

[17] 敹度:谓调查审度。敹:音 liáo,选择,缝缀。

[18] 帙:音 jiǎn,狭小。

[19] 萬:音 yǔ,古书上说的一种草。《考工记》:可规可萬。

[20] 竁券:谓城门。竁:音 cuì,窟,洞穴。

[21] 驻操:驻扎操练。

[22] 逜:音 zhù,《说文》:不行也。犹休息。

[23] 昀:音 yún,平坦整齐。此作动词。

[24] 三滴:又称三滴水。即三重檐歇山顶,中国古代建筑屋顶的形式之一。歇山顶者如天安门。

[25] 劚:音 tuō,《说文》:判也。选择,采用。

[26] 楩:音 biān,树木名。木质似樟木。豫章:亦作"豫樟"。木名。枕木与樟木的并称,有言者称即樟树。

[27] 劚:音 zhú,大锄;掘,挖。墄:音 qī,台阶的梯级。

[28] 棽丽:谓森郁壮丽。棽,音 chēn。

[29] 劚:音 duó,砍伐,加工木材。此谓裁制。

蒯 祥 传

清·黄之隽 等

【提要】

　　本文选自《江南通志》卷一七○（乾隆丙辰【1736】本）。

　　蒯祥（1398—1481），南直隶吴县（今江苏苏州）香山人，明代著名建筑师。他出身于木工世家，父亲蒯福曾主持南京宫殿的木作工程。蒯祥年少时即随父学艺，后承父业。

　　明永乐年间营建北京宫殿，蒯祥初为普通木工，后因精于建筑技能，能主持大型土木工程，屡受提拔。永乐十八年（1420）宫殿建成，蒯祥已升为工部营缮所所丞。后又升太仆寺少卿，最终官至工部左侍郎，从一品俸禄。

　　蒯祥参加和主持了许多重大的营建工程。永乐年间泰宁侯陈珪督造北京郊庙和宫殿，蒯祥任"总建筑师"，参与了营建大隆福寺、南内和西苑等工程；正统五年（1440），紫禁城内重修三大殿，蒯祥负责设计和施工，并主持修建乾清、坤宁二宫；天顺末年（1464），他又规划、设计、营建了明裕陵。在上述重要工程的营修过程中，蒯祥的高超技艺得以充分展示："永乐间，召建大内，凡殿阁楼榭，以至回廊曲宇，（蒯）祥随手图之，无不称上意"（康熙《苏州府志》）。他精于尺度计算，能"目量意营，准确无误；指挥操作，悉中规制"；"每宫中有修缮……祥略用尺准度，若不经意。既造成，以置原所，不差毫厘。指挥群工，有违其教者，辄不称旨"（乾隆《吴县志》）。由于他技艺娴熟，得心应手，出神入化，朝廷为表彰他的杰出贡献，特地将他画上了《宫城图》。其技艺出神入化，以致明宪宗"每以'蒯鲁班'呼之"。明景帝景泰七年（1456）丙子秋七月，蒯祥从太仆寺少卿升为工部侍郎，但仍督工匠，时人称为"匠官"。明宪宗成化时，蒯祥已至古稀，但仍"执技供奉"，俸禄食从一品，并参加了承天门的第二次建造。

　　蒯祥"为人恭谨详实，虽处高位，俭朴不改，常出入未尝乘肩舆"。老年时仍不断研究技艺，"指使群工"而不怠，直至成化十七年（1481）三月二十七日卒于官。

　　蒯祥，吴县人。为木工，能主大营缮。永乐十五年，建北京宫殿，正统中重作三殿及文武诸司，天顺末作裕陵[1]，皆其营度。

　　能以两手画龙，合之如一。每宫中有修缮，中使导以人，详略、用尺、准度，若不经意。既成，以置原所，不差毫里。

　　初为营缮所丞，累官至工部左侍郎，食从一品俸。宪宗时[2]，年八十一，犹执技供奉。上每以"蒯鲁班"呼之。

【注释】

［1］裕陵:明英宗朱祁镇与皇后钱氏、周氏合葬陵墓。

［2］宪宗:明宪宗朱见深(1447—1487),在位23年。

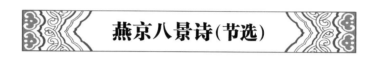

燕京八景诗(节选)

明·邹　缉　曾　棨　等

【提要】

本诗选自《天府广记》(北京古籍出版社1984年版),有增添。

燕京八景是老北京著名的八处景点,又称"燕山八景"或"燕台八景"等,产生于金代明昌间,后代文人纷纷题诗,遂名闻遐迩。

北京地区的八景,最早见于《明昌遗事》。明昌是金章宗的年号,所记名目叫"燕山八景"。

随后各代,均有八景之说,但各代稍有出入。元代《一统志》"燕山八景"有二处与金代的名称不同:"太液秋风"名"太液秋波";"西山积雪"为"西山霁雪";明代《宛署杂记》燕京八景成了"燕台八景",其中有三处与金代不同:"太液秋风"名"太液晴波","琼岛春阴"名"琼岛春云","西山积雪"名"西山霁雪"。明代燕京八景是:太液晴波、琼岛春云、道陵夕照、蓟门烟树、西山霁雪、玉泉垂虹、卢沟晓月、居庸叠翠。值得一提的是,李东阳还在八景外添"南囿秋风""东郊时雨"并赋《十景》诗,又有"燕京十景"之说。

"燕京八景"称谓的出现在康熙年间《宛平县志》中。其中,八景名称与明代只有"玉泉垂虹"为"玉泉流虹"。乾隆十六年(1751),乾隆皇帝亲自主持更订八景名目:太液秋风、琼岛春阴、金台夕照、蓟门烟树、西山晴雪、玉泉趵突、卢沟晓月、居庸叠翠。在每一景点所在地,树御碑一通,正面是钦定的八景名称,背面刻七律诗一首。八景称谓遂归于统一。

"燕京八景"的出现,对于后来的全国风景园林建设产生了巨大的影响。从此之后,无论"十室之邑,三里之城,五亩之园,以及琳宫梵宇,靡不有'八景''十景'诗"(赵吉士《寄园寄所寄》),因此,赵吉士严厉地说:"可憎甚矣!"现代园林、庭院绿化亦借鉴燕京八景,建造景点,推动了园林建设的发展,但和古代各地蜂起而趋一样,今天"硬凑"的情形也颇常见。

用诗画的形式歌咏"八景",北宋宋迪、米芾为先行者。画家宋迪描绘潇湘地区的8幅山水画,受到米芾的赏识,米氏每一幅画都题写了诗序,亲定名为"潇湘八景"。

居庸叠翠

山蟠西北拥居庸,百叠参差积霭中[1]。草木常含春雨露,峰峦疑隔晚烟空。
云连朔漠提封远,地拱神京控制雄。万古峻关天设险[2],长留黛色照高穹。

——邹缉[3]

雄关积翠倚苕峣[4],碧树经霜叶未凋。万里风烟通紫塞[5],四时云雾近青霄。
层城香霭山连雉,绝涧霏微石作桥[6]。南北车书今混一[7],行人来往岂辞劳。

——胡俨[8]

重关深锁白云收,天际诸峰黛色流。北枕龙沙通绝漠,南连凤阙壮神州[9]。
烟生晡晩千岩晓[10],露湿芙蓉万壑秋。王气自应成五彩,龙文长傍日边浮。

——曾棨[11]

千峰高处起层城,空里苕峣积翠明。云浮芙蓉开霁色,天清鼓角散秋声。
北连青塞峰烟断,南接金台驿路平[12]。此地由来天设险,万年形势壮神京。

——王英[13]

山带孤城耸半空,势凌恒岳远相雄。万壑烟岚春雨后,千峰苍翠夕阳中。
关门直拱神京壮,驿路遥连紫塞通。自是中原形胜地,常时佳气郁葱葱。

——许鸣鹤[14]

九关第一数居庸,重叠峰峦杳霭中[15]。恒岳清秋通爽气,太行落日并晴空。
凭陵绝塞三韩远[16],横亘中原万里雄。圣主神功高百世,磨崖镌石颂无穷。

——胡广[17]

剑戟森严虎豹蹲,直从开辟见乾坤。山连列郡趋东海,地拥层城壮北门。
万里朔风须却避,千年王气镇长存。磨崖拟刻燕然颂[18],圣德神功未易论。

——李东阳[19]

【注释】

[1] 积霭:雾气。霭:云气。

[2] 峻关:高峻重叠的关隘。

[3] 邹缉:字仲熙,自号素庵,吉水(今江西吉水)人。中进士后,初授星子教谕。永乐初,入为翰林侍讲,屡署国子监事。博极群书,居官勤慎,清操如寒士。精楷书。永乐时,三殿成,旋罹火灾,下诏求直言。邹缉上书细陈百姓疾苦。

[4] 苕峣:音 tiáo yáo,高陡貌,远高貌。

[5] 紫塞:北方边塞。晋·崔豹《古今注·都邑》:"秦筑长城,土色皆紫,汉塞亦然,故称紫塞焉。"

[6] 霏微:飘洒,飘溢。

[7] 车书:《礼记·中庸》:"今天下车同轨,书同文。"谓车乘的轨辙相同,书牍的文字相同,表示文物制度划一,天下一统。后以"车书"泛指国家的文物制度。

[8] 胡俨(1360—1443):字若思,江西南昌人。洪武举人。任华亭教谕。成祖即位,以翰林检讨直文渊阁,迁侍讲。永乐二年(1404),拜国子监祭酒。重修《明太祖实录》《永乐大典》《天下图志》,皆充总裁官。洪熙时进太子宾客,仍兼祭酒。后致仕归里。通晓天文、地理、律

历、卜算等,尤对天文纬候学造诣精深。工书画,善诗文,有《颐庵文选》《胡氏杂说》。

[9] 凤阙:指皇宫。

[10] 睥睨:眯起眼睛看(远眺)。

[11] 曾棨(1372—1432):字子棨,号西墅,江西永丰县人。少时家贫,以砍柴、帮工维生。永乐二年(1404),中进士第一。成祖阅其答卷批曰:"贯通经史,识达天人。有讲习之学,有忠爱之诚。擢魁天下,昭我文明,尚资启沃,惟良显哉!"授翰林修撰。诏令修《永乐大典》,任副总裁。书成,升侍讲学士,备受重视。成祖诏修天下郡县志,任副总裁。宣德元年(1426)升右春坊大学士,进讲文华殿。解缙、胡广后,朝廷重大文告、条例,多出其手。宣德五年充廷试读卷官,参与修撰太宗、仁宗两朝实录。宣德七年病逝,赠礼部左侍郎,谥襄敏。体魄魁硕,嗜饮酒,人称"酒状元"。病危将绝时仍呼酒痛饮。有《西墅集》《巢睫集》。

[12] 金台:指京城。古燕都北京称金台。

[13] 王英(1376—1449):字时彦,别字泉坡。江西金溪人。永乐二年(1404)进士,选庶吉士。永乐帝以其慎密,令与王直书机密文字。与修《太祖实录》,授翰林院修撰,永乐二十年,随明成祖北征。仁宗时,累进右春坊大学士。又修太宗、仁宗实录。正统元年(1436),总裁《宣宗实录》,升礼部侍郎。官至南京礼部尚书。历仕四朝,卒谥文安。工书法。有《泉坡集》。

[14] 许鸣鹤:生卒年不详。字暨广,庐陵(今江西吉安)人。官中书舍人。善书法,行草沉着可爱。

[15] 杳霭:亦作"杳蔼"。云雾渺茫貌。

[16] 三韩:古代朝鲜半岛南部三个部落联盟的合称。三韩分别是马韩、辰韩和弁韩。

[17] 胡广(1369—1418):字光大,江西吉安人。建文二年(1400)状元。靖难之后,胡广与同乡好友解缙一同降成祖朱棣,永乐五年(1407),接替解缙任内阁首辅。胡广行事谨慎,心思细密,任内阁首辅11年,两次随成祖朱棣北征,深得信任。卒,赠礼部尚书,谥文穆。他是明朝首位获封谥号的文臣,其灵柩经过南京时,太子朱高炽亲往致祭。有《胡文穆公文集》。

[18] 燕然颂:指歌咏边功的诗文。汉班固有《封燕然山铭》。

[19] 李东阳(1447—1516):字宾之,号西涯。长沙府茶陵州(今属湖南)人。天顺八年(1464),中进士。历任翰林院编修、侍讲、太常寺少卿、礼部右侍郎。明孝宗弘治八年(1490),李东阳任文渊阁大学士,进入内阁参与机要,在阁18年,号为贤相。晚年时因见宦官刘瑾把持朝政,明武宗正德皇帝荒淫无度,自己多次上疏又毫无效果,便以年老多病为由,辞去首辅,回乡养老。东阳在朝时间长,地位高,才学渊博,又乐于奖掖后学,因此,在明朝中期一度成为文坛领袖。《明史》:"弘治时,宰相李东阳主文柄,天下翕然宗之。"

卢 沟 晓 月

河桥残月晓苍苍,照见卢沟野水黄。树入平郊分淡霭,天空断岸隐微光。
北趋禁阙神京近[1],南去征车客路长。多少行人此来往,马蹄踏尽五更霜。

——邹　缉

河声流月漏声残,咫尺西山雾里看。远树依稀云影淡,疏星寥落曙光寒。
石桥马迹霜初滑,茅屋鸡鸣夜欲阑。北上已看京阙近,五云深处是金銮。

——杨　荣[2]

渺渺平沙接远堤,一川斜月石桥西。光连古戍迷鸿影,寒逐晴霜入马蹄。
云淡渐随银汉没,烟空微映玉绳低[3]。经过曾此陪仙跸,两度停骖听晓鸡。

——曾 棨

疏星寥落晓寒凄,月色沙光入望迷。野戍连云寒见雁,人家隔水远闻鸡。
波间素彩涵秋净,天际清光映树低。马上曾经残梦断,钟声遥度禁城西。

——林 环[4]

河上人家尚掩扉,河中孤月荡寒辉。沟霜古店闻鸡早,落叶空林见客稀。
飞雁渐随秋影没,远山还映曙光微。壮游记得从东道,匹马高吟此际归。

——王 洪[5]

扈跸重来促晚装,鸡声残月树苍苍。数峰云影横空阔,一带波光入渺茫。
人语暗喧孤戍火,马蹄寒踏满桥霜。望中风景皆诗思,况复楼台是帝乡。

——王 绂[6]

霜落桑干水未枯[7],晓空云尽月轮孤。一林灯影稀还见,十里川光淡欲无。
不断邻鸡催短梦,频来征马识长途。石栏桥上时翘首,应傍清虚忆帝都。

——李东阳

【注释】

[1] 神京:指京城。

[2] 杨荣(1371—1440):初名子荣,字勉仁,建安(今福建建瓯)人。永乐十六年五月至二十二年八月(1418—1424)任首辅。因居地所处,时人称为"东杨"。其性警敏通达,善于察言观色。谋而能断,老成持重,尤其擅长谋划边防事务。恃才自傲,难容他人之过,与同事常有过节,且常接受边将的馈赠,因此颇受非议。有《训子编》《北征记》《两京类稿》《玉堂遗稿》。

[3] 玉绳:星名。常泛指群星。

[4] 林环(1375—1415):字崇璧,号𬭁斋,福建莆田人。明永乐四年(1406)状元。授翰林院修撰。升侍讲。预修《永乐大典》,为《书经》部总裁官。曾两次出任会试考官,所取多为真才。林环识略过人,通晓世务,深得成祖器重。有《𬭁斋集》。

[5] 王洪(1380—1420):字希范,钱塘(今浙江杭州)人。洪武三十年(1397),以十八稚龄中进士。授行人,擢吏科给事中。以荐入翰林。历官修撰、侍讲,为《永乐大典》副总裁。有《毅斋诗文集》。

[6] 王绂(1362—1416):一作芾,又作黻。字孟端,后以字行。号友石,别号鳌里,又号九龙山人、青城山人。无锡(今江苏无锡)人。少为弟子员,永乐初供事文渊阁,拜中书舍人。博学,工诗,擅书画,以墨竹名天下。

[7] 桑干:河名。今永定河上游。相传每年桑椹成熟时河水干涸,故名。

金台夕照

高台百尺倚都城,斜日苍茫弄晚晴。千里山川回望迥[1],万家楼阁入空明。
黄金尚想招贤意[2],白发难胜慨古情。看尽翩翩归鸟没,古原秋草暮云平。

——邹 缉

迢递高台近日边,偶来登览尚依然。万家禾黍秋风外,十里旌旗落照前。
远郭砧声来杳杳[3],平原车骑去翩翩。黄金谩说能招士,千载犹传郭隗贤。

——金幼孜

高台曾此置黄金,人去台空碧草深。落日未穷千里望,青山遥映半城阴。
雁将秋色来平野,鸦带寒光过远林。昭代贤才登用尽,不须怀古动长吟。

——林　环

山色微茫映古台,平原千里夕阳开。谁知碧草遗基在,曾见黄金国士来。
树绕河流天外去,鸟翻云影日边回。清时自重非熊叟[4],不独奇谋得俊才。

——王　洪

独上高台望古城,暮天风景尚含情。数峰残照云将掩,几树闲花鸟自鸣。
玉帛已看今日会,黄金宜记旧时名。愿歌周雅思皇咏[5],多士衣冠盛镐京[6]。

——王　英

日晚登临上古台,青山遥映夕阳开。寒鸦带影天边去,野水浮光树杪来。
郭隗只知收骏骨[7],乐生终愧济时才。圣主好贤今独盛,歌诗还咏北山莱。

——王　直

往事虚传郭隗宫,荒台半倚夕阳中。回光寂寂千山敛,落影萧萧万树空。
飞鸟乱随天上下,归人竞指路西东。黄金莫问招贤地,一代衣冠此会同。

——李东阳

【注释】

[1]迥:远。

[2]黄金:指黄金台。《战国策·燕策一》:燕昭王收破燕后即位,卑身厚币以招贤者,欲将以报仇。故往见郭隗先生……郭隗先生曰:"臣闻古之君人,有以千金求千里马者,三年不能得。涓人言于君曰:'请求之'。君遣之,三月得千里马;马已死,买其首五百金,反以报君。君大怒曰:'所求者生马,安事死马? 而捐五百金?'涓人对曰:'死马且买之五百金,况生马乎? 天下必以王为能市马,马今至矣!'于是不能期年,千里之马至者三。今王诚欲致士,先从隗始;隗且见事,况贤于隗者乎? 岂远千里哉?"于是昭王为(郭)隗筑宫而师之。乐毅自魏往,邹衍自齐往,剧辛自赵往,士争凑燕。按:《战国策》原文为"筑宫",至孔融《论盛孝章书》始有"筑台"之说。后渐演变为黄金台。黄金台亦称招贤台,所在地说法不一。后黄金台常指招贤之所。

[3]杳杳:犹隐约,依稀。

[4]熊叟:谓无能的老头。

[5]周雅:指《诗经》中的《大雅》和《小雅》。因其大多为周朝采录结集之诗,故称。

[6]多士:指众多的贤士。镐京:西周国都。故址在今西安沣水东岸。后常代指京城。

[7]骏骨:骏马之骨。

[8]王直(1379—1462):字行俭,号抑庵,江西泰和人。永乐二年(1404)进士。授修撰。历事明宣宗、明仁宗,累升至少詹事兼侍读学士。正统三年(1438),修《宣宗实录》成,升礼部侍郎,八年升吏部尚书。明英宗将亲征也先,命他留守北京。天顺六年卒,赠太保。有《抑庵集》。

太液晴波

万顷溶溶太液池,水文如縠叠晴漪。春生苹藻浮香气,煖泛凫鸥散羽仪[1]。
风细锦堤龙影动,云开玉甃日光迟[2]。年年上日宸游处,鱼鸟应随采仗移。

——邹 缉

太液晴涵一镜开,溶溶漾漾自天来。光浮雪练明金阙,影带晴虹绕玉台。
苹藻摇风仍荡漾,龟鱼向日共徘徊。蓬莱咫尺沧溟下,瑞气絪缊接上台[3]。

——杨 荣

池头旭日散轻烟,开镜晴光近九天。翠柳条长经雨后,绿苹香暖得春先。
御沟流出通金水[4],仙派分来自玉泉。在镐几回陪宴乐,咏歌鱼藻继周篇。

——林 环

蓬岛前头太液池,摇风漾日动涟漪。鱼龙已惯迎仙舫,鸥鹭应能识翠旗。
着雨锦渠开晓鉴,拂烟翠柳曳晴丝。周人自昔歌灵沼[5],愿沐恩波一献诗。

——梁 云[6]

杜若花深雨露香,满池春浪接天潢[7]。楼台净写空中影,日月常涵镜里光。
有像龟龙皆献瑞,无心鸥鸟亦随阳。应知圣泽深如海,已有恩波及万方。

——王 英

太液风微驻骑游,碧波荡漾翠烟收。晴摇凤彩云容动,暖泛龙光日影浮。
杨柳条长齐拂水,芙蓉香满不知秋。谁谓弱流三万里?此中应即是瀛洲。

——王 直

太液池头春水生,更无风雨只宜晴。鸟飞不动朱旗影,鱼跃时惊彩柹声[8]。
天上银河非旧路,人间瀛海是虚名[9]。何如周围开灵沼,长与君王乐治平。

——李东阳

【注释】

[1]羽仪:此指翼翅。

[2]玉甃:指洁白的墙垣。借指云缝。

[3]沧溟:苍天,高远幽深的天空。絪缊:烟气、烟云弥漫的样子。

[4]金水:指金水河。又名玉河。金始引玉泉水东注于三海。明·萧洵《故宫遗录》:自
瀛洲西度飞桥上回阑,巡红墙而西,则为明仁宫,沿海子导金水河,步邃河,南行为西前苑。

[5]灵沼:《诗·大雅·灵台》:"王在灵沼,于牣鱼跃。"毛传:"灵沼,言灵道行于沼也。"后
喻指帝王的恩泽所及之处。

[6]梁云:按,查《泊庵集》《列朝诗集·明代》乙集,当为梁潜。梁潜(1365—1418),字用
之,学者号泊庵先生。江西泰和人。洪武时入仕途,历知广东四会、阳江、阳春诸县,有治绩,以
廉洁平易著称。永乐元年(1403),召修《太祖实录》,擢翰林修撰,代为《永乐大典》总裁。官至
翰林侍读。十五年,成祖赴北京,与杨士奇留辅太子。谗者诬太子擅宥罪人,事连潜,下狱
死。作文纵横浩瀚,风格清隽。有《泊庵集》。

[7]杜若:香草名。多年生草木,高一二尺。叶广披针形,味辛香。夏日开白花。果实蓝
黑色。天潢:指天河。

[8]枻:音 yì,船桨。

[9]瀛海:浩瀚的大海。

琼 岛 春 云

仙山高处玉为台,五色春云拂曙开。缥缈映空连禁掖[1],细缊承日护蓬莱。
碧窗朱户盈盈度,琼囿瑶林冉冉回。自是成龙佳气在,应随鸾鹤共徘徊[2]。

——邹 缉

仙岛依微近紫清[3],春光淡荡暖云生[4]。乍经树杪和烟湿,轻覆花枝过雨晴。
每日氤氲浮玉殿,常时缥缈护金茎[5]。从龙处处施甘泽,四海讴歌乐自平。

——杨 荣

蓬莱东望近扶桑,冉冉春云接下方。隔水楼台通御气,半空草树发天香。
花边驻辇霓旌湿[6],海上传书鹤梦长[7]。应日龙文还五色,殿头常得近清光。

——金幼孜

琼囿瑶台接太清[8],龙文凤彩照春晴。九重自逐香风转,五色长承瑞日明。
珠树望来留鹤驭,翠华行处拂鸾旌[9]。为章共仰文王化,愿以周诗颂太平。

——王 洪

广寒宫殿琼为台,五色春云自阆开。赤城有鹤访玄圃[10],弱水无路通蓬莱[11]。
缥缈随龙天上下,倏然带雨山前回。方朔瑶池曾侍宴,碧桃花下常徘徊。

——胡 广

瑶风独立倚空苍[12],云去云来两不妨。旋逐春寒生苑树,更随晴日度宫墙。
玉皇居处重楼拥,太史占时五色光。若与山龙同作绘,也须能补舜衣裳。

——李东阳

【注释】

[1]禁掖:宫中旁舍。亦泛指宫廷。

[2]鸾鹤:鸾与鹤。相传为仙人所乘。

[3]紫清:指天上。谓神仙居所。

[4]淡荡:水迂回缓流貌。引申为和舒。

[5]金茎:指用以擎承露盘的铜柱。此指岛上白塔。

[6]霓旌:缀有五色羽毛的旗帜,古代帝王仪仗之一。

[7]鹤梦:谓超凡脱俗的向往。

[8]太清:天空。

[9]鸾旌:即"鸾旗"。天子仪仗中的旗帜。上绣鸾鸟,故称。

[10]赤城:指帝王宫城,因城墙为红色,故称。玄圃:传说中昆仑山顶的神仙居处,中有奇花异石。

[11]弱水:古代神话中称险恶难渡的河海。

[12]空苍:苍天。

蓟 门 烟 树

古城西北蓟门前,望见郊畿树似烟。十里清阴遥带郭,万株浓绿上参天。
行人歇马偏留惕[1],游客听莺每见怜。几度更看摇落处[2],长吟惟是夕阳边。

——邹 缉

都门烟树蔼青葱,树底人家处处同。远近楼台空翠里,往来车马绿阴中。
晓寒花影留残月,日暖莺声度好风。蓟北从来佳丽地,相逢陌上莫匆匆。

——胡 俨

野色苍苍接蓟门,淡烟疏树碧纲缊[3]。过桥酒幔依稀见,附郭人家远近分。
翠雨落花行处有,绿阴啼鸟坐来闻。玉京尽日多佳丽,缥缈还看映五云[4]。

——金幼孜

蓟门东望古城西,烟树重重远近齐。玄圃人家行处好,瀛洲楼阁望中迷。
连翩宝马穿堤去,不断新莺隔水啼。应待雨晴凉气入,绿阴深处酒重携。

——梁 潜

迢递重城带远岑[5],烟中古木更森森。繁枝不逐风霜老,积翠应含雨露深。
杳霭残霞连暮色,依微初日散轻阴。林头偏有流莺啭,送尽春声入上林。

——王 英

蓟门迢递蓟丘前,层城高雉宿暝烟[6]。空濛远树遥带郭,苍茫长林迥接天。
绿阴沉沉春雨后,黛色深深幽鸟怜。遮却榆关望不见[7],笑指白云阿那边[8]。

——胡 广

蓟丘城外访遗踪,树色烟光远更重。飞雨过时青未了,落花残处绿还浓。
路迷南郭将三里,望断西林有数峰。坐久不知迟日霁,隔溪僧寺午时钟。

——李东阳

【注释】

[1]惕:同"憩"。休息。
[2]摇落:凋残,零落。
[3]纲缊:亦作"絪氲"。形容云烟弥漫、气氛浓盛的景象。
[4]五云:指皇帝所在地。
[5]迢递:连绵不绝貌。岑:小而高的山。
[6]暝烟:傍晚的烟霭。
[7]榆关:泛指北方边塞。
[8]阿那:通"婀娜"。柔美、舒徐、茂盛貌。

西夏形胜赋

明·曹琏

【提要】

本文选自《嘉靖宁夏新志》(宁夏人民出版社 1982 年影印本)。

宁夏回族自治区,古为夏州地,地处黄河流域最优越的地方,自古水利发达,气候宜人,所以农业开发很早。这里秦、汉、唐各朝修建的渠道,有些至今仍在为农业生产服务。

西晋末年,匈奴族首领赫连勃勃在这里称大夏王。宋仁宗明道元年,西羌党项族赵元昊在这里称帝,创建西夏国。

塞上江南、富庶之地宁夏,历史上始终是兵家争夺之地,特别是到明代,这里的战略地位更加重要了。顾祖禹在《读史方舆纪要》中论述宁夏镇长城地理形势时称其为"关中之屏蔽,河陇之襟喉"。明代放弃内蒙古河套平原,退守宁夏之后,宁夏镇特别是黄河以东地势较为开阔的今盐池、灵武一带就首当其冲,成为游牧民族南下的突破口。

明代立国后,加强经营,在此设立宁夏府,属于九边重镇之一。"当三边之屏翰,辟千里之封疆"的宁夏,"廓冈阜而为垣,浚川泽而为湟"。随着人口不断增加,屯田军民"垦良田之万顷,撑乔木之千章","风坠梧桐""落花啼鸟""辘轳咿轧""渔歌欸乃""长塔烟浮"……九边之地一派祥和安泰、人丁兴旺的景象,"西夏之美观,不减江南之佳致者也"。

人丁兴旺是因为强大的武备。宁夏镇总兵府驻今宁夏回族自治区银川市,边墙东起大盐池,西达兰靖。大盐池在今宁夏盐池县东,由此向西北,经今灵武北,沿河而下至陶乐县,转而西去,经平罗县北而西抵贺兰山,又由贺兰山折而向南,经中卫县西而止于该县西南的黄河南岸,长二千里。从今灵武到陶乐一段,凭借黄河天险,没有构筑墙垣,而在平罗北,筑有东西并列的两道边墙,封锁了黄河至贺兰山之间的地带。在贺兰山各个通向银川平原的山口,也筑有南北向的二至四道边墙。

万历四十三年(1615),刘敏宽由延绥巡抚升任陕西三边总督,开府固原(今宁夏固原市),节制延绥、宁夏、甘州和固原四大军镇兵马,统一指挥西北各战区的战守军务。任上,他由固原赴花马池(今盐池县)执行秋防阅边任务时,在长城关上西眺贺兰山下宁夏镇防区曾即兴赋诗曰:"楼台矗矗冠层峦,无限华夷树大观。缥缈烟霞随剑履,横斜星斗乱旌干。须凭驼岭临河套,遥带银川抱贺兰。函谷玉门堪鼎足,金城百二入安澜。"

赋

夏州之大郡,实陕右之名邦;当三边之屏翰[1],辟千里之封疆。廓冈阜而为垣,浚川泽而为湟,角鼀鼄而为道[2],卧蟠蛛而为梁[3]。带河渠之重阻,奠屯戍之基张,垦良田之万顷,撑乔木之千章。盐池滉漾渎其隈[4],菊井馥郁馨其傍[5]。桑梓相接,栋宇相望。若率土而论其边陲,则非列郡之所拟方也。今焉载瞻其四维也:汉陇蟠其西[6],晋洛梗其东,北跨沙漠之险,南吞巴蜀之雄。山奔突而若驰,水旋绕如环雍,旷遐郊其坦夷[7],耸孤城之崇隆。内则敞街衢兮辐辏,纷舆马兮交通;外则经沟塍兮刻镂,畇原隰兮腴丰[8]。任土作贡而域雍兮,星分井鬼[9];罢侯置守而隶灵兮[10],民杂汉戎。出河朔山川之外,临蕃落境界之中。青窥华岳之隐隐[11],翠挹岷峨之重重[12],遥跻西岭之屹屹,近俯东湖之溶溶。营兴广武[13],坊旌效忠;坝滨积石,关迩临潼。桥横通济兮,接宾之馆连栋,园开丽景兮,望春之楼凌空。澹清潭兮天光云影,翠秀色兮绿水芙蓉。赫连春晓兮[14],日烘桃李;灵武秋高兮,风坠梧桐。残阳夕照荒堋兮[15],落花啼鸟;飞瀑晴悬峭壁兮,玉涧垂虹。辘轳呷轧兮,影落芦沟之夜月;渔歌欸乃兮,响穷古渡之秋风。于是高台日上,长塔烟浮。晴虹之影乍弄,蒲牢之声初收[16],大河之水未波,蠡山之云不流[17]。蔼华实之蔽野,漫黍稷之盈畴。石关雪积兮,银铺曲径;汉渠春涨兮[18],练拖平丘。骐骥如云兮,花马之池[19];鳟鲫盈肆兮,应理之州[20]。平虏城兮执讯获丑[21],鸣沙州兮落雁浮鸥[22]。城倾黑水兮[23],颓雉残堞;津问黄沙兮,短櫂轻舟。神溠湮兮[24],犹存博望之迹;石峡凿兮[25],尚传大禹之游。高冢巍峨兮,元昊之魂已冷[26];古刹煨烬兮[27],文殊之象常留。表贺献俘而忠贯日月兮,唐将之精灵耿耿;书抗伪号而名重丘山兮,宋贤之遗韵悠悠。此名天下、播海陬[28],而为西夏之胜概,可与江南之匹俦者[29]。然犹未也,若乃则考其四时也:春则杏坞桃蹊,霞鲜雾霭;秋则鹤汀凫渚,月朗风微;夏则莲濯碧沼之金波,娇如太液池边之姬媵[30];冬则柏傲贺兰之晴雪,癯若首阳山下之夷齐[31]。与夫观鹰鹯之雄度[32],则凛凛乎周家之尚父也[33];睹芝兰之葱蒨[34],则烨烨乎谢庭之子侄也。对松竹之森立,则梃梃乎汲黯之刚直也[35];玩鸥鹭之莹洁,则皎皎乎杨震之清白也[36]。以至芳林莺语,柳榭蝉声,铿铿锵锵,又有若回琴点瑟之立夫孔楹也[37]。此皆玩耳目,娱心志,而为西夏之美观,不减江南之佳致者也!

是使骚人墨客,硕士英贤,寻幽览胜,游乐流连。于以罗珍馔,列绮筵[38],飞羽觞[39],奏管弦,品题词藻,绣句锦篇,觥筹交错,屡舞仙仙。抚乾坤之块圠[40],扫犬彘之腥膻。询古今于老故,稽成败于遗编[41]。方其王命南仲[42],往城于方,此何时乎?迨汉郭璜[43],缮城置驿,浚渠溉田,省费亿计,盖一盛也。"整居焦获[44],侵镐及方",此何时乎?迨唐李听[45],兴什举废,复田省饷,人赖其利,又一盛也。嗟夫,时有盛衰,治有隆替,天道循环,斯亦何泥?

方今圣主,启运应符。丕建人极,重熙皇图[46]。混车书于六合,覃恩威于九区[47]。登斯民于怀葛[48],跻斯世于唐虞。矧兹夏州,超轶往古,诗礼彬彬,衣冠楚楚。建学立师,修文偃武,尚陶匏[49],贵簪组[50],祛异端,御狎侮[51]。抑工商之浮华,敦士农之寒苦。烽燧息烟,闾阎安堵[52]。白叟黄童,讴歌鼓舞。熊罴奋勇于阵行[53],狐狢潜形于窟所[54]。弓矢藏于服鞬[55],干戈载于库府。而况荫土封者,惟德惟义,远超乐善之东平[56];握将柄者,有严有翼,端继为宪之吉甫[57]。予也一介之书生,敢拟韩、范之参伍[58],聊泚笔而纪行[59],识者幸忽诮其狂鲁[60]。

【作者简介】

曹琏,生卒年月不详。字廷器。明永兴(今属湖南)人。宣德四年(1429)解元。历任国子监学正、河南提学金事、陕西按察副使、大理寺少卿等。有《裕斋集》。

【注释】

[1]屏翰:谓屏障辅翼。

[2]鼋鼍:音 yuán tuó,大鳖和猪婆龙(中华鳄)。此借指城墙顶部形态。

[3]蝀蛛:虹的别名。借指桥。

[4]滉漾:光影摇动貌。

[5]馥郁:形容香气很浓。

[6]汉陇:古地名。在今甘肃省。

[7]旷遐:辽阔,辽远。

[8]昀原隰:谓平坦整齐的原野。昀:音 yún,平坦。原隰:广平与低湿之地。隰,音 xí。

[9]井鬼:秦分野,属雍州。古代占星学认为,人间祸福同天上星象有关系,因此,根据星辰的十二星次(二十八星宿)将地上的州、国划分为十二个区域,使二者相对应,并据某一天区星象的变异来预测、附会相应地区的吉凶。这种划分,在天称"十二分星",在地称"十二分野"。

[10]灵:即灵州。故城在今宁夏灵武县西南。始设于北魏,代有迁改。

[11]华岳:指华山。

[12]岷峨:岷山和峨眉山。

[13]广武:广武营在山西雁门关北二十里。明洪武七年(1374)创置,亦曰广武城(陉、站)。广武营,距今青铜峡市小坝镇 30 公里。

[14]赫连:少数民族姓氏。十六国时,南匈奴铁弗部勃勃称大夏天王,自称赫赫连天,以赫连为氏。赫赫连天在位约十九年,据有河套之地,南抵三城(今陕西延安)和高平(今宁夏固原)。

[15]荒坰:荒野。坰:音 jiōng。古同"垧",遥远的郊野。

[16]蒲牢:古代传说中一种生活在海边的兽,据说其吼声非常宏亮,故古人常在钟上铸蒲牢的形象。《文选·东都赋》:"于是发鲸鱼,铿华钟。"李善注引薛综曰:"海中有大鱼曰鲸,海边又有兽名蒲牢。蒲牢素畏鲸,鲸鱼击蒲牢,则大鸣。凡钟欲令声大者,故作蒲牢于上。所以撞之者为鲸鱼。"后因以"蒲牢"为钟的别名。

[17]蠡山:在今宁夏吴忠市同心县境内。《宁夏志》载:"蠡山,在韦州(今宁夏同心县东部)西二十余里,层峦叠嶂,苍翠如染,以其峰如蠡也,故谓之蠡山焉。此予府长史刘昉名之也,山之旧名竟不知为何名也。四旁皆平地,屹然独立,势甚雄竦,木多松、桧、桦、榆、白杨;草则黄精、秦艽、大戟、知母草、血竭、黄芩、远志、黄者、柴胡、升麻,皆药之庸者……小蠡山,居大蠡山之东北。"《嘉靖宁夏新志》载:"蠡山,在城(指韦州城,笔者注)西二十余里,峰峦耸翠,草木茂盛,旧不知何名。洪武中,庆府长史刘昉以其形似名之。"蠡,读音 luó,罗山,是宁夏三大天然林区之一。

[18]汉渠:宁夏平原上灌溉农田的引水渠,其开凿可以追溯到秦汉时期,故称。

[19]花马池:花马池是明宁夏镇重要关堡,称花马池营。治今宁夏盐池县城关。花马池

营为明正统二年(1437)在长城外所设哨马营,成化年间将城堡移筑长城内,弘治七年(1494)改置花马池守御千户所。正德元年(1506)升为宁夏后卫。辖地约为今宁夏盐池县全部和灵武、同心县大部分地区。嘉靖年间曾议将指挥西北四镇长城防御的陕西三边总制府移镇花马池,可见其军事位置之重要。花马池古城始建于明朝正统八年(1443)。天顺年间(1457—1464年),因其地处塞外,孤悬寡援,改建于塞内,即今盐池县城。《嘉靖宁夏新志》载:"城高三丈五尺,东北二门,上有楼。"根据实地调查,城址为长方形,南北长1 100米,东西宽1 050米,面积1.16平方公里。城墙黄土夯筑,基宽12.6米,残高10米左右,顶宽2~4米,夯层厚1厘米左右。开东、南、北三门,均带瓮城,瓮城40米见方。东门曰永宁,瓮门南开;南门名广惠,瓮门东开;北门名威胜,瓮门东开。北瓮城早年已毁,东、南二瓮城尚留有部分残迹。西墙无门,于墙正中建有两层楼阁式玉皇阁,早年被毁。四隅有楼。以鼓楼为中轴分东西、南北两条主要街道。当时,还在花马池城外的长城墙体上修建了一座关口,称其为"长城关",也是中国长城雄关中唯一以长城命名的关口(此关今已不复存在)。

[20] 应理州:即今宁夏中卫市区。西夏应理县,元太祖二十一年(1226)升应理州。明永乐元年(1403)改置宁夏中卫。

[21] 平虏城:治所在今宁夏平罗。执讯获丑:指讯问抓获的敌人。《诗·小雅·出车》:"执讯获丑,薄言还归。"

[22] 鸣沙州:治今宁夏中宁县鸣沙镇。

[23] 黑水城:西夏城名,在今内蒙古额济纳旗东北。西夏十二监军司之一黑山威福司治所。最初是因额济纳河而得名。额济纳,西夏党项族语,意为"黑水"。该河来源于祁连山的雪水。黑水城,位于额济纳河下游的巴丹吉林沙漠的边缘地带,因旁有黑水河流过,遂取名黑水城。

[24] 溠:音zhà,水名。

[25] 石峡:今宁夏有石峡沟。

[26] 元昊:西夏开国皇帝,名李元昊(1003—1048)。1034年,改年号为大庆。升首都兴州为兴庆府(今宁夏银川),建宫城,设百官。大庆三年(1038),正式登上皇帝宝座,国号大夏。

[27] 煨烬:谓火焚殆尽。煨:音wēi,盆中火。

[28] 海陬:海隅,海角。

[29] 匹俦:配得上的,比得上的。

[30] 太液池:位于唐长安大明宫北部,是唐最重要的池苑。大明宫的后宫就是以太液池为中心布置的。姬媵:姬妾。媵:音yìng。

[31] 癯:音qú,瘦弱。首阳山:位于甘肃渭源境内。因殷商时孤竹国伯夷、叔齐不食周粟,采薇于此,及饿且死,后葬于此。

[32] 鹰鹯:鹰与鹯。比喻忠勇的人。鹯:音zhān,鹰鹞类猛禽。

[33] 尚父:指姜太公。本名吕尚,姜姓,字子牙。

[34] 葱蒨:草木青翠茂盛貌。

[35] 汲黯(?—前112):字长孺,濮阳(今属河南)人。西汉初名臣。为政以民为本,处世不究礼数,为安邦治国一忠耿之臣。

[36] 杨震(59—124):字伯起,东汉弘农华阴人。弱冠不赴征召,一心一意自费设塾授徒。教书坚持有教无类,育人以清白正直为要,其严谨的治学精神和高洁的师德情操被人誉为"槐市遗风"。

[37] 回琴点瑟:谓师生融融,寓教于乐的情景。孔楹:指学习的地方。孔子后裔《题杏坛》:"鲁城遗迹已成空,点琴回瑟想象中。独有杏坛春意早,年年花发旧时红。"

[38] 绮筵:华丽丰盛的筵席。

[39] 羽觞:古代一种酒器。作鸟兽状,左右形如两翼。

[40] 玦玒:音 jué qiú,指美玉。

[41] 遗编:指前人留下的著作。

[42] 南仲:周文王时将帅。受命到朔方筑城讨伐西戎。

[43] 郭璜:东汉时人。《文献通考》:顺帝时,"谒者郭璜督促徒者,各归旧县,缮城郭,置候驿。既而激河浚渠为屯田,省内郡费岁一亿计。"

[44] 整居焦获:《诗·小雅·六月》:"猃狁匪茹,整居焦获。侵镐及方,至于泾阳。"整居:谓占据。焦获:古为"十薮"之一,又名瓠口,湖泊名。

[45] 李听:《旧唐书·李听传》:唐宪宗元和十五年(820),灵都大都督长史、灵盐节度使李听谋屯田"以代转输",主持疏浚"废塞岁久"的光禄渠,溉田千顷。

[46] 丕:大。重熙:旧时称颂君主累世圣明。

[47] 覃:延长,延及。

[48] 怀葛:无怀氏、葛天氏的并称。二人皆为传说中的上古帝王名。古人以为其世风淳朴,百姓无忧无虑。

[49] 陶匏:喻教化。

[50] 簪组:冠簪和冠带。借指官宦。

[51] 狎侮:轻慢,戏弄。常用以形容人物言行举止。

[52] 闾阎:里巷内外的门,后多借指里巷。

[53] 熊罴:皆为猛兽。喻勇士或雄师劲旅。

[54] 玁狁:古族名。即犬戎,也称西戎,活动于今陕、甘一带,猃、狁之间。

[55] 服鞬:弓矢袋。鞬:音 chàng,弓衣也。

[56] 东平:今属山东。其地多乐善好施之人,如东平吕氏家族。

[57] 吉甫:指周宣王时贤臣尹吉甫。曾率师北伐玁狁。《诗·小雅·六月》:"文武吉甫,万邦为献。"后代诗文中多以之作为贤能宰辅的典型。

[58] 韩、范:指韩雍、范瑾。时俱在边。

[59] 泚笔:以笔蘸墨。

[60] 诮:责备,讥笑。狂鲁:张狂鲁莽。

赐游西苑记

明·李 贤

【提要】

三篇诗文选自《天府广记》(北京古籍出版社 1984 年版)。

西苑是北京城内紫禁城西侧的北、中、南三海的合称。西苑是明朝主要的御苑,是帝王游憩、居住、处理政务的重要场所。其中,北海面积最大,约 70 公顷,占全苑一半以上。其布局以池岛为中心,环池周设建筑。池水东南堆有琼华岛,岛上建有广寒宫(明初),清初改为喇嘛塔,成为全园的构图中心,是全园的制高点和标志。岛上建有悦心殿、庆宵殿。在山北沿池建有两层楼的弧形长廊,北岸布置几组宗教建筑,有小西天、大西天、阐福寺、彩色玻璃镶砌的九龙壁等,南岸和北岸还有濠涧画舫斋和静清斋等三组小景区,是北海的苑中之园。

中海、南海水面积较小,景物较少。中海狭长,两岸树木茂盛,建筑物较少。南海水面较小而圆,水中有瀛台之岛,岛上建筑物较低平。岸上建筑不多。

西苑始建于辽代,金、元、明、清各代均不断扩建,数百年来一直是皇家园林,现存建筑绝大部分为清代建构。

金代,北海已成皇家离宫,官殿、园苑等建筑不少,其布置情况当以琼华岛为中心,围绕海子建造离宫别馆。而元大都的规划与建设更是以琼华岛海子为中心,在它的东西修建大内与宫殿,西苑成了宫殿内的禁苑——上苑。至正八年(1348)赐名万寿山(万岁山),池名太液池。

至明代初期,西苑建筑布局仍与元代相去不远。天顺(1457—1464)年间,英宗朱祁镇大修西苑,《英宗实录》:"天顺四年九月丁丑,新作西苑殿、亭、轩、馆成。苑中旧有太液池,池有蓬莱山(即琼岛),山巅有广寒殿,金所筑也……上命即太液池东西作行殿三,池东向西者曰凝合,池西向东对蓬莱山者曰迎翠,池西南向以草缮之而饰以垩曰太素……有亭六,曰飞香、拥翠、澄波、岁寒、会景、映晖。轩一,曰远辄。馆一,曰保和。至是始成。"这时,北海太液池东、西、北岸的建筑逐渐增多,西苑北半部的规模到此时已经形成。这些营建活动,韩雍、李贤均予记载,李贤在《赐游西苑记》中写道:"天顺乙卯(1459)首夏月吉日……过石桥而北曰万岁山,怪石参差,为门三,自东西而入,有殿倚山,左右立石为峰,以次对峙……两腋叠石为磴,崎岖折转而上,岩洞非一。山畔并列三殿,中曰仁智,左曰介福,右曰延和。至其顶,有殿当中,栋宇宏伟,檐楹翚飞,高插于层霄之上。殿内清虚,寒气逼人……曰广寒。左右四亭,在各峰之顶,曰方壶、瀛洲、玉虹、金露。其中可跂而息,前崖后壁,夹道而入,壁间四孔以纵观览,而宫阙峥嵘,风景佳丽,宛如图画。下过东桥,转峰而北有殿临池,曰凝和,二亭临水,曰拥翠、飞香;北至艮隅,见池之源,云是西山玉泉逶迤而来,流入宫墙,分派入池。西至乾隅,有殿用草,曰太素,殿后草亭,画松竹梅于上,曰岁寒。门左有轩临水曰远趣轩,前草亭曰会景。循池西岸南行,有屋数连,池水通焉,以育禽兽,有亭临水曰映辉。又南行数弓许,有殿临池曰迎翠,有亭临水曰澄波。东望山亭,倒醮于太液波光之中,黛色岚光,可掬可挹,烟霭云涛,朝暮万状……"

这样的描述,在韩雍的《记》中同样俯拾皆是,从上面的记载中可以看出明代盛时北海的建筑情况,琼华岛的建筑大致仍与元代万岁山差不多,但在东西北岸已增添了不少的建筑物,池的沿岸得到了很大的发展。

清代,北海在总的范围上虽然仍为旧规模,但在建筑物方面却有了比较大的变化。最显著的变化有两次,一次是顺治八年(1651)将琼华岛山顶的主要建筑广寒殿和四周的亭子等拆除,建筑了一个巨大的喇嘛塔(即今天北海的白塔)和寺庙,并且又将万岁山称作白塔山。另外一次大的变化即是乾隆年间的增建,特别是在琼华岛的北山和北海东北岸,添建了许多建筑物,又增添了不少内容。

天顺乙卯首夏月吉日[1],上命中贵人引贤与吏部尚书王翱数人游西苑[2]。明年亦如之,又明年亦如之。

初入苑,即临太液池,蒲苇盈水际,如剑戟丛立,芰荷翠洁,清目可爱。循池东岸北行,榆柳杏桃,草色铺岸如茵,花香袭人。行百步许,至椒园,松桧苍翠,果树分罗。中有圆殿,金碧掩映,四面豁敞,曰崇智。南有小池,金鱼作阵,游戏其中。西有小亭临水,芳木匝之,曰玩芳。

又北行至圆城[3],自两腋洞门而升,上有古松三株,枝干槎枒[4],形状偃蹇[5],如龙奋爪拏空[6],突兀天表。前有花树数品,香气极清。中有圆殿,巍然高耸,曰承光。北望山峰,嶙峋崒嵂[7],俯瞰池波,荡漾澄澈,而山川之间千姿万态,莫不呈奇献秀于几窗之前。

西有长桥,跨池下。过石桥而北,山曰万岁,怪石参差,为门三,自东西而入,有殿倚山,左右立石为峰,以次对峙。四围皆石,嶻嶭龈腭[8],薜荔蔓络,佳木异草,上偃旁缀,樛葛荟翳,两腋叠石为磴,崎岖折转而上,岩洞非一。山畔并列三殿,中曰仁智,左曰介福,右曰延和。至其顶,有殿当中,栋宇宏伟,檐楹翠飞,高插于层霄之上。殿内清虚,寒气逼人,虽盛夏亭午,暑气不到,殊觉旷荡潇爽,与人境隔异,曰广寒。左右四亭,在各峰之顶,曰方壶、瀛洲、玉虹、金露。其中可跂而息[9],前崖后壁,夹道而入,壁间四孔以纵观览,而宫阙峥嵘,风景佳丽,宛如图画。

下过东桥,转峰而北,有殿临池,曰凝和,二亭临水,曰拥翠、飞香。北至艮隅,见池之源,云是西山玉泉逶迤而来,流入宫墙,分派入池[10]。西至乾隅,有殿用草,曰太素,殿后草亭,画松竹梅于其上,曰岁寒。门左有轩临水曰远趣轩,前草亭曰会景。

循池西岸南行,有屋数连,池水通焉,以育禽兽,有亭临水曰映辉。又南行数弓许,有殿临池曰迎翠,有亭临水曰澄波。东望山亭,倒醮于太液波光之中,黛色岚光,可掬可把,烟霭云涛,朝暮万状。

又西南有小山子,远望郁然,日光横照,紫翠重叠。至则有殿倚山,山下有洞,洞上石岩横列,密孔泉出,迸流而下,曰水帘。其淙散激射[11],最为可玩,水声泠泠然,潜入石池,龙昂其首,口中喷出,复潜绕殿前,为流觞曲水。左右危石盘折为径,山畔有殿翼然。至其顶,一室正中,四面簾栊[12],栏槛之外,奇峰回互,茂树环拥,异花瑶草,莫可名状。

下转山前,一殿深静高爽,殿前石桥隐若虹起,极其精巧。左右有沼,沼中有台,台外古木丛高,百鸟翔集,鸣声上下,至于南台,林木隐森。过桥而南,有殿面水,曰昭和,门外有亭,临岸沙鸥水禽,如在镜中。游览至此而止。大官珍馔[13],极其醉饱以归。

夫一张一弛,文武之道,赐游西苑,有弛之意焉。然张可久而弛不可多,以岁计之,弛才一日,则又未尝不致谨也。于是乎记。

【作者简介】

李贤(1408—1466),字原德,明邓州(今属河南)人。宣德八年(1433)进士。授吏部验封主事。正统十年(1445),升任考功郎中,累官兵部右侍郎、户部侍郎,迁吏部右侍郎。天顺元年(1457),英宗复辟后,迁翰林学士,入内阁,升吏部尚书,加太子太保。任上,举贤任能,以惜人才、开言路为急务,为人耿介忠直,英宗遇事必召,其意见多被采纳。天顺八年(1464),英宗病重,委以托孤重任。成化元年(1465),宪宗即位,晋为少保,吏部尚书兼华盖殿大学士知经筵事。逝后进光禄大夫,左柱国太师,谥号文达。贤从政三十余年,为官清廉正直,政绩卓著,是明朝治世良臣之一。所著《鉴古录》《体验录》等已不存,《天顺日录》《古穰文集》等书收入《四库全书》。

【注释】

[1] 乙卯:按,明英宗朱祁镇天顺无乙卯年。参韩雍《记》,当为"己卯"之误。

[2] 中贵人:专称显贵的侍从宦官。王翱(1384—1467):字九皋,盐山(今河北孟村县)人。永乐十三年(1415)进士,授大理寺左寺正,左迁行人。宣宗宣德元年(1426),经礼部侍郎杨士奇推荐,升为御史。后巡按四川,卓有建树。明英宗即位,任为左佥都御史,镇守江西,吏民畏爱。后又镇守陕西,提督辽东军务,屡立战功。代宗景泰元年(1453),主持枢密院事务,随即又任两广总督。次年被召回任吏部尚书。王翱英宗时长期任吏部尚书,英宗常称先生而不呼其名。一生历仕七朝,辅佐六帝,刚明廉直,卒谥忠肃。

[3] 圆城:即团城。位于今北京西城区北海南门外西侧。原是太液池中的一个小屿。元代在其上增建仪天殿,明代重修,改名承光殿,并在岛屿周围加筑城墙,墙顶砌成城堞垛口,初步奠定了团城的规模。乾隆年间进行较大规模的修建,增建了玉瓮亭。1900年八国联军侵占北京时,团城被洗劫一空。

[4] 槎枒:树木枝杈歧出貌。槎,音 chá。

[5] 偃蹇:委曲婉转貌。

[6] 挐空:凌空,抓向空中。挐:音 ná,同"拿"。

[7] 崒嵂:音 zú lǜ,高峻貌。

[8] 赑屃:音 bì xì,传说中一种像龟的动物。龂腭:音 yín è。又作"龈腭",凹凸不平貌。

[9] 跂:音 qǐ,慢走。

[10] 派:水的支流。

[11] 淙散激射:指水流散漫流溢,激荡射下。

[12] 簾栊:亦作"帘栊"。窗帘和窗牖。

[13] 大官:明代官署名。光禄寺属衙。掌供祭品、宫膳、节令宴席等。

附:赐游西苑记

明·韩 雍

天顺三年夏四月六日,赐公卿大臣以次游西苑。

是日旦朝退,召见文华殿,赐宴殿之西庑而出。遂由西华门而西,可百步许,入西苑门,即太液池之东南岸也。池广数百顷。维时时雨初霁,旭日始升,地之上烟霏苍莽,蒲荻丛茂,水禽飞鸣游戏于其间。隔岸林树阴森,苍翠可爱,心目为之开明。

乃北折循岸而行,可二三里,至椒园。园内行殿在池树中。殿之北有钓鱼台,南有金鱼池,水清澈可鉴。一茶而出。

又北行可三四里,至圆殿,观灯之所也。殿台临池,环以云城,中官旋开门以入,历阶而登,殿之基与睥睨平,古松数株,高参天,众皆仰视。时则晴云翳空,炎光不流,煖风徐来,花香袭人。众倚睥睨而窥,其西以舟作浮桥,横亘地面,北则万岁山在焉。

又茶而出,渡石桥以登兹山。山在池之中,磊石为之,高数千仞,广可容万人。山之麓以石为门为垣,门之内稍高有小殿,环殿奇峰怪石万状,悉有名卉嘉木,争妍竞秀,琴台、棋局、石床、翠屏之类分布森列。峰有最奇者名翠云,上刻御制诗。琴台上横郭公砖,击之皆砼砼有声。遂沿西坡北上,有虎洞、吕公洞、仙人庵,又上有延和,有瀛洲,有金露,皆殿名。瀛洲之西,汤池之后,有万丈井,深不可测。

由金露折而东,上绝顶,则广寒殿也。高广明靓,四壁雕彩云累万,结砌而成。观毕复出,徘徊周览,则都城万雉,烟火万家,市廛官府僧寺浮图之高杰者,举集目前。近而太液晴波,天光云影,上下流动,远而西山居庸,叠翠西北,带以白云,东而山海,南而中原,皆一望无际,诚天下之奇观也。

久之,东下至玉虹,又下而南至方壶,至介福,皆与延和诸殿相峙,而方壶、瀛洲则左右广寒而奇特者也。路迳萦迂,台阁岩洞之属不能具览。又下至山之东麓,过石桥,复折北循岸数百步,至九间殿,门外系五六小舟。稍北有船房,苫龙船其中。又北行数里,至北闸,上横小亭,钓竿数十,线饵具备,垂之清流,嘉鱼纷集。

又茶而起,沿池之北岸而西,西尽复折而南,有蓄水禽之所二,相去里数,皆编竹如窗,下通活水,启扉以观,鸟皆翔鸣。

又南至浮桥西,圆殿对岸也。有公所,太监延入坐,供以汤饼。复出而南数里,至小教场,观勇士习御马。

又西南至小山子,名赛蓬莱,入其门有殿,殿前一大池,中通石桥,东南二小阁立水中,桥南有娑罗树,人所罕见。殿之后复有三殿,其阶益上益高,至绝顶则与万岁山坤艮相望。绝顶下至第三殿之前,蓄水作机,瞰其下有水帘洞,洞之中作金龙,决其水下而观之,连珠掩洞,形称其名。龙口中亦喷水,水皆从前殿基下阴渠之内过而至于其殿之前,凿石为曲渠,复作龙头于其西,水至出龙口旋绕而东,可以流觞者。众坐玩久之,太监刘摘新杏分啗诸人,人各摘奇花插于鬓。

又一茶,乃循故道出,东南行数里,至小石桥,桥上有亭,过而上崇坡,为南台,台之中有行殿,殿之南门外临流作小轩,众皆坐息轩中。

少顷太监遣人邀入殿之东庑,赴所赐宴。叙坐以位,器什贵重,品味丰洁,太监谕旨欢饮。中官庖臣,循环献酬,酒既芳冽,杯复连引。既久,众酣醉,遂趋出。太监亦皆出至桥亭,追余与姚侍郎等数人还至亭中,复谕劝,且曰:诸君宜知此。因复酌数巨觥。予辈遂大醉,折北出西苑门,从吏扶掖以归,已晡时矣。

【作者简介】

韩雍(1422—1478),字永熙。长洲(今江苏苏州)人。正统进士。授御史。巡按江西,镇压叶宗留、邓茂七起义。景泰中擢右佥都御史,巡抚江西,劾宁王得罪,被勒令致仕。天顺间复官,历官大理少卿、兵部右侍郎。宪宗成化初,以右佥都御史前赴广西镇压大藤峡瑶、壮各族起义军,以功迁左右副都御史,提督两广军务。后请分设广东、广西两巡抚,朝命从其请,仍使以总督专理军事。后被劾,致仕。有《襄毅文集》。

西 苑 诗

明·马汝骥

万 岁 山

在子城东北玄武门外,更比北上中门为大内之镇山高百余丈,周回二里许,金人积土所成。旧在元大内,今林木茂密,其巅有石刻御座,两松覆之。山下有亭,林木藏翳,周回多植奇果,名百果园。

葱郁倚青天,微茫散紫烟。祖瀛符帝宅,泰华镇王川。

树里西山对,花中北极悬。登封非远幸,三祝配尧年。

太 液 池

子城西,乾明门外有太液池,周凡数里,水从玉泉流入,延竟大内,旧名西海子。跨石梁,自承光殿达西安门里,约广二寻,修数百步,两涯穹穹出水中,下斗门鲸兽楯栏,皆白石镌镂如玉,中流驾木贯铁缚丹槛掣之,可通舟。东西峙华表,东曰玉蛛,西曰金鳌,其北别架一梁自承光达琼华岛,制差小,南北亦峙华表,南曰积翠,北曰堆云。

碧苑西连阙,瑶池北映空。象垂河汉表,气与斗牛通。

鲸跃如翻石,鳌行不断虹。苍茫观海日,朝会百川同。

承 光 殿

在乾明门外。围以瓮城,东西南隅辟二门,入梯至巅,阁雉周回皆设睥睨,中构金殿,穹窿如盖,雕栊绮牖,旋转如环,俗名圆殿。外周以廊,向北皆金饰,垂出垣堞间,甚丽。北直琼岛,中有古桧二株,柯干虬偃,盖数百年物也。

堞绕门双辟,梯悬殿一攀。飞甍承宝盖,列牖转瑶环。

松古盘云翠,苔新带雨斑。三阳赐游数,稽首忆天颜。

琼 华 岛

在太液池中。从承光殿北度梁至岛,有岩洞窈窅,磴道纡折,皆叠石为之,其巅古殿,结构翔起,周回绮牖玉槛,重阶而上,榜曰广寒之殿。相传辽太后梳妆台,今栏槛残坏,内金刻云物犹弥覆楎栋间,下布以文石。旁一榻,亦前朝物。殿前旧有四亭,曰瀛洲、方壶、玉虹、金露。今惟遗址耳。详见《辍耕录》。

碧池悬帝阙,琼岛入仙家。洞口流云气,星涛涌日华。

桃源虚岁月,蓬海复尘沙。绣殿游天女,燕支映夕霞。

藏 舟 浦

琼华岛东北。过堰,有水殿二,一藏龙舟,一藏凤舸。舟首尾刻龙凤形,上结楼台,以金饰之。又一浦,藏武皇所造乌龙舠。岸际有丛竹荫屋。浦外二亭,横出水面。

> 凤殿临瑶水,龙舟锁白云。楼台疑上汉,箫鼓忆横汾。
>
> 池岂昆明凿?波犹太液分。昔年浮万里,兰桂咏缤纷。

芭 蕉 园

承光殿南。从朱扉循东水浒十里,崇闉广砌,中一殿:碧瓦穹窿如盖,上贯以黄金双龙顶,缨络悬缀,雕龙绮窗,朱楹玉槛,八面旋匝,曰崇智殿。殿后一亭,金饰,北瞰池水。转西至临漪亭,又一小石梁出水中,有亭八面,内外皆水,云钓鱼台。殿前有牡丹数十株,园名芭蕉,岂昔有而今独存其名耶?历朝实录成,于此焚草。

> 辇道山楼直,宫园水殿低。碧荷春槛出,红药晚阶齐。
>
> 钓石蛟龙隐,歌台鸟雀啼。翠华当日幸,花木互云迷。

乐 成 殿

从芭蕉园南,循水过西苑门半里,有闸泻池水,转北别为小池,中设九岛三亭。一亭藻井斗角为十二面,上贯金宝珠顶,内两金龙并降,丹槛碧牖,尽其侈丽。中设一御榻。外四面皆梁槛,通小朱扉而出,名涵碧亭。其二亭制少朴,梁槛惟东西以达厓际。东有乐成殿,左右槛各设龙床。殿后小室,亦设御榻。皆宣皇游历处也。殿右有屋,设石磨二,石碓二,下激湍,水自动,盖南田谷成于此舂治,故曰乐成。

> 金堤回北拱,宝殿乐西成。春急奔湍上,梁危架石行。
>
> 池龙蟠九岛,苑鸟下层城。帝豫因民事,长杨愧颂声。

南 台

从乐成殿度桥,转南一径,过小红亭二百余步,林木深茂,内有殿曰昭和,皆黄屋。旁有水田新屋,先朝尝于此阅稼。

> 灌木晴湖合,高花午榭移。尧茨元不剪,周稼欲先知。
>
> 雨露悬蓬径,风云护竹离。九重欢豫地,仿佛见龙旗。

兔 园 山

从南台达西堤,过射苑,有兔园。其中叠石为山,穴山为洞。东西分径,盘纡而上,至平砌又分绕至巅,布甃皆陶埏云龙之象。砌上设数铜瓮,灌水注地。池前玉盆内作盘龙昂首而起,激水从盆底之窍转出龙吻,分入小洞,由大明殿侧九曲注池中。殿旁乔松数株参立,百籐萦附于上,复悬下垂。池边多立奇石,一名小山子。

> 云梯盘石迥,水洞穴山深。龙壑春雷斗,鲛宫昼日临。
>
> 壁金翻竹色,槛玉落藤阴。谁作梁园赋,还来奏上林。

平 台

太液池西隈。出兔园东北,台高数丈,中作团顶小殿,用黄瓦,左右各四槛,接栋,稍下,瓦皆碧,南北垂接斜廊,悬级而降,面若城壁,下临射苑,背设门牖,下瞰池,有驰道,可以走马,乃武皇所筑阅射之地。

又后左门左翼室亦曰平台,今上曾召见内阁诸臣赐诗。

曲台通太乙,复道肃钩陈。虎旅归营久,龙光绕禁新。

柏梁开日月,蓬阁接天人。汉帝崇文化,赓歌奉紫宸。

敕建弘仁桥记

明·李 贤

【提要】

本文选自《古今图书集成》考工典卷三二(中华书局 巴蜀书社影印本)。

弘仁桥,更广流传的名字是马驹桥。马驹桥位于京城东南四十里处,隋唐时称"马驹里"村,村之北紧邻凉水河(古名桑干河、清泉河、浑河等),河上架有木桥,名"马驹里桥"。

大学士李贤介绍说:"都城之南,一水横流于巽方,其源由兑而坤而离,四来沮洳,会而为河,至巽乃大。有一津焉,在南苑之左,去城四十里。凡外郡畿内之人,自南而来,东西二途,胥出此渡。车之大而驾者,小而挽者,物类之驮者,人之负者、戴者、骑者、步者,纷纷络绎,四时不休。"

但,木桥在夏秋河水暴涨时,常常被冲毁,造成"人之病涉,莫此为甚"。天顺七年(1463)四月,明英宗发内帑敕建石桥,"董其事者,工部右侍郎臣蒯祥、臣陆祥"。桥长二十五丈,宽三丈,九孔,桥面两侧树石柱、石栏板。英宗赐名"弘仁"。

李贤在桥《记》中盛赞英宗此举"工役之费,民无秋毫"。

弘仁桥成后,当地人还是喜欢叫"马驹桥",文人墨客又称之为"弘仁马驹桥",一直叫到民国才逐渐消失。弘仁桥建成后,这一地区的农业、手工业、商业进一步繁荣,弘仁桥地区渐渐成为冲衢要津,拱卫京师东南的军事重地,明清曾设有"马驹营",建有关隘、炮台等设施,此地因此有"赛潼关"之誉。

都城之南,一水横流于巽方[1],其源由兑而坤而离[2],四来沮洳[3],会而为河,至巽乃大。有一津焉,在南苑之左,去城四十里。凡外郡畿内之人,自南而来,东西二途,胥出此渡[4]。车之大而驾者,小而挽者,物类之驮者,人之负者、戴者、骑者、步者,纷纷络绎,四时不休。

有力者每岁为架木桥,然寒冱之际[5],不免徒涉。况秋夏水涨,即有覆溺艰阻之虞。人之病涉,莫此为甚。

天顺癸未春[6],皇上闻之恻然曰:"此先务也,尚可缓耶?"乃命创建石桥,凡百所需,悉出内帑[7],一毫不干于民。应用工役,皆以白金佣之。卜日兴造,人皆踊跃欢欣,争趋效力,不知其劳。而木石灰铁之类,率以万计,不督而集。桥长二十五丈,广三丈,为洞有九以酾水,为栏于两傍以障田者,致巧无以复加[8],增岸于南北以防冲突,为寺为庙以资维护。

经始于是岁四月十五日,讫工于十一月初一日。总其事者,内官监太监臣黄顺,臣黎贤。董其事者,工部右侍郎臣蒯祥,臣陆祥[9]。告成之日,赐名弘仁桥。乃命臣贤为撰碑记,用示永久。

臣闻古先圣王之治天下也,以不忍人之心行不忍人之政,纪纲法度,细大具举。观《夏令》所谓"除道成梁"[10],《月令》[11]所谓"开通道路",利泽及人。真如天地之于万物,无有不足其分者。

恭惟皇上复位以来,夙夜孜孜[12],躬理政务,惟恐一民不得其所。斯无异于古先圣王之用心矣。今以一津之济,闻之恻然,是即不忍人之心也。为建石桥以便往来,是即不忍人之政也。名之曰"弘仁",盖弘者,廓而大之;而仁,则不忍人之政也。是桥之建,信乎能弘其仁矣。呜呼! 一桥之利,皇仁不遗,况其大此万万者乎? 故宜大书而特书也。

既为之记,复系以诗曰:

大哉元后[13],作民父母。民之休戚,同其安否。所以先王,发政施仁。忧勤惕励[14],罔或因循。仰惟我皇,博施济众。视民如伤,惟乐与共。大纲小纪,乃举乃张。有或遗者,于心则惶。都城巽方,有水病涉。恻然兴怀,务遂所惬[15]。不惜内帑,为建石桥。工役之费,民无秋毫。易危而安,利泽惟久。万亿斯年,厥迹不朽。

【注释】

[1]巽方:西南方。

[2]兑:东南方。坤:北方。离:东方。

[3]沮洳:低湿之地。

[4]胥:全,都。

[5]寒沍:严寒冻结,极寒。沍:音 hù,冻结。

[6]天顺癸未:天顺七年(1463)。

[7]内帑:泛指内库。

[8]致巧:精致巧妙。

[9]蒯祥:明代建筑匠师。参与过明皇宫前三殿、西苑殿宇,明长陵、献陵、裕陵等重大工程。参本册《蒯祥传》。陆祥:无锡人。以石匠起,官至工部左侍郎。

[10]除道成梁:修铺道路,架设桥梁。《国语·周语》:"故《夏令》曰:'九月除道,十月成梁。'"

[11]《月令》:是战国时阴阳家的一篇重要著作。吕不韦编《吕氏春秋》时,将全文收录,作为全书之纲。汉初儒家将其收入《礼记》中,其后遂成儒家经典。《月令》按 12 个月的时令,记述政府的祭礼礼仪、法令、禁令、政务等。如写春之月(五月):"是月也,命司空曰:时雨将降,下水上腾,循行国邑,周视原野,修利堤防,导达沟渎,开通道路,毋有障塞。"

[12]孜孜:勤勉,不懈怠。

[13]元后:天子。

[14]惕励:亦作"惕厉"。警惕,戒惧。

[15]惬:音 qiè,心满意足。

堽 城 堰 记

明·商 辂

【提要】

　　本文选自《古今图书集成》职方典卷二四四(中华书局　巴蜀书社影印本)。

　　堽城堰为运河补水而修,地点在今山东济宁东北方的宁阳。汶泗"二水分流,南北不相通。自古舟楫浮于汶者,自兖北而止;浮于泗者,自兖南而止"。

　　运河的会通河段跨越山东,这一区间有两条天然河流可以提供水源:一是汶水,北行入大清河入海;一是泗水,南行入黄河(当时黄河在今江苏连云港—淮安一带入海)。但是,两河水源并不充沛,引汶和引泗工程中还包括引泉工程,即凿渠引济南、泰安诸府的泉水入河一并济运。会通河所经地势最高,处在今山东汶上南旺镇,如在这里布置枢纽工程,可以较好地控制和调节南北分流的水量。因此,汶、泗分水枢纽工程位置和南旺蓄水调节工程布置是运河工程技术的关键。

　　元代,由于供水枢纽工程位置的缺陷,运河越岭水量不能满足需要。当时水路运量中,海运每年300万石(十斗为一石,约合120斤),由京杭运河运输的不过30万石。明代戴村坝——南旺枢纽工程建成后,会通河水源有了可靠的保障,京杭运河很快全线畅通,明永乐十年(1412)后经由运河北上的漕运量迅速超过400万石。

　　会通河跨越南旺地段的水量供给分为两级实现:引水工程将汶、泗二水分别引入分水枢纽;由第二级枢纽分流,向运河南北供水。

　　元代会通河的分水枢纽在会源闸(明清称天井闸)。供水工程为三部分:①宁阳堽城坝引汶工程。汶水流至堽城,由堽城坝分水入洸河、汶河至会源闸;②兖州金口堰引泗工程,泗水南流至会源闸;③汶泗汇流后,在会源闸分流南北,入运河济漕运。

　　引汶入泗供水工程是利用旧有工程改建的。蒙古宪宗七年(1257),元军征南宋,为了利用泗水通运,济州椽吏毕辅国建堽城坝引汶入泗。堽城坝原有一闸引水,开会通河时马之贞在其东建新闸,称东闸,遏水入洸河,"约汶水三之二入洸,至春全遏余波以入。霖潦时至,虑其冲突,则坚闭二闸,不听其入。水至,径坏堰而循道入海"(明·王琼《漕河图志·改作东大闸记》)。会源闸将汶水汛期的2/3,枯水期的全部水量归于运河。

　　但是,水流携带的大量泥沙淤积在河道中,渐渐形成了工程措施中难以克服的弊端:洸河河床逐渐淤高,工程运行不到10年,"相较反崇汶三尺许,山水涨后,其流涓涓,几不接会通。汶岁筑沙堰遏水入洸,堰寻决而汶自若,所在浅涩,漕事不满"(同上引)。拦河堰是滩地砂土修筑的临时性土坝,洸河与汶河的高差,要求堰的高度大于1米,对这种土料的坝,愈高愈不稳定;而对引水需求来说,则希望坝尽可能地高。终元之世,会源闸枢纽改造一直没有停止过。为了减少巨大的岁修工程量,增加引水量,延祐五年(1318)曾改堽城坝为石坝,"五月堰成,六月为水所坏"(同上引)。因此,洸河疏浚经常动以大工,挑沙工人动辄近万人。

明初继续沿用会源闸枢纽,直到永乐九年(1411)工部尚书宋礼主持重开会通河,山东汶上县老人白英建议分水位置北移至南旺,"筑堽城及戴村坝",引汶水全部西南流至汶上县鹅河口入运河。汶水在南旺分流后"南流接徐邳者十之四,北流达临清十之六。南旺地势高,决其水,南北皆注,所谓水脊也。因相地置闸,以时蓄泄"(《明史·宋礼传》卷一五三)。至此,终于解决了越岭运河段济宁以北水源不足的问题。

但"每遇霖潦冲决,水流泄溢,漕渠尽涸,区筑随决,岁以为常"。成化庚寅(1470),工部员外郎张克谦受命治河,决定用石头砌筑堽城堰。先修金口堰,继修堽城,"以堽城旧址河阔沙深,艰于用力",于是"相西南八里许,其地两岸屹立,根连河中,坚石萦络,比旧址隘三之一"。于是决定在这里筑堰坝,"明年春三月,命工淘沙凿底,石如掌平,底之上甃石上级,每级上缩八寸。高十有一尺,中置巨细石,煮秫米为糜,加灰以固之。底广二十五尺,面用石板甃。层广一十七尺,开甃口七,各广十尺,高十一尺,置木板启闭"。又在堰东置闸,闸开二洞,"皆广九尺、高十一尺。中为分水一,旁为雁翅二,亦用板启闭,以候水之消涨"。堰成之后,商辂写了这篇《记》。

但是,泥沙问题始终无法有效解决,弘治时(1488—1505)戴村坝基本取代了堽城坝。

汶泗二水,齐鲁名川。汶出济南莱芜县,泗出兖州泗水县。二水分流,南北不相通。自古舟楫浮于汶者,自兖北而止,浮于泗者自兖南而止。元时南方贡赋之来,至济宁,舍舟陆行数百里,由卫水入都。

至元二十年[1],始自济宁开渠抵安民山[2],引舟入济宁。陆行二百里抵临清入卫。二十六年,复自安民山开渠至临清,乃于兖东筑金口堰,障泗水西南流,由济河注济宁;兖北筑堽城堰,障汶水南流,由洸河注济宁。汶之下流又筑戴村堰,障之西南流,南抵济宁,北抵临清。而汶、泗二水悉归漕渠。于是,舟楫往来无阻,因名之曰:会通河。

我太祖高皇帝定鼎金陵,无事漕运,向之河堰废损殆尽。太宗文皇帝迁都于北,爰命大臣相视旧规,筑堰疏渠,漕运以通,第堰皆土筑[3],每遇霖潦冲决,水流泄溢,漕渠尽涸,区筑随决[4],岁以为常。民甚苦之。

成化庚寅[5],工部员外郎张君克谦奉命治河[6]。历观旧迹,叹曰:"浚泉源,疏漕渠,此岁不可废。至若堰坝,以石易土,可一劳永逸。何乃因循弗为,经久计乎?"于是督夫采石,首修金口堰,不数月告成。凡应用之需,以一岁桩木等费折纳[7],沛然有余。曰:"斯堰既修,堽城堰亦不可已。"

方度材举事,遽以言者召还。已而,巡抚都御史牟公睹其成绩[8],极加叹赏,腾章奏保,用毕前功。至,则以堽城旧址河阔沙深,艰于用力,乃相西南八里许,其地两岸屹立,根连河中,坚石萦络[9],比旧址隘三之一。乃谓"于此置堰"。委兖州府同知徐福等分领其役,储材聚料,百需咸备。

明年春三月,命工淘沙凿底,石如掌平,底之上甃石上级,每级上缩八寸。高十有一尺,中置巨细石,煮秫米为糜[10],加灰以固之。底广二十五尺,面用石板甃。层广一十七尺,开甃口七,各广十尺,高十一尺,置木板启闭。遇山水泛涨,启板,听从古道西流。水退闭板,障水南流,以灌运河。两端为逆水雁翅二,各长四十二尺;顺水雁翅二,各长三十五尺;中为分水五,各广二十三尺,袤一百三十尺。两石际连以铁锭,石上下护以铁拴。甃口上横以巨石,或三或四,各长十余尺。

河旧无梁,民颇病涉,堰成遂通车舆。有元旧闸,引沙入洸,洸淤,汶水不能入兹堰。东置闸,为二洞,皆广九尺、高十一尺。中为分水一,旁为雁翅二,亦用板启闭,以候水之消涨。涨则闭板以障黄潦,消则启板以注清流。洞上覆以石,石之西旁乃甃石,高一十有八尺,中实以土,与地平,俾水患不致南浸,洸河免于沙淤。

闸之南新开河九里,引汶水通洸河,口逼崖,自巅至麓皆坚。凿石两阅月,始通。

肇工于九年九月,讫工于十年十月。是役所费,较之金口不啻数倍,而民不知劳似前,折纳之外,所增无几。盖处置得宜,区画有方[11],所以开漕运无穷之利者,实在于此。

都宪喜其功之成[12],命兖郡守钱源征予以记。往岁克谦,还自东鲁。语及修堰之役,予心善之。及克谦再行,予实从臾[13]。乃今绩用有成,可靳于言耶[14]?

昔白公穿渠[15],民得其利,歌曰:"衣食京师,亿万之口。"君克谦斯堰之筑,漕河久赖,公私兼济,视白渠之利,不亦尤大矣乎!予故备书其事为记。

克谦名盛,常之宜兴人也。天顺庚辰进士,都水员外郎。功名事业,此其发轫云。成化十一年记[16]。

【作者简介】

商辂(1414—1486),字弘载,号素庵,浙江淳安人。明代近三百年科举考试中惟一的"三元及第"(解元、会元、状元)者,仕英宗、代宗、宪宗三朝,历兵部尚书、户部尚书、太子少保、吏部尚书、谨身殿大学士,官至内阁首辅。时人称"我朝贤佐,商公第一"。卒谥文毅。有《商文毅疏稿略》《商文毅公集》等。

【注释】

[1]至元二十年:1283年。

[2]安民山:即小安山。在今山东梁山县城东东平湖新湖区内。《东平县志》载:境故多水患,河、汶、济三水环山,流民籍以安,故名。

[3]第:但。

[4]圃筑:薄筑。

[5]成化庚寅:1470年。

[6]张克谦:生平不详。史载其"结庐督修此坝",历时九月始成。

[7]折纳:唐时实行两税法,称按钱折价交纳粟帛为折纳。

[8]牟公:指牟俸。巴人。景泰初进士。累官江西按察使、山东巡抚。在山东五年,尽心

荒政,活饥民不可胜数。

[9]萦络:犹连续不断。

[10]秫米:粟米中黏糯者。

[11]区画:亦作"区划"。筹划,安排。

[12]都宪:明都察院、都御史的别称。

[13]从臾:常作"从诀"。怂恿,鼓励。

[14]绩用:犹功用。靳:吝惜,不肯给予。

[15]白公:生卒年月不详。西汉赵中大夫。太始二年(前95),时郑国渠使用已逾百年,因失修而效益大减,长安粮荒严重。白公奏请在郑国渠以北再穿凿渠道灌溉农田,引泾水,起谷口(今陕西泾阳王桥镇西北),入栎阳(今临潼县栎阳镇东北),注渭水,长200里,溉田4万余顷。为纪念白公功绩该渠被命名为"白公渠"。白公渠自公元前95年到公元1106年一直发挥作用。

[16]成化十一年:1475年。

龙游通驷桥记

明·商辂

【提要】

本文选自《古今图书集成》考工典卷三二(中华书局 巴蜀书社影印本)。

"龙游县治东有桥曰:通驷。"商辂开篇介绍,桥为宋淳祐间马天骥所建,"石其墩而棚以木,行者便焉"。龙游通驷桥又名东阁桥,原位于浙江省龙游县城东门,是一座由东至西横跨衢江支流灵山港下游的十孔条石拱桥。全长165米,两端桥孔跨度为9.6米,其余桥孔净跨均为11米。每拱门桥墩南向均有一石砌4.8米长的平面三角形剖水刀,以缓释水的冲击力。桥面净宽为6米,两边石栏杆用两层厚0.28米的青石条实叠而成。通驷桥历史上曾经是九省通衢的要道,是衢州市古老的大型石拱桥之一。

通驷桥原为木桥,北宋宣和年间,县人祝昌宥之妻徐氏以桥为木质易朽,乃输金万余,易之以石,未成。南宋淳祐年间,马天骥发起修筑十墩石桥,又在桥上搭建屋棚。但经过数百年的风吹雨打,桥早已朽木难支了。天顺庚辰(1460),进士王瓒来宰是邑,重修此桥,"乃命善工斫石,卷而成之,空其中以酾水者十。其长以丈计者八十有奇。屋其上,以间计者五十有奇。"

明清时代,通驷桥多次重建、重修。遗存至建国后的通驷桥,是清光绪二十一年(1895)重修的。1986年7月,该桥列为县级文物保护单位。1999年1月12日,通驷桥被当地炸毁。

龙游县治东有桥曰:通驷。宋淳祐间[1],枢密马天骥所建[2]。石其墩而棚以木,行者便焉。历年既久,风摧雨蚀,木朽腐弗支,行者病焉。

天顺庚辰,弘农王君瓒以名进士出宰是邑[3],谓:"是桥西通百粤,东达两京。使节之往来,王程之迟速系焉[4],非但商旅经行而已。顾棚木朽腐若是,独不可易之以石乎?"于是,请于郡守唐公瑜、二守魏公安捐俸首倡,义士祝士华、陆仕龄等相率输赀[5],争先效力。

王君乃命善工斫石,卷而成之,空其中以酾水者十,其长以丈计者八十有奇。屋其上,以间计者五十有奇。

始事于壬午之秋[6],落成于癸未之冬。

由是往者相与歌于途,来者相与忭于市[7]。"微令,吾其鱼乎?"学谕朱宗荣具始末造予[8]请记,将刻石以传。遂为记以劝未来者。

【注释】

[1]淳祐:宋理宗赵昀的第五个年号,1241—1252年。

[2]马天骥,生卒年月不详。字德夫,浙江衢州人。绍定二(1229)年进士,入仕途补签书领南判官厅公事,累官礼部侍郎、端明殿学士、同签书枢密院事,封信安郡侯。改知平江府。后卒于家。

[3]王瓒(1462—1524):字思献,号瓯滨,谥号文定。永嘉(今属浙江)人。弘治九年(1496)殿试一甲二名(即榜眼)。初授翰林院编修,累官南京祭酒、礼部右侍郎、礼部左侍郎。嘉靖元年(1522),被贬为南京礼部管事。王瓒两任国子祭酒,四典礼部会试,撰修国史,侍讲经筵,著作众多,被誉为"学冠一时,四海师模";又揭露奸阉,极谏昏主,以社稷苍生为念,置个人生死于度外。

[4]王程:奉公命差遣的行程。

[5]输赀:亦作"输资"。捐献钱物。

[6]壬午:天顺六年(1462)。

[7]忭:音 biàn,高兴,欢喜。

[8]学谕:学官名。宋代国子监与县学均置之。《宋史·职官志》:"(国子监)学谕二十人,掌以所授经传谕诸生。"季终,考校斋长所写学生每月品行学艺。

海 运 论

明·丘浚

【提要】

本文选自《古今图书集成》职方典卷二八七(中华书局 巴蜀书社影印本),参校《大学衍义补》《皇明经世文编》。

"海运之道,其初也,自平江刘家港入海,至海门县界开洋,月余始抵成山⋯⋯后千户殷明略又开新道,从刘家港至崇明州三沙放洋,向东行入黑水大洋,入界河。当舟行风信,有时自浙西至京师不过寻日而已。"海南出生的丘浚深知"海舟之便",面对运河漕运的艰难,思考郑和远下西洋而后世不继的局面,引经据典申论,"海运之法,自秦有之"。

载此言论的书名为《大学衍义补》。书中,他特辟专章对漕运问题提出独到见解。在他看来,海运比内河漕运可省费用百分之七八十。因此,他认为国家不能仅仅依靠河运,为长久之计应辅以海运。

永乐十九年(1421),明朝皇帝朱棣迁都北京。当时,山海关外,已经属于边关重地、九边之一,每年都要从关内调拨大量粮饷支持边关军队的戍守;而帝都北京的生活所需也须仰赖江淮一带供给,漕运畅通与否可谓攸关国家安危。但内河漕运有一个致命的弱点,它受黄河泛滥及水旱灾害的影响,河水暴涨、枯竭,均极易造成运输不畅甚至停滞的局面。其中尤以黄河泛滥危害最大,一有河害,漕运便大受影响,所以明朝非常重视黄河的治理。每年都要耗费大量的人力物力来治河,社会负担沉重。

丘浚在《大学衍义补》一书中,特辟专章讨论漕运问题。他说:"自古漕运,所从之道有三:曰陆,曰河,曰海。"他认为,海运相较内河漕运"省十七八"。他详细介绍了海运的方法,其中包括访问渔民、勘察海道、打造船只、挑选舵工、观测气象等等。"夫海运之利也,以其放洋,而其险也亦以其放洋。"要免除"放洋之害,宜豫遣习知海道者,起自苏州刘家港,访问傍海居民、捕鱼渔户、煎盐灶丁,逐一次第蹈视海涯,有无行舟潢道、泊舟港汊、沙石多寡、洲渚远近,亲行试验,委曲为之设法,可通则通,可塞则塞,可回避则回避。画图具本,以为傍海通运之法,万一可行,是亦良便"。为了说服持不同看法者,他还特地翻找前代档案,从元代的历史文献中抄录出元代至元二十年(1283)至天历二年(1329)的36年间,元代实行海运时的详细数据,以不可辩驳的事实说明海运比河运"所得益多"!

需要指出的是,丘浚提出海运建议的时候,正是黄河相对稳定、漕运正常的一段时期,当时明朝河清海晏、国家无事,所以后来的万恭指斥他"好事"也并非信口开河。然而,丘浚考虑的是:"今漕河通利,岁运充积,固无资于海运也。然善谋国者,恒于未事之先,而为意外之虑。宁过虑而无使临事而悔。"他认为,不能因为眼下河运畅通便麻痹大意,应谋事在先,不要等到有了才后悔不及。万一有一天内河漕运不通,依仗东南财赋入国库的国家,一旦漕运不通,"譬则人身之咽喉也,一日食不下咽,立有死亡之祸"!

丘浚的主张在明朝有人反对有人赞同。反对者万恭以治理黄河而出名,他的主要手段是高筑河堤将黄河水夹在堤内使水流湍急,冲刷泥沙,使河床不致淤浅。他的这一方法得到很多人的赞许,认为是"千古不易"之方。万恭大概也因此很自负,对丘浚的海运主张颇不以为然。赞成者明隆庆、万历、崇祯间分别有梁梦龙、王宗沐、沈庭扬等人,都笃信丘浚的海运方法,并以此法实施海运,取得了良好的效果。他们还指出,实行海运可以巩固海防,使明军习于海战,防备倭寇的入侵。

然终丘浚一生,其海运主张始终被冷落,即使他官至首辅。到清朝,其海运主张更是受到纪昀的批评:"力主举行海运,平时屡以为言。此书(指《大学衍义补》)更力申其说⋯⋯然一舟覆没,舟人不下百余,粮可抵以转输之费,人命以何为抵乎？其后万恭著议，谓为有大害而无微利，至以'好事'斥之，非苛论也"（参见《四库全书总目提要》），并断定丘浚"其人不足重。"

海运之法，自秦有之。唐人亦转东吴粳稻给燕幽，然亦给远方之用而已，用以足国则始于元焉。

初，伯颜平宋[1]，命张瑄等以宋图籍，自崇明由海道入京师。至元十九年[2]，始建海运之策。命罗璧等造平底海船运粮，从海道抵直沽[3]。是时犹有中滦之运[4]，不专于海道也。二十八年，立都漕运万户府以督岁运。至大中[5]，以江淮、江浙财赋府每岁所办粮充运，以至末年，专仰海运矣。

海运之道，其初也，自平江刘家港入海，至海门县界开洋，月余始抵成山[6]，计其水程自上海至杨村马头凡一万三千三百五十里最。后千户殷明略者又开新道[7]，从刘家港至崇明州三沙放洋，向东行入黑水大洋，入界河。当舟行风信[8]，有时自浙西至京师不过旬日而已。说者谓其虽有风涛漂溺之虞，然视河漕之费，所得盖多。然终元之世，海运不废。

我朝洪武三十年，会通河通利，始罢海运。考《元史·食货志》论海运有云："民无挽输之劳，国有蓄储之富，以为一代良法。"又云："海运视河漕之数，所得盖多。"作《元史》者，皆国初史臣。其人皆生长胜国[9]，时习见海运之利，所言非无所征者。

窃以为自古漕运之道有三，曰陆，曰河，曰海。陆运以车，水运以舟，而皆资乎人力。所运有多寡，所费有繁省。漕河视陆运之费，省其三四；海运视河运之费，省十七八。河漕虽免陆行，而人挽如故。海运虽有漂溺之患，而省牵索之劳。较其利害，盖亦相当今漕河通利，岁运充积，固无资于海运也。

然善谋国者，恒于未事之先而为意外之虑，宁过虑而无使临事而悔。今国家都幽，盖极北之地，而财赋之入，皆自东南而来。会通一河，譬则人身之咽喉也，一日食不下咽，立有死亡之祸。况自古皆是转搬而以盐为佣直，今则专役军夫长运，而加以兑支之耗，岁岁常运，储积之粮虽多而征戍之卒日少，食固足矣。如兵之不足，何迂儒为远虑[10]，请于无事之秋，寻元人海运之故道，别通海运一路，与河漕并行。江西、湖广、江东之粟照旧河运，而以浙西东濒海一带，由海通运，使人习知海道。一旦漕渠少有滞塞，此不可来而彼来，是思患预防之先计也。

浚家居海隅，颇知海舟之便。舟行海洋，不畏深而畏浅，不虑风而虑礁，故制海舟者必为尖底，首尾必俱置舵卒。遇暴风转帆为难，亟以尾为首，纵其所如。且暴风之作，多在盛夏，今后率以正月以后开船，置长篙以料角，定盘针以取向，一如番舶之利。

夫海运之利也，以其放洋，而其险也亦以其放洋。今欲免放洋之害，宜预遣习知海道者，起自苏州刘家港，访问傍海居民，捕鱼渔户、煎盐灶丁[11]，逐一次第蹈视海涯，有无行舟潢道、泊舟港汊、沙石多寡、洲渚远近，亲行试验，委曲为之设法，可通则通，可塞则塞，可回避则回避。画图具本，以为傍海通运之法，万一可行，是亦良便。

若夫占视、风候之说[12],见于沈氏《笔谈》[13]:每日五鼓初起,视星月明洁,四际至地,皆无云气,便可行舟。至于巳时则止,则不遇暴风矣。中道忽见云起,即便易舵回舟,仍泊旧处。如此可保万全,永无沉溺之患。万一言有可采,乞先行下闽、广二藩,访寻旧会通番航海之人。及行广东盐课提举司归德等场,起取惯驾海舟灶丁,令有司优给驿遣。

既至,询访其中知海道曲折者以海道事宜,许以事成加以官赏。俾其监工照依海舶式样造为运船及一应合用器物就行,委官督领其人起自苏州,历扬、淮、青、登等府,直抵直沽。滨海去处,踏看可行与否。先成运舟十数艘,付与驾使,给以月粮,俾其沿海按视径行、停泊[14],去处所至,以山岛港汊、树标帜,询看是何州县地方,一一纪录,造成图册。纵其往来十数次,既已通习,保其决然可行无疑。然后于昆山、太仓,起盖船厂,将工部原派船料差官,于此收贮,照依现式,造为海运尖底船只,量定军夫若干,装载若干。

大抵海舟与河舟不同,河舟畏浅,故宜轻;海舟畏风,故宜重。假如每艘载八百石,则为造一千石舟,许其百石载私货。三年之后,军夫自载者三十税一,客商附载者,照依税课常例,就于直沽立一宣课司[15],收贮以为岁造船料之费。其粮既从海运,脚费比漕河为省,其兑支之加耗宜量为减杀。大约海舟一载千石则可当河舟所载之三,河舟用卒十人,海舟加五或倍之,则漕卒亦比旧省矣。此又非徒可以足国用,自此京城百货骈集而公私俱足矣。

考宋《朱子文集》其奏札言"广东海路至浙东为近,宜于福建、广东沿海去处招邀米客。"《元史》载:顺帝末年,山东河南之路不通,国家不继。至十九年,议遣户部尚书贡师泰往福建,以闽盐易粮给京师,得数十万石,京师赖焉。其后,陈友定亦自闽中海运[16],进奉不绝也。况京师公私所用,多资南方,货物之来,苦于运河窄浅,舳舻挤塞,脚费倍于物直,货物所以踊贵而用度维艰[17]。

此策既行,南货日集于北,空船南归者必须物实,而北货亦日流于南矣。今日富国足用之策,莫大于此。

说者若谓海运险远,恐其损人费财,请以元质之。其海运自至元二十年始,至大历二年止,备载逐年所至之数,以见其所失不无意也[18]。窃恐今日所运之粮,每年所失不止其数。况海运无剥浅之费[19],无挨次之守[20],而支兑之加耗,每石须有所减,恐亦浮于所失之数矣。此策既行举,利多而害少[21]。

又量将江淮荆湖之漕折半入海运,除减军卒以还队伍,则兵食两足,而国家亦有水战之备,可以制服边海之夷,诚万世之利也。章句末儒[22],偶有臆见[23],非敢以为决然可行万世无弊也。念此,乃国家万年深远之虑,姑述此尝试之策,请试用之。试之而可,则行;不可,则止。

【作者简介】

丘浚(1418—1495),字仲深,号深庵、玉峰,别号海山老人,琼州琼台(今属海南)人。景泰五年(1454)进士及第,选庶吉士。以策助平定瑶僮之乱,自是名重于公卿之间。浚任编修九年秩满,升侍讲、侍讲学士。弘治七年(1494),丘浚加少保、户部尚书、武英殿大学士。卒于任上,赠太傅,谥文庄。与海瑞合称为"海南双璧"。浚为官清廉介直,儒而通医,勤于著述。有《大学衍义补》《家礼仪节》《世史正纲》《朱子学的》《重编琼台会稿》《本草格式》《重刊明堂经络前图》《重刊明堂经络后图》《群书抄方》等。其《大学衍义补》中提出的"其功力有深浅,其价有多少",即"劳动决定商品价值"的思想,比西方同类思想早一百余年;此书中,他还提出藏富于民、对外开放及物与币相值等思想。

【注释】

[1] 伯颜(1236—1295):蒙古八邻部人。以深略善断著称。1265 年,受命出使大汗廷奏事,深得忽必烈赏识,留为侍臣,与谋国事。至元二年(1265),任中书左丞相,后迁中书右丞,改任同知枢密院事。十年(1273),忽必烈汗任命他为伐宋军最高统帅。十三年,陷临安,俘宋帝、谢太后等北还。三十一年(1294),世祖卒,受顾命拥戴铁穆耳即位,复任知枢密院事。

[2] 至元十九年:1282 年。

[3] 直沽:古地名。金、元时称潞(今北运河)、卫(今南运河)二河会合处为直沽。在今天津狮子林桥西,为天津聚落最早兴起之地。

[4] 中滦:古镇名。在今河南封丘西南黄河北岸。元初为南北漕运中继站。江南漕米由江淮溯黄河至此,转陆运至淇门(今河南浚县西南),入御河(今卫河)运至大都。

[5] 至大:元武宗年号,1308—1311 年。

[6] 成山:在今山东荣成。胶东半岛成山角。

[7] 殷明略:元代千户。其开辟的航线从刘家港(今江苏太仓)出发,经长江口出海直驶成山角,再经渤海湾沙门岛到天津,只有十天的航程。史称"殷明路航线"。

[8] 风信:指随着季节变化应时吹来的风。

[9] 胜国:被灭亡的国家。《周礼》:"凡男女之阴讼,听之于胜国之社。"郑玄注:"胜国,亡国也。"按,亡国谓已亡之国,为今国所胜,故称。后因以指前朝。

[10] 迂儒:迂腐不通事理,不切实际。

[11] 灶丁:旧称煮盐工。

[12] 风候:风向。

[13] 沈氏:即沈约。有《梦溪笔谈》。

[14] 径行:犹径自。

[15] 宣课司:明代官署名。掌征收商贾、侩屠、杂市捐税及买卖田宅税契。京师设宣课司,府、州、县置通课司。

[16] 陈友定(? —1368):也作陈有定,字安国。元末福建福清人。元末明初参与镇压民变,最终成为福建最高长官。明初被朱元璋处决。

[17] 踊贵:谓物价上涨。

[18] 至元二十年:1283 年。大历:按,元朝无"大历"年号,当为天历。天历二年:1329 年。

[19] 剥浅:指航道浅薄,无法行船。

[20] 挨次:按次序,依次。

[21] 行举:犹实施。

[22] 章句:犹寻章摘句。旧时读书人从书本中搜寻摘抄片断语句,以备套用。

[23] 臆见:个人的私见,主观的看法。

明·韩 雍

【提要】

本文选自《历代山水名胜散文选》(浙江摄影出版社1998年版)。

山西大同在明代是前线,是与元朝残部、瓦剌、鞑靼不断发生战斗的地方,也是中原与草原部族互市的地方。

洪武二年(1369)八月,常遇春带兵攻下大同城后,元朝派脱列伯围攻大同。明朝偏将李文忠闻讯后,从太原带兵增援,在马邑击败元游兵,俘虏元平章刘帖木。接着,又大败脱列伯军队,投降者一万多人,获辎重无法计算,脱列伯被俘。(参见《明史·李文忠列传》)随后,明朝各代就在此筑城驻守,官民屯田,大同就成了明朝的前线,也是贸易"特区":明英宗正统三年(1438)四月,明朝在此设立马市,与瓦剌互通贸易(参见《明史·本纪十》)。明英宗正统十四年(1449),明朝与瓦剌先后在大同、土木堡发生战争,明英宗朱祁镇被俘。

天顺四年(1456),韩雍任大同巡抚。"大同,古云中郡,西北之重镇,京师之藩篱也。"可是,距大同60里左右的"居人丛集,密迩狄境,有驿传而无城郭"。因此在这个敌我争夺激烈的地方,当地百姓即便知"敌虽遁去,莫敢遽归,产破而业荒"。

于是,身为护佑一方的军政、民政大臣——巡抚,韩雍带领僚属"躬履其地,相厥地形,布立方位",选择了依山带水的地点造城,"周六百丈,高三丈一尺",建城门、造望楼,"复环以深隍,注以流泉"。

城建成了,"道路无梗塞之虞,驿使得寝处之安",民心安了,万里长城也有依托了。

《易》曰:"王公设险,以守其国。"又曰:"重门击柝,以待暴客。"[1]圣人立言垂训之意[2],盖欲君人者必高城深池,以固其封守,豫备警戒,以防其外患。不然,废弛怠荒[3],而患随以生,防守亦难矣。

大同,古云中郡,西北之重镇,京师之藩篱也[4]。而聚落去大同二舍许[5],居人丛集,密迩狄境[6],有驿传而无城郭,往年边庭充斥[7],少壮者奔伏草莽,鲜或能全,老稚女妇,死于锋镝、辱于驱逐者多矣,而驿吏骑卒,亦皆窜匿四驰,因之声援弗通,道路梗塞,敌虽遁去,莫敢遽归[8],产破而业荒,君子惜之。

天顺庚辰秋[9],巡抚右副都御史大梁王公宇请于朝[10],谋筑斯城。既而公以忧去,雍代之,而镇守大监王公春,总兵官彰武伯杨公信,俱自延绥徙镇于兹,相与谋曰:是果有益于边计之大者,盍共成之[11]！副总兵都督同知曹公安,守备中贵阮公、阿山罗公,副总督粮储地官郎中罗君绅,巡按监察御史朱君铉,亦皆力赞,遂上其事,得请而兴工焉。

予与群公躬履其地[12],相厥地形,布立方位,依山而带水。于是伐材鸠工,作城,周六百丈,高三丈一尺;作楼按卦位[13],以便瞭望;作门,扁其东曰镇安[14],西曰怀远;而复环以深隍,注以流泉,严整固密,屹然一形胜之区。经始于辛巳二月二十七日[15],落成于是岁八月十六日。既成,益兵卒以严戍守,积刍饷以备警急[16]。于是,戍卒耕夫比屋居止[17],刍牧种植以便以安;卒然患生[18],亦足防守;道路无梗塞之虞,驿使得寝处之安:诚于边计大益也。

众率谓雍宜有言,以记其成。雍仰惟圣天子在位,道隆化洽[19],超卓万古,覆载之间[20],有生之众,罔不革心倾向。惟是北狄,虽异人之性,亦率皆畏威怀德,称臣奉贡,弗敢违越。兹复从臣下之请,以城斯城,真安不忘危之盛心[21]。况大监公历事累朝,屡长边镇,练达老成,才望素著;杨公乃颍国武襄公之犹子[22],将略家传,勇而有谋,卓然为当时名将之称首;而同事诸公又皆同心协谋,拳拳焉以奉宣威德、弭除边患为事,宜其克副圣心[23],而成功之速也。昔周之圣王命大将南仲城彼朔方[24],诗人咏之曰:"赫赫南仲,狁于襄。"盖美其命将得人,城守之功成,而边方之难除也。

今斯城虽小,实当大同之冲[25],使大同羽翼壮而屏翰固[26]。而镇守、总兵诸公又皆得人若此,继今以往,吾知阴山、瀚海之北[27],益皆革心向化,相引来归,圣天子永无西顾之忧必矣。惟诸公慎终如始,兵政益修,边备益严,以无负万里长城之托,是所望也！用记之以纪岁月,且为同志劝[28]。

【注释】

[1]击柝:敲梆子巡夜。

[2]垂训:垂示教训。

[3]怠荒:懒惰放荡。

[4]藩篱:篱笆。犹屏障。

[5]聚落:村落。人们聚居的地方。舍:古代行军一宿或三十里为一舍。

[6]密迩:贴近,靠近。狄:秦汉以后,中国对北方少数民族的统称。

[7]边庭:边疆。充斥:充满,到处都是。

[8]遽归:指立刻回家。

[9]天顺庚辰:1460 年。

[10]王宇(1417—1463):字仲宏,号厚斋,河南祥符(今开封)人。正统四年(1439)进士,授南京户部主事,特迁抚州知府。有治世之才,政绩卓著。天顺二年(1458)迁右副都御史,巡抚宣府,奉命兼抚大同。遭丧,起复为大理寺卿,平反冤狱,有盛名。

[11]盍:合,聚合。

[12]躬履:谓亲临。

[13]卦位:八卦的每一卦居于一定方位。如先天八卦卦位:乾—南,坤—北,离—东,坎—

西,震—东北,巽—西南,兑—东南,艮—西北。

　　[14]扁:同"匾"。

　　[15]辛巳:1461年。

　　[16]刍饷:粮草。刍:喂牲畜的草。

　　[17]比屋:谓所居屋舍相邻。

　　[18]卒然:突然,忽然。

　　[19]化洽:教化普沾。

　　[20]覆载:覆盖与承载,指天地。喻帝王的恩德。

　　[21]盛心:深厚美好的情意。

　　[22]犹子:侄子。

　　[23]克副:谓能够与……相配。

　　[24]南仲:周代卿士,周文王时为将帅,受命到朔方(在周京城镐城北方,指今陕西陕北、甘肃陇东、宁夏南部地区)筑城讨伐西戎。《诗经·小雅·出车》记载了南仲往朔方筑城,征讨西戎的事:天子命我,城彼朔方。赫赫南仲,玁狁于襄。

　　[25]冲:交通要道。

　　[26]屏翰:谓屏障辅翼。

　　[27]阴山:阴山山脉横亘于内蒙古自治区中部,东段进入河北省西北部,连绵1 200多公里,南北宽50～100公里,是黄河流域的北部界线,季风与非季风分界线,也是中国古代游牧文化与农耕文化的分界线,是中国十大山脉之一。秦始皇修筑的长城就在阴山之巅。瀚海:地名。其含义随时代而变。或曰即今呼伦湖、贝尔湖,或贝加尔湖,或曰为杭爱山(在今蒙古国中部)之音译。《史记·卫将军骠骑列传》:"(霍去病)封狼居胥山,禅于姑衍,登临瀚海。"

　　[28]劝:勉励。

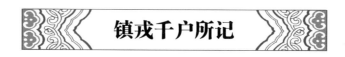

镇戎千户所记

明·刘珝

【提要】

　　本文选自《明经世文编》(中华书局1962年影印本)。

　　镇戎千户所,成化十九年(1483)筑成。

　　陕西历来为雄藩,"临戎控虏"。镇戎千户所所在地——开城"在平凉为属邑……其地衍沃肥厚",位置"亦实要害处"。

　　自成化丙申开始,守土官员就有在此设千户所的念头,余子俊、翟庭蕙、左钰、孙逢吉无不如此。工程始于成化壬寅夏,竣工于癸卯秋八月。"城高凡三丈,围仅三里。门止设其一,易防守也。"所虽小,但应有之功能基本具备。

　　身为阁老的刘珝为之记。

陕西于天下为雄藩，临戎控虏[1]。而中国之警，自秦以来无虚岁，其间制御之术，攘却之功，随时代为强弱，可考见矣。

开城在平凉为属邑[2]，北去县治若干里。其地衍沃肥厚[3]，而居人多事耕牧。旧有城基尚存，相传以为范文正公御李元昊诸砦堡之一[4]。纪志虽无征，要亦云然。南有黑水口、海刺都、魏王城、韦州花马池、宁夏中卫，其北则接西安州乾盐池，打刺赤靖虏卫周围险旷数百里，丑虏窃发[5]，往往至此。亦实要害处。

成化丙申[6]，巡抚右副都御史西蜀余公子俊，建白欲设置千户所[7]，守御于其地。事未举，以兵部大司马召赴京。越三年庚子，右副都御史阮公勤为巡抚时，整饬兵备，按察司副使王继以前事闻，上以为然。未几，继升山西宪使去。而继兵备者，副使翟廷蕙，实相与共图之，方伯鲁能、宪使左钰，相与始终之。

于是，因遗址、循定制筑垒焉。砖瓦陶诸野，木石采诸山，兵民若干，并力偕作，晨夜罔倦。工未就绪，庭蕙丁内艰去，而副使孙逢吉，乃始继成焉。

城高凡三丈，围仅三里，门止设其一，易防守也。千户所置于街之中，而又置宪司行台于所之东南隅[8]，公馆仓场营舍，皆以次而成之。又设墩台若干，随山就险，以便瞭望。以开城在宋属镇戎军[9]，故仍拟其处曰"镇戎"。其经始自壬寅夏四月，而告成之期则癸卯秋八月也[10]。

阮公以城既修，而边有备，不可不书，乃乞文于某。某尝考宋史矣，昔夏人为患兹土，往往有可除之势，然机每至而宋不之省，识者不能无憾焉。方继迁不臣，势犹未横，固宜一奋而捣其巢穴，人心斯快。宋不能然，固矣。若乃继迁中流矢待死，自度孤危，将不免于宋取，乃属其子德明，以归宋为请。岂得已哉！当是时，宜复合番汉之众，而压其境，覆其人，此机也，而宋失之。

卒至元昊势熠纷纷[11]，横不可遏，而宝元、康定之间极矣。其后元昊死，谅祚幼弱，政专外族。当是时可行间说[12]，捐数千金诱其亲密；或许授节钺[13]，以啖其部将[14]，使内自分乱，乃引兵而促之，可以得志。此亦机也。而宋人失之，卒至于终宋之世不能去。

或曰："宋不敢有加于夏者，以有契丹也。"是不然，契丹尝以党项故于夏有怨者累年。是时，使宋外假契丹，而拥兵西向，责以负恩背约，叛服不常，不惟威夏而契丹亦有警。不知出此，而乃复加册封，苟安目前。呜呼惜哉！大抵宋之为国，武不胜其仁，疑不知其断，而志不足以振其气，是以隐忍养寇不耻，盖宜矣。君臣之间，相与内修外防，孜孜求治，而仁宗得以贤君称，亦可嘉哉！

若夫我国家以武功定天下，混一疆宇，奄有甘、凉，而戎虏不敢以犯天计，固非区区有宋者比。然余以为为文正公经略处，故因以宋事言，以见我朝廷之所以盛也。

【作者简介】

刘翊(1426—1490)，字叔温，号古直。青州寿光(今属山东青州)人。正统十三年(1448)进士，授编修。宪宗即位后，以东官旧僚升任太常卿，兼侍读学士。成化十年(1474)，升吏部左侍郎，充讲官如故。翌年兼翰林学士，入内阁参预机务。宪宗称为"东刘先生"，赐印章一枚。不久升任吏部尚书,再加太子少保、文渊阁大学士。后加太子太保,进谨身殿大学士。卒谥文和。有《古直文集》《青宫讲义》等。

【注释】

[1] 戎、虏:中国古代称西部民族为戎,北方外族为虏。

[2] 平凉:在今甘肃东部,六盘山东麓,泾河上游,为陕甘宁交汇处。

[3] 衍沃:谓土地平坦肥美。

[4] 范文正:即范仲淹(989—1052)。字希文,苏州吴县(今属江苏)人。祖籍邠州(今陕西省彬县),后迁居苏州吴县。仁宗康定元年((1040),范仲淹任陕西经略副使兼延州知州,受命守边。他采取战略防御策略,构筑防御工事,先在延北筑城,后又在宋夏交战地带,构筑堡寨。这样,鄜延、环庆、泾原等路边防线上,渐渐屹立起一道坚固的屏障。庆历二年(1042),他派兵夺回了庆州西北的马铺寨。他本人随后引军出发。诸将谁也不知道这次行动的目的。当部队快要深入西夏军防地时,他突然发令:就地动工筑城。建筑工具事先已经备好,只用了10天,便筑起一座新城。这便是楔入宋、夏夹界间那座著名的孤城——大顺城。西夏不甘失利,派兵来攻,却发现宋军以大顺城为中心,已构成堡寨呼应的坚固战略体系,只好作罢。李元昊(1003—1048),西夏开国君主。又名曩霄。党项族人,北魏鲜卑族拓跋氏之后,李姓为唐所赐。又因先世被宋赐姓赵,故又称为赵元昊。雄毅大略,不甘臣服于宋,遂称帝,建国号夏。宋伐之于三川口、好水川等地,战役给予宋朝沉重的打击。宋不能克,乃封为夏国主。曾订定官制、军制、法律,创制西夏文字。凶残暴虐,多疑忌,贪婪好色。1048年,酒醉回宫,被其子宁令哥刺杀,惊觉躲闪,被削去鼻子,惊气交加。不久,鼻创发作,不治而亡。谥武烈皇帝,庙号景宗。

[5] 窃发:暗中发动。

[6] 成化丙申:1476年。

[7] 建白:谓对国事有所建议及陈述。

[8] 宪司行台:指御史的公署。行台:台省在外者称行台。

[9] 军:是产生于五代后期的特殊地方行政单位。宋初均为县级,后来军为州级。

[10] 成化壬寅:1482年。癸卯:1483年。

[11] 势焰:势力和气焰。

[12] 间说:离间之说。

[13] 节钺:符节和斧钺。古代授予将帅,作为加重权力的标志。

[14] 啖:音dàn,拿利益引诱人。

谏 造 塔 疏

明·刘 健

【提要】

本文选自《明经世文编》(中华书局 1962 年影印本)。

明英宗的儿子宪宗朱见深继位后,初年颇能体谅民情,励精图治,但后期则沉湎享乐,好营造。

成化十四年(1478)秋,宪宗以军兴缺饷,屡下廷议。刘健等言:"天下之财,其生有限。今光禄岁供增数十倍,诸方织作务为新巧,斋醮日费巨万。太仓所储不足饷战士,而内府取入动四五十万。宗藩、贵戚之求土田、夺盐利者,亦数千万计。土木日兴,科敛不已。传奉官之俸薪,内府工匠之饩廪,岁增月积,无有穷期,财安得不匮。"(《明史·刘健传》)

宪宗即位后,尊嫡母钱氏为慈懿皇太后,生母周氏为皇太后,"孝事两宫太后甚谨,而两宫皆好佛、老。先是,清宁宫成,命灌顶国师设坛庆赞,又遣中官赍真武像,建醮武当山,使使诣泰山进神袍,或白昼散灯市上。帝重违太后意,曲从之,而健等谏甚力。十五年六月诏拟《释迦哑塔像赞》,十七年二月诏建延寿塔朝阳门外,除道士杜永祺等五人为真人,皆以健等力谏得寝"。(同上引)

臣等仰惟陛下圣明,不意有此举指[1]。闻命惊惶,夜不能寐。窃念佛老鬼神之事,无益于世,有损于民。臣等已尝累陈,不敢多渎[2],今举其明且切者言之。

前代人主信佛者,无如梁武帝[3],而饿死台城;宗社倾覆信道者,无如宋徽宗[4],而身被拘囚,毙于房地。本欲求福,反以致祸,史册所载,非臣等所敢妄言。在祖宗朝,僧道有定员,寺观有定额,不过姑存其教,未尝妨政害民,所以治天下者,惟尧舜周孔之道而已。

今寺观相望,僧道成群,斋醮不时[5],赏赍无算。竭天下之财,疲天下之力,势穷理极,无以复加。夫以天纵圣明,洞见物理,乃空府藏而不惜,竭民膏而不恤者,盖谓其能祈福消灾,庇民护国也。

近年以来,灾异迭见,南畿[6]、浙江、湖广、陕西诸处大旱,人民失所;江西各府,盗贼纵横;广西七官,侵占地方;四川番夷,扰害边境;达贼在套[7],复图寇掠:祸患之多,难以枚举。不知其所祈者何福,所消者何灾? 护国庇民,其功何在? 今者造为延寿之名,上惑圣听,而陛下信其游说,辄与施行。

尝闻尧舜之寿,皆过百岁。当时未有僧道,未有塔寺,不知谁与延之? 陛下德合天道,政协民心,则和气致祥,圣子神孙,自可享万万岁无疆之寿,何假于僧道塔寺之力哉!若建塔造寺,果可以祈国家之福,延君上之寿,则臣等虽家出资财,身就工役,亦且为之,何暇与之校论是非,称量利害,但决知其无是理尔!祖宗朝间有塔寺之举,但当时官有余财,民有余力,虽终无益,亦未大损。

今内库急缺缎匹[8],太仓银数渐少,光禄寺行贾累年赊欠[9],各边粮草,所在空虚,灾伤地方,饿死盈途,逃亡相继,赈济官员,束手无措,尤为窘急。而塔寺之费动以数万,若省修建之财,为赈济之用,即可以活数百万生灵之命,岂非祈福延寿一大功德哉!

且民之病远在天下,陛下恐不得而闻;军之病近在目前,乃陛下所亲见。今班操官军[10],岁少一岁,正以各项工役,累力赔钱,宁犯官刑,苟逃性命。朝廷屈法容恕,差官催督,尚未肯来。若又闻此大役,则今岁春班到者益少。堂堂京营,无人操备,设有不测,陛下谁与守哉!臣等每思弊政之来,不能力救,惭惧交并[11]。

今事关撰述,若苟为承顺以上累圣聪,下妨治化,则臣等身自坏之。误国之罪,虽万死不足赎矣!伏望陛下大奋乾刚,特收成命,将前项塔寺,即为停止。其敕书免令臣等拟撰,宗社幸甚!

【作者简介】

刘健(1433—1526),字希贤,号晦庵,河南洛阳人。天顺四年(1460)进士,改庶吉士,授编修。成化初,修《英宗实录》,书成,三迁至少詹事,充东宫讲官。孝宗即位,进礼部右侍郎兼翰林学士,入内阁参预机务。弘治四年(1491),进尚书兼文渊阁大学士,累加太子太保。十一年春,进少傅兼太子太傅,代徐溥为首辅。年九十四卒,谥文靖。

【注释】

[1]举指:犹举止,举动。

[2]渎:轻慢,对人不恭敬。

[3]梁武帝萧衍(464—549):字叔达,小字练儿。南兰陵中都里人(今江苏常州市武进区西北)。南梁政权的建立者。萧衍是兰陵萧氏的世家子弟,出生秣陵(今南京)。原是南齐的官员,南齐中兴二年(502),齐和帝被迫"禅位"于萧衍,南朝梁建立。萧衍在位48年,在南朝的皇帝中列第一位。在位期间颇有政绩。他还是一位和尚皇帝。在位期间,多次舍身出家,精心研究佛教理论。他还下令全国不吃荤,祭祀宗庙要用蔬菜代替猪牛羊。经常舍身的梁武帝,每次都是群臣以巨款赎回。终于,一心向佛的梁武帝再也没有精力打理朝政,重用之人也现奸佞,最后导致其在位晚年爆发了"侯景之乱",都城陷落,他被侯景囚禁,饿死于台城(故址在今南京玄武湖南岸、鸡鸣寺之后),享年八十六岁。

[4]宋徽宗(1082—1135):名赵佶。哲宗弟。哲宗病死,太后立他为帝。他崇奉道教,多次下诏搜访道书,设立经局,整理校勘道籍。政和年间编成的《政和万寿道藏》是我国第一部全部刊行的《道藏》,为研究道教历史不可多得的宝贵史料;他还下令编写"道史"和"仙史"。不仅如此,宋徽宗还亲自作《御注道德经》《御注冲虚至德真经》和《南华真经逍遥游指归》等书。在位25年,国亡被俘受折磨而死。

[5]斋醮:道教做法事,又称为道场。

[6]南畿:明朝时,指南京所在的江苏等地区。

[7] 达贼:指北方河套一带的蒙古人鞑靼,经常侵扰明边境。

[8] 缎匹:谓布匹。

[9] 行贾:经商。

[10] 班操:指明时卫所军队轮班上京操练的制度。

[11] 惭惧:羞愧恐惧。

海宁县障海塘碑

明·张　宁

【提要】

本文选自《明经世文编》(中华书局 1962 年影印本)。

海塘(或海堤)是抵御海潮侵袭、保护沿海城乡居民和生产安全的堤防工程。主要分布在江苏、浙江等沿海各省,其中,浙西海塘规模最大,历史上投入人力、物力最多。唐代,浙江开始大规模修筑捍海塘,同时江苏、福建等地也始兴海堤工程。宋代海塘有较大发展,已出现土塘、柴塘、木柜装石(石囤)塘、石塘等。明代经多次改进形成五纵五横鱼鳞石塘等重型塘,清代定型为鱼鳞大石塘。

中国海塘工程重要地段有浙西海塘、浙东海塘、江苏海塘等,海宁县海塘为浙西海塘。浙江海塘以钱塘江口为界,北岸称浙西海塘,自杭州狮子口起,至平湖金丝娘桥止,塘工实长 137 公里,又可分为杭海段(杭州—海宁)和盐平段(海盐—平湖)。浙西海塘的大规模修筑记载始于唐代。五代梁开平四年(910)吴越王钱镠在杭州用竹笼装石,打木桩固定塘基的"竹笼木桩法"筑塘,塘外的大木桩起防浪消能护脚的作用。北宋大中祥符五年(1012),知杭州戚纶、转运使陈尧佐改用梢料护岸,薪土筑塘,这是修筑"柴塘"的开始。比"竹笼木桩法"筑塘省工省料还可就地取材,特别适用于软基险工段抢修。南宋时盐官(今海宁)潮灾加剧,嘉定十五年(1222)冲毁土地后,筑土塘 50 里防护。元泰定四年(1327)海宁海岸冲坍 19 里,都水少监张仲仁用石 44 万个修补。明代以永乐九年(1411)、成化十年(1474)、弘治五年(1492)、嘉靖七年(1528)和万历三年(1575)的海宁灾情最重。海盐平湖段海塘因潮势顶冲,灾害加剧,成为明代治理重点。成化十三年(1477),浙江按察副使杨瑄在海盐用竖石斜砌,内磊碎石文之,筑坡陀塘 2 300 丈。这是钱塘江最早的石砌斜坡塘;弘治元年(1488),海盐县知县谭秀改竖石斜砌为眠砌,略仿坡陀形,重筑海盐塘 900 余丈。稍后王玺再改为用方块石料纵横交错砌成内直外坡式,称为样塘。嘉靖二十一年(1542),黄光升创建五纵五横鱼鳞大石塘,在塘身后面开"备塘河"排水和防海水渗入农田。海盐段因地基较好,重型石塘比较成功,明代共修 21 次,其中,大工 5 次,这一带已基本改为石塘,清代也较平稳。

此碑记录的就是杨瑄的这次海塘修筑。

清代,由于钱塘江出口改变,北岸海宁灾情加重,开始大规模修筑石塘。康熙五十九年(1720)浙江巡抚朱轼在老盐仓筑鱼鳞大石塘 500 丈,雍正、乾隆时增修了六七千丈,一直使用到 1949 年以后。所谓鱼鳞大石塘,是指用条石纵横叠砌,外形似鱼鳞状的重型石塘,石塘每块条石之间用糯米浆靠砌,再用铁榫贯穿合缝,层次如同鱼鳞,这是在明代黄光升等人创建的 5 纵 5 横鱼鳞石塘基础上发展完善而成的。乾隆末年潮势南趋,灾情减缓。

海宁,古盐官县,濒海南土,有山名赭。赭南远有山对峙如门,是为浙江受潮之口。岁久沂洄渟潆[1],赭涘出渌若陆[2],则口隘潮束,仄击于盐官隄岸。

宋嘉定中,潮汐冲盐官平野二十余里,史谓海失故道,有由也。成化十三年二月[3],海宁县潮水横滥,冲圮堤塘,逼荡城邑,转昒曳趾顶[4],一决数仞,祠庙庐舍、器物沦陷,略尽郭,不及者半里,军民翘喘奔吁,皆重足以待[5]。县上其事于府,府守陈上其事于钦差镇守太监李、巡按监察御史侣。二公以所上事询诸三司,布政使杜、按察使杨。又以二公命,各询其佐,咸集厥地,周视翕谋[6],区画会讨,相与祭于神,具以成业托分巡金事钱□君宜任重,有所给乏,从革惟君自处[7]。

公乃躬履原隰[8],量材度宜,命杭、湖、嘉兴官属,因地顺民,采石于临平、安吉诸山,物用林积,用楫转挽,蔽河而至。分命把总指挥李通判何兼总工役,初用汉犍缃法,不就。乃断木为大柜,编竹为长落,引而下之。泛滥稍定,人知有成势,皆奋趋事。计以日费致月工,填垒稠复[9],为力渐易,业可待就。

时盛暑,公有念曰:"吾闻圣禹治水,奏鲜定赋,非但疏泄而已。今民荡析未宁[10],农稼方作,饥劳野聚,必有疾疫,未可殛也。由是作治虽严,间辄抚循劳来[11],失次者徙寓空舍,惠以薪米,大集医药,以疗病者。

作副堤十里,卫灌河以防泄卤之害。义声倡道,富人争自振施,民至是始忘死徙之念。

岁八月,塘成。适沙涂壅障其外,公因增高倍厚,覆实捣虚,使腹抗背负,屹成巨防,而海复故道矣。是冬举羡余之财[12],修葺文庙,增广学地,重建按察分司。致祭告成,公乃复。邑父老过相语曰:"昔元延祐海患,财力大艰。时官寡谋,诬以异术。今之深妙铁神,遗迹近在,吾少岁犹见大父行于悒流涕而道其苦辛者[13]。皇朝永乐九年[14],海决,有司不时治,民流移者六千七百余户,沦田一千九百余顷。事闻,遣保定侯孟英等力役苏湖九郡,赀累巨万,积十有三载,其患始息。此吾辈耳目所及者。今钱公以一骑行邑,敛不及民,劳不縻众,徒以三府万二千人,仅七越月而绩用丰成。患大费省,力少效速,较之前事,孰与此贤?方首事之际,振撼仓皇。若遇劲敌,虽有优才绝力,当亦不暇旁顾。公能发心蕴,竭性能,纡徐委曲以庇食我,以调济我,以成我稼穑,以宁我妇子。凡吾辈今日得以复安此土者,皆公赐也。奈之何泯没其德!"遂相率具书币走征予文刻石[15]。

予念风涛涨溢,凡际海之区,无不间遇。至于冲决激射,惟浙江地势为常。自延祐及今,才百五十年,海巳三变。虽曰气数消长,未尝不以人力定胜,但恐物非天成,终当复故。使赭山之潬复出,沙涂之壅再去。后之继任非人,文献无考,则父老前日之忧,将或在其子孙也。

【作者简介】

张宁,生卒年月不详。字靖之,号方洲,浙江海盐人。景泰甲戌(1454)进士,官至给事中。《四库总目提要》言其"謇谔自持,六科章奏,多出其手,每有大议,必问张给事云何。石亨、曹吉祥恶之。会有边衅,奏使宣抚,竟谕定而还,其才略为一时所称……其气节尤为天下所重"。有《方洲集》四十卷。

【注释】

[1] 沂:音 yín,通"垠"。岸边。淳潘:汇聚貌。

[2] 潬:音 dàn,水中沙堆。

[3] 成化十三年:1477 年。

[4] 趾顶:指堤塘顶脚。曳:拉。此犹冲垮。

[5] 翘喘奔吁:谓张皇奔走、呼号以避水。重足:叠足站立。

[6] 翕谋:会商。

[7] 给乏:增减。从革:留除。谓依从人的意愿而改变(其形状)。

[8] 原隰:平原和低下的地方。

[9] 稠复:稠密叠复。

[10] 荡析:动荡离散。

[11] 劳来:慰问、劝勉前来的人。

[12] 羡余:盈余,剩余。

[13] 大父:祖父。悒:音 yì,忧愁,不安。

[14] 永乐九年:1411 年。

[15] 书币:指书信、润笔费。

附:重修海塘记

明·屠 勋

东南惟海事为重,海盐海塘之设,所以御潮汐之往来,捍波涛之啮蚀。斯塘一圮,民为垫溺,所系甚大也。

海塘旧名太平塘,在县东一里,今仅半里,洪武年间潮汐泛圮故岸,朝家屡命臣工,修筑石塘计二千三百七十丈余。永乐三年,仍为风潮圮毁。命通政等官按治,动调苏松等九府修筑坚完,岁久复颓。宣德年间,巡抚侍郎周忱命工增培土石,其患稍息。正统九年秋潮大作,圮甚。乃于里岸,重筑新塘。景泰五年,因旧址广狭,鸠工役夫,撤旧更新,外砌大石,内实瓦砾,其工为省。建立真武龙王祠于塘上。成化八年,风潮大作,所筑石塘,悉皆倾圮,二祠亦不存,数年之功为之扫地。相视修理,仍用旧石垒砌,粗完而已。至成化十三四年,风潮连作,塘复倾圮[1]。时有提刑副使杨瑄者,修筑照鄞县荆公塘式帮材竖砌,内用碎石土瓦填实,颇能杀势。岁久,风潮塘之存者,十无二三。

弘治年间,予为大理少卿,不忍民之垫溺,官之匪人,事之无法,为费不赀,出民膏血。顾不逞之徒,揽替误事,今年运石,明年运石,人无休息;今日修塘,明日修塘,迄无成功,是修一海塘而二三海塘也。上疏极言海塘之弊。

孝宗皇帝可之,特下工部议行修筑。募工督理下施木桩,上加巨石,纵横交叠,内外收缩,厚筑土防。通计重筑塘南自监田塘,北至丫义塘,以丈计者,凡九百余,居民可赖矣。

朝廷注意东南水利,简任河东韩君士贤通判吾郡,专司水利,而海塘其大患也。韩君殚厥心力,讲求沿海利病,询察旧制得失。上考数千年海塘冲突之所,下究数百里海塘建置之形,历历如指诸掌,躬循周览。说者谓惟所修卧羊坡者为得法,即鄞县荆公塘之制也。阅三十年而始冲圮,视诸作为坚久。后有为叠砌者,举不能及,周悉处置,大率一如荆公塘之式,因海之势,顺地之宜。

经始于正德八年癸酉,落成于九年甲戌,不阅期而工讫赞之者。今海盐令朱君实昌也。为费四千有奇,石六万四千,桩木二万六千,石匠一万二千,夫三万九百。视昔之费,十省八九。自教场塘迤逦而周一百四十丈。翁家塘土塘,皆六百五十丈,丫义塘二千三百余丈,澉浦塘一千三百余丈,他如龙王塘、谈家塘,又数千丈。塘高二丈八尺,叠石一十八层,视昔之工,十加六七,无侈观,无浪费,民不告劳,财归实用。

厥功既成,海为安流矣。

按:本文选自《皇明经世文编》之《屠康僖公集》(中华书局 1962 年影印本)。

【作者简介】

屠勋(1446—1516),字元勋,号东湖,浙江平湖人,后居浙江秀水(今嘉兴)。成化五年(1469)进士。授工部主事,分管清江浦造运输船。弘治初,迁南京大理寺寺丞,进少卿。旋擢右副都御史,巡抚顺天永平,整饬蓟州诸路边备,功绩尤著。弘治十年(1497),迁刑部右侍郎,转左侍郎。宦官刘瑾专权,托病还乡。卒赠太保,谥康僖。为官清廉,办事干练。好学不倦,虽公务繁剧,仍手不释卷。室名"求是堂"。有《太和堂集》(又名《家藏集》)、《东湖遗稿》《东湖内奏》《屠康僖公集》等。

[1] "倾圮"句左原注:筑不在外之坚而在内填使实,可以耐冲。

江西布政司黄册库修造记

明·何乔新

【提要】

本文选自《古今图书集成》考工典卷四八(中华书局 巴蜀书社影印本)。

"郡邑黄册，建库藏之，重民数也。"为何？明代，黄册是登记天下人口和土地的档案，其中，登记人口及其财产状况的叫黄册，绘制全国土地田亩的叫鱼鳞册，因套用黄色封面，故总称"黄册"。也就是说，黄册是国家的"家底"和命根子。

所以，明朝从中央到地方都十分重视黄册的修缮和保存。"旧制：天下版籍，每十年辄改造缮写。既成，献于天府，藏之后湖库。副在布政司者，藏于架阁库。"但是，时间长了，黄册多了，就没有地方放了，只好藏于他所。

这种情况下，天顺八年（1464），江西左布政使翁世资"度地城东，得故铸钱库废地，建库房五十间，厅事三间，作门以谨启闭，凿池以防郁攸之灾"。成化十八年（1482），王克复、陈炜又拆而新之，"前为视事之厅，后为燕休之堂，翼室庖湢等房以次列置"。弘治五年（1492），沈晖再修，"于堂北作楼七间，以远渫污。前为步廊，以便校阅。楼南为甬道十有六丈，以达于堂后"。工程的资金都来源于"官之羡钱"，不扰民。

文中提及的后湖即明初都城中的玄武湖，这里，明朝中央政府建档案库专门收贮全国户籍、赋役、土地等档案。档案库建于明代初，位于南京后湖（今玄武湖）中的群岛上。明洪武十四年（1381）推行黄册制度，规定各地每 10 年编造一次赋役册籍，共 4 套，其中 3 套用青色封面（称青册），由布政司、府（州）、县各存 1 套；1套用黄色封面（称黄册）上交中央户部。万历三十年（1602），后湖册库达 667 间，收贮黄册 153 万余册，至明代末年黄册多达 179 万余册，同时藏有全国丈量土地绘制的鱼鳞图册。为中国古代规模最大的档案库。

明洪武十四年（1381）朱元璋钦定玄武湖为全国黄册的存放地，开始只在梁洲造了 30 间库房，并规定每隔 10 年造一次黄册、增建库房 30 间。《后湖志》载，万历年间，黄册库房已经发展到 900 间，密布于玄武湖所有岛上。有意思的是，900间库房清一色为东西朝向，与传统的南北向房屋大相径庭。朱元璋为了更好地保存黄册，曾向一位茅姓老人请教，茅先生建议，库房应建成东西向，这样早晚都能晒到太阳，黄册就不会腐烂了。史料记载，这位茅姓老人死后被赐葬梁洲黄册库旁，因"茅""猫"同音，意喻镇鼠，朱元璋就册封他为黄册库的守护神，立"湖神庙"以祀之，庙亦为东西向。

黄册库有专门的管理人员。后湖黄册库最初由户部侍郎代管，明都北迁后，由南京户科给事中一员和户部清吏司主事一员专管。正德十五年（1520），颁用"管理后湖黄册关防"。后来又在南京设立了户科管湖公署和户部管湖公署，从此后湖黄册库有了独立的性质。户部侍郎、户科给事中和清吏司主事，都可以直接向皇帝奏报黄册库工作。每届黄册汇送后湖之后，由他们主持统计核算，然后分类编写全国户口、田亩、税粮的总册，呈递皇帝御览，作为施政的参考和依据。明代各朝的户口、田亩、税粮等数字，就是依据后湖黄册汇总而来的。

黄册库的工作流程及管理。洪武二十四年规定，每届全国新册汇送后湖之后，需委户科给事中一员，监察御史二员，户部主事二员，督同监生以旧册对比清查，厘校讹舛，并由管册官汇总户口、田土、税粮总数，进呈御览。后湖黄册库平时设办事吏 30 名，库匠、抬册夫、水夫、膳夫等百余名，另由国子监调拨监生 50 名专司晒晾。每届新册入库，新旧对比的"大查"之年，人员还要大量增加。送贮黄册均按朝（年）先后和所属区域分库保存。库房均东西向，前后有窗，以便通风日晒；库内册架一律木制，不准用竹，以防虫蛀。每年 4—10 月晒册，其他月份不准晒晾。库内禁绝灯火，湖内外防卫森严，每旬一、六开船过湖，平时与外界完全隔绝。对吏民查阅黄册限制尤为严格，明令敢有私受财物、偷抄洗改后湖黄册者，不分首从皆斩。

明中叶以后，由于王朝政治的腐败和黄册制度日趋废弛，后湖黄册库也每况愈下，册库经费支绌，匠役工作怠惰，库房不能及时修葺，黄册不能按时晒晾，虫蛀鼠咬，册籍霉烂，损失严重。1644年明朝灭亡，后湖黄册库随之消失，库存黄册也损毁殆尽。

明正德年间，南京户科给事中赵维贤为记述后湖黄册库事迹，辑有《后湖志》。

郡邑黄册，建库藏之，重民数也。我太祖高皇帝受天命，以有天下，疆理之广远[1]，迈汉唐列圣。休养生息，户口滋殖，亦非前代所及。旧制：天下版籍[2]，每十年辄改造缮写。既成，献于天府，藏之后湖库。副在布政司者，藏于架阁库。

江西布政司所统郡县既广，版籍尤多，库不能容，则别藏于章江门之城楼及广积仓之别室。天顺八年，左布政使莆田翁公世资以为[3]，黄册藏于他所，非先王拜民数、孔子式负版之意[4]。乃度地城东，得故铸钱库废地，建库房五十间、厅事三间，作门以谨启闭，凿池以防郁攸之灾[5]。悉徙郡县所上黄册，弆藏于此[6]。命幕职一员、吏一人、卒徒二十人，责以典守。

然创始之初，规制未备。成化十八年，左布政使福清王公克复、右布政使三山陈公炜[7]，以厅事隘陋，撤而新之。前为视事之厅，后为燕休之堂[8]，翼室庖湢等房以次列置，又作中门以严出入。凡为屋十有三间。岁久渐圮，未有葺之者。

弘治五年，左布政使宜兴沈公晖来莅兹藩[9]，周览及是，顾栋桡瓦落、地堙墙倾，乃与右布政使会稽韩公邦问，参政太康陈公瑗、当涂夏公祚，参议姚江朱公让、天台潘公祺、高要李公魁，议曰："黄册，朝廷所重。黄册完具[10]，则敷政出令，可倚而定也。今藏册之所，倾敝如此，不可以不葺。"遂相与计材虑役，具白于镇守太监桂林邓公原[11]、巡按监察御史姚江韩公明，皆以为宜。

沈公乃命照磨吴应鹏鸠工庀材[12]，卜日兴事，桡者易之，落者补之，堙者浚之，颓者筑之。又于堂北作楼七间，以远潦污。前为步廊，以便校阅。楼南为甬道十有六丈，以达于堂后。凡用木三千七百章，瓦甓黝垩铁石之用称是。经始于弘治六年六月，以是岁九月讫工。

是役也，财取诸在官之羡钱[13]，役取诸负辜之囚徒[14]，而劳费盖不及民。既成，修梁杰栋，坚碱崇墉，称其为藏典籍之所者。沈公以书属予记之。

予惟王者以民为天，而黄册所以纪民数也。萧何在汉入关之初[15]，先收图籍；傅崇在宋，手自书籍，躬加隐校。古之名臣，未有不致重于此者。我国家绍古致治，尤重版籍。藏册有常所，造册有常时。诚以为版籍者，治忽所系也[16]。

今沈公与诸君子，祗德意，敬民数，高檐大厦，庇而藏之，诚知所重矣。继自今稽户口之登耗者在是，考垦田之多寡者在是；辨兵民，验主客，以令徒役者又在是，其有资于治道岂浅也哉？夫一库之作，似不必书。然所系甚重，不可不书，于是乎书。

【作者简介】

何乔新(1427—1502),字廷秀,号椒丘,又号天苗。江西广昌人。景泰五年(1454)进士,初授南京礼部主事,后为刑部主事。累官福建按察副使、河南按察使、湖广右布政使,迁刑部尚书。所历皆有政绩。辞官后杜门著述,有《椒丘文集》《周礼集注》《策府群玉》等。

【注释】

[1]疆理:疆域。

[2]版籍:户口册。

[3]翁世资(1415—1483):字资甫,福建莆田人,正统七年(1442)进士。除户部主事,历郎中。天顺元年拜工部右侍郎。四年命中官往苏、松、杭、嘉、湖增织彩币七千匹,世资抗旨减半,遂诏下狱,谪衡州知府。成化初,擢江西左布政使,以右副都御史巡抚山东。岁饥,发仓储五十余万石以赈,抚流亡百六十二万人。召为户部右侍郎。久之,代薛远总督仓场,进尚书。十七年还理部事。阅二年,诏加太子少保致仕。卒,赠太子少傅,谥襄敏。有《冰崖集》。

[4]负版者:语出《论语·乡党》:"见齐衰者,虽狎必变。见冕者与瞽者,虽亵必以貌。凶服者式之。式负版者。"朱熹注:"负版,指邦国图籍者。"按:钱穆认为"'负版'疑当作'负贩'。"

[5]郁攸:火气,灼热之气。

[6]弆:音 jǔ,收藏。

[7]王克复:生卒年月不详。字师仁,福建福清人。天顺丁丑(1457)进士,历刑部主事员外郎、郎中。以绩升江西左参政、湖广按察使、江西左布政使。吏民闻名久,相戒不敢欺。江右俗健讼,牒日山积,克复判决,庭无留者。时谓"王一火",又谓"王隔壁"焉。进副都御史,转南京吏部右侍郎,致仕。陈炜(1430—1484):字文耀,号耻庵。闽县(今福建闽侯)人。天顺四年(1460)进士,任河南监察御史。后任江西按察使,屡次决狱,清明公正。任南京巡按时,值苏、松、常、镇四郡连年灾荒,陈炜发常平仓十万斛救赈,活民甚众。后改任北京提学,升江西副使,审狱严正,再迁按察使、右布政。成化二十年(1484),调浙江左布政使,命未下而卒。

[8]燕休:闲居,休息。

[9]沈晖(1439—1518):字时旸,号豫轩。宜兴(今江苏宜兴)人。天顺四年(1460)进士。弘治中为南京工部侍郎。因较工计直,积怨,被劾归。

[10]完具:完整,完备。

[11]具白:备述,详细说明。

[12]照磨:官名。即"照刷磨勘"的简称。元朝建立后,在中书省下设立照磨一员,掌管磨勘和审计工作。元朝中央及地方广泛设此一职,对本部门收支进行审计。

[13]羡钱:多余的钱。常指赋税的盈余。

[14]负辜:犯下罪行。

[15]萧何(?—前193):秦末沛(今江苏沛县)人。刘邦泗水郡起兵立为沛公,以萧何为丞,督协军务。军入咸阳,诸将争先进入金帛财物府库,分占财物。萧何先入秦丞相府收缴图籍、文书、律令。故沛公得以掌握全国山川险要、郡县户口、民情疾苦等社会情况,为日后平定天下奠定了战略基础。

[16]治忽:治理与忽怠。

附:太平府架阁库记

明·林 钺

君子之保民也,计众寡以养之,究利弊以安之,治要莫先焉。使众寡无稽,何以验邦国之盛衰;利弊不彰,何以知政治之得失? 故负版必式,图籍先收,良有以也。

嘉靖戊子,钺奉天子之命来守太平,首询民数,吏以册籍对究之,则浥腐什三矣。继询利弊,吏以卷牍对究之,则损匿十五矣。爰揆厥由,乃曰:"库址卑污,腐以渐也;掾员数易,损于懈也。矧夫地隐而究之者,鲜也。呜呼! 是尚可以苟忽乎哉?"

中热图迁而初政未遑。又明年,厥既定宅,则经营焉。为地若干亩,旧廨址也。建库三连,各五楹,左藏黄册,右藏卷牍。布地以沙,防鼠侵也;覆沙以板,寝气蒸也;贮籍以度,分支以区,便检阅也。旁启多牖,旦暮通畅,使之常燥而无润也。两库制同册牍,胥一慎也。莅视有厅,出入有门,誊录有庑。翼然伟观,视者倍莅而腐匿之患必无矣。

呜呼! 是非有司所当务欤? 凡我寅僚,泊后来良牧,同格尔心,图共厥职,源源而积之,继继而辑之,俾国家版籍未备,而勿坏焉,斯不孤今日之举矣。遂为记之。

按:本文选自《古今图书集成》考工典卷六八(中华书局 巴蜀书社影印本)。

【作者简介】

林钺,生卒年月不详。字宏用,晋江(今福建泉州)人。正德三年(1508)进士。官南京户部郎中,出守太平。

重修大望海寺记

明·王 佐

【提要】

本文选自《古今图书集成》职方典卷一六〇(中华书局 巴蜀书社影印本),参《锦州府志》。

"塔山为宁远属城",宁远今称兴城,明代此地扼东北入关之咽喉,朝廷在此设宁远卫。宁远卫城是我国现存最为完好的明代古城之一。望海寺就在离城八里许的西南松山上,"东望大海,极目千里"。因此,元朝时此地就建有寺庙。

景泰初,僧印静在此结庐,"坐卧三载",发现这里原是古刹。于是,塔山指挥李荣,"具木石,命工重建佛殿,广设僧堂",刚建好不久,主持印静便圆寂,不数年,寺庙又渐荒圮;继任指挥杨宗"毁者饬之,缺者增之",重建。工程"始于景泰(1450—1457)初元,成于弘治九载(1496)",前后历经47年,终于建成钟鼓楼齐备,"阁庑其左右而门其前,缭以四垣"的"东北一巨丽观"。

因此,王佐感叹:前人创业甚难,后人守成不易。

塔山为宁远属城。去城西南八里许,松山在焉。寺居山之阳,东望大海,极目千里。溪谷萦纡[1],土地沃衍[2],实胜境也。兵燹之余,汩没于断蓬枯草间者[3],非一日,而遗址尚存。

景泰改元之初[4],有僧印静者,飞锡至此[5],徘徊瞻眺,目睹而心悦之。遂结草为庐,坐卧三载。一夕忽梦神人呼之,引至平旷地,指示古井云"内有古物",师凌晨汲之,果得铜钟一枚,题曰:"至正十四年四月吉日[6],松山大望海寺住持兴善。"其列名余僧仍不下百人,始知望海寺古刹也。

塔山指挥李君荣白副将东宁伯焦公,即具木石,命工重建佛殿。广设僧堂,命印静为住持,以率僧众事。甫毕,而师圆寂矣。

不数年,旧业多圮,其徒义聪重新之。外立观音阁,掘地复得铙钹螺磬十余事[7],题曰"泰和四年三月吉日[8],敕赐松山法华禅寺住持如贤。"此盖文宗时物。意者,兹寺旧名法华,而曰"大望海"者,宋元间所更乎?无碑志可考传,疑可也。

指挥杨君宗白参将盛公铭,命致政百户罗海、义官王政董匠事,毁者饬之,缺者增之。傍立钟鼓楼、阁庑其左右而门其前,缭以四垣,鼎鼎然东北一巨丽观也[9]。又命石工沈贤砻石为碑记其事,以垂不朽。

始于景泰初元,而成弘治九载[10],以世而计则二,以岁而计则四十有七,以匠石工费而计不下数千百缗,成之不易如此。谋虽成于印静而业实创于焦公,事虽毕于义聪而功实成于盛公也。嗣义聪之后者,当思前人创业之甚难,后人守成之不易哉。

【作者简介】

王佐(1428—1512),字汝学,号桐乡。海南临高人。屡试不中。19年后,铨补广东高州同知。历官福建邵武府同知、福建乡试考官、江西临江府同知,所至以廉操闻,遗爱于民。勤于著述,有《鸡肋集》《经籍目略》《琼台外纪》《庚申录》《原教篇》《金川玉屑集》《琼崖表录》等。

【注释】

[1]萦纡:盘旋弯曲,萦回。
[2]沃衍:谓肥沃平坦辽阔。
[3]汩没:埋没。
[4]景泰:明代宗朱祁钰(1428—1457)年号。明英宗朱祁镇被蒙古瓦剌军俘去后继位,

改年号景泰(1450—1457)。病中因英宗复辟被废黜软禁而气死。

[5]飞锡:佛教语。指僧人游方。

[6]至正十四年:1354年。

[7]铙钹:音 náo bó,寺院法会时所用法器之一。铙与钹原为两种不同的乐器,后混而并称之至今。

[8]泰和:金章宗完颜璟年号,1201—1208年。

[9]鼎鼎:盛大。

[10]弘治九载:1496年。

安平镇减水坝记

明·李东阳

【提要】

本文选自《古今图书集成》职方典卷二四五(中华书局 巴蜀书社影印本),参校《皇明经世文编》。

黄河为害,历朝不绝。明朝,黄河泛滥影响漕运更是朝廷心腹大患。弘治六年(1493)十二月,巡按河南监察御史涂升上治河策,提出了以保漕为先的治河方针。继而提出了治河四策,其中,治河策略为"北堵南分",即在北面修堤障水,南面疏河分水,以保漕运;用人二策则推荐刘大夏,称其"久任专信,使之展布四体,竭尽才猷,庶几久远之功可就"。

刘大夏受命后,经过对黄河上下千余里地势和水势的考察,提出了他对黄河形势的看法,认为:"河南、山东、两直隶地方西南高阜,东北低下,黄河大势,日渐东注,究其下流,俱妨运道",但"虽该上源分杀,终是势力浩大,较之漕渠数十余倍,纵有堤防,岂能容受",而"河南所决孙家口、杨家口等处势若建瓴,皆无筑塞之理。欲于下流修治,缘水势已逼,尤难为力"。因而提出北修黄陵冈古堤,导河南下,全淮入海的"北堵南分"策略,以保障漕运。刘大夏另外建议于张秋镇南北各造滚水石坝一条,俱长三四十丈,中砌石堤一条,长十四五里,"万一河流东决,坝可以泄河流之涨,堤可以御河流之冲。倘或夏秋水涨之时,南边石坝逼近上流河口,船只不便往来,则于贾鲁河或双河口,径达张秋北上,以免济宁一带闸河险阻,尤为利便"(刘大夏《议疏黄河筑决口状》,《明经世文编》卷79)。

但刘大夏刚刚兴工修治,弘治六年夏黄河又决于黄陵冈,张秋东堤复决九十余丈,大水夺汶水入海,张秋上下渺弥际天,东昌、临清一带河流几乎断流。当时许多人对治水没有信心,"讹言沸腾,谓河不可治,宜复元海运,或谓陆挽,虽劳无虞"。而"时夏且半,漕集张秋,帆樯麟次,财货山委,决口奔猛,戒莫敢越。或贾勇先发,至则战掉失度,人船没"(王鏊《安平镇治水功完之碑》,《明经世文编》卷120)。大水造成漕船无法北上,朝廷更为焦急,于是弘治七年五月又任命太监李兴、平江伯陈锐往同都御史刘大夏治张秋河决,并敕语:"虽然事有缓急,而施行之际必以当急为先。今河既中决,运渠干浅,京储不继,事莫急焉。尔等必须多方设法,使粮运通行,不致过期以亏岁额,斯尔之能"(《孝宗实录》卷88)。

刘大夏秉承朝廷的旨意,根据水势,在上流决口西岸"疏为月河三里许,塞决口九十余丈",连接运河决口的上下游,使被阻的漕舟得以通过,"于是舳舻相衔,顺流毕发,欢声载道"(王鏊《安平镇治水功完之碑》,载《皇明经世文编》卷120)。

漕船通过后,刘大夏等开始治理黄河决口。先疏浚荥泽孙家渡口,另凿新河七十余里,道水南行,由中牟、颍川东入淮河;疏浚祥符四府营淤河二十余里,由陈留至归德分为二,一由宿迁小河口,一由亳涡河,俱会于淮河;疏贾鲁旧河四十余里,由曹县梁进口出徐州运河。

这些疏浚工程,实际上把下游河道分成了四支,黄河水势渐被遏制,刘大夏趁势组织力量堵塞张秋运河决口。由于决口时间较长,决口较宽,塞决和整治工程十分艰巨紧张,据记载,当时在"张秋两岸东西筑台,立表贯索,网联巨舰,穴而窒之,实以土牛,至决口去,窒舰沉,压以大埽,合且复决,随决随筑,吏戒丁励,奋臿如云,连昼夜不息,水乃由月河以北"。决口筑塞后,又"缭以石堤,隐然如虹;辅以滉柱,森然如星"(王鏊《安平镇治水功完之碑》,《明经世文编》卷120)。

堵决口的同时,考虑到"两堤绵亘甚远,河或失守,必复至张秋,为漕河忧",于是在旧决口南一里,用减水坝之制,"植木为杙,中实砖石,上为衡木,著以厚板,又上墁以巨石,屈铁以键之,液糯以堙之",建成一条"广袤皆十五丈"的石坝,坝上"甃石为窦"。减水坝工始于弘治乙卯(1495)年二月,夏四月竣工。

张秋决口筑塞工程全部告成则是在弘治七年十二月,弘治帝朱祐樘特遣使者赍羊酒前往慰劳,并因太监李兴等奏请,改"张秋"为"安平镇"。

弘治初,河徙汴北,分为二支:其一东下张秋镇,入漕河,与汶水合而北。行六年,霖雨大溢,决其东岸,截流径趋夺汶以入于海。而漕河中竭,南北道阻。

既命都察院右副都御史臣刘大夏治厥事[1],特命内官监太监臣李兴、平江伯臣陈锐总督山东兵民夫,往共治之。佥议宵协疏塞并举[2],乃于上流西岸疏为月河三里许,塞决口九十余丈,而漕始复通。又上则疏贾鲁河孙家渡,塞荆隆口、黄陵冈,筑两长堤,蹙水南下由徐淮故道。又议以为两堤绵亘甚远,河或失守,必复至涨湫,为漕河忧。

乃相地于旧决之南一里,用近世减水坝之制,植木为杙[3],中实砖石,上为衡木,著以厚板。又上墁以巨石,屈铁以键之,液糯以堙之。坝成,广袤皆十五丈。又其上,甃石为窦五,梁而涂之。梁可引绳,窦可通水。俾水溢则稍杀冲啮,水涸则漕河获存,庶几役不重费,而功可保。

工既告毕,上嘉乃绩,赐兴岁禄二十四石;加锐太保,兼太子太傅,增岁禄二百石;迁大夏为左副都御史、协理院事。又勅辅臣为文各纪功绩,臣东阳当记兹坝之成。

臣窃考之,治水之法,疏与塞而已矣。塞之说不见于经,中古以降,堤堰议起,往往亦以为利。利与害相值,必较多寡以为轻重。若驱役土石当水之怒,费多而利寡,此古人所深戒。惟水势大迫,后患尚未形,周思豫制以为之备,则障之利亦不可诬。

况兹坝者,势若为障,而实疏之。故其疏不至漏,障不至激,去水之害以成其利,暂劳而永逸。费虽不能无,而用则博矣。揆之善沟者[4],水漱之;善防者,水淫之,云者不亦兼而有之乎?《易》象财成[5],《书》陈修和[6],君出其令,臣宣其力,虽小大、劳逸不同,同是道也。

今圣天子勤民思理,重馈饷,悯流垫[7],宵衣而南顾者累岁[8]。非二三臣之贤,其孰克副之[9],当决之未塞也。水势冲激,深莫可测。每一舟至,百夫弗能胜,则人船俱没。卷埽筑堰[10],垂成辄败,千金之费,累日之功,卒然失之。若未始有者,群议喧哄[11],皆欲弃而弗终,改而他图。盖方御患不暇,而何豫备之有?

及臣职就工,而地灵顺轨,不逆性以制物,不后天以违时,而又从容优裕以图可久之利,销未然之患,诚事会之不可失者也。然则鉴往辙之覆而思成功之艰,修废补罅以期不坠,庸讵非有司之责哉!

呜呼!天下之事莫患乎可以为而不为。彼宦成之怠[12],交承之诿[13],遗智余力而莫为尽,未有不贻后日之悔者,独水也哉?人无于水监,当于民监。斯言也,亦可以喻人矣。唐韦丹筑扞江隄[14],窦以疏涨,诏刻碑记功,著在国史。臣不文,谨书此为明命复。

工始于乙卯春二月[15],毕于夏四月,凡用夫万六千,巨石万有奇,粝者倍之[16],巨木三千,小者倍十而五,铁为斤万一千,他物称之。分董是役者,山东左参政张缙,今擢右通政,仍领河事;按察佥事廖中,迁副使都指挥;佥事丁全,署同知;文武吏士进秩增禄者若干人,皆刻其名氏于后。

【注释】

[1]刘大夏(1436—1516):字时雍,号东山,湖广华容(今属湖南)人,与王恕、马文升合称"弘治三君子"。天明天顺三年(1459),乡试第一。八年,登进士,授翰林院庶吉士。成化元年(1465),授兵部职方司主事。弘治六年(1493),张秋镇黄河决口,诏升刘大夏为都察院右副都御史,前往治河。实地勘查后,与山东、河南官民洽商治水方略。先在上游疏通孙家渡河30里、四府营河10里以分水势,同时筑长堤挡水。堤起胙城(今属河南延津),抵徐州,长达360里。决口既塞,更修筑黄陵冈,黄河大治。明孝宗(朱祐樘)派特使到治河工地嘉奖,拜左副都御史,并召还都察院佐理院事,后改授户部侍郎。弘治十年,兼任左佥都御史,往宣府(今河北宣化)措办边塞粮草。弘治十三年,诏升为都御史,总督两广军务兼巡抚。十四年十一月,升兵部尚书。后以太子太保衔回原籍,谥"忠宣"。

[2]佥议:共同商议。胥协:谓齐心协力。胥:都。协:辅助。

[3]杙:音 yì,泛指木桩。

[4]揆:度,揣测。

[5]财成:《易》:"天地交,泰;后以财成辅相天地之宜,以左右民。"

[6]修和:谓施教化以和合之。《书》:即《尚书》。我国现存最早的史书。

[7]流垫:谓(被洪水)冲走陷没(的地方及百姓)。

[8]宵衣:天不亮就穿衣起身。旧时多用以称颂帝王勤于政事。

[9]克副:谓能够相配、相称。

[10] 埽:治河时用来护堤堵口的器材,用树枝、秫秸、石头等捆扎而成。亦指用秫秸修成的堤坝或护堤。

[11] 喧哄:犹喧闹。

[12] 宦成:谓登上显贵之位。

[13] 交承:谓前任官吏卸职移交,后任接替。

[14] 韦丹:字文明,唐京兆万年(今陕西西安)人。中唐时期大臣。韦丹初授安远县令,复举"五经高第",授咸阳尉;又以殿中侍御史,召为太子舍人。唐宪宗年间(806—820),韦丹升任江南西道观察使,后封武阳侯。韦丹在南昌主政期间,百姓多以茅草竹椽结屋,往往一炬成灾,韦丹遍教百姓烧制砖瓦建房,并由官衙出钱资助增建民房,整修街道,开辟南市、北市大街,南昌因此成为江南一大都市。同时,他还组织属下疏通下水涵道,排渍去污,解除了城内居民之苦。赣江、抚河历年洪水为患,韦丹主持开挖陂塘,蓄水灌田,组织民众沿赣江险段筑堤十二里,抵御洪水。又在抚河开设义渡,便利两岸百姓来往。后人感其德,称赣江堤为"韦公堤",称抚河渡为"武阳渡"。至今这里仍名武阳乡。廉洁公正,赏罚分明。后因遭诬陷被革职,不久含冤去世。至宣宗时,皇帝考察历代功臣,众推韦丹为功臣第一人,所受诬陷至此被否定。朝廷特颁诏命,为韦丹树立功碑以褒扬。

[15] 乙卯:1495 年。

[16] 砺者:犹言碎石。

附:运河有关营造篇目

20. 会通河黄栋林新闸记　　　　　　　[元]楚惟善　撰
21. 都水监厅事记　　　　　　　　　　[元]宋本　撰
22. 重修会源闸记　　　　　　　　　　[元]揭傒斯　撰
23. 重浚会通河记　　　　　　　　　　[元]赵元进　撰
24. 重修济州任城东闸题名记　　　　　[元]俞时中　撰
25. 改作东大闸记　　　　　　　　　　[元]李惟明　撰
26. 创建鱼台孟阳泊石闸记　　　　　　[元]赵文昌　撰
27. 都水监创建谷亭石闸记　　　　　　[元]周汝霖　撰
28. 敕修河道工完之碑记　　　　　　　[明]徐有贞　撰
29. 治水功成题名记　　　　　　　　　[明]徐有贞　撰
30. 沛县新设飞云闸记　　　　　　　　[明]张晔　撰
31. 观泉亭记　　　　　　　　　　　　[明]吴宽　撰
32. 中书右丞相领治都水监政绩碑记　　[元]欧阳玄　撰
33. 河防记　　　　　　　　　　　　　[元]欧阳玄　撰
34. 汳水新渠记　　　　　　　　　　　[宋]陈师道　撰
35. 徐州洪兴造记　　　　　　　　　　[明]彭时　撰
36. 重修徐州洪记　　　　　　　　　　[明]饶泗　撰
37. 重修徐州洪题名记　　　　　　　　[明]薛远　撰
38. 重修徐州百步洪记　　　　　　　　[明]商辂　撰
39. 吕梁洪修造记　　　　　　　　　　[明]李东阳　撰
40. 吕梁神庙记　　　　　　　　　　　[元]赵孟頫　撰
41. 重修吕梁下洪故道记　　　　　　　[明]徐琼　撰
42. 孚应通利王碑记　　　　　　　　　[元]都士周　撰
43. 敕赐灵慈宫碑记　　　　　　　　　[明]杨士奇　撰
44. 清江厂题名记　　　　　　　　　　[明]席书　撰
45. 重修清江浦漕运厅事记　　　　　　[明]金铣　撰
46. 常盈仓周垣记　　　　　　　　　　[明]胡瑾　撰
47. 重修常盈仓记　　　　　　　　　　[明]王臣　撰
48. 平江侯恭襄陈公神道碑铭　　　　　[明]杨士奇　撰
49. 恭襄祠碑记　　　　　　　　　　　[明]杨昶　撰
50. 南旺庙祀记　　　　　　　　　　　[明]阙名　撰
51. 加封平江侯谥恭襄陈公祠堂记　　　[明]吴节　撰
52. 总督漕运宪臣题名记　　　　　　　[明]邵宝　撰
53. 高邮州新开湖修筑记　　　　　　　[明]刘健　撰
54. 高邮州新开康济河记　　　　　　　[明]刘健　撰
55. 重修雷塘昭佑祠之记　　　　　　　[元]马允中　撰
56. 重修陈公塘记　　　　　　　　　　[宋]李孟博　撰
57. 仪真东关闸记　　　　　　　　　　[明]庄泉　撰

选自《漕运通志》，《淮安文献丛刻》卷之十　漕文略(方志出版社 2006 年版)。

亲 政 篇

明·王 鏊

【提要】

本文选自《古文观止》(湖北人民出版社 1984 年版)。

王鏊这篇疏章写于明世宗朱厚熜遣人登门慰问之后，讨论的是朝觐、君臣交往的基本礼仪和制度，关系到的是朝廷是否"上下一体"的交泰和谐大事。

15 岁的明武宗朱厚照即位，王鏊被任命为吏部左侍郎。户部尚书韩文，请郎中李梦阳起草了一篇奏疏，联合王鏊等一批文臣，请求把刘瑾等八个武宗最亲信的宦官一网打尽。这八个太监号称"八党"，都是武宗儿时一刻不离的"伴儿"，武宗怎么舍得将他们"明正典刑"。接下来的结局是：内阁大臣刘健、谢迁被罢免，只剩下一个李东阳，而刘瑾却升任了司礼太监。在补充内阁大员的问题上，刘瑾想推举焦芳，廷臣们却只推荐王鏊，刘瑾迫于公论，只得让王鏊与焦芳同时入阁，王鏊进户部尚书、文渊阁大学士。第二年加封少傅兼太子太傅。

随后的日子里，接连发生违背朝纲、不遵礼仪、不顾国体之事，焦芳一味诌媚，刘瑾欲加弥横，祸害殃及缙绅士大夫。王鏊深感势单力薄，三次上疏请求归乡。

家居十四年后，明世宗朱厚熜即位，改年号嘉靖。嘉靖皇帝御极之后，面对武宗的"正德危权"，励志效法太祖、成祖推行"新政"，做一位后世称颂的明主圣君。于是遣人前往王鏊府上慰问。王鏊十分感谢，遂上《讲学》《亲政》两篇奏章。从"大礼"议起，称"上下不交而天下无邦"，据引古礼，讲述前朝成例，其所述皇宫建筑与礼制的安排，条分缕析，历落分明。

这篇章奏正合欲行新政的世宗心思，故而他欲重新起用王鏊。只可惜王鏊未及上任，病逝于乡。

《易》之《泰》曰[1]:"上下交而其志同。"其《否》曰[2]:"上下不交而天下无邦。"盖上之情达于下,下之情达于上,上下一体,所以为"泰";下之情壅阏而不得上闻[3],上下间隔,虽有国而无国矣,所以为"否"也。交则"泰",不交则"否",自古皆然。而不交之弊,未有如近世之甚者。君臣相见,止于视朝数刻。上下之间,章奏批答相关接[4],刑名法度相维持而已[5]。非独沿袭故事,亦其地势使然。何也?国家常朝于奉天门,未尝一日废,可谓勤矣。然堂陛悬绝,威仪赫奕,御史纠仪[6],鸿胪举不如法[7];通政司引奏[8],上特视之;谢恩见辞,惴惴而退。上何尝治一事,下何尝进一言哉?此无他,地势悬绝,所谓堂上远于万里,虽欲言,无由言也。

愚以为欲上下之交,莫若复古内朝之法。盖周之时有三朝:库门之外为正朝,询谋大臣在焉;路门之外为治朝,日视朝在焉;路门之内曰内朝,亦曰燕朝。《玉藻》云[9]:"君日出而视朝,退适路寝听政[10]。"盖视朝而见群臣,所以正上下之分;听政而适路寝,所以通远近之情。汉制:大司马、左右前后将军、侍中、散骑诸吏,为中朝[11];丞相以下至六百石[12],为外朝。唐皇城之北,南三门曰承天,元正、冬至受万国之朝贡,则御焉,盖古之外朝也。其北曰太极门,其西曰太极殿,朔望则坐而视朝,盖古之正朝也。又北曰两仪殿,常日听朝而视事,盖古之内朝也。宋时常朝则文德殿,五日一起居则垂拱殿[13],正旦、冬至、圣节称贺则大庆殿[14],赐宴则紫宸殿或集英殿[15],试进士则崇政殿。侍从以下,五日一员上殿,谓之轮对,则必入陈时政利害。内殿引见,亦或赐坐,或免穿靴[16],盖亦有三朝之遗意焉。盖天有三垣[17],天子象之:正朝象太极也,外朝象天市也,内朝象紫微也。自古然矣。

国朝圣节、正旦、冬至大朝会则奉天殿,即古之正朝也。常日则奉天门,即古之外朝也。而内朝独缺,然非缺也,华盖、谨身、武英等殿,岂非内朝之遗制乎?洪武中如宋濂、刘基[18],永乐以来如杨士奇、杨荣等[19],日侍左右;大臣蹇义、夏元吉等[20],常奏对便殿。于斯时也,岂有壅隔之患哉?今内朝未复,临御常朝之后,人臣无复进见,三殿高閟,鲜或窥焉。故上下之情壅而不通,天下之弊由是而积。孝宗晚年[21],深有慨于斯,屡召大臣于便殿,讲论天下事。方将有为,而民之无禄,不及睹至治之美。天下至今以为恨矣!

惟陛下远法圣祖,近法孝宗,尽铲近世壅隔之弊,常朝之外,即文华、武英二殿,仿古内朝之意。大臣三日或五日一次起居,侍从、台谏各一员,上殿轮对。诸司有事咨决,上据所见决之;有难决者,与大臣面议之。不时引见群臣,凡谢恩辞见之类,皆得上殿陈奏。虚心而问之,和颜色而道之。如此,人人得以自尽。陛下虽深居九重,而天下之事,灿然毕陈于前。外朝所以正上下之分,内朝所以通远近之情。如此,岂有近世壅隔之弊哉?唐虞之时,明目达聪,嘉言罔伏,野无遗贤,亦不过是而已。

【作者简介】

王鏊(1450—1524),字济之,号守溪,晚号拙叟,学者称震泽先生。吴县(今江苏苏州)人。成化十一年(1475)进士,授编修。弘治时历侍讲学士,充讲官,擢吏部右侍郎,正德初(1506)晋户部尚书、文渊阁大学士。次年晋少傅兼太子太傅、武英殿大学士。正德四年(1509),以武英殿大学士致仕。王鏊家居共 14 年,"不治生产,惟看书著作为娱,旁无所好,兴致古澹,有悠然物外之趣"。他居官清廉,全无积蓄,被人称为"天下穷阁老"。逝世后,追封太傅,谥文恪。有《震泽编》《震泽集》《震泽长语》《震泽纪闻》《姑苏志》等。

【注释】

［1］《易》:指《周易》,儒家五经之一。《泰》:《周易》六十四卦之一,乾(天)下坤(地)上,象征天地交流,是个吉卦。

［2］《否》:六十四卦之一,乾(天)上坤(地)下,象征天地不相交流,是个凶卦。

［3］壅阏:阻塞。阏:音 è,塞。

［4］章奏批答:指皇帝对群臣所上章奏的批答。关接:接触。

［5］刑名法度:法令制度。

［6］纠仪:举察官员的容止。

［7］鸿胪:官名。掌管朝廷礼仪。胪:音 lú。举不如法:举察官员举止不合法度者。

［8］通政司:官署名。明代设通政使司,简称通政司,其长官为通政使。清沿置。掌内外章奏和臣民密封申诉之件。俗称"银台"。

［9］《玉藻》:指《礼记·玉藻篇》。

［10］路寝:古代天子、诸侯的正厅。

［11］中朝:亦称内朝。汉武帝时,皇帝和他亲近的臣下在此议论国家大事,后成为定制,与丞相等组成的外朝相区别。参见《汉书·刘辅传》。

［12］六百石:汉代官俸等级的一种。

［13］垂拱殿:宋代皇宫大殿名。是皇帝平日处理政务、召见众臣之所。殿有五间十二架,长六丈,宽八丈四尺,为皇帝"内朝"日常接见群臣商讨国家大事的地方,因此也叫常朝殿。汴梁北宋皇宫和临安南宋皇宫中都有此殿。

［14］大庆殿:北宋皇宫的正殿,也是举行大典的地方。殿宽九间,东西挟屋各五间,皇帝于此大朝。

［15］紫宸殿:在大庆殿北,为视朝之前殿。北宋皇帝常在此接受百官贺诞,也是望日视朝之地。集英殿:北宋皇宫宫殿建筑之一,主要作为宴殿和策试进士时用。集英殿始建于赵匡胤初年,原名广政殿,仁宗天圣十年(1032)更名为集英殿,徽宗政和五年(1115)又改名右文殿,是皇帝策试进士和每年举行春秋大宴的场所。

《宋史·地理志》载:宫殿外朝部分主要有大庆殿,是举行大朝会的场所,大殿面阔九间,两侧有东西挟殿各五间,东西廊各六十间,殿庭广阔,可容数万人。西侧文德殿是皇帝主要政务活动场所,北侧紫宸殿是节日举行大型活动的场所,西侧垂拱殿为接见外臣和设宴的场所,集英殿及需云殿、升平楼是策进士及观戏、举行宴会的场所。史载,北宋皇城大致分为三个区:南区有枢密院、中书省、宰相议事都堂和颁布诏令、历书的明堂,西有尚书省,内置房舍三千余间;中区是皇帝上朝理政之所,重要的建筑有大庆殿、垂拱殿、崇政殿、皇仪殿、龙图阁、天章阁、集英殿等;北区为后宫。

［16］穿靴:古代臣子朝见皇帝的礼仪之一。朝见时,穿靴以示恭敬。

［17］三垣:古代将天体恒星分为三垣、二十八宿。三垣即太微、紫微及天市。

［18］宋濂(1310—1381):字景濂,号潜溪。元末明初人。曾被朱元璋誉为"开国文臣之首"。刘基(1311—1375):字伯温,谥曰文成。时人称为刘青田。元末明初军事家、政治家。辅

佐朱元璋完成帝业,因而驰名天下。

[19] 杨士奇(1366—1444):名寓,字士奇,以字行,号东里,谥文贞,泰和(今江西泰和)人。官至礼部侍郎兼华盖殿大学士,兼兵部尚书,历五朝,在内阁为辅臣四十余年,首辅二十一年。与杨荣、杨溥同辅政,并称"三杨"。因其居地所处,时人称之为"西杨"。"三杨"中,杨士奇以"学行"见长,先后担任《明太宗实录》《明仁宗实录》《明宣宗实录》总裁。杨荣(1371—1440):初名子荣,字勉仁,建安(今福建建瓯)人。永乐十六年起担任六年首辅。因居地所处,时人称为"东杨"。其性警敏通达,善于察言观色。在文渊阁治事三十八年,谋而能断,老成持重,尤其擅长谋划边防事务。然而由于其恃才自傲,难容他人之过,与同事常有过节,并且还经常接受边将的馈赠,因此,遭人议论。有《训子编》《北征记》《两京类稿》《玉堂遗稿》等。

[20] 蹇义(1364—1435):字宜之,巴县(今重庆)人。洪武十八年(1385)进士,授中书舍人,颇称帝意,建文时超擢吏部右侍郎。燕兵入京,迎附。永乐时晋吏部尚书,辅太子监国。与户部尚书夏元吉合称"蹇夏",其后历侍仁、宣二帝,并见倚任。夏元吉(1366—1430):字维喆,祖籍江西德兴。父任湘阴教谕时,定居湘阴归义。明太祖洪武年间中举,入太学。累官四川司主事、户部右侍郎、户部左侍郎、户部尚书、柱国太师等。治水、赈灾、昭雪文字狱,不动干戈而平乱,改革朝政,排除奸佞,"裁冗食,平赋役,严盐法、钱钞之禁,清仓场,广屯种,以给边苏民,且便商贾"(《明史·夏元吉传》),使政事焕然一新。元吉生活俭朴,廉洁自守。他进谏获罪,家被抄没,家中除皇帝赐钞千贯,仅余布衣、瓦器。历官五朝,朝廷倚为砥柱。宣德五年(1430)去世,封太师,晋光禄大夫,谥忠靖。有《万乘肇基集》《东归稿》《夏忠靖公集》等。

[21] 孝宗:即朱祐樘(1470—1505)。在位18年,年号弘治(1487—1505)。在位期间,勤于政事,励精图治,驱除宫内奸臣,任用刘恕、刘大夏等贤臣,明朝再度中兴,史称"弘治中兴"。

论宁府用琉璃疏

明·林 俊

【提要】

本文选自《明经世文编》(中华书局 1962 年影印本)。

"臣目者审宁殿下累乞瑠璃瓦,重荷圣谕,于引钱内支二万两给换者。"林俊巡抚江西时,在谏止宁王朱宸濠用琉璃的疏章中说。

弘治十四年(1501),江西新昌王武起义,巡抚韩邦问束手无策,林俊被荐为江西巡抚。林俊认为百姓作乱的根本原因是生活困苦,因此,平乱应以安抚为先。他首先公布榜文招抚起义首领,接着又不顾生命危险,亲自到起义军的阵营中劝降王武,王武为之感动,率众出营投降。在稳定社会秩序后,林俊下一步要做的就是发展生产,改善百姓生活。

但,林俊改革的最大阻力来自宁王朱宸濠,朱宸濠称霸一方,对皇位虎视眈眈,加派重赋搜刮民财,百姓苦不堪言。林俊到任后,实行均平法、均徭役,削减粮食中的加派,使得宁王收入剧减。为拔掉林俊这颗眼中钉,朱宸濠扬言要用琉璃瓦修筑王府,故意挑起林俊的反对。果然,林俊上奏章,称曾见到"楚府殿毁,久未盖,荆府多散漏,淮府同一江西,颓垣朽柱,东拄西撑,飘瓦断椽,脱落大半,居然废址,在民庶尚不堪居。惟宁府完美坚致,金碧灿煌"。他认为,以"大义不可已"。

朱宸濠乘机参劾林俊,林俊终被罚俸三个月。正德十四年(1519),朱宸濠叛乱,众人服林俊的先见之明。

朱宸濠,宁王的第四代继承人,弘治十年(1497)嗣位。其高祖宁献王朱权是朱元璋第十七子。洪武二十四年(1391)封王,逾二年就藩大宁(今内蒙古宁城西),其封地最初在长城喜峰口外(今内蒙古宁城西边)。永乐元年(1403)二月,改封南昌,以江西布政司官署为历代宁王官邸。正德十四年(1519),朱宸濠借口明武宗朱厚照荒淫无道,集兵号十万造反,略九江、破南康、出江西,率舟师下江,攻安庆。43天之后,朱宸濠大败,与诸子、兄弟一起为王守仁所俘,押送北京,废为庶人,伏诛,除其封国。

臣目者审宁殿下累乞琉璃瓦,重荷圣谕,于引钱内支二万两给换者[1]。臣有以仰窥陛下圣仁广大,惇叙九族盛心[2],而宁王据礼守经,不为无见。然观镇巡议奏,欲俟年丰定夺,是异言不当与也[3]。工部覆奏,谓规制虽相应,事体实可止。又恐重累地方,作例各府,是正言不当与也。迨宁王又奏[4],工部又执奏,是申言决不当与也。陛下先可部议,是明示不当与,后又从其半,是婉示不欲与也。士夫及耆壮公论[5],谓宁府多此一举,是中外人心皆谓不当与也。宁王读书明理,聪察识事,断不为此必胜以损贤名,偶未之思耳。

夫事有可为,有不可为;有可已,有不可已。江西公私匮竭,人民滋困,盗贼未息,此何时也。意者引钱无与于民,不知存积,仅二万七千余两。益府宫殿蚁蠹[6],益殿下见移东寝,万分惊虞[7]。责将谁任,修盖之费约三万余两,此不可已者也;淮府造坟,顺昌王、崇安王镇国将军起第[8],已支五千三百余两,后来未计,此不可已者也;所在儒学文庙倾颓,问其故,谓科罚例严,所司顾忌不修之致,此不可已者也;各处预备仓谷数少,问其故,谓罚赎解部,所司计无自出之致,此不可已者也;官军俸粮,通融节缩,岁支尚少四千余石,此不可已者也。臣尝见楚府殿毁[9],久未盖,荆府多散漏[10],淮府同一江西[11],颓垣朽柱,东拄西撑,飘瓦断椽,脱落大半,居然废址,在民庶尚不堪居。惟宁府完美坚致[12],金碧灿煌,夫大义不可已,有可为,割财内帑,为之未过。有可已,无可为。又何必为此等事哉?

古者采椽不砍,茅茨不剪,土阶赞尧,卑宫赞禹。儒服纪河间,乐善纪东平[13];湘州之约俭,镇西之轻财。圣帝明王所以扬盛休[14],垂后美者,端亦在是。宁府移封之初,亲至亲也,已不用琉璃;再造之,会国至富也,又不用琉璃,岂亦慕采椽,茅茨之盛,崇古尚质,示朴以垂宪,故如此也哉。今历百年,传数世,一旦无故而遽改之,孝子顺孙,所以顺祖考者,义不当是。夫前之失,后人尚讳之;前之善,后人忍改之耶?改则尽没之矣!没之非孝子,没之非顺孙,谓贤王忍为之耶!臣所谓偶未之思者也。

况性习难静易动,难俭易奢,操之犹惧或放,纵之何往不流。贤王春秋方盛,德业方始,求之身心,自有专务。而规规循常文具之间以毁蔑前人法则[15],臣未知其可。臣数侍贤王,言论多师法古。又误被礼爱独至,臣服深感切,私亦当厚。顾若无右于贤王,臣罪死。臣往年疏府第之制,以不用琉璃,美宁先王义不当以用琉璃诶。今王且小人先合后忤,君子和不尚同。臣欲爱德市义完贤名,不欲贡诶顺旨亏至孝。

孟轲曰:"齐人莫如我敬王。"臣拘儒[16],不识通变,但知报主道当如此;竭忠尽愚事陛下,道当如此。宁王静思幡悟,必有创于臣言。伏望圣明笃懿[17],亲断大义垂善处,使贤王德如纯璧,名若完瓯。毋涉吴王几杖之赐[18],叔段京鄙之求。正大明白,恩不掩义,为世世颂美,幸甚!

【作者简介】

林俊(1451—1526),字待用,号见素。莆田(今属福建)人。成化十四年(1478)进士。除刑部主事,进员外郎。性侃直,不随俗。上疏请斩妖僧继晓,并得罪中贵梁芳,谪姚州判官。弘治元年(1488),擢云南副使。五年,调湖广,后起南京右佥都御史。正德时,进右副都御史,巡抚江西、四川。世宗即位,起工部尚书,改刑部。朝有大政,必侃侃陈论,持正不避嫌。嘉靖二年(1523)致仕。卒,谥贞肃。有《见素文集》《西征集》。

【注释】

[1]引钱:税钱。按:此句侧有"此虽一事,亦以逆折奸萌"。

[2]惇叙:犹推崇,尊勉。

[3]巽言:《论语·子罕》:"巽与之言,能无说乎? 绎之为贵。"后因以"巽言"谓恭顺委婉的言辞。

[4]迨:等到。

[5]耆壮:谓年事虽高而犹壮健者。

[6]益府:即益州(今成都)。朱元璋封其十一子朱椿为蜀献王。

[7]警虞:警惕担心。

[8]顺昌王:明朝淮王系顺昌国国君,弘治九年(1496)始封,凡四传而终。

[9]楚府:朱元璋封其庶六子朱桢为楚王,就藩楚王府(武昌)。

[10]荆府:朱瞻堈永乐二十二年(1424)获封荆王。宣德四年就藩建昌府,正统十年移蕲州。

[11]淮府:朱瞻墺永乐二十二年获封淮靖王,宣德四年就藩韶州府。

[12]坚致:坚固细密。

[13]河间:指河间献王刘德(? —前129),汉朝宗室。汉景帝第三子。景帝前元二年(前155)受封为河间(今属河北)王,国都乐成(今献县境内)。刘德修学好古,"广求天下善书",推崇儒术,立《毛诗》《左传》博士,聘毛苌为博士。死后谥献。东平:指汉东平王刘苍。刘苍建武十五年(39)受封为东平公,十七年晋封为东平王,定都无盐(今山东东平县东)。永平五年(62)正式就国,朝廷修礼乐,定制度,苍都主持其事。帝每巡狩,苍常留都。寻上疏辞归。帝赏问:"处家何等最乐?"苍答:"为善最乐。"

[14]盛休:盛美。

[15]规规:浅陋拘泥貌。

[16]拘儒:谓固执守旧、目光短浅。

[17] 笃懿:敦厚美好。

[18] 吴王:指刘濞(前215—前154),西汉诸侯王。刘邦侄。封吴王。他在封国内扩张势力,渐渐坐大。文帝刘恒令吴王太子刘贤进京。后刘贤因酒后犯上,刘启(即汉景帝)将其打死。刘恒令送刘贤遗体还吴国。刘濞恼了,又将其送回京师。从此,刘濞衔恨在心,称病不朝。时任太子刘启家令的晁错认为刘濞"于古法当诛"(《史记·吴王濞列传》)。刘恒于心不忍,赐以几杖,许其不朝。刘启即位,采纳晁错建议,削夺王国封地。刘濞以诛晁错为名,联合楚赵等国叛乱,史称"七国之乱"。后被周亚夫击败,刘濞被杀。叔段:指公叔段,又称共叔段。东周春秋时期郑武公的儿子,郑庄公的弟弟。其母亲武姜生长子庄公时难产,生二儿子叔段时却很顺利,因此她喜欢叔段而不喜欢庄公。郑庄公当了郑国国君后,公叔段与武姜勾结,不断扩张自己的势力,"请京,使居之,谓之京城大叔。"(《左传·隐公元年·郑伯克段于鄢》)并准备袭击庄公。庄公获悉后派兵讨伐。公叔段大败,逃到共,称为共叔段。

重修北镇庙记

明·王宗彝

【提要】

本文选自《锦州府志》(辽海丛书本)。

北镇庙位于辽宁北镇市境内的医巫闾山(简称闾山),为道教庙宇。始建于隋文帝开皇十四年(594),时称医巫闾山神祠,金、元、明、清各朝代多次重修和扩建。

中国古代,历代皇帝均有祭祀天地山川的活动。因此,就把一些表示疆土或行政区划的名山封为"五岳"或"五镇"。宋太祖赵匡胤最先钦封沂山,元朝成宗大德二年(1298),封今山东临朐境内的沂山为"东镇",随后有东镇沂山、西镇吴山、中镇天柱山、南镇会稽山、北镇医巫闾山,所谓"五大镇山"之说。

《周礼·职方氏》云:东北曰幽州,其山镇为医巫闾。故医巫闾山为中国北方之镇山。医巫闾山受到历代王朝不断地尊崇、加封,明初改封为"北镇医巫闾山之神"。

但北镇庙"元季值兵燹,止遗正殿三间。我太祖高皇帝洪武二十三年,寝殿之南建瓦屋三楹",以后不断营缮。成化戊戌(1478),镇守太监常朗进庙拜谒,告巡抚陈谦,"凡殿宇及左右司门墙之属,腐朽者撤而易之,倾斜者扶而正之,损者修之葺之,废者营之补之",重修"落成于成化癸卯(1483)夏四月",北镇庙焕然一新。

现存的北镇庙是我国五大镇庙中唯一保存完好的镇山庙,建筑保持着鲜明的明清风格。

北镇庙的建筑依山势排列,由南向北层层升起,主要建筑均位于中轴线上。庙前正中是一座六柱五楼式牌坊,两旁各立有一石兽。拾级而上,是歇山式三券洞山门,门额下中刻"北镇庙"三字。进入山门登上20级台阶为神马殿。过神马殿,往北是一个高大的月台,绕以雕工精细的石栏杆,主要建筑都在月台之上。从南向北依次为御香殿、正殿、更衣殿、内香殿、后殿。大庙正殿,面阔五间,进深三间,歇山式大木架结构,上盖绿瓦,雕梁画栋,古朴典雅,为举行祭祀大典场所。殿内北部中央的神坛上供有一尊"北镇山神",东西两侧的墙壁上绘有明代开国元勋32人的画像。后殿是山神夫妇的内宅,规模仅次于正殿,殿内有山神夫妇及童男童女塑像。北镇庙的西北角有一块状如屏风的天然巨石,名为"翠石屏"。整个建筑群规模宏大,气势雄伟。

北镇自建成庙以来,历年帝王都在此举行设祭祀活动。庙内存留元代以来的告祭碑、修庙碑记、题咏刻石共56通。其中,元碑12通、明碑16通、清碑28通。

1988年,北镇庙被公布为第四批全国重点文物保护单位。

舜即位,分冀医无闾之地为幽州。于时,分州十二,各封一山以为一州之镇,医无闾山即幽州之镇也。

按书传及职方氏[1],俱作"无",后变"无"为"巫"。考之《广宁志》[2]云:"山在城西五里,庙在山南。"今验地里[3],城西五里。无山。又云:"清安寺即今观音阁,在闾山内,去城十二里。"今阁入山仅二里许,则是山距城十里,与今地里步数正合。而《志》云"五里"者,传写之讹也。今庙在山之阳,去山五里四分里之一,距城三里四分里之三。

唐开元中封山神为"广宁公"[4],金加封为王,以闾山密近邦畿。大德间加封"贞德"字,岁祀,与岳、渎同[5]。元季,值兵燹,止遗正殿三间。

我太祖高皇帝洪武二十三年[6],寝殿之南,建瓦屋三楹,左右司各一间。别于庙东建宰牲亭、神库、神厨各三间,缭以垣墙,春秋命有司致祭。太宗文皇帝永乐十九年[7],特勅所司撤其旧而创构前殿五间、中殿三间、后殿七间,殿前又构御香亭五间,以贮朝廷之降香[8]。通为一台,高丈余,周凿白石为栏。后殿前左右各建殿五间,前殿前东西各建左右司十一间。又建神马门及外垣,砖甃朱门,通二层。入门以渐而高,就地势为之也。

历岁滋久,鸳瓦日脱[9],椽木渐朽,檐宇倾垂,梁栋敧斜。每遇霖雨,浸及神座。先是,守臣以边事旁午[10],不暇及此。成化戊戌[11],镇守太监常朗自开原迁此。到任三日,谒庙睹之,惕然不宁[12],谓前巡抚陈公钺、总戎侯公谦[13]曰:"吾辈奉命守是,方为神人所依。今一方山镇之神,庙坏弗安,则镇守之臣岂得自安乎?是当急为修葺也。"二公是之。

于是,命官董其事,鸠工市材。凡殿宇及左右司门墙之属,腐朽者撤而易之,倾斜者扶而正之,损者修之,葺之,废者营之,补之。又得监枪监丞洪义、总储郎中金迪协守,参将崔胜咸加赞襄之力[14],财用不取所司,工力不劳军士。经始于是年秋九月,落成于成化癸卯夏四月[15],庙貌焕然一新。

告成之日,太监与总戎请余记其事,以垂于后,用是记之。

【作者简介】

王宗彝(？—1516),京师(北直隶)束鹿人(今河北辛集)。成化二年(1466)进士,授户部主事。五年,替父王文陈冤,宪宗皇帝予以平反,特进其父为太保,谥毅愍。王宗彝历任户部郎中、都察院右金都御史、兵部右侍郎、南京礼部尚书等。卒谥安简。

【注释】

　　[1] 书传:典籍,著作。职方氏:周代官名,掌天下地图与四方职贡。

　　[2] 广宁:今辽宁北镇市旧称。《广宁志》为元代所修方志,已亡佚。

　　[3] 地里:两地相距的里程。

　　[4] 开元:按,唐玄宗封医巫闾山为广宁公在天宝十年(751)。后来宋、辽、金各朝皆封为广宁王。

　　[5] 大德:元成宗年号,1297—1307年。岳、渎:指五岳、四渎。

　　[6] 洪武二十三年:1390年。

　　[7] 永乐十九年:1421年。

　　[8] 降香:即"降真香"。香名。其香似苏枋木,烧之烟直上,能入药。传说能降神。亦名鸡骨香、紫藤香。

　　[9] 鸳瓦:即鸳鸯瓦。

　　[10] 旁午:亦作"旁迕"。交错,纷繁。

　　[11] 成化戊戌:1478年。

　　[12] 惕然:忧虑貌。

　　[13] 总戎:(军队)统帅。

　　[14] 赞襄:辅助,协助。

　　[15] 成化癸卯:1483年。

扬州府钞关重修浮桥记

明·储瓘

【提要】

　　本文选自《古今图书集成》考工典卷三二(中华书局　巴蜀书社影印本)。

　　钞关是明代内地征税的关卡。明政府为疏通钞法而设钞关,因起初以钞(纸币)交税,故称钞关。

　　《明史》载:"宣德四年(1429),以钞法不通,由商居货不税。由是于京省商贾凑集地市镇店肆门摊税课……悉令纳钞。"钞关隶属于户部,税收多用以支付军事抚赏费用。前后设有十三所。宣德时,设关地区以北运河沿线水路要冲为主,包括漷县关(正统十一年移至河西务)、临清关、济宁关、徐州关、淮安关、扬州关(在今江苏江都市)、上新河关(在今江苏南京)。景泰、成化年间,又在长江、淮水和江南运河沿线设置金沙洲关(在今湖北武昌西南)、九江关、正阳关(在今安徽寿县)、浒墅关(又名苏州关,在今苏州许关镇)、北新关(在今浙江杭州)。钞关几经裁革,万历六年(1578),尚存河西务、临清、九江、浒墅、淮安、扬州、杭州七关。崇祯时,又在芜湖设立钞关。

扬州在"城之东南七十里"的茱萸湾设钞关收税。"继而,河屡塞,关仍旧而浮桥则故所无也。"弘治庚戌(1490),杨通判玘始创浮桥,至正德辛未(1511)陈德阶上任时已经圮颓不堪了。陈从讼聚案子所收银两中拿出资金,"鸠工庀材,代木抵堤为梁","四梁四舟于其间",架起浮桥,货物卸载方便了,船税征收也方便了。

钞关征收的船税以载运商货之船户为征课对象。初期按运送路程之远近和船舶大小长阔不同分等称船料,估料定税。宣德四年(1429)规定,南京至淮安、淮安至徐州、徐州至济宁、济宁至临清、临清至通州各段均每一百料纳钞一百贯;自北京与南京间的全程,每一百纳钞五百贯。后又以估料难核,改为计算梁头广狭定税,其标准自五尺至三丈六尺不等。成化十六年(1480),各钞关岁收钞2 400万贯,当银12万两。嘉靖至万历初,岁收银大体维持在23万两左右。万历中期,明神宗朱翊钧大肆搜刮,钞关税收大幅度上升,至二十五年上升为335 500两。天启元年(1621)又猛增至52万两,是万历二十五年前的两倍。

清朝雍正年间始,钞关已无收税指标。当时钞关在运河岸上建屋数间,以观望河上行船动态,河面设浮桥,桥上常有收税人员巡视,无论是瓜州还是仪真来的实载货船,都必须按船纳税。随着人口增加、物流畅达和商业的繁荣,钞关一带康乾时期渐渐成了扬州最热闹的地方。

需要指出的是,明清时期,各钞关均为朝廷的派出税务衙门,其权力不受地方政府约束,但中央政府往往也鞭长莫及,因此钞关官员贪污腐败便是家常便饭。陈邦贤《自勉斋随笔》载:"扬由关设了一个关监督,几个月就要换一个人,就是因为此职太肥了,它有瓜洲、扬子桥、三汊河、湾头、白米、海安、立发桥、柴湾这许多分关,每一分关里有一个主任,一个税务员,一个督扦,一个会计,这是官员;还有无数的扦手和巡差,他们的位置是世袭的,永远子孙为业。关老爷在每一个地方,非常阔绰,终日花天酒地,因为冤枉钱太多了。一个督扦站在人家的船头上,老于弄船的,便以一张红纸,封了两个银饼,上边还写一个'茶敬',暗中送给他,那督扦便笑嘻嘻说道:'所报是实。'那关主任和税务员也就放他过去了。到了晚间,会计员是一个分赃的主管者,关主任得十分之六,其他的平均分配。胥吏差役,另有勾当……"

扬州旧有"一关二盐务",意谓钞关最富,盐务还在其次。民国时期,随着现代会计制度逐渐健全,扬州钞关关吏的不法行为才逐步得到遏制。

扬州府钞关肇建城之东南隅,东七十里有河曰:白塔。江淮之舟私焉,以其无所御也,乃徙茱萸湾以榷之。既而,河屡塞,关仍旧而浮桥则故所无也。

弘治庚戌,杨通判玘署征事,始创之,公私以为便。议者又谓"关利博而事殷,非京官鲜克胜任"?于是,南京户部移主事一人往莅之。主事者,非久任,视关梁如传舍[1],或颓败辄苟完之[2],岁满得代去则已。因仍渐积[3],桥之不治盖久矣。

正德辛未春,陈主事德阶来视,桥益坏。喟然曰:"关与梁相须于此,不亟治,废将愈甚。"询诸父老,咸曰:"然。"乃因缮于讼^[4],鸠工庀材,杙木抵堤为梁者,四梁四舟于其间。凡长若干尺,广半之。作坊于右,榜曰:"通济。"树碑于左,筑一亭焉。

经始是年三月丁巳,讫工五月戊寅,甫三阅月而告成。腐者新,挠者直,车徒以通,开阖以固。栏承楯箼^[5],翚飞翼舒。扬人曰:"壮哉此桥!是宜有记。"使来泰征于予。

予闻之,杠梁陂泽皆先王之政所,不遗时,徼诸民。故其教曰:"雨毕而除道,水涸而成梁。"单襄公过陈火觌矣,而川无舟梁^[6],叹其教废而亡国;郑子产听政,以其车济人于溱洧,君子惜其惠而不知为政^[7]。盖其所系若此,顾世之庸俗吏,弗以为先也;若德阶者,可谓力行先王之政矣。

或曰:"是役也,职乎征而兼乎涉,讥而不征亦王政也。"无乃偏废欤!巁曰:"政也,此事之不可猝复,而德阶势有所不逮者也。今夫竭天下之财赋以供国家之岁费,计漕廪常患于不给,脱不幸方数千里有凶荒札丧、师旅之变^[8],亦何以馈恤之?征之于民固不若征之于商之为愈也。惟扬为江淮之冲,商贾之会,关于斯,梁于斯,殆不得已焉。尔司征者,第平其政曰:'是为佐百姓之急而已,吾何与焉?'若然,虽权舆于元符,附之先王之政,可也。然则,王政猝不可复欤?"曰:"贤良文学,汉廷盐铁之议^[9],其略斯睹矣,得其人时宜而损益之,奚不可也。

德阶名墀,闽县人^[10]。家世宦学,蔚有材谞^[11],方向用于时。姑为之记,俾后来得以考其绩,嗣其成焉。

【作者简介】

储巁(1457—1513),字静夫,号柴墟,明南直隶泰州(今江苏泰州)人。成化二十年(1484)二甲进士第一,时称传胪。授为南京吏部考功清吏司主事,历南京吏部考功清吏司署郎中主事,考功清吏司郎中、太仆寺少卿、太仆寺卿、都察院左佥都御史总督南京粮储、户部右侍郎、户部左侍郎总督北京粮储等。储巁一生为官清正廉明,秉公行事。

【注释】

[1]关梁:关口和桥梁。传舍:古时供行人休息住宿的处所。

[2]苟完:大致完备。

[3]因仍:犹因袭,沿袭。

[4]因缮于讼:指从诉讼官司中筹集修桥资金。

[5]箼:音 zào,排列。

[6]单襄公:东周定王大臣。其预言屡中,其中包括预言陈必亡。《国语·周语中》:定王使单襄公聘于宋。遂假道于陈,以聘于楚。火朝觌矣,道茀不可行也。侯不在疆,司空不视涂,泽不陂,川不梁,野有庾积,场功未毕,道无列树,垦田若蓺,膳宰不致饩,司里不授馆,国无寄寓,县无旅舍。民将筑台于夏氏。及陈,陈灵公与孔宁、仪行父南冠以如夏氏,留宾不见。单子归,告王曰:"陈侯不有大咎,国必亡。"火:二十八宿中的心宿,又叫商星,是一颗恒星。觌:音 dí,见。此指夏历十月。十月时,心宿早晨见于东方。

[7]子产:子产听郑国之政,以其乘舆济人于溱洧。孟子称其"惠而不知为政"。典出《孟子·离娄》。

[8]札丧:因疾病死亡。

[9]盐铁之议:始元六年(前81)二月,汉昭帝下诏命丞相田千秋、御史大夫桑弘羊召集郡国所举贤良文学,询问民间疾苦所在。贤良文学与桑弘羊意见不一,他们就汉王朝的内外政策进行了辩论,史称盐铁之议。在盐铁会议上,双方辩论的主要内容:贤良文学认为民间疾苦的根源在于国家经营盐铁等经济事业,提出废除盐铁、酒榷、均输官。桑弘羊反对这一主张,坚持推行盐铁官营等。对匈奴的政策,贤良文学主张偃兵休士,厚币和亲。桑弘羊则认为只有通过战争才能阻止匈奴的侵扰,保证汉王朝的安全。关于施政方针和治国的理论思想,贤良文学主张德治,认为行仁政就可以无敌于天下。桑弘羊反对德治,主张法治。西汉桓宽编撰的《盐铁论》详细记载这次盐铁之议的情况。

[10]陈墀(1463—1530):字德阶,号仅窗。福建闽县人。弘治乙丑(1505)进士。授东莞令,之官止一仆。旧有引钱,令皆私入之,墀悉却不取,以之入库以充贫民典女赎费。后升户部主事、郎中,官终贵州按察司副使。

[11]材谞:才智。

靖江县造县岁月记

明·张汝华

【提要】

本文选自《古今图书集成》职方典卷七二二(中华书局　巴蜀书社影印本)。

"扬子江中有地曰马驮沙……东西可五十里,南北可二十里,居民版籍五十有五。"但因为孤悬波涛之中的马驮沙"周围风波不时,居民往来舟楫阽危",于是巡抚大臣在成化辛卯(1471)奏准设置靖江县。

第一任知县张汝华在这年的十一月到任,他面临的任务是在一张白纸上造县城。第二年春二月"梓工戒始",首先造的是县衙大堂,接着学官、监察院、城隍庙、公馆及迎接亭、仓廒、各类祭坛、各斋房及存恤院、浚河修城:忙活了三年,造成房屋大小二百八十一间,二十四厦,池一口,井五口,板桥八所,并筑内外墙垣九百七十丈。

有意思的是:刚开工时,木料未至,马驮沙的南岸风潮逐来了松木;快竣工时,木料不够,水流又带来了一十七株木材,"此又天之所以默相其成,以福我邑之民。"

扬子江中有地曰马驮沙,盖江源万里,数道之水一汇而注于海。至是海近,潮势汤汤,江阔数倍,水岐而复合,中积成沙洲,适居水之中央。东西可五十里,南北可二十里,居民版籍五十有五[1],岁征粮斛二万五千赢。旧隶常之江阴。

成化辛卯,巡抚大臣以周围风波不时,居民往来舟楫阽危[2],奏准开设靖江县于沙之东土城,除授县学正、佐等官。汝华于是年十一月廿八日来任,维时土城内皆麦陇,高低沟洲衡缩,只有耕氓草屋四五区而已[3]。姑即氓屋视事,相地累基,召匠估计。□关草厂于城之北隅寓居之,以便督役。

越明年壬辰春二月十八日甲寅,梓工戒始。五月廿四日庚申,竖县堂。秋七月十七日壬子,竖学宫。又明年癸巳夏四月十九日己卯,竖察院总铺。秋八月三日壬戌,竖城隍神庙。冬十一月二十日丁未,竖公馆及迎接亭、仓廒[4]。十二月初六日壬戌,营各坛。又再明年甲午仲冬,始行文庙,释奠礼及坛祀。三月廿七日壬子,竖各斋房及存恤院。至冬十月十三日辛未,浚河修城。十一月廿一日癸酉,厥功告成。

计房屋大小二百八十一间、二十四厦,池一口,井五口,板桥八所,内外墙垣九百七十丈。本府先后给发到料价及油漆、彩绘、妆塑等价共白金五千三百七十一两二钱九分三厘一毫,放支工价食米六百一十二石六斗七升四合。其官物出纳之际,天地鬼神临之。若夫事之克成,则有赖于上官之严督与下诸执事之效劳也。

方经营之初,木料未至,有松木大而长者二株,短而方者二十七株,风潮逐于沙之南岸,得之以资乎始。及事之将完,木材有阙,复有大木一十七株飘集于沙之北岸,资之以成其终。此又天之所以默相其成,以福我邑之民。

第以碑石未立,恐遂遗忘,庸书其概[5],揭于楣间,以志岁月。其或营建未备,及有隳坏者,则有望于后之贤人君子随时增饰而修葺之,以期胜于今日。

【作者简介】

张汝华,生卒年月不详。怀安县(今属河北)人。明成化七年(1471),以举人首任靖江知县。张即利用伪吴将朱定、徐太二兵寨旧址作为土城,暂用民房视事。经过 3 年的努力,主持建造了县堂、学宫等设施,又疏浚城河,修筑城墙,使靖江城初具规模。成化十二年,离职回家守孝。靖江百姓感戴他的功绩,先后将其祀于三贤祠、贤侯祠,春秋祭奠。

【注释】

[1]版籍:户口册。

[2]阽危:面临危险。阽:音 diàn,临近边缘(危险)。

[3]耕氓:指农人,乡民。

[4]仓廒:储藏粮食的仓库。

[5]庸:平常,不高明。

游 茅 山 记

明·都 穆

【提要】

本文选自《天下名山游记》(上海中央书店 1936 年版)。

茅山是位于江苏省的一座道教名山,为道教上清派的发源地,被道家称为"上清宗坛"。

相传汉元帝初元五年(前 44),陕西咸阳茅氏三兄弟来茅山采药炼丹,济世救民,被称为茅山道教之祖师。后齐梁隐士陶弘景集儒、佛、道三家创立了道教茅山派。唐宋以来,茅山一直被列为道教的"第一福地,第八洞天"。

东晋兴宁二年(364),杨羲、许谧、许翙制作了《上清大洞真经》,在茅山创立了别具江南特色的教派——茅山上清派;南朝齐梁著名道士陶弘景隐居茅山 40 余年,为茅山上清派的主要传承者。茅山道教,在中国道教史上享有很高的声望和地位,曾赢得了"秦汉神仙府,梁唐宰相家"等称誉。唐宋年代茅山道教达到了鼎盛时期,前山后岭,峰巅岭间,宫、观、殿、宇等各种大小道教建筑多达三百余座、五千余间,道士数千人,有"三宫、五观、七十二茅庵"之说。

乾元观、九霄万福宫、元符万宁宫、仙人洞、喜客泉是茅山道教建筑、景观的主要组成部分。

乾元观是茅山道教圣地"三宫五观"之一,传说其地曾是陶弘景建"郁岗玄洲斋室"炼制丹药处。唐天宝年间(742—756),李玄靖居此,敕建"栖真室"及"会真""候仙""道德""迎恩""拜表"五亭。宋天圣三年(1025),赐名"集虚庵",继改观名为"乾元观"。元代,有房屋 800 余间,主要建筑有宰相堂、松风阁、太元宝殿、玉皇殿、斗母楼、灵官殿,东、西拜堂等。日寇入侵时,此观毁于战火。

九霄万福宫,又称九霄宫、顶宫,坐落于大茅峰顶。该宫始建于汉代,石坛石屋,塑三茅真君石像。齐梁间易为殿宇。元延祐三年(1316),敕建赐额圣祐观,专祀茅盈。明万历二十六年(1598),敕建殿宇,赐名"九霄万福宫"。九霄宫坐北面南,极盛时宫内有藏经、圣师二楼阁,太元、高真、二圣、灵官、龙王五殿堂,毓祥、绕秀、恰云、种璧、礼真、仪鹄六道院,左右两侧道舍、客堂等建筑百余楹。此建筑群毁于太平天国及抗战时期。

元符万宁宫初名潜神庵,后易名元符观,今称元符宫,全称元符万宁宫,简称印宫。宫后为"潜神庵",系茅山上清第 25 代宗师刘混康修炼之地。元祐元年(1086),哲宗赵煦皇后孟氏误吞尖针,卡在喉中,医莫能出,刘混康闻之,用茅山道教秘传符箓与丹药催吐,出尖针,哲宗赐刘混康号为"洞元通妙法师",又召住京城上清储祥宫,并于绍圣四年(1097)敕江宁府在"潜神庵"的基础上建造元符宫,以供其修炼,历时九载建成,敕为"元符万宁宫"。前是睹星门,正中有天宁万福殿,以祀三茅真君；左有玉册殿，右有九锡殿，东庑景福万年殿，祀皇帝本命星宿神像，西庑飞天法轮殿，藏朝廷恩赐茅山之道经；又有宝箓殿、北极阁、万寿台、九层台、宗坛祠、句曲山神祠、广济龙王祠、本宫神护圣侯祠、本宫二使者灵右灵护侯祠与三素、九真、众妙、大有、震灵五神堂及东秀、西斋、观云、启明、林隐、勉斋、栖斋、东斋、乐泉、觉秀、云林、真隐、监斋十三道院等，后为刘混康早年所筑潜神庵，"总四百有余区，高明杰大，工尽其技。金碧丹垩之侈，萤煌昭烂于崇岗秀巅之上。烟霞霏微，草木葱郁；望之若神，莫中图写；即之肃若云车，风焉往来于空旷有无之间，不可得而知也，可谓盛矣！"朝廷还敕江宁府发兵200人，供元符宫等道教宫观巡逻洒扫，专立兵营拱辰寨驻防保卫，盛极一时。

崇禧万寿宫是茅山宫观建筑群中最早创建者。初建于南朝梁，名曲林馆，后为陶弘景之华阳下馆。《茅山志》卷十七载："崇禧万寿宫在丁公山前。隐居（陶弘景）华阳下馆。"明弘治《句容县志》卷五："南唐升元（937—942）初重建。宋祥符元年（1008），因祈祷改名崇禧观"。至宋哲宗时，"岁月因循，屋颠而不持，檐故而不革，圮废而不兴，垣颓而不作"。何君表倡议重新之。据张商英《江宁府茅山崇禧观碑铭》所记，重修后的崇禧观为：南面建三门，先玉皇殿，次三清殿，次北极殿，左本命殿……（《道藏》第5册）。南宋建炎四年（1130）复废于火，绍兴（1131—1162）中再创。元延祐六年（1319）诏升观为宫，改今名。史料载，该宫盛时，有殿十二座，其名为：复古、威仪、四圣、葆真、三茅、天师、南极、玄坛、东华、三清、七真、三官等。顺帝至元二年（1336）火灾，"高栋广宇，峻极崇台皆化荆榛瓦砾之场"。明正统十四年（1449）重建，景泰四年（1453），三清殿告成，"以间计者七，以高计者六十六尺，以广计者九十六尺。而金碧辉映，盖不减于昔"（引自《道家金石略》1259页）。至清末，此宫尚存。1938年9月，被日寇焚毁。现当地正筹划重建。

岁癸亥四月辛丑[1]，予至句容，将游茅山。同年张汝敬适宰是邑，乃相以舆马[2]。

出句容东南门，迤逦而行[3]。地多隆洼[4]，兼之久雨新霁，值泥淖，有没股者[5]。二十里，就民庐小憩。东行十五里，至蔡墓村。又五里，经土地祠，俗谓之五里庙。自是五里，抵山麓。

山有三峰，最高者为大茅峰，草被之，其绿如傅[6]，而茂树清泉，复相映带。予神情飞动，命舆夫疾行上山。

二里，至崇禧万寿宫。其东有东西楚王涧，自华阳洞西，三水合流，趋宫之前。相传昔楚威王游憩于是[7]，沈灵官清缘率道士出迓[8]，宫盖梁陶贞白华阳下馆[9]。入门有崇台三级，甃石坚致[10]，名拜章台，宋徽宗时物。宫又有陶贞白、王远知祠[11]。远知，贞白弟子，其教所谓正法主者是也。

坐方丈啜茗，予欲登大茅峰。灵官云："峰去此十里。"遂假其软舆，出宫东行。折而南，约五里，道始石级，跻陟颇艰，舆非挽不得上。里许，舍舆而徒。经朝山亭，复上，憩半山土地祠。峰至是，登已四里，去巅不远，殆不止于半也。又上，缘崖而行，道益峻险。金坛诸山，远列云雾，竦慄不暇顾[12]。随行两童，为道士，各持瓦数片，谓可以获福，雀跃而至，若角健者。予哂之，戒无失足。

一里圣佑观,据峰之巅,大茅君升仙处也。观北稍上,平石为天市坛。道士云:"永乐中,于此五埋玉简。"左稍下则龙池也,池不甚广,小黑龙十数,游其中。取视之,长仅三寸,昂首四足,目睛烂然,腹有丹书,而无牡牝,盖蜥蜴类也。宋祥符间[13],尝遣使醮祭,缄二龙于器,将献之阙下,中道风雨,惟存其一,御制诗送之还山。洪武中,亦命取入宫,五失其四。每岁旱,祷雨辄应。今与山之神,同著祀典。重五日祀山神[14],而龙则以惊蛰,皆县官亲祀。

下东北半里,阅喜客泉。甃以石,圆径丈,深可半寻。众鼓掌,即涌沸,津津如散珠;否则湛然[15]。山复有抚掌泉,在昭明读书台下[16],与此泉同,诚异迹也。

涉涧东折数百步,二碑屹立草中:其一宋景祐间[17],赐观额敕牒;其一晏元献《五云观记》[18]。

又东百步,至华阳洞,道家谓三十六洞之八。周百五十里,名金坛华阳之天。上巨崖如削,有"华阳洞"三大字,旁多昔人题名。洞旧塞于泥,近,道士通之。外两石相拒,状如掀唇。后人累甓为垣,以防失足。而复亭其上,以俟游者。

自其左,循石级俯首而入。崖前点滴,下多积水。数丈,泥仍塞,不可以前。盖洞有五门,此南面之西便门也。洞又东下数百步,有石柱洞,口偪仄[19],容仅一人,予疲不能入。东北道多乱石,经仙人洞,西折历马迎街。

度石梁,上元符万寿宫。宫,陶贞白故宅,中亦有拜章台。坚致不逮崇禧,台之右二碑,刻宋理宗"圣德仁祐之殿"六大字,并前元赐印剑、环山省札[20]。

登方丈,茅峰当其前。还崇禧已暝,沈灵官开晏,言岁庚戌三月之望辰刻。三茅君现形大茅峰西,足蹑祥云,金光绕身,食顷而散,见者几百人。或曰:"茅君现形,其衣皆云气所为,无眉目也。"

夜深宿方丈左室,闻窗外声澎湃溯滂[21],飘忽飓激,如秋江怒涛,又如大将之师,万马奔腾,千里骤至。予意是日热,必大雨,虞其妨游,揽衣起,徐耳之,盖松风云。山空人寂,境乃如是,宜陶贞白之爱听也。

癸卯,经茅君殿,其北墙上,有道士书周天蟾《茅山赋》。天蟾,元季金陵人。博学多伎能,然赋无甚奇,读数语即去。既而,沈灵官偕至方丈,观宋徽宗赐元符宗师玉印。方三寸许,其色苍润,文曰:九老仙都君印。篆刻精妙,非今人可及。元符有法剑一,亦徽宗所赐,与印皆镇山之宝也。

早食,沈灵官陪余出山,一里入崇禧观,其右王法主墓。摄衣欲登,而阻于行潦。墓前三石表,犹是唐物,与今之制绝异,左表中断,道士读以新石。

北折几三里,有古松千株,殿角出其中者,祠宇宫也。宫祠三茅君道祖,有唐刻石。北折五里,草际遗断碑一,石羊二。其一羊已无首,碑字大数寸,其仅存者云:宗玄翊教陶隐居瘗剑之地。上数百步,拜真白墓,败垣荒草,上老树欲压,元刘宗师大彬刻石表之。

一里至玉晨观,即所谓金陵地肺,天下第一福地者也。东晋阳义许长史父子,并于此得道。其前池曰雷平,真诰谓昔雷氏养龙之所。后人讹为郭真人养龙池,非也。池之南为伏龙冈,上有唐玄静先生李含光墓[22]。不及登。观门列石,古桧十四,传为许长史手植,大逾合抱,纹皆左纽,若出人力。此可以观造化之巧。近一株瘁仆,人割其皮以去。道士云:"左纽桧不止是,三清殿前凡六,老君殿前凡二,藏殿、茅君殿后,皆有其一。予平生见树之奇古者,惟常熟之七星桧,钱唐之九里松,及此而已。七星桧植于梁,九松植于唐,寿咸逊左纽下,视宋元之木植孙曾耳。"视东桧下,有古井。石阑刻字,已半漫剥[23]。摹读数四,逆之以意,始辨其字云:"晋许真人丹井,梁天监十四年重开,十六年安阑。今道士呼为陶公丹井,岂以其重开而误耶?"观之两庑及庭,古碑二十有五。其间梁刻者一,唐刻者六,南唐刻者二;余所最爱,则陶真白、许长史碑、颜鲁公、玄静先生碑暨李阳冰篆[24],余皆宋刻,不能悉读。

登白马老君殿,前有周真人池,其水已涸。老君象后龛,仙人展上公像。《山志》称:"上公,高辛时人。"不知其何据。刘大彬题板,谓"因汉象增饰之",亦未必然也。

午饮方丈,闻法堂东有阴阳井,及观之,井二穴而共一水,以其气分寒燠[25],故名。道士云:"此许长史旧迹,饮之可以愈疾。"未刻,离玉宸,与沈灵官别。

【作者简介】

都穆(1458—1525),字玄敬,一作元敬。吴县(今江苏苏州)人。7 岁能诗文,及长,遂博览群籍。弘治十一年(1498)中进士,授工部主事,历礼部郎中至太仆少卿致仕。好学不倦,遍搜金石遗文,拓印缮定,作《金薤琳琅录》20 卷。又富藏书,每得异本,好夸示,以之为乐。有《周易考异》《史补类抄》《寓意编》《铁网珊瑚》《吴下冢墓遗文》等。

【注释】

[1] 癸亥:弘治十六年(1503)。

[2] 舆马:车马。

[3] 迤逦:缓行貌。

[4] 隆洼:亦作"隆洼"。高下不平。

[5] 股:大腿,自胯至膝盖部分。

[6] 傅:附着,使附着。

[7] 楚威王(前? —前 329):战国时期楚国国君。一生以恢复先祖庄王霸业为志,念念不忘让楚国再冠群雄之首。旧说楚威王七年(前 333)打败越王无疆,尽取吴地,在长江边石头山(今清凉山)上建立金陵邑(南京城)。宋代有"威王埋金"的传说,楚威王觉得南京"有王气",吩咐在龙湾(今狮子山以北的江边)埋金。楚威王七年(前 333)大军伐齐,与齐将申缚战于泗水,进围徐州,大败申缚。楚国的势力至此不仅直推泗水之上,更扩张到长江中下游的广大地区。楚威王的声望,显赫一时。

[8] 出迓:出外迎接。

[9] 陶贞白:即陶弘景。

[10] 坚致:坚实细密。

[11] 王远知(528—635):原籍琅琊临沂(今属山东),后徙扬州。又名远智,字广德。年十五,师事陶弘景,得上清派道法。游历天下,后归隐茅山。专习辟谷休粮、上清道法。陈王诏入重阳殿,在山宣扬法味,开度后学。隋开皇十二年(592),杨广据扬州,厚礼敕见。大业七年(611),隋炀帝召见,亲执弟子礼,问以仙道事。炀帝归朝,扈驾洛都。唐太宗为秦王时,亲授三

洞法箓于官邸。太宗即位,以疾固辞还山,时人称为"王法主"。敕于茅山造太平观居之,未毕,卒。史称年 126 岁。高宗调露二年(680)追赠太中大夫,谥升真先生。则天武后嗣圣元年(684)追赠金紫光禄大夫,改谥升玄先生。著《易总》十五卷。事见《旧唐书·隐逸传》。

[12] 竦慄:亦作"悚栗"。恐惧战慄。

[13] 祥符:即大中祥符(1008—1016),宋真宗年号。

[14] 重五:农历五月初五日。即端午节,又称重午。

[15] 湛然:清澈貌。

[16] 昭明:即昭明太子。南朝梁萧统(501—531)。梁武帝长子,谥曰昭明。曾主持编《文选》,后世称《昭明文选》。

[17] 景祐:北宋仁宗赵祯年号,1034—1038 年。

[18] 晏元献:即晏殊(991—1055)。字同叔,抚州临川(今属江西)人。室至宰相、兵部尚书。性刚简,自奉清俭。范仲淹、欧阳修均出其门下。其诗、词、文俱佳。

[19] 偪仄:亦作"逼仄"。狭窄。

[20] 省札:古代中书各省的文书。

[21] 溯滂:音 péng pāng,风击物声。

[22] 李含光(682—769):唐代道士。江都(今江苏扬州)人。神龙初为道士,居茅山。天宝四年(745)征之,辞疾而退。七载赐号玄靖先生。

[23] 漫剥:谓因剥蚀脱落而模糊不清。

[24] 颜鲁公:即颜真卿。字清臣。京兆万年(今西安)人。唐代书法家。李阳冰:生卒年月不详。赵郡(今河北赵县)人。唐代文学家、书法家。

[25] 寒燠:冷暖。燠:音 yù,温暖,热。

新建寻甸府城记

明·张志淳

【提要】

本文选自《滇志·艺文志》卷第十一之三(云南教育出版社 1991 年版)。

嘉靖六年(1527)冬,云南寻甸、武定土司安铨、凤朝文叛乱,流劫于嵩明、杨林、木密等地,进而围攻省城。叛乱平定后,开始重造寻甸府城。在"旧治之西,逾一涧,内筑以土,外甃以甓,渐杀与土准"。新城"以丈计周五百三十有奇,尺计崇一十有九,厚二十有五,下琢石厚五之一"。寻甸城开四门,大道有四条,一纵三横……府城的格局、安排交代得清清楚楚。

接着交代选址、卜算、祭祀,"合千户所于城北坎位",知府刘秉仁便用牛羊猪各一头的大牺牲,率众僚属告始事于城隍庙,开始营造城池。

工始于二月,"以指挥王章同知府领提调,陈仲武领东门,胡绍领南门,周瑀领西门,张略领北门,苏纲领中域",筹划布置停当,给足补给、材料,申明纪律、奖惩,开始斩木、伐石、制砖、烧制石灰，张志淳笔下，寻甸府城的构筑景象一派繁忙：峙桢干，鸠编管，架庐舍，引泉以陶，浚河以运，各工种井井有条，加上主地之官"复联以什伍之法，均以老稚之宜，定以作息之节"，管理同样井井有条，府城营造的速度极快。

嘉靖十二年(1533)春，寻甸城竣工。

《读史方舆纪要》卷一一四：(寻甸)州北达川蜀，南巩会城，右邻武定，左出沾益。山水萦回，川原平衍，宜于耕稼，亦奥区也。

嘉靖十二年春，寻甸府城成，云南巡抚都御史顾公、巡按御史杨公，命布政使胡君、范君具币[1]，以按察佥事刘君状，遣使走千里授志淳，俾记诸石。

按状，城在旧治之西，逾一涧，内筑以土，外甃以甓，渐杀与土准。以丈计周五百三十有奇，尺计崇一十有九、厚二十有五，下琢石厚五之一。开四门，南曰朝宗，北曰拱辰，东曰启明，西曰宝成。凡并门及睥睨、马面、墩台皆甓[2]，令甓如城。凡甓，皆先拱土，乃椓木，木坚乃纳石，石实乃沈灰以沃[3]，俾久不陷。东南二门，犹地卑而沮洳[4]，工力数倍于西北，又开三队以泄水而注之池，池即涧水为之也。城内通衢四，纵一横三，皆达城下，前一衢，置府所与学中，因旧衢以通于西北二门；后一衢，列行台与守巡之署，而仓廪、城隍庙皆在焉。军士之屋三百四十檩[5]，徙云南前卫指挥四人、千户五人、百户十人、土军二百四十人，撮官军舍[6]，余共四千四十有奇。官皆授地宅，军皆授室屋于城内，屯田之军受田如制。民间田以旧治地易之，不足则益以官田，又不足则偿之以官价，俾各有居业。

府，旧在云南东北几二百里，外接四川，内邻武定、沾益诸夷。宋无纪，元仁德遗址在今城之东五里[7]，其迁于旧治莫考，厥时领为美、归厚二县。我朝洪武中，废县改今名，以安氏世袭知府统之。成化丙申[8]，革置。癸卯[9]，筑土为垣。嘉靖丁亥，安氏裔孙铨作乱入之，遂制嵩明、钹杨林、龈木密，脁马龙，构武定，凤朝文直逼云南，爇西门市舍，云南大震[10]。戊子三月，征兵四集，始歼之。时按察使徐君集议，谓筑城复县，立千户所[11]，以兵守之，总兵黔国沐公洎前巡抚藩皋皆是之。

乃遣按察副使欧阳君往相度[12]，归，言：旧治隘，不可城；乱后民多死徙，不可县，唯筑城置所于旧治之左何见村为宜。遂以疏闻，报可。

是戊子十月也。将事事，寻民胥怨[13]，谓村地苦硗狭[14]，又凿井不泉，害将以生，乃群诉于巡抚都御史胡公。公云："此大事也，可拂民乎？"遽命覆议，而民情牢不可破。公即以忧归，自是寝不复议者几三年矣。

辛卯五月，巡抚都御史顾公至，闻之，亟命按察佥事刘公从寻父兄子弟往质之，皆实；再引示所择今地，皆怿[15]；又别遣参议朱公往觇之，益符。遂以归报。则又有持异说以摇之者，公乃率提学佥事王君、都指挥樊泰及六卫指挥往，则寻父兄子弟已数百人迎伏道左，曰："今生我矣！"乃陟山降原，遍历旧地与何见村与新所议地，皆曰："惟兹可以永生生矣。"遂以改地之状及增汉军、监土军、设吏目、备官守泊前疏所遗者悉以闻，行征军民会役，命左布政使高君虑财用，计徒庸，输偯粮[16]。用金事刘君议,合千户所于城北坎位[17],则俾知府刘秉仁率僚属告始事于城隍庙,用牛一、羊一、豕一。

二月,役者至,则以指挥王章同知府领提调,陈仲武领东门,胡绍领南门,周瑀领西门,张略领北门,苏纲领中城,皆佐以千百户二人,给以廪饩[18],严以劝戒,申以赏罚,示以哀次[19]。乃斩木于海尾、甸沙,伐石于石湾、麦冲,陶土而埴,煅石而灰,峙桢干[20],鸠编管,架庐舍,引泉以陶,浚河以运。于是,筑之奋者、蓁者[21]、铦者、捄者[22]、舂者、甃之拱者、拯者[23]、凿者、圬者、纳石实者、沈灰而沃者[24],缮之斧者、斤者、执寻引而审面曲直者、冶者、墁者、黝者、垩者,取材之肩者、负者、异者[25],骈牛而车曳者,箄而浮舟而挽者[26],执杂役而奔走者,持旌斾而巡视者,罔不力,而主地之官复联以什伍之法[27],均以老稚之宜,定以作息之节。是故六月土城成,九月四门立。时久旱饥而始有年,役者请获稻未返,适御史杨公至,下令趣之[28],民趋归如流,城楼并作,公私咸备。前所命都指挥金章、冯立,各率所统毕至。

越癸巳二月,甓城讫工。是故,金汤言言[29],兵卫严严,物类喤喤[30],民心杆杆[31],妇女愉愉[32],老稚䜣䜣[33],夷狄睢睢,士庶修修[34]。大山长谷离逖之氓,趋观仰叹者,粥粥而冯冯矣[35]。计役日二千人,历一年又一月,共人八十万,米一万二千石,羡余四千两[36]。灵兹惟顾公始之[37]、中之、终之,亦惟左布政使范君,按察使蒋君,参政祝君、谢君,副使初君辈先后殚心协力,故期年之间而地为改观,人为更新,夷为奢服[38],治为兴起,郡为增重,而气化人事交孚以升也[39]。

状之所具如此,志淳第撮其概以书,而于其叙功绩之详、谋猷之远、经画之细、悦以使民、忠以为国之懿,尚弗克尽也。独念成化丁酉志淳试场屋,策问寻甸之乱,莫可谁何。朝廷创设巡抚,选极名臣而隆其任,乱本始拔。今未五十年,而产祸滋大。顾如此,无亦是务乎?夫恃斯城者怃[40],忽斯役者慆[41],远斯土者盘,夷斯民者荒,均非所以久之也。鉴往而惧,承今而惕,心为民之心而不渝于久,此则诸公所同愿,寻民所同仰,亦天人所同归矣。高朗显融,令闻长世,奚翅光照于兹石[42]!

【作者简介】

张志淳(1458—1538),字进之,号南园,云南保山人,一作江宁(今南京)人。成化二十年(1484)进士,正德四年(1509),为南京工部右侍郎。五年,晋南京户部右侍郎。因牵刘瑾党案,六年,被勒致仕回原籍,从此退出政治舞台。此后,张志淳居家27年。著书自娱,尤精诗、文、书、画。嘉靖十二年(1533)春,寻甸府城成,张志淳为作《城记》。

【注释】

[1]具币:谓准备了酬金。

[2]睥睨:城上凹凸形有射孔的矮墙。马面:古代沿着城墙所建的一系列在平面上凸出于墙面外的墩台。其作用是加固城体,便于观察和夹击攻城敌兵。

[3]沈灰:指调拌灰汁。

[4]沮洳:低湿。

[5]檼:音yín,屋脊。此谓栋。

[6] 摄官:谓(军队)群官。

[7] 仁德:地名。在今云南昆明寻甸县。

[8] 成化丙申:1476 年。成化:明宪宗朱见深年号。

[9] 癸卯:1483 年。

[10] 㓟:音 fū,击。钹:音 bó,铜质圆形打击乐器。此作动词。䶎:同"啃"。䏝:音 zhuān,制作陶器的转盘。此谓旋荡。爇:音 ruò,烧。

[11] 千户所:明代军队的千户一级指挥所。"卫所制"是明代最主要的军事制度,由明太祖朱元璋所创立。每一卫所的驻地固定,军士数额固定,以5 600人为卫,1 120人为千户所,120人为百户所。明代全国共有内、外卫 547 个,所2 563个。为了养兵而不耗国家财力,军丁在卫所中轮流戍守、屯田。战时,屯田之人从征调发;和平年代,军人归还卫所耕地种田,屯田耕作所获供给军需。

《四川工人日报》2009 年 2 月 13 日报道,四川旺苍县发现明代清化卫钟嘴守御千户所,该千户所由六级石阶砌梯组成三厅堂,前两厅堂均已被毁,大堂保存基本完整,堂内还有条石砌成的银库一座。这座千户所位于旺苍县城 42 公里的大山深处的木门镇和化龙乡交界的化龙乡石船村钟嘴,扼守古代陕西、巴中至阆中的重要兵道——木门古道。千户所坐北向南,由三道厅堂组成,南北长约 150 米,东西宽 20 米、占地3 000平方米。千户所呈八字形,建筑布局严谨,恢宏庄严,堂院天井由石板、石条砌成,石板、石条上犀牛、麒麟等图案清晰可见,做工十分精美。千户所外有一长 15 米、宽 2 米的甬道,甬道南头是一堵巨大的照壁。所内有三进厅堂,第三进大堂明显大于前两堂。每进厅堂之间有一个天井。天井由石板铺成,天井中间是甬道,连接大堂、厅堂和甬道地面由石板、石条砌成,上面"福""禄""寿""禧"字样和日月争辉及歌舞升平等图案十分传神。保存完好的千户所大堂由 20 间房屋组成,东西两旁为厢房,门窗屋檐上,龙飞凤舞,图案繁复华丽;桁条柱石上,飞禽走兽,刻工异常精良。钟嘴守御千户所堂内银库就是为屯积粮食和军队饷银所建。

当时,钟嘴守御千户所正千户名杜胜,后来因其镇守有功,被提拔为正三品清化卫指挥使,封定远将军。死后葬于木门镇杜家碥,现墓碑尚存,碑文清晰可见。

该千户所建筑群距今已近 500 年,其大堂仍较完好并作为民房在使用。

[12] 相度:观察估量。

[13] 胥:全,都。

[14] 硗狭:瘠薄狭小。

[15] 怿:悦。

[16] 徒庸:指用工数。糇粮:食粮,干粮。

[17] 坎位:北向,北边。

[18] 廪饩:泛指薪给。

[19] 裒次:搜集编排。裒:音 póu,聚集。

[20] 桢干:古代筑墙时所用的木柱,竖在两端的叫"桢",竖在两旁的叫"干"。

[21] 蔂:音 luó,盛土笼。

[22] 捄:音 jū,盛土于器。

[23] 椓:音 zhuó,击,推。

[24] 沃:灌溉,浇。此谓涂抹。

[25] 舁:音 yú,抬。

[26] 箁:音 fú,谓编竹成排而盛物。

[27] 什伍:古代军队编制,或地方户籍编制。五人或五家为伍,十人或十家为什。

[28] 趣:同"趋"。谓回家收割稻谷。

[29] 言言:高大貌。

[30] 噉噉:音 tān tān,繁盛兴旺貌。

[31] 杅杅:音 yú,平静愉悦貌。杅,盛水器。

[32] 忬忬:音 yù,恭敬貌。

[33] 䜣:音 xīn,同"欣"。

[34] 睢睢:仰视貌。修修:端正整齐貌。

[35] 粥粥:敬慎恭肃貌。冯冯:盛貌。

[36] 羡余:古代地方官吏向百姓勒索用来定期贡献皇帝的各种附加税。

[37] 灵:按:疑为"录"。

[38] 詟服:畏惧服从。詟:音 zhé。

[39] 气化:泛指阴阳之气化生万物。交孚:谓相互信任。

[40] 忲:音 tài,习惯于。

[41] 忽:不注意,不以为然。惛:怠惰,怀疑。

[42] 显融:显明,显著。翅:古同"啻",但,只。

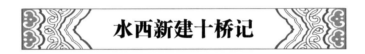

水西新建十桥记

明·杨廷和

【提要】

本文选自《明经世文编》(中华书局 1962 年影印本)。

明朝永乐十一年二月(1424),永乐帝下诏设置贵州布政使司,从此,贵州成为中华一省。

水西,泛指贵州鸭池河以西广大地区,包括现在毕节大部(威宁、赫章二县除外)及六盘水市部分地区。明代水西的交通就是"龙场九驿,水西十桥"。水西之地,山高水深,驿道与驿道之间,山山相连,桥桥相通,桥梁是水西驿道通往山外的重要枢纽。"水西十桥"有"前十桥"和"后十桥",即成化年间的"前十桥"和明万历年间的"后十桥"。

"水西十桥,乃贵州宣慰使安氏父子所建也。"杨石斋说,"桥有十,一曰头铺,二曰得乌,三曰乌西,四曰西溪,五曰虎场,六曰朵泥,七曰蜈蚣,八曰秀水,九曰麦架,十曰查睹"。《修文县志》所载《石桥碑记》亦曰:"贵州宣慰使安氏父子之朝廷之明年奏建","其桥有十:曰蜈蚣、曰秀水、曰麦稼等,先宣慰为之,头铺之桥则今宣慰之所击画者,自成化己丑始事,至丙午迄功"。这十座桥"成化己丑(1469)始事,至丙午(1486)讫工"。

水西十桥万历年间重修。贵州修文县蜈蚣桥头立的《重修十桥碑记》载:"今宣慰君益务扩先人之志,于诸水道要害处又建桥十余:曰龙源、曰乌庆、曰乌西、曰大渡、曰西溪、曰阁鸦、曰老场、曰土射、曰永定。龙源一桥尤当咽喉,工尤不易。视昔水西陆广之役,工费不啻倍之。始于辛卯(1591)二月,迄于癸巳(1593)年四月。"

不仅水西十桥,还有位于大方西南的千岁衢,虽然全长只有约两公里,但它是一条刊山劈岭、削崖凿石而成的天梯函道。汉彝文《新修千岁衢碑》碑文载,"工于嘉庆乙巳岁(1546)七月壬午,告成于次年四月乙丑",是当时的宣慰使安万铨所修。安万铨用私人资金把大方城西"曲折如羊肠,陡峻如悬梯"(同上引)的险路修好,行人感激,祝愿万铨长寿,所以称为"千岁衢",在旁边岩石上凿石为碑,称"千岁衢碑"。

随着桥梁、道路的通畅,商贸往来变得容易,外来文化随之注入,明代后期的水西经济社会进步神速,为后来的改土归流奠定了基础。

水西十桥,乃贵州宣慰使安氏父子之所建也[1]。桥既成之明年,今宣慰图其水之源流,并其始终事之岁月,遣人诣京师求予文,刻于石,为之记曰:水西之河最大者曰"陆广"。陆广之西,上流曰"稿池",又曰"芭蕉"。下流东注曰"黄沙渡",曰"乌河"。又数百里,入于清水江,又东会于涪江。其源之大于众水者有四,一曰"洛浙",二曰"西汉",三曰"七百方",四曰"滴澄洛"。浙之水源于卜乍革,之南入于西溪,又达于七百方,又会于鸦池;两溪之源导于化阁山,转于西南,合于洛浙;七百方则自普安会于洛浙,入于鸦池;滴澄之源,出于九溪,东北至于威清,又北至于鸦池,达于陆广,其曰"青山",曰"老宋",曰"卜茫",皆因其地而名随之,非有二也。

大抵四河之水,回折数百里,而会于陆广,出入山石崖窦间[2]。一遇峻隘,如退如束,激荡震掉[3],若三军相持,怒不得逞者。及其奔放衍肆[4],一泻千里,如自天而下,浩不可御。每春夏淫潦,其势弥大,覆舟溺死者亦间有之;秋冬霜降水落,寒可裂肤,病于揭厉[5]。居者怨于室,行者嗟于途。富商大贾,无所为而至。虽有鱼盐之利,山林之材,土人居然视之,卒未之能致也。故尝有桥,率架木为之,不踰年辄坏,用力多而获利少,人亦劳止,良非远图。

宣慰父子,更以石为之。排积沙以定其基,布巨石以贯其底;圆空其下,漏水象月,或三或五或七,视桥之袤广而多寡焉。欵密坚致[6],踰于实地。桥有十:一曰头铺,二曰得乌,三曰乌西,四曰西溪,五曰虎场,六曰朵泥,七曰蜈蚣,八曰秀水,九曰麦架,十曰查睹。西溪、虎场、朵泥、麦架,皆先宣慰为之;头铺六桥,则今宣慰之所经画者。问石焉取,曰即于山;问役焉取,曰即于佣[9];问费焉取,曰即于宣慰之私藏而民不与知。盖自成化己丑始事,至丙午讫工,历世以再,乃克底绩[10]。非先宣慰知不及此,固有待也。历年十有八,次第告成。不欲速,意群力毕举,或劳人也。成之日,万夫欢呼,四境庆幸,乡里长老,相与举酒,歌颂二宣慰之伟绩。宾旅负贩者[12],往来深谷巨箐中[13],无分于昏夜,如之东西家焉。休劳夷险,其益亦大矣哉!

呜呼！水事之重，自古然已。周单子过陈，见其道秽而川泽不梁，知其必亡；子产以乘舆济人于溱洧，孟子讥之，而申以王政徒杠舆梁之说。亦又有以障大泽，勤其官，而受封国者，具在传记，可覆考也[14]。二宣慰其亦有见于斯欤。

余尝闻西南世禄之家[15]，每以安氏为称首。既得其家世之详，则知其始封于蜀汉时。上下千五百年，世态之变若罔闻知，意其先世必有大功德于民。今观二宣慰虽一事之小，而所以用其心者如此，则他所以利于生人[16]，承于前烈，以宽朝廷西顾之忧者，从可知矣。安氏之世济其美，固如是哉！昔韩愈记汴州东西水门[17]，至今读之，犹若亲见。当时之役，十桥之建，功十倍之，而无如愈者为之记，恐来者末由闻知[18]，则虽或入于圮毁，而未有为之一举手者，姑用直述其事以俟。若乃桥之所在，与其岁月之详，工役之数，请列之碑阴，兹不赘。

先宣慰名观，今宣慰名贵荣，俱诰授昭勇将军云。

【作者简介】

杨廷和(1459—1529)，字介夫，号石斋，四川新都人。成化十四年(1478)进士。授检讨，弘治时侍皇太子讲读。历仕宪宗、孝宗、武宗、世宗四朝，为武宗、世宗两朝宰辅。嘉靖三年(1524)，因"大议礼"与世宗意不合，罢归故里，后削职为民。隆庆初复职，赠太保。卒谥文忠。有《杨文忠公三录》。

【注释】

[1] 安氏父子：指安观、安贵荣父子。
[2] 窦：孔，洞。
[3] 震掉：震颤，抖动。
[4] 衍肆：犹漫溢。
[5] 揭厉：涉渡。
[6] 欤密：谓密实。欤：音èi，叹词，表惊叹。
[7] 成化己丑：1469 年。
[8] 丙午：1486 年。
[9] 佣：雇。
[10] 底绩：谓获得成功，取得成绩。
[12] 宾旅：行旅。负贩：担货贩卖。
[13] 巨箐：指山间浓密广茂的大竹林，泛指树木丛生的山谷。
[14] 覆考：审察。
[15] 按：句侧有注共 15 字，漫患不清。
[16] 生人：众人。
[17] 韩愈：唐代文学家。作有《汴州东西水门记》。
[18] 末由：无由。

御制重修东岳庙碑

明·朱祐樘

【提要】

本文选自《古今图书集成》山川典卷一六(中华书局 巴蜀书社影印本)。

"弘治己未冬,朕承祖宗礼神之意,遣御马监太监苗逵往修祀事,具以为言,即发内帑银八千余两,并在庙积贮香钱,命逮会山东镇巡等官葺之。"明孝宗朱祐樘在即位第十二年的弘治己未(1499)冬天,决定修缮"庙之规制甲于他方",但"历岁既久,风侵雨剥,栋宇榱桷、盖瓦级砖与夫丹雘藻绘之饰,未免倾圮浸漶"的泰山东岳庙。

但修缮颇为周折,因为"西陲告警",直到癸亥年(1503)年才完成。重修完毕的东岳庙"自三殿而下,若廊庑,若门垣等,凡倾者以易,圮者以完,漫漶者以鲜、以洁,金碧辉映,庙貌深严"。

东岳庙,又名东岳行宫、东岳行祠、泰山庙、天齐庙等,后发展演变成为道教重要庙庭。东岳庙最早源起于泰山崇拜,后来经过不断传播,发展成影响全国的信仰。隋唐以后,凡是泰山信仰所及的地区,几乎无不建有东岳庙,所以有"东岳之庙,遍于天下"之说。

泰山东岳庙(岱庙)创始于汉,为泰山信仰的祖庭。随着其崇拜者的不断扩大,信众开始仿效帝王"行在"制度,在各地为泰山神建立行宫或行祠。唐玄宗封禅告成后,首封泰山神为"天齐王",对各处东岳庙的兴建起到重大推动作用。赵宋时期,泰山崇祀臻于极盛。宋真宗封禅泰山,加神帝号后,泰山神信仰影响日渐扩大。时河东等居民以奉祀泰山途程甚遥,奏请于本地兴建东岳行祠。大中祥符三年(1011),宋真宗降敕从民所欲,任建祠祀,东岳庙在北宋各地普遍兴建,东岳庙逐渐发展成全国性祠庙。元朝继承了宋代这一庙祀传统,东岳庙的分布更加广泛,"今岱宗之庙遍天下,无国无之,无县无之,虽百家之聚,十室之里,亦妥灵者"(《重建(山西蒲县)东岳庙碑铭》)。东岳庙在元朝时期最大的"行在"就是大都东岳庙。

明初,东岳行祠被正式纳入"会典"(《明会典·礼部·祭祀》),并与社稷坛、风云雷雨山川坛、城隍庙、文庙、关王庙、火神庙、马王庙等合成一整套官方祠祀系统,在各府州县普遍推行。清朝入主中原后,凡设州立县,几乎均建置东岳庙,各地东岳庙总数已远逾宋元,所谓"东岳庙遍天下"。

朕闻自古天子报祀鬼神之礼,载在典册。自郊祀而下,复有所谓名山大川之祭。盖名山大川,两间物形之最巨者[1]。形巨则气之所钟,亦巨而神必依之。于是有雨泽之润,有财货之生,有年谷水旱之祈祷焉,以利生人,此报祀之所由起也。

惟泰山在古兖州,于方为东,故称东岳;于时为春,春主生万物之始,群岳之长,又称岱宗。

古者天子巡狩秩祭之所先,而东方诸侯在其封内,亦得以祭。然其礼视三公,盖以别于天地也。降及后世,乃崇以美号。至于帝王,则与天地无别矣。

我圣祖高皇帝有天下之初,诏定祀典,始复其号曰:东岳泰山之神。礼严报祀,著令至今,大圣人超卓之见[2],盖出寻常万万,岂特朕所当恪守,虽万世子孙,莫之能易也。东岳之庙,今遍于天下,其在泰山者为专祀,历代所重。故庙之规制,甲于他方,香火特盛。我祖宗列圣,自国初以来,报祀惟谨,庙宇屡加修葺。然历岁既久,风侵雨剥,栋宇榱桷[3]、盖瓦级砖与夫丹艧藻绘之饰,未免倾圮浸溼。

弘治己未冬,朕承祖宗礼神之意,遣御马监太监苗逵往修祀事,具以为言,即发内帑银八千余两,并在庙积贮香钱,命逵会山东镇巡等官葺之。未几西陲告警,逵有督军之行,工不时就。壬戌冬[4],再以祀事往,乃与巡抚、右副都御史徐源等议委右布政使俞俊专董其役,而分巡副使王宗锡往来协同,吏勤工善。越明年夏,乃就讫。自三殿而下,若廊庑,若门垣等,凡倾者以易,圮者以完,漫溼者以鲜、以洁,金碧辉映,庙貌深严。泰岳明灵,既尊且安。自是以往,阴佑显相。我国家之嗣祚,一方之生灵,益有赖于无穷矣。

逵暨镇巡等官,咸奏是举之盛,宜有述以示后。爰识巅末,并系之诗曰:

鸿蒙未判[5],一气浑然。清升浊降,始肇乾坤。赋形之大,惟山与川。

气随形钟,神乃在焉。巍巍泰山,高入云烟。群岳宗之,靡或与肩。

自古天子,秩祭孔虔[6]。礼视三公,祀典攸传。降及唐宋,缛礼相沿。

殊名美号,益谨益专。于惟我祖,志复古先。秩祀有诏,功迈前编。

朕承先烈,精诚弥坚。祀事载修,庙貌增妍。神心鉴悦,降福绵延。

寿我后嗣,光我化甄[7]。荡荡平平,亿万斯年。

【作者简介】

朱祐樘(1470—1505),明朝第九位皇帝。1487—1505 年在位,年号弘治。在位期间,勤于政事,励精图治,驱除宫内奸臣,任用王恕、刘大夏等品端行直之臣;革除法王、佛子、国师、真人封号;注意节俭,减免供用物料,节省各种费用;重视刑法,慎审重囚。史称"弘治中兴"。因病英年早逝,享年 36 岁。

【注释】

　　[1]两间:谓天地之间。指人间。

　　[2]超卓:高超卓越。

　　[3]榱桷:屋椽。

　　[4]壬戌:1502 年。

　　[5]鸿蒙:宇宙形成前的混沌状态。

[6]孔虔:谓极为真诚。

[7]化甄:谓感化陶冶。

阳城县下交村汤王庙(两篇)

明·王 玹 李 翰

【提要】

本文选自《山西戏曲碑刻辑考》(中华书局2002年版)。

山西阳城市析城山下有个村庄名叫下交。下交村建汤王庙是因为成汤伐桀胜利后,连续7年天下大旱。汤王十分焦急,这时,太史氏对他说,要用人祭祀。汤王想,为民请雨,若要人祈祷,我当先行。于是,"斋戒剪发,身婴白茅,以身为牲,祷于桑林之野,六事自责之余,大雨方数千里"。这段史事与《禹贡》"草木分析,山峰如城"的记载如出一辙,于是大家认为"王尝祷雨于斯,故立庙像"。

下交村成汤庙坐北面南,俯临村落,现存前后两院。山门三间,单檐歇山顶。方形抹角石柱,柱础为双重石鼓磴,下为六边形,雕狮负鼎状,鼎上石鼓。丁头拱雀替,托阑额普柏枋。斗拱、柱头、补间均三踩,出假昂一跳,昂嘴刻作象鼻,耍头三幅云。明间补间一朵,出斜拱,次间不施补间斗拱。山门石砧,木框,板门,中槛上有门簪四个,榜曰"桑林遗泽"四字。

院内正北为正殿,中为拜殿,南为戏台,成一中轴。从殿台基丈量,院深24.6米,宽21.7米,拜殿距正殿6.35米,距戏台6.65米。

拜殿在前后院的分界线上,"拜殿"是明人创建新型舞楼之后的改称,实际上是一座金代舞楼。

"乐楼规模广大,年久风雨所摇,飞檐梁柱,倾颓殆尽。"里人相与协力,正德五年(1510)开始谋划,正德十年完成了"一高二低四转角并出厦三间"的乐楼,"栋宇台榭,高大宏伟,金碧丹青之饰,焕然一新"。现存的下交村舞楼,单檐歇山顶脊施琉璃,筒瓦覆盖。正脊施大吻,正脊中间原立有三重琉璃小塔楼一座,鸱尾、垂戗脊兽、仙人俱全,可惜现已全部丢失。四转角为四根大方形抹角石柱,雕龙、雕花、素平石础。台基11.6米×9.8米,东西柱距9.1米,南北柱距7.25米。石柱底部平面长0.49米,宽0.46米,顶部平面长0.4米,宽0.40米,收杀明显,是典型的金代样式。柱高3.08米,柱顶置大斗,上承四根粗大阑额。北檐下设二铺柱,石质,小于角柱。东、西、南檐各设两根木辅柱,为后人所加。阑额下设由额,其插入柱头之榫眼有空隙,亦为后代替换之物。东南角柱上端刻有"本社张珪自愿施柱一条大安三年(1210)岁次辛未石人杨珪",共22字。此外,还当有大安二年柱铭一条(载康熙五十二年《重修拜殿碑记》,大安为金年号),现已难觅踪迹。

南北阑额上施三朵斗拱,均不在辅柱柱头上。四铺作出直昂一跳,耍头也作昂形,正中一朵出45°斜拱。东西阑额辅柱柱头处各施斗拱一朵,与南北檐两侧斗拱形制相同。转角斗拱亦为四铺作,正面出华拱,角上出由昂,令拱上用替木托橑檐檩,拱面抹斜。殿内无柱。四架椽屋,用抹角梁、大角梁、襻间斗拱和采步金梁。平梁与四椽栿之间用蜀柱、合(楂),脊桁与脊枋间垫以十字斗。从结构看,大木作主要构件也是金代物。金代舞楼旧制仅一楹,至清康熙五十一年(1712)重修时加柱而易为三楹(载《重修拜殿碑记》)。

这项起于正德五年的维修,在嘉靖十五年才有这篇记。原因是:先前协力起事的"叔兄辈相继捐馆,神山且将筮仕,厥事遂寝"。神山九年后"致其政而还,抵家未旬月",便率先出白金十两,开始兴作。"首及正殿即汤庙,旧直堂三间,今易为四转角出宋斗拱,四面通额、梁、石柱。旧门窗皆木板为之者,今易以椵花亮格十二扇,里后门为将来建寝室端。"神库、王祠数十间,"旧行廊皆平矮室,今为重楼各五间。正南左右斗拱门楼二所,皆次第而成。四旁联壁,绳直矩方,虽各因旧基,然旧皆土壁板瓦,今通缭绕以砖,易之以筒瓦。四面总二百步。用砖十万有奇,瓦亦称是"。

作者对原神山不但率先出钱,而且躬先执劳,昼夜呼号,鸣金以督众,民众深受感动:"原公不惟屡出其有,且素不习劳,加之年逾七秩,乃能历履勤苦若是,吾属可自私其财,自爱其力哉!"

原神山名应轸,字文璧,与王玹是县学同学,又是姻亲,故写了记;而李翰与原应轸亦是姻亲,故而笔端感情倍加恳切。

重修乐楼记

明·王　玹

赐进士第亚中大夫山东布政司左参政前刑部郎中邑人王玹

乡贡进士文林郎杞县知县邑人白鉴篆

廪膳生员王镗书

　　尝稽诸《易》曰:"先王以享帝立庙。"又曰:"先王作乐崇德,殷荐之上帝,以配祖考。"故庙所以聚鬼神之精神,而乐所以和神人也。此前人立庙祀神之由,乐楼所建之意也。

　　予诵《汤誓》曰:"王懋昭大德[1],建中于民,表正万邦,兆民允殖[2]。"王之德如此其盛也。观之史传,大旱七年,斋戒剪发,身婴白茅[3],以身为牺,祷于桑林之野,六事自责之余,大雨方数千里。王之泽如此其深也。德盛而泽深,民岂能忘其王于千百世之下哉!睹庙貌而兴思,遇享祭而致敬,非勉然也,天理之在人心,自有不容己者矣。

　　是以县治西南去城七十余里,有山曰析城,草木分析,山峰如城,即《禹贡》所载之名山也。世传王尝祷雨于斯,故立其庙像。民岁取水以禳旱[4],其来远矣。其山之东北,有下交之地。居民正北有阜巍然,南山群峰屏绕,襟带两河,极为奇秀佳丽之地。原其所自,亦析城之余支远脉伏而显者也,王之行宫在焉。每遇水旱疾疫,有祷即应,亦王祈祷之遗意也。观其旧记,殿宇、行廊、门楼大小五十余间,建自大元大安二年[5],迄今三百余载。各殿宇损坏,圣像剥落,里人原大器辈,历年重修补塑。惟乐楼规模广大,年久风雨所摇,飞檐梁柱,倾颓殆尽。

至我国朝正德五年庚午,里人原宗志、原应瑞,国学生原应轸等,会集社众曰[6]:"成汤古圣帝也。乐楼芜废如此,与诸君完葺之何如?"众咸曰:"诺。"于是鸠工萃材,各轮资力,重修乐楼,一高二底(低),四转角并出厦三间,功成于正德十年乙亥。栋宇台榭,高大宏伟,金碧丹青之饰,焕然一新。其功倍于昔矣。

兹者宗志、应瑞俱捐馆[7],惟应轸字文璧,任庐州经府[8],已归林下十载矣[9]。予与文璧有姻戚之谊,又布衣时同游邑庠[10],一日嘱予为文,以记盛事。予归休日久,素拙于文,直书其重修始末之实。

噫嘻!文璧建楼之意,岂为谄事邀福之举,尤有深意存焉。其心以为,林下之士,苟徒以诗酒为乐,几近于晋之放达,与时何益哉!然假庙享帝之余,为彦芳诱善之计[11],与乡人萃于庙庭,共宴神惠,必曰耕读事神,诚善事也。尝闻"作善降之以祥,作不善降之以殃",使善者有所勉,不善者知所戒,而表正劝惩之典寓焉。且举祀之际,谈叙庙之旧记,又曰某人始建何庙,某人重建何祠,而修举废坠之意,又将垂于无穷者矣。呜呼!后之视今,亦犹今之视昔,千百载之下,睹庙楼之倾颓而复修饰者,未必不由文璧兴作之也。予年老学荒,谨述其实,如其文,以俟后之能者。

大明嘉靖十五年岁次丙申正月吉旦[12]。

总理社事原应瑞　原宗志　原应轸

分理社事原梦祯　鱼泰康　原守坤　原宗敔　原宗周　原宗敷　原森　原富　原经　孙礼　许□　孙宗　徐德　原纪　鱼宣　徐润　立石

刘善里石工程邦　同男程思恩刊

【作者简介】

王玹,生卒年月不详。字邦器,阳城人。弘治己未(1499)进士。初授刑部主事,继补户部,以廉能称,迁刑部员外郎,升河南司郎中。历兵备苏州、山东布政司左参政,后解绶归,卒于家。

【注释】

[1]懋昭:褒美显扬。

[2]允殖:生息繁衍。

[3]婴:缠绕。

[4]禳:音 ráng,祈祷消除灾殃。

[5]大元大安二年:按:"大安"为金卫绍王完颜永济年号,而非"大元"。"大安二年"为1210 年。

[6]社众:里社众人。

[7]捐馆:即捐馆舍。抛弃馆舍。死亡的婉辞。

[8]经府:知府。

[9]林下:幽僻之境,引申指退隐或退隐之处。

[10]邑庠:县学。

[11] 彦芳:犹彰表芳美。

[12] 嘉靖十五年:1536 年。吉旦:农历每月初一,或泛指吉祥的日子。

重修正殿廊庑记

明·李 翰

赐进士南京户部尚书致仕节奉诏进阶光禄大夫前都察院副都御史吏部左侍郎石楼居士八十翁沁水李瀚撰

乡贡进士邑人李裔芳篆

廪膳生员邑人郭昌书

石楼居士与原神山夙敦道谊[1],雅因缔为姻,厥雅滋笃。神山迩因修庙事竣,以郭石门所具修庙实录,走征余文为记。余惟昏耄弗文[2],然情弗可辞。

按录阳城县治之南五十里,山曰析城,即《禹贡》所载者。山之巅有池,深昧不涸,人以为灵。俗传汤尝祷雨于此,故昔人立庙其处。厥后凡值旱暵即诣彼,祷之恒应。每岁春民相率而取厥水,蓄灵也。以此诸乡邑多建汤庙,为祷祀所。山之阴三十里曰下交,居者数百家。乡之北皋,亦有汤庙,并各祠宇五十余间,乃辽大安二年所建,实宋哲宗元祐元年也[3],迄今四百七十余年矣。久而必敝,势也。

原氏世居其乡,为大姓,科第缙绅辈出。神山性刚方梗介[4],风度庄肃,所在人咸畏服,尤好整饰,不苟简[5]。初明《易》,为邑庠杰士,学富而不偶。贡太学后,官授庐州经府。方其待擢家食日,念曰:"人赖神以庇,神依人以礼,礼假庙以行。庙且颓敝乃尔,果所以为礼神哉!"由是耿耿不释。乃协赞族叔宗志、族兄应瑞以修葺之[6]。首建舞楼一所,一高二底(低),材饰极其壮丽。外南向出厦三间,皆包以砖。方将次第修葺,无何,而厥叔兄辈相继捐馆,神山且将筮仕[7],厥事遂寝。洎神山将之官,庙辞,因自许曰:"幸吾获返,必缵前绪。"越九载致其政而还,抵家未旬月,前日之念即萌。

乡之故事:月朔望相率而祀于庙。神山因祀,乃举爵长跪而谋诸众,众喧然许诺已,而自具酒肴,约会首一十六人[8],且告之曰:"欲兴兹役,厥工匪细。财力之费,我固先之,如难独济何?责分尔辈,尔克胜乎?"众慨然任之。遂定约:分乡人为十二甲,作二木牌,书众名其上,一挨督馈饷,一挨督供役。

神山遂即东廊而居,寒暑昼夜,食息咸在是,非有大故不去,身家之务不暇顾,若弃之然。先自出白金十两,以鸠工,经始其事。首及正殿即汤庙,旧直堂三间,今易为四转角出宋斗栱,四面通额、梁、石柱。旧门窗皆木板为之者,今易以梭花亮格十二扇,留后门为将来建寝室端。其材木瓦石,各壮大精丽,愈于昔数倍,虽云重修,实则创建。时嘉靖丁亥春也[9]。是后连值岁凶,人有饿莩、流离者,神山犹经营不辍。乃及东北黄龙祠三间,佛祠三间;西北关王祠三间,神库二间;正东白龙祠三间,太尉祠三间,神厨二间;正西牛王祠三间,子孙祠三间,土地祠二间。

其东西诸祠之下,旧行廊皆平矮室,今为重楼各五间。正南左右斗拱门楼二所,皆次第而成。四旁联壁,绳直矩方,虽各因旧基,然旧皆土壁板瓦,今通缭绕以砖,易之以筒瓦。四面总二百步。用砖十万有奇,瓦亦称是,并其中各神像,亦皆补饰完美。其余栋宇之类,易旧以新,易小以大,易粗朴而为精致者,尤不胜纪。又造石狮二,于正殿之阶,极其工巧。植桧十有二本于院,植松柏八十本于四外。今年乙未冬厥功成[10]。

呜呼!厥费不赀,厥功不浅。以不一之人心,涣而靡萃;以乡族之恩义,情而靡法。然而用人之财,而人不以为费,竭人之力,而人不以为劳,厥匪艰哉!匪神山有弗克胜者。

初,神山为是役也,时遇收获,亲诣人之家,而募其粟,多寡因贫富。工以力分,用以材致,罔弗曲[11]。当时或用广而募不继,役急而来者缓,神山即诣其人长跪,其人必且赧且前,心益感劝。神山□出己有以济之,躬执劳以率之,昼夜呼号,鸣金以督众。众相谓曰:"原公不惟屡出其有,且素不习劳,加之年愈七□[12],乃能历履勤苦若是,吾属可自私其财,自爱其力哉!"故家虽弗赡[13],农务方收,亦莫不委曲迁就,求以应之,且心悦诚服,唯恐或后,曾无一人作慝者[14]。

盖人之情,虽所以为神,由神山有以感之也。神山之志,欲有以致人,若神默有以启其□者。吾意神山切切于此,崇夫礼也;久弗渝许,信之笃也;即庙而居,心之专也;几历一纪,志之坚也;劳亦躬执,率之勤也;人乐趋事[15],德之感也;物议不生,处之公也;连值荒歉,时且艰也;祠宇多而壮丽,功尤大也。夫惟礼以基事,信以成之,专以营之,坚以持之,勤以率之,德以感之,公以处之。以故值时之艰,功虽大,允济。昔先正云:"睹河洛者,思禹之功。"后之睹祠宇者,安知不如思禹者而思公哉!

神山名应轸,字文璧。石门名昌,字顺之,邑学士也。其会首原宗周、原应宾、原应学、原朝仪等,与有功。原朝仪独别植桧二本,事皆得附书。其输赀供役者不及悉,则载诸碑阴。

大明嘉靖十有五年岁次丙申正月吉旦

总理社事原应轸

分理社事原应奎、原宗敔、原宗周、原应宾、原宗敷、原应社、原民仪、原应宣、原朝仪、原应贵、原怀仪、许孜、原应蛟、原子华、徐德、原德仪、原一朋、原较、原辖、原一心、席安浩协立

刘善里石工程邦　同男程思恩刊

【作者简介】

李翰,生卒年月不详。字叔渊,号石楼居士。其先翼城(今属山西)人,后徙沁水。成化辛丑(1481)年进士。除授乐亭(今属河北)令,擢监察御史,巡抚陕西,革茶马风弊。升右副都御史,迁吏部右侍郎,进南京户部尚书。后告休归家。

【注释】

[1] 敦:督促。道谊:道义。

［２］昏耄:衰老,老迈。

［３］元祐元年:1086 年。

［４］梗介:同"耿介"。正直不阿,廉洁自持。

［５］苟简:草率而简略。

［６］协赞:协助,辅佐。

［７］筮仕:指外出做官。

［８］会首:旧时民间各种叫做会的组织的发起人,也称"会头"。

［９］嘉靖丁亥:1527 年。

［10］乙未:嘉靖十四年,1535 年。

［11］罔弗曲:谓没有差短。

［12］按:"七"下缺字当为"秩"。谓七十岁。

［13］赡:音 shàn,富足。

［14］慝:音 tè,邪恶,恶念。

［15］趋事:犹侍奉。

 **创建东岳速报司神祠记**

明·尼养性

【提要】

本文选自《山西戏曲碑刻辑考》(中华书局 2002 年版)。

冶底村位于山西晋城市泽州县西南。这里是三晋大地通向中原的要冲,所以明代正德年间的《重修东岳庙碑》称其是"平阳、汾陕、沁水、阳城客旅之店也"。

"泽州西南约一舍余地,所谓冶底里者,有庙在焉。"尼养性说,东岳庙"依形胜奠基址,前有东西通道,自道而北升阶数尺入外门,门内而池。池方丈余,深如其方之数,缭砌以石,既方且平,泉源澄澈,水甘以清。桧柏森森,乌栖而鸣;鱼以时泳,荷以夏荣……东西有厢各二,池之北左右阶,而升高丈余入左右二小门,二小门之间有楼焉"。这楼就是戏楼。

坐北面南的东岳庙,依地势南低北高。山门三间,左右原有偏门各一,现仅存东门。入山门为前院,东西厢房各六间,北有池一座,内有泉。池北为后院台基,高 2.7 米,左右设 15 级台阶,入二小门,门上为二层屋。

上院正北为正殿,名"天齐殿",又名"五岳殿",面阔三间,约 11 米,单檐歇山顶,前为廊。东西两侧各有朵殿三间,硬山顶,明代式样。正殿前檐及金柱用方形抹角青石柱,余皆为砂石柱,有收杀与侧角、生起。覆盆莲花础。东平柱上端刻"五岳殿王琮施石柱一条,元丰三年二月初三日记"。西平柱上端刻"五岳殿石匠段高施石柱一条,元丰三年二月初三日记"。金柱明间设板门,次间安直棂窗。青石雕花门框,抱柱与框联为一体,石狮门枕。门楣下刻有"阳城县石源社郭润、门二施钱贰拾贯,时大定岁次丁未乙巳月癸未日,本州石匠司贵同弟窦小二"。

"南则俯临于池,悚然而觉其楼之高也;北则仰瞻于祠,恍然而悟其楼之卑也。"东岳庙的舞楼位于天齐殿对面,坐南面北。十字歇山顶,单开间,屋顶举折平缓,出檐深远。戏台平面为正方形,宽约 7 米余,台基高 1.03 米。四角立方形抹角砂石柱,素平础,其中东北角柱雕有花、草、童子等图案,其余三根皆素面砂石,质地有异,应非同时之物。阑额粗大,下垫由额,唯南面无由额,系原有山墙承重之故。斗拱五铺作双假昂,柱头各一,补间各三。转角铺作耍头昂形,补间铺作用蚂蚱头。内部架梁为抹角、叠木八卦形木构架藻井,通楼不用一钉,结构别致精巧。

舞楼何时创建,没有明确记载,最早的碑刻记载为明永乐二年(1404)的碑记,最早的维修记录是明万历二十六年(1598)及万历四十三年。值得注意的是,舞台东北角柱上端有石刻纪年的痕迹。20 世纪 80 年代,戏曲史家栗守田从已剥落的文字中看到"正隆贰"三字,判定这座舞楼应该是金海陵王正隆二年(1157)所建。

东岳有神通,天下之民祀之[1]。南衡、西华、中嵩、北恒,岿然为一方之镇,何独重于此哉? 盖天地以生物为心,而五行分佐其事。东岳则主乎春,而事乎生物者也。然神之所以神者,不出乎福善祸淫,利人泽物而已。莫非神也,而生物之功,东岳实司之。天之高也,日月五星各躔其次[2];地之厚也,五岳四渎各峙其方,江淮河济异源而同归于海。五岳列峙而莫尊于岱,盖春为四时之首,而元为众善之长也。此东岳行祠所以在此有之。

泽州西南约一舍余地,所谓冶底里者,有庙在焉。依形胜奠基址,前有东西通道,自道而北升阶数尺入外门,门内而池。池方丈余,深如其方之数,缭砌以石,既方且平,泉源澄澈,水甘以清。桧柏森森,鸟栖而鸣,鱼以时泳,荷以夏荣。以俯以仰,信可以快意于神明。东西有厢各二,池之北左右阶,而升高丈余入左右二小门,二小门之间有楼焉。南则俯临于池,悚然而觉其楼之高也;北则仰瞻于祠,恍然而悟其楼之卑也。东西庑各五楹,依地势而渐隆其基焉。栋宇深以严,邃以敞。由东庑而北,有汉寿亭侯祠,南面神像俨然起人敬仰。又从而西上数级阶,乃东岳行祠之殿也。陛级肩齐,廉隅整饰,神像巍巍,是敬是式。门楣础柱莫非石也,上有元丰、大定重建等字焉[3]。群山拱揖,峰峦秀颖,信乎形胜而为神所游栖之地也。

永乐元春,郡太守张奉直以民事至其里,宿祠下。时蝗旱之余,饿殍相望,此乡之民独有生意,因询父老以兴建之由,及利泽于人物者。咸曰:"庙之始建无从稽考,维神之利泽于此土也厚,故民之奉祀也虔。"旱而乞之雨则雨,蝗而乞之除则除,岁常丰熟,民无夭札疬疫之苦[4]。神之惠泽于吾民者,多矣。

殿之西未有所祠者,因问父老所欲奉祀者,为建置焉。众咸曰:"速报司,素欲像而祀之,力未暇及。"奉直公曰:"包孝肃公正直人也[5],生能正君以泽民,殁必能佐神以利物矣,是宜祀之。"于是捐俸金,聚材鸠工,以集事焉。因民心所顺而利导之,故不待招呼劝诱骈然而至,不日而成。轮奂以新,丹膊辉煌[6]。是年也,岁事有成,民用和洽[7],于是知奉直公利民泽物之意厚,故奉神之意诚以虔。

始也,一乡之人事神唯谨,故神之惠及于一乡;今也,奉直公事神唯谨,则神之惠及于一郡矣。其徼福于神者[8],莫非为民也,已何与焉? 神之福佑于民也无穷,则奉直公之惠利于人者,亦且无穷矣。福善祸淫之机,神岂昧乎哉!

时永乐岁次甲申月旬吉日记

【作者简介】

尼养性,生平不详。

【注释】

[1]东岳:东岳泰山、南岳衡山、西岳华山、中岳嵩山、北岳恒山合而称五岳。

[2]躔:音 chán,天体的运行。

[3]元丰:宋神宗赵顼年号,1078—1085 年。大定:金世宗完颜雍年号,1161—1189 年。

[4]天札:遭疫病而早死。

[5]包孝肃公:指包拯。谥孝肃。

[6]轮奂:即美轮美奂。丹艧:可供涂饰的红色颜料,亦指涂饰色彩。

[7]和洽:和睦融洽。

[8]徼福:祈福,求福。

重修府城记

明·罗钦顺

【提要】

本文选自《嘉靖赣州府志·艺文》,载《天一阁藏明代方志选刊》第38(上海古籍书店 1981 年影印本)。

隋开皇九年(589)废南康郡置虔州,隋大业初复为南康郡。宋朝初期复称虔州。南宋绍兴二十三年(1153)改为赣州(取章、贡二水合流之义,位于今江西南部),赣州名始于此。

文中,罗钦顺说:"弘治八年(1495),朝廷特置都御史一员奉玺书、握兵符、建行台于赣以镇抚之。"赣州城"周十有三里,国初因前代之旧缮治一新";到嘉靖癸巳(1533),琼山唐胄上任,"爱采群议,将增筑之",可是因其移抚山东而作罢;不久,常熟陈察来此镇守,实地察看发现城墙"薄者十六七,卑者十二三",即刻决定增修,"务令齐一"。

赣州城三面环水,极易遭水灾。因此,历代防治水患就成为当地的头等大事。梁承圣元年(552),确定在章贡二水间建设赣州城时就开始构筑下水道。因当时城区面积只有1.2平方公里左右,下水道只有一个出水口,城内"东西南北诸水,俱从涌金门出口,注于江"。唐末梁初,卢光稠扩建城池,使城区面积达到3平方公里,下水道也随着城市的扩大而逐步延伸。

北宋熙宁年间(1068—1077),刘彝任虔州知军,主持规划建设了赣州城区的街道,并根据街道布局,地形特点,采取分区排水的原则,建成福沟和寿沟两个排水干道系统,服务面积约2.7平方公里,有12个出水口,形成了比较完整的排水干道网。由于赣州城区两面临江,排水口直通章贡二江,洪水期间,江水倒灌,易成水患。刘彝根据水力学原理,在出水口处建造"水窗十二,视水消长而后闭之,水患顿息"。12个水窗位置在同治《赣州府志》和《赣县志》福寿沟图上注明的有四处:即今赣江路水窗口、八境路新北门、西门口、西门城脚下。赣江路的古水窗,由4个部分组成,即出水口处的外闸门、沟道,进水口处的内闸门、调节池,并与古度龙桥联成一个整体,西与蕻菜塘相连,构成城东南的水利咽喉。平时,雨、污水由下水道流经度龙桥经水窗排入贡江,雨季或暴雨时,水量经蕻菜塘和调节池调节。外闸门门枢安装在上游方向,利用水力使闸门自动启闭。即贡江水位高于水窗水位时,借江水水力将闸门关闭;江水低于水窗时,借水窗沟道水力将闸门冲开。为了保证水窗内沟道畅通和有足够的冲力(水压力),采取了变断面、大坡度的办法以加大水流速度。根据调查,通过度龙桥的水进入水窗时,流速会增加2～3倍。水窗沟道的坡度为4.25%,比正常下水道采用的坡度大4～10倍。因此,由度龙桥的水流入水窗内便形成了强大的冲力,带走泥沙及其他固体物质,冲开闸门,排入江中。这也是福寿沟的一大特色。

刘彝建造的福寿沟是以排雨水为主,雨污合流的下水道,并根据赣州城区地形西南高、东北低的特点而规划的分区排水系统。大致以文清路为集水面积的分界线。福沟自南门开始经今建国路中段、均井巷、攀高铺至八境路,在这条线以东的沟道属福沟系统,集水面积约2.3平方公里,主沟长约11.6公里,通过水窗口、刑祠庙、八境公园3个出口流入贡江和八境路(北门)出水口注入章江。寿沟自新赣南路、大小新开路、西津路至西门。在这条线以西、以北的属寿沟系统,集水面积约0.4平方公里,主沟长约1公里,通过西门口、城脚下2个出水口经过护城濠排入章江,概括起来是:"寿沟受城北之水,东南之水由福沟而出。"主沟完成以后,刘彝又陆续修建了一些支沟,形成了古代赣州城内"旁支横络""纵横行曲,条贯井然",主次分明、排蓄结合的排水网络。

宋代的福寿沟为矩形断面,砖石结构,断面尺寸很大,"广二三尺、深五六尺,以砖,复以石"。以后在维修过程中,有的沟段(如厚德路)改为砖拱结构,但大部分仍保留砖沟墙、条石盖板的结构形式。在现存沟道中,最大的宽1米、深1.6米;最小的宽、深各0.6米。

刘彝的福寿沟还和沿线众多的池塘连通,组成了排水网络中容量很大的蓄水库,以调节暴雨流量,减少下水道溢流。平时又可利用污水养鱼种菜,这也是赣州市城市建设史上最早的污水综合利用工程,其作用延续至今。

刘彝之后,因战事和水患而修葺赣州城墙、整治壕塘,府志县志记载凡五十余次。修缮工程较大的有明正德六年辛未(1511)、嘉靖十三年甲午(1534)、清乾隆八年癸亥(1743)。罗钦顺这篇《记》和邹守益《修城记》记录的就是嘉靖甲午年的缮修工程。

凡郡邑所治,必有城焉,所以盛受民物也。民居于是乎奠图籍[1],于是乎藏钱谷、甲兵,于是乎储衣冠、文物,于是乎萃关于政体[2],诚亦重矣。故设险守国,圣经明以为训,况乎利害所系,有不止于一郡一邑者。其于图,惟经文,容不加之意哉。

赣之为郡,宅江西之上游[3],当五岭之要会。其地与闽、广、湖、湘诸郡邑犬牙相错,万山盘结,烂漫纷揉[4],杳莫穷其曲折。地既岩险[5],故其民或不尽驯。吏治稍惰,辄乘间弄兵以逞萌于激锢于习所,从来远矣。

乃弘治八年[6],朝廷特置都御史一员,奉玺书、握兵符、建行台于赣以镇抚之[7]。而兹郡遂为重镇,所赐履西起湖之郴、桂[8],以接于南安[9];南跨广之雄、韶、惠、潮;东蹑闽、汀、漳,以薄于海。凡为道五,为府若州九,为县五十八。自其三司而下,皆听节制。

赣城周十有三里,国初因前代之旧,缮治一新。百数十年来,随坏随葺。行台既建,则议者多病其高厚不足,非所以重根本也。

嘉靖癸巳[10],琼山唐公平侯实当是任[11],爰采群议,将增筑之。会移抚山东,于是常熟陈公原习来为之代。议以克合,登城达观,具得其实。盖薄者十六七,卑者十二三,且探敌无串楼守望之舍,率浅陋而稀阔。

经画既定[12],乃令群工埤薄增卑[13],务令齐一。缺者补,陋者辟[14],无或不周。属副使邵炼暨知府顾可久董治之,选文武史士之才者通判陈琦、程文等分理其绪。公复时一临视,以奖其勤。工兴于是年季冬,至甲午仲冬始毕。所用砖垩木瓦诸物共计若干,皆市以平价人工计万　千　百工,率均之募兵[15];费盐税白金七千百二十两。楼橹饬备,陴堞完新,廉隅峻整[16],内壮保厘之形势[17],外耸望走之观瞻。风动万山之中,庇及百城之远,其所盛受者既大而为利亦无穷矣。《诗》云:"迨天之未阴雨,彻彼桑土,绸缪牖户[18]。今女下民,或敢侮予?"斯役也,于是诗其有合哉!

公盖深于诗者,节险正直,美俨羔羊;劳来安集,功光鸿雁。地利人和,于焉两得之矣。

钦顺,吉人也。距赣伊迩[19],实同厥庆,故乐记斯役之成。爰授谢推官宗孔,以归俾镌诸石,庶几来者念成功之不易,相与嗣守之惟谨云。

【作者简介】

罗钦顺(1465—1547),字允升,号整庵,江西泰和县人。出身仕宦门第,自幼聪颖尚学,高中探花后,初授翰林编修,迁南京国子监司业,太常卿、吏部右侍郎、吏部尚书等职。为官严于职守,勤于政事。早年在京做官时,曾与僧人交往,相信佛学,后抛弃佛学,建立自己的唯物主义理气学说。有哲学著作《困知记》4卷,又著有《整庵存稿》20卷。

【注释】

[1] 奠:稳固地安置。图籍:图簿、地图和户口册。
[2] 萃:聚集;都。

［3］宅:居,位于。

［4］纷揉:纷繁杂错。

［5］岩险:高峻险要之地。

［6］弘治八年:1495 年。

［7］行台:旧时地方大吏的官署与居住之所。

［8］湖:指鄱阳湖。郴:今湖南郴州。桂:今广东顺德桂州。

［9］南安:今属福建。

［10］嘉靖癸巳:1533 年。

［11］琼山:今属海南海口市。

［12］经画:经营筹划。

［13］埤薄:增加(厚)单薄(的墙体)。埤:音 pí,增加。

［14］陋:狭小。

［15］募兵:招募兵丁。唐五代以后,募兵制取代征兵制。至明朝,募兵制为三种兵役制度之一。

［16］廉隅:棱角。

［17］保厘:保护扶持使之安定。

［18］彻彼桑土:诗出自《诗经·豳风·鸱鸮》。彻:通"撤",取。土:音 dù,通"杜",齐国一带方言称树根为"杜"。句意是:趁着天还未下雨,赶紧取那桑树根,缠结起来以修补门窗。

［19］伊迩:近,不远。

王氏拙政园记

明·文征明

【提要】

本文选自《吴县志》卷三九(康熙三十年刻本)。

拙政园,位于今江苏省苏州市东北街 178 号。

此地初为唐人陆龟蒙的住宅,元朝时为大弘(宏)寺。明正德四年(1509),王献臣仕途失意归隐苏州后将其买下,聘文征明设计园林,历时 16 年终成此园。王献臣借用西晋文人潘岳《闲居赋》中"筑室种树,逍遥自得……此亦拙者之为政也"句中之"拙政"为园名,寓意以筑室种树、浇园种菜作为自己(拙者)的"政"事。

王氏存文征明的《拙政园图》《拙政园记》和《拙政园咏》,较完整地勾画出园林的面貌和风格。当时的园子积约 13.4 公顷,园中多隙地,中亘积水,浚沼成池,池广林茂。景点有繁花坞、倚玉轩、芙蓉隈及轩、槛、池、台、坞、涧等 31 个。整个园林竹树散野森郁,山水弥弥漫漫,自然风光、天然野趣随处可见。

文征明在《拙政园记》中描述,开始建造此园时,发觉这块地并不太适合多盖建筑,因为这里地质松软、积水弥漫,且湿气很重。于是,文征明的设计以水为主体,辅以植栽,因地制宜地设计出了各个景点,并将诗画中的隐喻套进视觉层次中。后人总结其造园艺术主要为:因地制宜,以水见长,疏朗典雅,天然野趣;园林景观,花木为胜。如"因地制宜",《王氏拙政园记》及《归园田居记》载:园地"居多隙地,有积水亘其中,稍加浚治,环以林木","地可池则池之,取土于池,积而成高,可山则山之。池之上,山之间可屋则屋之"。充分反映出拙政园利用园地多积水的优势,疏浚为池;望若湖泊,形成滉漾渺弥的个性和特色。拙政园中部现有水面近6亩,约占园林面积的三分之一,"凡诸亭槛台榭,皆因水为曲势",用大面积水面营造成园林空间的开朗局面,基本上保持了明代"池广林茂"的特点。

拙政园向以"林木绝胜"著称。数百年来一脉相承,沿袭不衰。早期王氏拙政园31景中,三分之二的景观取自植物题材,如桃花片,"夹岸植桃,花时望若红霞";竹涧,"夹涧美竹千挺","境特幽回";瑶圃百本,花时灿若瑶华。"归田园居也是丛桂参差,垂柳拂地,"林木茂密,石藓然"。春日里,山茶如火,玉兰如雪,杏花"遮映落霞迷涧壑",更加上夏日之荷、秋日之木芙蓉、冬日老梅……泛红轩、至梅亭、竹香廊、竹涧、紫藤坞、夺花漳涧等都是观景绝佳处。

随着时间的推移,拙政园里营构的亭台轩榭渐渐多起来,以致院庭错落繁花绿树之间,景观越发曲尽变化,小飞虹、得真亭、志清意远、小沧浪、听松风处等轩亭廊桥都是晚清以后构筑的,依水围合而成,它们较好地解决了住宅与园林之间的过渡。

拙政园中至今仍留有文征明的许多对联与诗,其中,以"梧竹幽居亭"中的"爽借清风明借月,动观流水静观山"最能带出此园的意境,而园中苍劲的紫藤相传是文征明亲手种植的。

崇祯四年(1631),拙政园中破落已久的东部园林归侍郎王心一。王善画山水,悉心经营,布置丘壑,修复一新后将"拙政"改为"归园田居",取意陶渊明的诗。以后的岁月里,陈之遴、王永宁、蒋棨、李秀成、张履谦、李鸿章、张之万、苏松常道署、时疫医院、戒烟所、苏南苏州行政区专员公署……公私各家络绎驻于此。

拙政园中现有的建筑,大多是清咸丰九年(1850)拙政园成为太平天国忠王府花园时重建,至清末形成东、中、西三个相对独立的小园,其精华在中部。

建国后,拙政园渐渐恢复其本来面目。1961年拙政园被国务院列为首批全国重点文物保护单位。1997年被联合国教科文组织列为世界文化遗产。

槐雨先生王君敬止所居在郡城东北[1],界娄、齐门之间,居多隙地,有积水亘其中,稍加浚治,环以林木,为重屋其阳,曰:梦隐楼;为堂其阴,曰:若墅堂。堂之前为繁香坞,其后为倚玉轩。轩北直梦隐,绝水为梁,曰:小飞虹。蹞小飞虹而北,循水西行,岸多木芙蓉,曰:芙蓉隈[2]。又西,中流为榭,曰:小沧浪亭。亭之南,翳以修竹,径竹而西,出于水澨[3],有石可坐,可俯而濯,曰:志清处。至是,水折而北,滉漾渺弥,望若湖泊,夹岸皆佳木,其西多柳,曰:柳隈。东岸积土为台,曰:意远台。台之下,植石为矶,可坐而渔,曰:钓碧[4]。遵钓碧而北[5],地益迥,林木益深,水益清。驶水尽,别疏小沼,植莲其中,曰:水花池。池上美竹千挺,可以追凉[6],中为亭,曰:净深。循净深而东,柑橘数十本,亭曰:待霜。又东,出梦隐楼之后,长松数植,风至泠然有声,曰:听松风处。自此绕出梦隐之前,古木疏篁,可以憩息,曰:怡颜处。又前循水而东,果林弥望,曰:来禽囿。囿尽,缚四桧为幄,曰:得真亭。亭之后为珍李坂;其前为玫瑰柴,又前为蔷薇径。至是水折而南,夹岸植桃,曰:桃花沜。沜之南,为湘筼坞。又南古槐一株,敷荫数弓,曰:槐幄。其下跨水为杠,踰杠而东,篁竹阴翳,榆槐蔽亏[7],有亭翼然而临水上者,槐雨亭也。亭之后为尔耳轩,左为芭蕉槛。凡诸亭槛台榭,皆因水为曲势。自桃花沜而南,水流渐细,至是伏流而南,踰百武,出于别圃丛竹之间,是为竹涧。竹涧之东,江梅百株,花时香雪烂然,望如瑶林玉树,曰:瑶圃。圃中有亭,曰:嘉宝亭,泉曰:玉泉。凡为堂一,楼一,为亭六,轩槛池台坞涧之属二十有三,总三十有一,名曰:拙政园。

王君之言曰:"昔潘岳氏仕宦不达[8],故筑室种树,灌园鬻蔬,曰:'此亦拙者之为政也'。余自筮仕抵今[9],余四十年,同时之人,或起家至八坐[10],登三事[11],而吾仅以一郡倅[12],老退林下,其为政殆有拙于岳者,园所以识也。"虽然,君于岳则有间矣。君以进士高科,仕为名法从[13],直躬殉道,非久被斥,其后旋起旋废,迄摈不复,其为人岂龌龊自守视时浮沉者哉!岳虽漫为闲居之言,而诣事时人,至于望尘雅拜[14],乾没势权[15],终罹咎祸。考其平生,盖终其身未尝暂去官守而即其闲居之乐也。岂惟岳哉!古之名贤胜士,固有有志于是,而际会功名,不能解脱,又或升沉迁徙,不获遂志,如岳者何限哉!

而君甫及强仕[16],即解官家处,所谓筑室种树,灌园鬻蔬,逍遥自得,享闲居之乐者,二十年于此矣。究其所得,虽古之高贤胜士,亦或有所不逮也,而何岳之足云!所为区区以岳自况,正聊以宣其不达之志焉耳!而其志之所乐,固有在彼而不在此者。是故高官肤仕[17],人所慕乐,而祸患攸伏,造物者每消息其中[18]。使君得志一时,而或横罹灾变,其视末杀斯世而优游余年[19],果孰多少哉?君子于此,必有所择矣。

征明漫仕而归,虽踪迹不同于君,而潦倒末杀,略相比偶。顾不得一亩之宫,以寄其栖逸之志,而独有羡于君,既取其园中景物悉为赋之,而复为之记。

嘉靖十二年岁在癸巳五月既望[20]。

【作者简介】

文征明(1470—1559),原名壁,字征明。42岁起以字行,更字征仲。因先世为衡山人,故号衡山居士,世称"文衡山",曾官翰林待诏,长州(今江苏苏州)人。擅长诗文书画,诗宗白居易,苏轼,文受业于吴宽,学书于李应祯,学画于沈周。诗文与祝允明、唐寅、徐祯卿并称"吴中四才子"。在绘画上,师法沈周,典雅秀丽,与沈周、唐寅、仇英合称"吴门四家"。有《莆田集》。

【注释】

[1]王敬止:名献臣,号槐雨。江苏苏州人。中进士后入仕途,后为巡察御史,得罪了太监,贬至岭南为驿丞。后昭雪,为永嘉知县。挂冠回乡里后,开始营构拙政园。

[2]隈:角落。

[3]澨:音 shì,水边地;涯岸。

[4]砼:音 gǒng,水边石。

[5]遵:沿着。

　　[6]逭凉:谓避暑。逭:音 huàn,逃,避。

　　[7]蔽亏:谓因遮蔽而半隐半现。

　　[8]潘岳(247—300):字安仁,又称潘安,西晋荥阳中牟(今属河南)人。举秀才,累官为河阳、怀县令,迁太子舍人、长安令、著作郎,给事黄门侍郎。后谄事权贵贾谧,为其"二十四友"之首。永康元年赵王伦亲信孙秀诬潘岳、石崇参与淮南王等作乱,被诛,并夷三族。美姿仪,善诗赋,是"太康文学"的代表作家。

　　[9]筮仕:古人将出仕,卜筮吉凶。指出仕为官。

　　[10]八坐:亦作"八座",古时中央政府的八种高级官员,如尚书之类。

　　[11]三事:犹"三公",明清时指太师、太傅、太保。

　　[12]倅:音 cuì,州郡的副职。

　　[13]法从:跟随皇帝车驾,追随皇帝左右。此为恭语。

　　[14]望尘雅拜:《晋书·潘岳传》:岳性轻躁,趋势利,与石崇等谄事贾谧,每候其出,与崇则望尘而拜。

　　[15]乾没:贪求,投机图利。

　　[16]甫及:刚到。强仕:谓四十岁。《礼记》:四十曰强,而仕。

　　[17]肵仕:高官厚禄。肵:音 wǔ,大块鱼肉。

　　[18]消息:消长,盛衰。

　　[19]末杀:亦作"抹杀",谓失意,被埋没。

　　[20]嘉靖十二年:1533 年。既望:十六日。

苏州织造局记(四篇)

明·文征明 等

【提要】

　　文选自《明清苏州工商业碑刻集》(江苏人民出版社 1981 年版),《明清以来苏州社会史碑刻集》(苏州大学出版社 1998 年版)。

　　"京师惟尚衣监,然织染惟建局于苏、杭者何?"文征明在《重修苏州织染局记》中问道。接着他又说:"夫大江之南,苏、杭财赋甲他郡,水壤清嘉,造色鲜美;矧蚕桑繁盛,因产丝纩,迄今更盛。"苏州地处太湖流域,气候温暖湿润,适桑宜蚕。得天独厚的自然条件,促使了苏州一带的农村中较早地形成了种桑养蚕的习俗,苏州自古以来就是我国蚕桑丝绸的重要基地。

　　宋元时代,随着皇室的南渡和全国经济中心的南移,南方的经济、文化得到空前发展,太湖流域特别是苏州的丝绸业,从此也开始进入了一个崭新的繁荣时期。织出的丝绸,除了用于日常的衣用服饰外,还大量地运用到宗教礼仪、装饰与绘画、书画装帧等等方面。南宋时期,苏州的缂丝生产革新了传统丝绸技术,跳出了传统丝绸的工艺和服饰用途的界限,产品大量地被作为艺术性的商品供人玩赏,沈子蕃、吴子润等缂丝名家所制作的作品,在当时已价值连城。苏州丝绸中的宋锦,由于色调深沉、古色古香,除了用于服饰外,还大量用于书画装帧,以满足文人墨客之需。

于是,元代至元十七年(1280),朝廷在苏州城平桥南专门设立了织造局,遣官督理,具有高超技艺的丝绸工匠被聚集在官办作坊内,为皇室生产高档的丝绸。当时较为盛行的丝绸织物,主要为织金类织物,有"扁金"和"圆金"之分,象征着皇家和贵族的尊贵与权势。元元贞年间(1295—1297),还在玄妙观机房殿设立了吴郡机业公所,传统的家庭丝绸业,开始逐步转变成机户这种专业的丝织业作坊。

明清苏州的丝绸业,延续了元代官府织染局和民间共同发展的格局,在生产规模、技术水平、产品种类及对外贸易等方面均超越了前朝。明永乐年间,郑和从苏州刘家港出发七下西洋,就曾带去成批的丝绸和丝绸制品。清康熙至乾隆年间,苏州织造局的生产规模为全国之冠,苏州传统丝绸手工业进入顶峰期。官府的织造局由督造官员或太监驻苏直接管理其事务,每年在完成皇室规定的织造任务外,往往还有各种临时办差,如帝后的大婚、万寿贡、端午贡等,数额极为庞大。

元至明清,特别是明永乐以后,苏州丝绸织造业官营部分的产品主要是上贡,生产的丝绸一般不参加市场交换,整个生产过程由朝廷派出的专门机构监管,称为织染局、织造局、织造署、总织局。明代在南京、苏州、杭州三处设织造局,清顺治二年(1645)恢复江宁织造局,杭州局和苏州局均于四年重建。八年确立了"买丝招匠"制的经营体制,并成为清代江南三织造局的定制。

明代苏州织染局在天心桥东、察院南,即今北局(俗称小公园)一带。嘉靖二十六年(1547),文征明《重修苏州织染局记》记道:"局之基址,共计房屋二百四十五间。内织作八十七间,分为前、后、中、东、西六堂,又大堂两傍东西厢房等处,机杼共计一百七十三张,掉络作二十三间,染作一十四间,打线作七十二间;大堂并库厨府局二厅等房五十间。后有避火园池、真武殿、土地堂、碑亭各一座,古井二口。墙堵四立,俱在大堂之左。外局衙二,在局东官街巷。"并称"岁造常课纻丝一千五百三十四匹,遇闰月该造一千六百七十三匹","现在各色人匠,计六百六十七名,每名月给食粮四斗"。

清代在江宁、苏州、杭州三处各派织造官一员,称为"江南三织造",改变了明代织造官一般由宦官担任的惯例。顺治三年(1646),罢织造太监,钦命工部右侍郎陈有明督理苏、杭等处织造,江宁织局则由督抚洪承畴经定。当时,前明织染局屋宇已经荒圮,陈有明在《重修织染局记》里记道:"廉得姑苏旧有织局,在察院南二百武而近,西临天心桥,东北距圆妙观者,创自前朝鼎隆之日。至晚季废阁不举,而局政坏,局事停,局工散,局舍亦倾圮,不复厘葺,沦为旷野矣。所存仅颓房几间,馨悬零落,衰草芊绵,不堪为马厩牧养之地,恶可铺设上用机张?"于是重修局址,"始得成机房七十六间,染房五间,厨房四间,厅房、局神堂祠、漉线池塘,悉举毕备"。另外,又奏请以明末贵戚周奎的故宅改建总织局,地址在今苏州带城桥下塘,并买褚氏废围及部分民房,《建总织局记》载:"今得总织局前后二所,大门三间,验缎厅三间,机房一百九十六间,铺机四百五十张,绣缎房五间,局神祠七间,染作房五间,灶厨等房二十余间。四面围墙一百六十八丈,开沟一带,长四十一丈。"房屋造成后,他的兴奋之情溢于言表。同时绘成的《苏州织造局图题记》道:"今创总织局前后二所,大门三间,验缎厅三间,机房一百九十六间,外局神祠七间,织缎房五间,染作房五间,灶厨菜房二十余间,四面围墙一百六十八丈,开沟一带,长四十一丈。"因此,清初苏州有总织局和织染局两处,分别称为"南局""北局"。

苏州织造局的管理制度,先是实行"金报巨室,以充机户",后又改进为"买丝招匠,领机给帖",即由织造局选定领机机户,发给机张执照,作为领机凭据。同时,织局备好丝料,责令领机机户雇募工匠进局织造,缎匹织成后由机户负责缴还织局,由织局负责支付工酬给机户。这些制度的实行,使苏州的民间丝织手工业和丝织工匠越来越受到官方的控制,官营手工业工场的规模日益扩大。另一方面,这种生产方式也促进了丝绸生产的稳定,丝绸手工业的技艺精益求精,推动了苏州丝绸织造业从官府到民间整个行业的繁荣。这种景象在清代康熙、雍正、乾隆几朝达到了极盛,并在整个清代稳定和持续了很长一段时间。

清代,织造还拥有密折特权,向皇帝直接禀报钱粮、吏治、营务、缉盗、平乱、荐举、参劾、收成、粮价、士人活动以及民情风俗等江南地方情形。

值得一说的是,曹雪芹的曾祖父曹玺,康熙二年(1663)任江宁织造,至二十三年(1684)卒于任上;祖父曹寅,康熙二十九年(1690)任苏州织造,三十一年(1692)兼任江宁织造,后专任江宁织造,至五十一年(1712)卒于任上;曹寅的内兄,即曹雪芹的舅公李煦,康熙三十二年(1693)至六十一年(1722)任苏州织造;曹寅死后,他的儿子曹颙继为江宁织造,两年后卒于任上,于是奏请曹荃之子曹頫为曹寅嗣子,补为江宁织造,直到雍正五年(1727)。因此,江宁、苏州织造局这一特殊的机构,成为《红楼梦》产生的重要历史背景。

康熙帝二十三年(1684)至四十六年(1707)六次南巡,凡到苏州,都驻跸织造局,至乾隆六次南巡,也以织造局为行宫。《南巡盛典》卷八十五记道:"府治旧有织造官廨,圣祖仁皇帝南巡,即其址改建行宫,中有凝怀堂,御书赐额也。乾隆庚午岁,皇上下诏省方,稍加修葺,以备临幸。自是迭邀法驾,东南喁喁望幸已。历有年,所恭逢法祖时巡,鸿恩大沛,民间欢迎瞻就,巷舞衢歌,盖阅时而弥盛云。"据记载,苏州织造局占地约六十亩,行宫在织造局西部,有正寝宫、后寝宫、御膳房、御茶房、古戏台及佛堂等。织造局旧址今属苏州第十中学,保存下来的西花园就是当年的行宫花园,园内有假山水池,巨形太湖奇石"瑞云峰",相传是北宋花石纲遗物,乾隆四十四年(1779)由阊门外东园移置于此。

重修苏州织染局记

明·文征明

苏郡织染之设,肇创于洪武[1],鼎新于洪熙[2],载于郡志,虽简略未详,而碑文所记,历历可考。亦师惟尚衣监所司其事[3],然织染惟建局于苏、杭者何?夫大江之南,苏、杭财赋甲他郡,水壤清嘉,造色鲜美;矧蚕桑繁盛[4],因产丝纩[5],迄今更盛。

局之旧规,岁造常课纻丝一千五百三十四匹,遇闰月该造一千六百七十三匹。往年惟用本局匠役织造,本用民间机户,到府领织。现在各色人匠,计六百六十七名,每名月给食粮四斗。惟苏卫军匠一十三名,每名月给本卫食粮八斗,在局工作。

局之基址,共计房屋二百四十五间。内织作八十七间,分为前、后、中、东、西六堂[6]，又大堂两傍东西厢房等处，机杼共计一百七十三张，掉络作二十三间，染作一十四间，打线作七十二间；大堂并库厨府局二厅等房五十间。后有避火园池、真武殿、土地堂、碑亭各一座，古井二口。墙堵四立，俱在大堂之左。外局衙二，在局东官街巷。其四址悉载真武庙旧碑甚详，兹不赘及。

西峰郭公、中山宗公，奉命提督兹事，宽仁慎敬，及事真武甚谨。因复加绘葺，庙为之一新。于是丐文，详载历年职事者题名，画图于石，用垂不朽云尔。

嘉靖丁未孟夏吉旦立[7]。

【注释】

[1] 洪武：明太祖朱元璋年号，1368—1398 年。

[2] 洪熙：明仁宗朱高炽年号，1424—1425 年。

[3] 尚衣监：明宦官官署名。掌皇帝所用冠冕、袍服、履舄、靴袜等。清顺治时亦设，康熙即位后裁撤。

[4] 矧：音 shěn，况且。

[5] 丝纩：丝绵。

[6] 六堂：疑有误。当为"五堂"。

[7] 嘉靖丁未：嘉靖二十六年(1547)。

重修织染局记

清·陈有明

今上御极之四年[1]，苏郡重建织染局落成。余实典其事，是乌可以无记？

窃惟我皇上应图开运，抚安方夏[2]，服山龙而垂日月[3]，临万邦以驭兆民。天下咸尊如大父[4]，望若神明，则服御之制，不可不振举也。遴选廷臣，余以司空卿贰[5]，得蒙宸翰[6]，总理苏、杭织染事。

廉得姑苏旧有织局，在察院南二百武而近，西临天心桥，东北距圆妙观者，创自前朝鼎隆之日。至晚季废阁不举[7]，而局政坏、局事停、局工散，局舍亦倾圮，不复厘葺，沦为旷野矣。所存仅颓房几间，罄悬零落[8]，衰草芊绵[9]，不堪为马斯牧养之地，恶可铺设上用机张？

余受事吴门，始经营卜度，与同事者商确，鸠工庀材，整理而增建之。余总领机务颇烦，又分其绪以营办此局，殆不啻左画方而右画圆也。拮据半载[10]，几殚心计，始得成机房七十六间，染房五间，厨房四间，厅房、局神堂祠、漉线池塘、悉举毕备。丹楹刻桷，森树焕列，业成一开基伟制。今属采段使公署，专司上供袍服，而衮龙黼黻[11]，文施五采，祥光耀斗，晔晔惊眩人目。谨会在事诸公，同景星庆云[12]，以上贺天子。百工相与庆于堂，庶司相与忭于署[13]。余即不敢德色用以自慰[14]，庶几不负受任苏、杭之役，是恶可以不记？

惟时度地与兴制者独余，经画综理者满洲官尚志、官代、胡格喇、高登，董工者经历俞忠达暨委官赵壁也。各有成劳，以效忠朝廷，亦以开基立国大经大纬之所在,又安可以无记?

余不斐,特载笔录事,而勒之石。

【作者简介】

陈有明,生卒年月不详。曾任工部右侍郎,督理苏、杭织造局。

【注释】

[1]御极:登极,即位。

[2]方夏:指中国,华夏。

[3]山龙:指古代衮服或旌旗上的山、龙图案。借指衮服。

[4]大父:祖父。

[5]司空卿贰:指工部侍郎。为司空工部尚书佐官。

[6]宸翰:帝王的墨迹。此指御诏。

[7]废阁:亦作"废格"。搁置而不实施。

[8]罄悬:形容一无所有。

[9]芊绵:繁密茂盛貌。

[10]拮据:原指鸟衔草筑巢,鸟足(手)劳累。劳苦操作,辛劳操持。

[11]衮龙:指衮龙袍。黼黻:音 fǔ fú,绣有华美花纹的礼服。

[12]景星:瑞星。古谓现于有道之国。庆云:五色云。古人以为祥瑞之气。

[13]忭:高兴,喜欢。

[14]德色:自以为对别人有恩惠而流露出来的神色。

建 总 织 局 记

清·陈有明

余以丙戌秋,谨奉玺书纶命[1],总理苏、杭织染事。信宿戒途[2],至冬驻节吴门,下车兵备旧署,湫隘倾圮[3],似未可以尊王事、肃使臣之体。行次虎林查按[4],总织局业为设法营造,已成一巨模,而姑苏讵可缺然。且向来机设,散处民居,无监督典事之人,率以浇薄赝货[5],塞责报命。上积弛而下积玩,织染之流弊,侵淫已极[6],皆由无总织局以汇集群工,此明季之所以坐废也。

余计惟昔贤所云,百工居肆,以成其事,将为朝廷万年之供,安可不谋一永久之图?务宜鸠工毕集,共处公所,既力专而物办,亦心聚而易稽。人选能手,料取精良。任役选敏练谨饬之人[7],掌管采忠勤敦悫之士[8]。只乏广堂大厦,为安置群工地。因与督抚王公、代巡卢公、该属长吏陈服远,商略公议,以前朝周戚畹遗宅具题[9],得请兴工修改,得堂舍百有余间。机房以居工作,库司以贮成物,中设厅事后堂,以驭群户,慎赏罚,稍有定止。

第东西夹处民居,犹未舒展,复与督抚周公,相度本署北偏褚氏废圃空地,别购旧屋,更市新材,聿命匠石[10],昕夕卒事[11]。

今得总织局前后二所,大门三间,验缎厅三间,机房一百九十六间,铺机四百五十张,绣缎房五间,局神祠七间,染作房五间,灶厨等房二十余间。四面围墙一百六十八丈,开沟一带,长四十一丈。厘然成局,灿然可观。百工受事,星罗棋布,竭蹶赴功,共欣然有乐于奔命之意。虽然,余何敢自谓曰能,实赖同事协谋于上,庶司百职勤劳于下,始有以夙夜厥成,仰应服御赏赉之用。

然是役也,虽经营详备,盛于今日,而五采彰施宗彝藻火作服之制[12],则自唐、虞二帝之时,已载在简册矣。我皇上受命凝图,颁功诏能,端于是乎有藉。

余受任期年,经谋悉力,祈称乃事,亦何敢勒石叙功,自谓曰能。第恐法久则弛,世远则玩,而规方丈尺堂舍房宇四隅基址,或渐有增损,因详记其地里若干,沟涂几许,曹署几许,主政者若而人,襄事者若而人,以永垂不朽云。

【注释】

[1]纶命:天子的诏命。

[2]信宿:两夜。指两天。戒途:亦作"戒涂"。出发。

[3]湫隘:低下狭小。

[4]行次:指来到。

[5]浇薄:指质量差劣。

[6]侵淫:渐进,渐次发展。

[7]谨饬:同"谨慎"。

[8]敦慤:厚道,诚实。慤:音què。

[9]具题:谓题本上奏。

[10]聿:音yù,文言助词,无义,用于句首或句中。

[11]昕夕:朝暮。谓终日。

[12]彰施:明施。《书·益稷》:"以五采彰施于五色,作服,汝明。"宗彝:指天子祭服上所绣虎与蜼的图案。藻火:古代官员衣服上所绣作为差等标志用的水藻及火焰形图纹。借指官服。

苏州织造局图题记

清·陈有明

按姑苏岁造,旧时散处民间,卒皆塞责报命。本部深悉往弊,下车之后,议以周戚畹遗居,堪为建局。具题得旨。今创总织局前后二所,大门三间,验缎厅三间,机房一百九十六间,外局神祠七间,织缎房五间,染作房五间,灶厨菜房二十余间。四面围墙一百六十八丈,开沟一带,长四十一丈。厘然成局[1],灿然可观。亟图立石,以垂永久。

顺治四年二月□日立。

按:原碑现藏苏州博物馆。

【注释】

[1]厘然:形容有条理。

琉 璃 塔 记

明·陈 沂

【提要】

本文选自康熙二十二年《江宁府志》卷一四《艺文志下》,参校《金陵梵刹志》卷三一(明万历三十五年南京僧录司刊本)等酌定。

明代金陵大报恩寺及其琉璃塔,遗址现位于江苏南京城南中华门外长干桥东南。

大报恩寺的直接前身是约建于吴末晋初的"长干寺",该寺历东晋、南朝、隋唐,一直沿用。南唐时期,寺址一度沦为军营庐舍,北宋时再度复兴。端拱元年(988),僧可政于终南山得唐三藏玄奘大师的顶骨舍利,在长干寺建塔瘗藏。天禧元年(1017),长干寺改称天禧寺,寺塔易名"圣感"。元至元二十五年(1288),诏改天禧寺为"元兴慈恩旌忠教寺"。明朝建立后,该寺复称天禧寺。

该寺,塔于永乐六年(1408)被恶僧放火焚毁,"崇殿修廊,寸木不存,黄金之地,悉为瓦砾"(朱棣《重修报恩寺勅》)。永乐十年,朱棣决心重建报恩寺,并下令"征天下良工,准宫阙规制,勅工部侍郎黄立恭,依大内图式,造九级五色琉璃塔,曰第一塔,寺曰大报恩寺,六月十五开始建工"(《金陵大报恩寺塔志》卷十),宣德三年(1428)才基本竣工。工程建设,"征集军匠夫役十万人",耗"钱粮银二百四十八万五千四百八十四两",另还加上"郑和下西洋回余金钱百万"(《金陵大报恩寺塔志》附图说明)。建成后的大报恩寺"佛殿画廊,壮丽甲天下"(周晖《金陵琐事》卷三),寺中琉璃塔更是天下胜观,被西人称之为中世纪世界七大奇迹之一(汪永平《大报恩寺及碑》,见《金陵胜迹大观》211页)。

大报恩寺的营造前后历十六年。史载大报恩寺周围九里十三步,几乎包括今长干桥东南、雨花路以西的全部街区在内。主要建筑都坐东朝西,全寺布局分南北两部分,中以围墙相隔。北半部为寺院主体,主轴线从西向东先后依序设金刚殿、香水河桥、天王殿、大雄宝殿(佛殿)、琉璃塔、观音殿、法堂。香水河桥稍东南北两侧对称布置左、右御碑及碑亭(分别置永乐二十二年之《御制大报恩寺左碑》和宣德三年之《御制大报恩寺右碑》);观音殿前左右两侧南有祖师殿、北有伽蓝殿相对而立;观音殿两侧直到法堂处建118间画廊。祖师殿旁置钟楼,其东南有放生池。南半部有藏经殿、贮经廊、请经房、禅堂、库司、三藏塔等。寺庙主体殿宇"下墙石坛栏楯等均用白石,雕镂工致"。为防止地基下沉,"全寺基地,悉用木炭作底,其法先插木桩,然后纵火焚烧,化为烬灰,用重器压之使实……上铺朱砂,取其避湿杀虫"。可谓设计严密,工艺超群。报恩寺"经营之精深,规模之广大,极盛而无以加焉"(见宣德三年《御制大报恩寺右碑》)。

大报恩寺塔为一胜观。塔高约80米,数十里外的长江上也可望见。陈沂描述:"下周广四十寻,重屋九级,高百丈。"可见其规模。塔身九层八面,全用琉璃构成,塔的各层和内壁布满佛龛。塔顶是重达 2 000 两的黄金宝珠顶,镶满金银珠宝,塔身表面均贴以黝白琉璃砖,拱门以琉璃为门券,门框饰有狮子、白象、飞羊等佛教题材的五色琉璃砖,"每级飞檐皆悬鸣铎,明腩以蚌蛎薄叶障之,器出楹外,凡百四十有四。昼则金碧照耀云际,夜则百四十有四篝灯,如火龙自天而降,腾焰数十里;风铎相闻,数里响振。雨夜,舍利如火珠数颗,次第出入轮相,间有声"。自建成之日起,宝塔就点燃长明塔灯 140 盏,每天耗油 64 斤,白日金碧照耀,夜晚灯火通明。塔内,"悬梯百蹬,旋转而上。每层布地以金,四壁皆方尺小释像,各具诸佛如来因缘,凡百种,极致精巧,眉发悉具,布砌周遍"。

登上这样的宝塔,"出檐槛外,则心神惶怖,不能久伫。四顾群山大江,关阻旁达,无远不在;近观宫城廨舍,陆衢水道,民居巷市,人物往来动息,罔不毕觅。飞鸟流云,常俯视在下矣"。南京大报恩寺塔建成后,登临游览者纷至沓来。就连清朝康熙、乾隆二帝南巡时,也不顾年事已高,勉力攀登。当时来中国出使、经商、游历的外国人,都称它是"四大洲所仅有的绝美的伟大建筑",堪与罗马大剧场、亚历山大古城、比萨斜塔相媲美。

据明末张岱《陶庵梦忆》载,当年建造南京大报恩寺塔时,共烧制了三套完整的琉璃构件,建塔时用了一套,另外两套则编上字号埋入地下,若塔上损坏一块,只要将字号报告工部,就可将备件取出进行更换。如今,那两套构件埋藏于何处?是个谜。

大报恩寺在明清时期地位显赫。报恩寺与灵谷寺、天界寺并称金陵三大寺,辖领城南一带大刹 2 座、中刹 14 座,号称百寺之首。不仅如此,明洪武年间开始,一直至清代的佛藏校勘刻印多选择在大报恩寺进行。如《永乐南藏》全藏 636 函,收经 1 610 部,计 6 331 卷。如此大规模的藏刻事业,全由朝廷内府督办,汇名僧集于大报恩寺进行。

大报恩寺塔,1856 年太平天国内讧时,由于担心石达开部队占据制高点向城内发炮,北王韦昌辉下令炸毁。

2007 年年初至 2010 年 6 月,南京市对大报恩寺遗址进行了全面、系统的考古发掘,先后发现并清理了属于明代大报恩寺的香水河桥、中轴线主干道、天王殿、大殿、观音殿、法堂,还有始建于北宋大中祥符四年(1011)的长干寺地宫等重要遗迹,所获文物多为国宝级。

2010 年,大报恩寺塔原址复建工程启动。

南都城之南有大佛宇,孙吴时云神僧所居,南朝始有寺,因地长干[1],曰长干寺。赵宋改名天禧寺。国朝永乐初大建之,准宫阙规制而差小焉[2],名大报恩寺。

故有舍利塔。文皇诏天下[3],尽甄工之能者,造五色琉璃,备五材百制,随质呈色,而陶埏为象[4],品第甲乙[5],钩心斗角,合而鬗之[6],为大浮图。

下周广四十寻,重屋九级,高百丈。外旋八面,内绳四方。外之门牖,实虚其四,不施寸木,皆埏埴而成[7]。连大宫后,叠玉砌薉级[8],上为五色莲台,座高拥寻丈。

乃列朱楹八面,辟为四门,悬十有六牖于八隅,门绕以曼陀、优钵、昙花[9],壁刻以天王金刚四部大神,具头目手足,异相;冠簪缨胄衣带琐甲,异制;戈戟轮铎器饰,异执:种种不类。载以狮象,承以梦梁[10],井桷翔起[11],光彩璀璨。覆以碧瓦鳞次,螭头豹尾,交结上下。又蔽以镂槛雕楹,青琐绣闼[12]。

于外二级至九级,不设琐闼,惟楹槛皆朱,壁皆黝垩[13],榱桷则间以玄朱[14]。其花萼旋绕,牖户悬辟之制[15],皆如初级焉。尽九级之上为铁轮盘,盘上轮相,叠起数仞,冠以黄金宝珠顶,维以铁绁,坠以金铃。每级飞檐皆悬鸣铎,明牖以蚌蛎薄叶障之[16],器出槛外,凡百四十有四。昼则金碧照耀云际,夜则百四十有四篝灯[17],如火龙自天而降,腾焰数十里。风铎相闻,数里响振。雨夜,舍利如火珠数颗,次第出入轮相[18],间有声。

浮图之内,悬梯百蹬,旋转而上。每层布地以金,四壁皆方尺小释像,各具诸佛如来因缘,凡百种,极致精巧,眉发悉具,布砌周遍。井拱叠起,皆青碧穹覆如华盖。列牖设篝灯巧虬[19]:若蜗壳宛转,一寂穿出[20]。门至绝级亦滑敞[21],首不低缩。

出檐槛外,则心神惶怖,不能久伫。四顾群山大江,关阻旁达,无远不在;近观宫城廨舍[22],陆衢水道,居民巷市,人物往来动息,罔不毕见。飞鸟流云,常俯视在下矣。

【作者简介】

陈沂(1469—1538),字宗鲁,后改鲁南,号石亭居士,亦号小坡,浙江鄞县(今宁波)人,徙家南京。5次参加会试,不中。正德十二年(1517)进士,官编修。后为江西布政参议、山东左参政,后致仕归家,筑遂初斋,杜门著述。工画及隶篆。与乡人顾磷、王韦称"金陵三杰"。著述甚多,有《维祯录》《畜德录》《金陵古今图考》等。

【注释】

[1]长干:古建康里巷名。故址在今江苏南京南。

[2]准:依照。差小:稍小。

[3]文皇帝:即明成祖朱棣,年号永乐,在位22年。

[4]陶埏:谓陶人把陶土放入模型中制成陶器。埏:音 shān,用水和土。

[5]品第:评出级别之高低。甲乙:次第,等级。

[6]甏:音 bēng,瓮一类的器皿。此作动词。

[7]埏埴:和泥制作陶器。

[8]薮级:谓众多的台阶。

[9]曼陀、优钵、昙花:皆为花名。曼陀:又叫曼荼罗、满达、洋金花、大喇叭花等,原产印度,多野生,我国各地都有。优钵:即优钵罗,译为青莲花。其叶狭长,近下小圆,向上渐尖,佛眼似之,故经中多以之为喻。昙花:原产墨西哥。《法华经》:如是妙法,诸佛如来,时乃说之,如优昙钵华,时一现耳。

[10]梦梁:阁楼的栋梁。

[11]井桷:谓藻井的翼角。

[12]青琐:亦作"青锁""青璅"。装饰皇宫门窗的青色连环花纹。绣闼:装饰华丽的门。

[13]黝垩:涂以黑色和白色。

[14]榱桷:屋椽。

[15]悬辟:谓(塔)门窗设立、开闭(的规制)。

[16] 蚌蛎薄叶:谓以蚌壳磨制成的叶片缀成窗幌。

[17] 篝灯:灯在笼中称篝灯。

[18] 轮相:塔顶上的轮盖。通常有九层,也称九轮。经律中又有相轮、金刹、金幢、露盘等名。

[19] 巧虻:谓灯。类如萤火虫者。

[20] 一寂:谓静,没有声音。

[21] 绝级:谓最上一级。滑敞:滑润开敞。

[21] 廨舍:官署的屋舍。

东昌城并光岳楼记(四篇)

明·陈 儒 等

【提要】

文选自《古今图书集成》职方典卷二五六、卷二四五(中华书局 巴蜀书社影印本)。

光岳楼坐落于山东聊城古城中心,是国家级重点文物保护单位,与岳阳楼、黄鹤楼并称中国三大名楼。

古东昌(今聊城)城是国家级历史文化名城,而光岳楼是古聊城历史文化的象征,也是今天新聊城的标志性建筑。

聊城为明清两代东昌府所在地,是大运河沿岸重要港口之一,那时漕运畅通,经济繁荣,文化发达,东昌是鲁西北政治经济文化重镇,有"漕挽之咽喉,天都之肘腋"的称呼。大学士于慎行亦称其为"江北一都会也"。

明初,北方的形势很不稳定,东昌守御指挥佥事陈镛,为防御之需,洪武二年(1369)至五年,将宋朝熙宁三年(1070)所筑土城改为砖城。同时,出于"严更漏,窥敌望远"的考虑,又用修城剩余木料于洪武五年(1372)起,用了3年的时间,修建了一座高达百尺的更鼓楼,初名"余木楼"。

明成化二十年(1486),楼重修,因地为名"东昌楼"。明弘治九年(1496),考功员外郎李赞在《题光岳楼诗序》中说:"余过东昌,访太守金天锡先生,城中一楼高壮极目,天锡携余登之,直至绝阁,仰视俯临,毛发欲竖,因叹斯楼,天下所无。虽黄鹤、岳阳亦当望拜,乃今百余年矣,尚寞落无名称,不亦屈乎?"因命之曰"光岳楼","取其近鲁有光于岱岳也"。此后历代重修碑记都一直沿用"光岳楼",但人们仍习惯地称之为"鼓楼"或"古楼"。

东昌古城"入国朝以来,城凡三修,率不久辄圮散",于慎行《东昌府重修城记》说。其中就包括正德年间的那次重修,当时名臣李廷相写有《重修东昌府城记》。记中详细记录了陈镛修筑的东昌城规模:"陈侯镛始以砖石,周七里有奇,崇尺三十有五,阔杀尺之十有五。为门凡四,东春熙、西清远、南正德、北宣威。城上眺远之楼凡二十有七,前代所谓'缘云'、'望岳'二楼在焉。栖卒之舍凡四十有八。每门有吊桥,有潜洞,有间门,池深二十尺,广加十尺。"正德间"其势渐圮,砖石腐败者凡三之二,楼舍桥洞倾敧又半之",太守叶天球主持重修。始于正德十六年(1521年)的东昌府城墙维修,到嘉靖四年(1525)才竣工,用时达四年之久。

万历丙子(1576)年,郡守景承芳"奉檄修之,未究而去",第二年,汝阳赵公、郡守阎邦宁力倡重修,"凡修楼橹二十有五,护城神祠五,环城更庐四十有七。城之高以三丈五尺,厚以二丈。隍之深以七尺,广以十七丈。堤之高以八尺,厚以二丈。长桥虹跱,高楼翚拱,奕奕赫赫,博敞弘壮,称金汤之险焉"。

东昌古城城墙遗址在今聊城市区内东昌湖中间,城呈正方形,总面积约100万平方米。城墙周长3.5千米,高11.7米,顶宽6.7米,基厚11.7米。内墙用三合土夯筑,外墙用砖石砌垒。城设4门,上筑门楼,外设瓮城。南、东、西瓮城为扭头门,南门东向似凤头,东、西门南向似凤翅,北门北向似凤尾,故名"凤凰城"。四城门楼皆重檐歇山,四角飞翘,东曰"春熙",西曰"清远",南曰"正德",北曰"宣威"。明万历七年(1579),城墙上又建垛口2700余个,敌楼27座;4城门楼更名,东曰"寅宾",西曰"纳日",南曰"南熏",北曰"锁钥"。各个城门均有水门、吊桥。城东北角、西北角原有"望岳""绿云"二楼。1947年1月,为防止敌军重占,遂将城墙拆除。现仅存城墙墙基。

光岳楼至今仍矗立于原东昌古城中央,为我国现存明代楼阁中最大的一座。它是宋元建筑向明清建筑过渡的代表作,号称"江北第一名楼",在中国古代建筑史上有着重要地位。1988年,光岳楼被列为国家级重点文物保护单位。

光岳楼形式上承袭了宋元楼阁遗制,结构上继承了唐宋传统。光岳楼由楼基和主楼两部分组成,总高33米。楼基为砖石砌成的方形高台,占地面积1236平方米,边长34.5米,向上渐有收分,垂直高度9米,由交叉相通的4个半圆拱门和直通主楼的50多级台阶组成。主楼为木结构,4层5间,歇山十字脊顶,四面斗拱飞檐,且有回廊相通。全楼有112级台阶、192根金柱、200余斗拱。楼内匾、联、题、刻琳琅满目,块块题咏、刻石都是精品。陈儒所记"栋宇翚飞,檐阿雾隐,凌空纤瞩,东岳增辉"并非虚语。明清时,光岳楼多次重修,其中清顺治、乾隆、道光等朝重修均有记。1986年竣工的重修工程由同济大学陈从周、路秉杰主持。

"光岳楼外观为四重檐十字脊楼阁,建于高台上,台平面为正方形。"陈从周、路秉杰的《聊城光岳楼》一文发表在1978年的《文物资料丛刊》(第二期)。其实,早在1964年,路秉杰就在陈从周的指导下绘制出了古楼的测绘图纸。1974年到1978年,光岳楼在路秉杰和其舅舅杨福安的带领下,历时近四载完成维修工程,维修是按照陈从周"保存明初光岳楼大木结构"的原则进行的。

路秉杰等在测绘过程中发现:首先,古楼主体建筑总体向西北方向倾斜约30厘米。路秉杰等人认为,这种倾斜并非由于建筑自然老化或者人为破坏造成的,而是古人在建设时"有意为之"。他和同行推测古人此举的原因是:聊城地区西北风较其他方向的风更为猛烈,向西北倾斜从长期看有利于减轻楼体变形程度。其次,古楼墙体不起承重作用,实际起承重作用的是主楼中的32根柱子(楼身檐柱20根,内槽金柱12根)。路秉杰等人当时给施工人员打了一个形象的比喻:古楼二楼以下的墙体实际只是整个古楼"身体"的"围裙",而主楼内的32根柱子,才是古楼的"骨骼"。"围裙"破了可以换,可如果柱子坏了,要置换里面的"骨骼",就相当困难了。再就是古楼内的梁架,历经数百年却依然牢靠,原来古楼内的梁柱相互咬合穿插,浑然成为一体,结构异常严密,楼内主体结构的连接不需要一根铁钉,古楼仍可称为"年轻建筑",无需大修。

鉴于以上特点,此次古楼维修的重点是"恢复性修补",而非"大拆大换"。陈从周考察完古楼后,现状勘察测绘及维修方案的制订任务就交给了路秉杰。针对古楼因"七年之差"(指修建光岳楼的时间未能再早七年,即在元朝),未能列入国家一级文物之列,由此产生的维修资金匮乏,路秉杰对古楼进行了新一次测绘,并写成了多份建议古楼小规模维修的报告,终于从省里得到3万多元的拨款。

路秉杰提交的维修方案图纸精细而复杂,工匠们一时难以领会具体的操作方法,且碍于面子很少与路秉杰沟通,施工一时陷入困境。难题的解决最终落到了杨福安身上。杨福安文化水平虽不高,但爱动脑子,技艺娴熟,加上自幼对古建筑的浓厚兴趣,硬是把外甥的图纸中一个个难题都解决了。

600余年来,光岳楼究竟维修过多少次,现已无从查清,仅据光岳楼上现存碑刻及《东昌府志》《聊城县志》的有关记载,明、清、民国时期,就曾对其进行过11次维修。

第一次维修是在明成化二十二年(1486)。聊城进士、户部主事梁玺为这次维修工程撰写的"重修东昌楼记",该碑立于一楼南门外东侧,碑阴刻有木匠李忠、瓦匠乔清、张俊、于德和的名字。

第二次维修在明嘉靖十三年(1534)。据许成名(聊城进士,曾任礼部右侍郎)撰写的《重修光岳楼记》记述,这次由知府陈儒筹资督修,该碑立于一楼外东侧。

第四次维修是在清顺治五年(1648),由知府韩思敬倡修。韩"捐俸二百金,以为首倡","以顺治五年七月望日经始,自八月终告成。修筑城内外三十余丈,楼基十余丈,费巨而省,工坚而速。"今有佚名文,傅以渐书丹之《重修东昌府城并光岳楼记》碑,立于一楼东门外南侧。

新中国成立后,政府对光岳楼的保护十分重视。1956年,光岳楼被列为山东省第一批文物保护单位。40余年来,先后对光岳楼进行了七次维修。

其中第六次维修规模较大,从1984年5月动工到1985年12月竣工,历时19个月,耗资45万元,对光岳楼主楼进行了全面维修。这次维修是遵循"保持现状,恢复原状"的原则,以尽量不动原件为前提进行的。维修得到路秉杰等专家的指导。

第七次维修始于1992年3月,1993年10月竣工,主要是对光岳楼基座进行了加固复貌。这次维修首先铲除了基座外表的水泥皮,然后对墙体损坏部分进行了挖补,最后用45厘米×23厘米×10厘米的大青砖对外墙进行了包砌,用50厘米×50厘米×12厘米的方砖为平台铺墁。工毕,光岳楼基座又恢复了初建时的原貌。

古城东昌,方方正正,主要干道形成一个"田"字,支干道形成一个"井"字,光岳楼就位于古城中心。以光岳楼为中心,向四面辐射,形成东西南北4条大街。4条大街向外延伸,依次有东、西、南、北4口、4门、4关。城区街道,经纬分明,垂直交叉,形成棋盘方格网状骨架。城区民居多为三合院、四合院,至今保留着白墙、灰瓦、坡屋顶的传统建筑风格。古城区共有九街十八巷、七十二胡同。明清时期,大部分政府职能部门集中在古城的西北部。古城四周,由东昌湖环抱。古城以东,是运河城区,为明清时期发展起来的商埠区。这一带的街巷多布列在运河两岸,随坡就势,依河而建,大小街衢皆与运河相通,成放射状。其街巷今仍沿用原来的名称。如南顺河街、北顺河街、馆驿街等;沿河民居多为前店后居、板门小院。古城隔东昌湖与聊城新区紧密相连。

光 岳 楼 记

明·陈 儒

皇上御极之十有二年[1],惟献臣越我庶邦,御事罔不祗协[2]。维时海岳效灵,百度顺轨,而道化雍然以洽[3]。君子曰:"嘻! 此大顺之宝也。"

先是,嘉靖己丑,儒以大司徒之属出守东郡,乃按图籍,得所谓"光岳楼"者,乃窃叹曰:"猗与休哉! 光岳之义大矣哉。南望兴思,恍如凭虚御风,独立于泰山乔岳之上。"暨庚寅入郡,岁且告饥,儒乃匍匐往救之[4],不暇短敢逸。越明年辛卯,贤隽汇征,冠诸列郡。时则与诸君子徘徊登眺,俯察仰观,欲一记诸,未能也。

又明年壬辰,暨癸巳,雨旸时若[5],民物熙熙[6]。时维九月,乃复偕诸君子以登,则见栋宇翚飞,檐阿雾隐,凌空纤瞩[7],东岳增辉,兹光岳之所以名乎? 客曰:"未也。"又从而跻之,则见其灿然而列岫者,云物兴也;晶然而垂象者,日月丽也。左顾而群峰崒嵂[8],如踞如伏者,泰岳之奇观也;右盼而羊肠迤逦,如拱如障者,太行之呈秀也。又南睇而衡湘吞吐,北望而燕云闪烁者,诸岳之辉映于两间也。兹光岳之所以名乎? 客曰:"似也。"请更跻之曰:"圣人兴神物,以前民用;王者全至德,以昭大和。昔者成周定鼎于洛邑,曰:'此天地之中也,四时之所交也,风雨之所会也,而万世仰文明之治不衰。'是故,光岳气完则贤圣出而天下治,光岳气分则天地闭而贤人隐,兹光岳之所以名乎?"诸君子乃作而言曰:"嘻! 有是哉。夫鲁介在东藩,泰岳奠其极,汶泗导其流。是故春秋贤圣,繇此其兴而万世道学。是宗焉,乃兹东郡,实据上游,则所以钟灵孕秀[9],上继千载之绪者,将无其人乎?"

儒尝阅《志》而品题于百世之上[10],或以德业,或以文章,或以节义,遐哉邈乎,光映史册,吾不得而见之矣。乃今昭代人文,乘运以出,洋洋如也[11],侃侃如也[12],其所以对扬光烈而奋庸熙载者[13],亦既有其人矣,猗与休哉! 光岳之义大矣哉! 吾又安知百世之下,所以上继鲁邹者将无其人乎[14]? 乃遂书之,用昭不朽。而复系以诗曰:

于维我明,莫兹鳌极[15]。奄有龟蒙[16],泰山壁立。东有长河,壮兹金汤。

源流浩渺,洙泗之将。中起危楼,古称光岳。伟哉形胜,伊谁之作?

天佑我邦,诞兴文运。光岳储祥,乘时思奋。爰有作者,上继鲁邹。

道垂千载,岂伊人谋。我菑东藩,于兹四祀[17]。大有频仍[18],贤豪胥继。

爰荷天休,会逢其适。我士我民,乐且无极。明明天子,建乃中和。

昭兹大顺,元气匪磨。敢用大书,阐兹微义。于万斯年,末绥厥治[19]。

【作者简介】

陈儒,生卒年月不详。字芹山,易州(今属河北)人。嘉靖己丑(1529)为东昌知府。

【注释】

[1]十有二年:指嘉靖十二年(1533)。

[2] 祗协:犹敬助。协:共同合作,帮助。

[3] 雍然:和洽貌。

[4] 匍匐:尽力。

[5] 雨旸时若:谓晴雨适时,气候调和。

[6] 熙熙:热闹的样子。

[7] 纡瞩:犹环视。

[8] 崒嵂:高峻貌。

[9] 钟灵孕秀:犹"钟灵毓秀"。谓山川秀美,人才辈出。钟:凝聚,集中;孕:育。

[10] 品题:评论人物,定其高下。

[11] 洋洋:形容众多、丰盛。

[12] 侃侃:和乐貌。

[13] 奋庸熙载:谓努力建立功业。

[14] 鲁邹:指孔孟。鲁:孔子故乡;邹:孟子故乡。

[15] 鳌极:神话传说中女娲断鳌极所立的四极天柱。

[16] 龟蒙:龟山和蒙山的并称。均在山东境内。《诗·鲁颂·閟宫》:"奄有龟蒙。"

[17] 四祀:犹四年。

[18] 频仍:接连多次。

[19] 绥:安好。

附:饮光岳楼

明·傅光宅

栋雕甍倚太清,平临岱岳俯东瀛。天低远树浮烟迥,水绕孤城落日明。座引长风消暑气,野舍时雨近秋城。传闻海外风波急,一剑同怀报主情。

东昌府重修城记

明·于慎行

国家转漕江淮,通渠两京间。自淮以北至都门,长不下三千里,夹渠而城者,累累珠贯,不下数十矣。而东郡以一城枕其中,独号为府,辟河渠以率然则其要云[1]。临清绾毂御漳,万货辐辏,江北一都会也,而为之支郡。倚其北河堤,使者以重兵开府济上,亦一都会也。而踞其南,左提右挈两束而兼扼之,此其为形胜,较燕齐魏博时奚啻十百[2]?盖朝廷设二卫兵守之,故其城不能十里,而壮丽严整他郡不及。城之中为楼,厥高十仞,命曰:光岳。从百里望之,缥缈如云气,以为地标[3]。

入国朝来,城凡三修,率不久辄圮敝,吏人忧焉。

万历丙子[4],前郡守景君承芳尝奉檄修之,未究而去。明年,大中丞汝阳赵公出抚东土,行部至郡[5]。既延见父老,问民疾苦。乃登楼循堞,旁眺四野,僵偃垠莽[6],平皋沃土,一瞩千里。河流以一衣带从南方来,潋滟泱瀼[7],规旋而出[8]。贡艘鳞次,牙樯蔽日[9],锦驭绛天[10],则叹曰:"壮哉!郡是漕挽之襟喉,而天都之肘腋也[11]。城而不究,奈保障何?"

郡守阎君邦宁率参佐以下请曰:"藐兹敝城,幸在河上,惟是守御之,略以忧使者。今我公亲举玉趾[12],照临下邑,有意为吏民建久长计,敬奉北乘以从。"乃谋诸治兵大夫艾公,大夫曰:"设险域民,重关待暴,兵之职也。著在宪典,敢不惟命。"乃谋诸分守大夫查公,大夫曰:"画圻慎封,守有责焉。敢不惟命?"乃谋诸分巡大夫詹公,大夫曰:"禁奸遏虐,巡有责焉,敢不惟命?"

居无何,侍御姑苏钱公行部亦至所,与诸大夫谋,一如中丞公指。于是,诹日鸠工[14],遴委庶尹协画章程[15]。已而,分守大夫南公至,乐嘉厥成,马平莫君与齐继阎君拜东郡守,至,以身督课之[16]。不数月,城成矣。

凡修楼橹二十有五,护城神祠五,环城更庐四十有七[17]。城之高以三丈五尺,厚以二丈。隍之深以七尺,广以十七丈。堤之高以八尺,厚以二丈。长桥虹跱,高楼翚拱,奕奕赫赫,博敞宏壮,称金汤之险焉。郡大夫士庶咸举手加额,以为中丞、侍御二公大造于民也。至推其费,第用金千七百有奇,工千有二百,斯已俭矣。

莫君请记于内史行,行不佞受博士诗:当周宣王,中兴修明,文武之业。既命南仲,往城朔方,以御猃狁。又使其宰,衡耳目之臣。若仲山甫者,出而城齐[18]。其功烈著之歌诗[19],至今有弦诵焉[20]。当是之时,齐去镐京数千里,不称要害,而重已若此矣。

今天子润色鸿业,方内乂宁[21],末维桑土之谋。日诏中外将吏,慎固城守。乃眷海岱之区,从帷幄枢机,中遣中丞公镇抚东夏。中丞公乘轺车行部[22],宣政问俗,山城僻障,无不环而视之。以令长吏,东郡为齐名胜,在襟喉肘腋之间,而城是成,是中丞公能布宣天子之洪休茂烈[23],而与山甫比隆也。彼诗所称,出而赋政于外,四方爰发;入而式是百辟[24],为王喉舌,又何其若合符契?侍御公持斧贞肃[25],相与主持其议,均所谓天保者耶!

不佞幸备兰台史[26],敢勒之诗,以比于蒸民之雅。其辞曰:

于惟大东,负海崎岱。百有八城,以襟以带。岩彼东郡,在壤之右。南控江淮,北达京口。七雄之代,为齐西门。邈矣策士,射书解纷。金堤之决,龙蛇起陆。皇皇汉武,此为沉玉[27]。肆唐中叶,田氏凭陵[28]。两河负阻,万里征兵。迫宋淳化,上迁此域[29]。以河伯蔷,匪疚匪棘[30]。皇建郡邑,是号名区。匪无鼎新,岁久则渝[31]。中丞受命,自天子所。涉泽鸿恩[32],惠敷东土。顾兹形胜,横扼漕渠。有城而散,焉判民居。乃询监司,乃召守吏。榷彼美衍,兴此崇丽。小大欢欣,上著协从。不日而竣,众心所成。炎毕高墉[33],尨岘华观[34]。修堑长堤,有梁有岸。表以飞楼,上规下矩。周望原皋[35],俯临烟雨。河则如珙[36],而城如璧。巨舰接舻,其帆如织。行者游观,居者豫喜。赫赫中丞,令闻不已。聿兹柱史,同心讦谟。卓彼群侯,共力赞图。昔监周王,命仲山甫。往城于齐,声施今古。惟中丞公,为帝喉舌。入赞枢机,出临方国。明明我后,絜德周宣。烈烈樊侯[37],公何让焉。公归在朝,公功罔极。内史作诵,勒此磐石。

【注释】

[1] 率然:谓全部如此。

[2] 啻:音 chì,止。

[3] 地标:指城市的标志性区域或地点。按:此词为较早出现的现代建筑学词汇之一。

[4] 万历丙子:1576 年。

[5] 行部:巡行所视察的地方。

[6] 儃僈:音 chán màn,犹纵横恣肆。垠堮:犹无边。

[7] 浟浟:音 yóu yì,水流貌。泱瀼:音 yāng ráng,水流貌。一说停蓄貌。

[8] 规旋:犹回旋。

[9] 牙樯:象牙装饰的桅杆。一说桅杆顶端尖锐如牙,故名。后为桅杆的美称。

[10] 锦飒:常作"锦帆"。锦制的帆船。亦指有锦制船帆的船。

[11] 肘腋:胳膊肘儿和腋窝。喻(离京师)非常近的地方。

[12] 玉趾:对人脚步的敬称。

[13] 画坼慎封:犹忠于职守,保境安民。坼:边际。封:疆界。

[14] 诹日:商量选择吉日。

[15] 庶尹:指百官。

[16] 督课:督察考核。

[17] 更庐:巡更之房。

[18] 仲山甫:一作"仲山父"。周太王古公亶父的后裔,虽家世显赫,但本人却是一介平民。早年务农经商。周宣王元年(前 827),受荐入王室,任卿士(相当于后世的宰相),位居百官之首。他的突出政绩是废除"公田制"和"力役地租",全面推行"私田制"和"什一而税",鼓励农民开垦荒地,大力发展商业等,时称"宣王中兴"。《诗经》中,《崧高》《烝民》都有歌颂他的诗句,而《烝民》是专门颂扬他的诗歌,其中有尹吉甫送他城齐的记载。

[19] 功烈:功勋业绩。

[20] 弦诵:弦歌诵读。

[21] 乂宁:安宁。乂:音 yì,治理,安定。

[22] 轺车:一马驾之轻便车。轺:音 yáo。

[23] 洪休:犹洪福。茂烈:盛业,伟绩。

[24] 式:犹示范,垂范。百辟:诸侯,百官。

[25] 持斧:此指皇帝派出的御史等执法之官。贞肃:端方威重。

[26] 兰台:汉代宫内藏书之处,以御史中丞掌之,后世因称御史台为兰台。东汉时班固曾为兰台令史,受诏撰史,故后世亦称史官为兰台。时于慎行充任史职。

[27] 沉玉:汉元封二年(前 109),武帝令汲仁、郭昌发卒数万人,堵黄河瓠子决口(今河南

濮阳西南),并自临工地。初堵口不成,武帝作《瓠子歌》二章悼之,卒塞瓠子。其二:"河汤汤兮激潺湲,北渡迂兮汛流难。搴长茭兮沉美玉,河伯许兮薪不属。薪不属兮卫人罪,烧萧条兮噫乎何以御水! 颓林竹兮楗石菑,宣房塞兮万福来。"事见《史记·河渠书》。

[28]田氏:即田承嗣(705—779)。唐朝中期叛将,曾领魏州(今河北大名)、博州(今山东聊城)、德州(今山东陵县)、沧州(今河北沧州)、瀛州(今河北河间)五州防御使,参与安史之乱。后又降唐,开河北三镇割据称雄之肇端。

[29]淳化:宋太宗年号,990—994 年。后晋至北宋初聊城县城在巢陵城。宋淳化三年(992),黄河决毁巢陵城,聊城县治西迁孝武渡西,即今聊城旧城。熙宁三年(1070),始划定规模,搬运土木,修筑土城。明洪武五年(1372)修建砖城。

[30]菑:音 zì,插入。此谓(洪水)冲垮堤坝。匪疚匪棘:语出《诗经·大雅·江汉》:"匪疚匪棘,国王来极。于疆于理,至于南海。"意为:不扰民不心急,要以国王为楷摸。拓疆土,宣教化,一直到南海。疚:病,害。棘:通"亟""急"。

[31]鼎新:更新,革新。渝:改变,违背。

[32]沴泽:深厚的恩泽。沴:音 huì,(水)盛多貌。

[33]岌业:高峻貌。

[34]尨嵸:音 lóng cóng,高大貌,高耸貌。

[35]原皋:原野和沼泽。

[36]玦:音 jué,佩玉的一种。形如环而有缺口。

[37]樊侯:指樊哙(前 242—前 189)。沛县(今属江苏徐州)人。西汉开国元勋,为汉高祖刘邦心腹,以功封舞阳侯。

附:重修东昌府城记

明·李廷相

东昌府,夏周为兖州之域,春秋为齐西鄙之地,战国为魏齐赵之坟,秦汉为东郡,隋唐为博州。其城池,史牒弗载,靡得而详焉。晋从巢陵故城,宋移孝武渡西,胜国为路。我明定为府,凡领州三县十有五城,仍其旧云。

洪武壬子,守御指挥陈侯镛始以砖石,周七里有奇,崇尺三十有五,阔杀尺之十有五。为门凡四,东"春熙"、西"清远"、南"正德"、北"宣威"。城上眺远之楼凡二十有七。前代所谓"绿云""望岳"二楼在焉。栖卒之舍凡四十有八。每门有吊桥、有潜洞、有闸门,池深二十尺,广加十尺,盖皆拓旧而新之,迄于今是赖。

顾历年既多,其势渐圮,砖石腐败者凡三之二,楼舍桥洞倾欹者又半之。前守虽稍补茸,然费惮于夥,功弛于迁,而城固蔑有遭焉。

乃正德辛巳,婺源叶侯缊尚书户部郎出守是邦。甫下车,即遍阅诸城池,乃喟然曰:"城以卫民,池以卫城。今敝坏不治若兹,独非后来者之责欤!"明年壬午,乃首新东门。越三季乙酉,乃营全城之设。于是,奏记巡抚定兴王公及巡按三河张君、宛平杜君,皆曰:"吾志也,其亟为之,毋缓。"侯乃进诸文武僚属,指示画一,晨夜展力,易腐以坚,化摧为岉。人忘其旧,地增而新,盖功实垮于陈侯而事乃倍于前守。猗与盛哉!

是役也,始是岁夏四月癸未,迄冬十月辛丑。以金计者如干,皆出于公而靡征于私。以夫计者如干,皆出于郡而靡需于属。以砖石计者如干,以木铁计者如干,大抵皆出于陶冶、贸易而民固弗知也。盖自建城以来,未始有如兹之伟者。

诸生许宝辈,图所以不朽侯之功。会廷相北上,道城下乃合词诵侯成城之迹,且谓廷相"郡人也,宜有纪述以传"。廷相尝读《易》至"王公设险以固其国",未尝不三复叹曰:"嗟乎!古圣王所以为虑深长,一至此乎!"故天子有王城,诸侯有郡城,卿大夫有邑城,皆以自固且固民也。今之太守即古诸侯也,而于城乃独弗加之意哉?虽然,天下之事要非一人所能办,而城池所系,又事之至重且要者。侯之兹举也,若匪王公及张、杜二君惢思胥协于上,则亦安能成!?此百世之功也哉。是故君子之所为,贵计大利而毋惜于小费;知者所烛,尝在未形而弗悔于方张,侯盖有焉。后之守此土者,因而葺之,俾永永无坏,是又侯所深望而亦郡人所深祝者欤。

王公名尧封,张君名英,杜君名民表,叶君天球、字良器,盖皆名进士云。廷相既论次其事如右,乃复系以诗曰:

> 维博有城,自昔则然。史牒刊落,靡究厥源。初从巢陵,实仍旧贯。再移渡西,迄今罔变。于维陈侯,厥功有赫。我城我池,乃经乃画。我明有邦,斯民晏如。伊谁之力,青史是书。宪宪叶侯,维时之望。嗣陈有作,允矣保障。侯让弗居,曰中丞功。亦有二史,胥相厥终。惠我邦人,其永弗泯。荐词贞珉,视后之准。

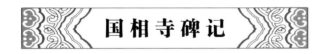

国相寺碑记

明·李梦阳

【提要】

本文选自《古今图书集成》职方典卷三八五(中华书局 巴蜀书社影印本)。

"国相寺,繁台前寺也。"国相寺,河南开封寺刹,又名繁塔寺,遗址在今开封城外约1.5公里处。创建于五代后周显德元年(954)。北宋太平兴国二年(977)重建。北宋时,相国寺与天清寺、开宝寺、太平兴国寺并称为京都四大名寺。明洪武十七年(1384),寺重建,并改名为国相寺。正德十五年(1520)、万历四十五年(1617)及清顺治六年(1649)先后三度重修。

寺内有一六角三层砖塔,名繁台塔,略称繁塔。宋代时是一座六角九层、80余米高的巨型佛塔。繁塔前后有三寺,李梦阳引老者的话说,"寺一耳,而三其教"。并称,"寺分势孤,时迁世殊"。

"国初铲王气,塔七级去其四。"据繁塔南万历四十五年重修碑文载,此塔于太平兴国年间建造,元末废于兵火,明洪武年间重修时,毁上部五级而成四级。此即所谓"铲王气"。《如梦录》载:"因周藩王(朱元璋第五子周王朱橚,分守开封)气太盛……将银安殿拆毁,并将唱更楼及尊义门楼拆去,东华门禁不许开……形家者言:毁银安殿所以去龙心,拆唱更楼所以去龙眼。"又载:"国相寺,俗名繁塔寺。其塔最大,一砖一佛。明初拆毁,止遗三层,内空虚如天井,向南大洞内供佛像。前有大殿、两禅室,僧众居住。"

繁台建于北宋开宝年间(968—975)重修天清寺时,当时名为兴慈塔,也称天清寺塔。因其坐落在繁台上,故俗称繁塔。繁塔的兴建与铁塔不同,铁塔是北宋政府出钱修建的,所以建得很快;繁塔是由当时的官僚倡导,从民间募集资金修建的,所以建造的时间很长。现存繁塔里面洞壁石刻载有建塔捐献过钱财和实物者的姓名和年月。石刻题记表明,繁塔从筹建到竣工前后经历 20 多年。繁塔是等边六角形宝塔,原塔高九层,是当时开封最高的塔,比铁塔高出很多,"铁塔高,铁塔高,铁塔只到繁塔腰"的开封民谚流传至今足以为证。元末天清寺毁于兵火,九层繁塔因雷击遭到部分损毁。洪武十六年(1384),僧人胜安在天清寺南前楼废址上兴建佛殿,因寺前有国相门,故取名国相寺。洪武十九年(1386),又在天清寺原址上复建新寺,仍复原名天清寺。同时,僧人胜安、圆真等在寺西北白云阁废址上建寺,名为白云寺,国相寺、天清寺、白云寺在繁台上南北排列。

繁塔因铲王气而变为四层,以至于"崩啮幽窨,狐狸魑魅,昏啸阴啼",寺中僧人吓得纷纷逃离。可是,僧人善彬在正德间"葺其殿阁、门楼、房庑,而百户赵越等助之涅像"。于是,那些携酒提杯,"花晨月夕,雪骡风马"的游者经常叩响善彬的门。

明末,黄河泛滥,灌汴水,繁塔旁殿庑均被冲毁,仅存繁塔。寺院在清代顺治、康熙时也多次重建、增建。康熙七年(1668)重修国相寺时,繁塔残顶中央增建了一座 5 米高的七层实心小塔。但道光二十一年(1841),黄河再次决口,寺毁塔存。繁塔孑然一身,形影相吊于荒郊之中百余年之久。

今天的繁塔为六角三层,塔顶立五重相轮样的小塔。塔通高 36.68 米,塔基面积 501.6 平方米,塔身一砖一佛,犹如武士铠甲,壮丽辉煌。繁塔因其独特的建筑风格、精美的佛像砖雕、丰富的碑刻题记、罕见的书法艺术、珍贵的地宫资料、神秘的层级问题闻名于海内外。

首先是它特殊的形状。繁塔为楼阁式仿木结构砖塔,虽仅三层,但登顶十分不易。它六角六面,每面宽约 13.10 米,底面面积约 500 平方米。由第一层南门入内(南门为正门),经过塔内券洞,进入塔室,塔内壁也为六面,遍镶佛像砖。但南门不能登塔,上塔须从北门洞内左右两侧砖筑蹬道攀登,可直达第三层。但从这里不能进入第二层和塔顶平台。如果要登第二层或塔顶平台,须沿宽约 70 厘米的塔外壁盘旋而上,里攀外旋,如入迷宫。繁塔是唐以前四角空心塔向宋以后八角实心塔过渡的中间类型,对研究佛塔建筑具有重要的价值。

再者,繁塔一砖一佛堪称神奇。繁塔现存三层,共有佛像砖大约 7 000 块、108 种造型,这些佛像砖造型有佛、菩萨、罗汉、伎乐等,细细观看,每一块砖上的佛像都栩栩如生、呼之欲出。外塔上的佛像砖从宋元明清到现代的都有。可惜经过千百年的风霜雨雪,它们大多残缺不全了。如果,塔不被削去四层,那该有多少精品流传下来。

繁塔还是一座书法艺术的宝库。塔内镶嵌有各种碑刻 200 余方,碑刻以宋代为主。其中,以宋代书法家赵仁安的"三经"(《金刚般若波罗蜜多心经》《十善业道经要略》《大方广圆觉修多罗了义经》)最为著名。

国相寺,繁台前寺也。台三寺,后曰"白云",中曰"天清"。塔断而中立,有鹊巢其上,戛戛鸣[1]。按《梦华录》:"繁台寺一耳",亦不言其地之盛。尝闻之长老曰:"寺一耳,而三其教。中教之讲僧玉色褊衫[2],后教之禅深褐褊衫,前教瑜伽浅褐褊衫,而寺遂三。"后有白云阁,于是号"白云寺";中有"天清殿",于是号"天清寺";前有国相门,于是号"国相寺"。寺分势孤,时迁世殊。于是,崇者颓,而下者芜,僧阘教汙[3],庸师恶徒于是树石盗亡损破,鸟鼠秽之,往来羊猪,寺非若能主矣。

又国初铲王气,塔七级去其四。崩嵃幽窘[4],狐貍魑魅,昏啸阴啼,僧席未暖,业逃去。而善彬者,国相僧也。乃奋然兴曰:"寺时世废耶,僧废之耶。于是守一清修,年七十余,诣戒坛受戒。寺得不土平者,彬之力也。

汴城以水湮故,诸古迹茫然、荡然,独斯台巍然峻峙,可游。游者挈醪榼[5],载吟笔,花晨月夕,雪骡风马,无不叩彬门者,斯足知彬也。

正德间,彬葺其殿阁、门楼、房庑,而百户赵越等助之涅像[6]。按旧碑,宋太平兴国间建,今洪武初僧古峰新之,相去四百余年。迨彬又百五十年,而空同山人为记[7]。

【作者简介】

李梦阳(1472—1530),字献吉,号空同,庆阳府安化县(今甘肃庆城)人,迁居开封。弘治六年(1493)举陕西乡试第一,次年中进士。弘治十一年(1498),入仕途任户部主事,后迁郎中,迁江西提学副使。工书法,得颜真卿笔法,精于古文词,提倡"文必秦汉,诗必盛唐",复古派前七子的领袖人物,有《空同集》66卷。

【注释】

[1]戛戛:象声词。形容鸟鸣。

[2]中教:指含中教。藏、通、别、圆等化法四教中,密含中道义理之通教。通教为大乘教法初门,其所说"如幻即空"教义中,含有"非有非空"中道理,故称。

[3]阘:音 tà,庸碌。

[4]幽窘:囚困。

[5]醪榼:音 láo kè。指酒和酒具。

[6]涅像:指佛像。

[7]空同山人:亦作"崆峒山人"。李梦阳号崆峒子。

省城五门碑记

明·李梦阳

【提要】

本文选自《古今图书集成》考工典卷二八(中华书局　巴蜀书社影印本)。

明代的开封,是开封发展史上是一个比较重要的阶段,其十年陪都的历史让其地位在全国十数个省级行政区中居于前列,其省城则是北宋内城。

洪武元年(1368)三月,朱元璋派大将徐达攻下汴梁。捷报送达,朱元璋四月亲自来到汴梁,随即下令"改汴梁路为开封府"(《明史·太祖本纪》)。朱元璋在开封住了四个月,并下令不可随便杀害老百姓,否则"罚无赦"(同上引)。这年八月,朱元璋下令"以应天为南京,开封为北京"(同上引),直到洪武十一年才废去北京称号,开封前后做了十年陪都。

明代开封城是在宋代开封内城的基础上修筑起来的。元代以来,开封日渐衰微,明天顺辛巳(1461)年,黄河洪水灌城,北城门陷于泥淖,接着城内的周王后代又被"调其十五卫去",于是城四隅皆空,人气渐失的开封变成了"斥卤水国"。这样又过了一百五十年,"其城若门虽大势巍壮,而中损蚀者不少矣"。

嘉靖元年(1522),太监吕宪受命镇守开封,见到如此景象,感慨:些小不补,直至尺五。他决心缮修作为城之喉与冕的城门和城楼。钱他设法筹集凑足,但干活的人到哪里去找?"夫汴,旧京也。游食者夥,馑则归之盗。修城之役,诚计日佣之,菜色可活而亡命可收也。"招募那些游食之民修筑城门,一举两得。工程从东门开始,管理采取"计日经费,即功奖勤黜惰,勾稽有簿,大持小维,工佣称事。执信布义,听其自来"。工程次序是"一门既,一门继。五门既上,城若门继"。工程内容包括"拆朽剃蚀,植颓筑虚;凸凹完齾,浚浅疏塞"。完工了的开封城"远而望之,楼橹翚赫,粉堞焕如。坚者屹屹,深者郁郁。直者犟犟,横者翼翼"。走近看,"石楣铁枢,虹梁卧冲,隍堑萦轮"。登城远眺,"嵩行失险,大河夺色"。俯瞰城内,"司府填委,仓库充实。旌棨甲胄,周庐是严"。

这次重修,镇守太监吕宪还力排众议,将民众俗称得"破鼓楼"修得庄严齐整。

史书记载,自金代黄河在开封附近改道以来,开封就不断受到黄河洪水的侵袭。从金大定二十年(1180)以来的800余年间,黄河共决溢300余次,尤其是明末崇祯十五年(1642)秋,守城官军乘雨夜扒开黄河,开封遭到了灭顶之灾,除繁塔、铁塔外,其它尽没,荡然无存。开封现存城墙是清康熙元年(1662),在明城垣的基础上重建的。

随着考古工作者的不懈努力,开封地下城正被一层层揭开。城墙由下至上有唐代汴州城、北宋东京内城及明清城墙的遗迹,证实了"开封城,门摞门,城摞城,城下还有几座城"的民谣并非传说。

20世纪80年代初,龙亭东湖清淤时,考古专家们从湖底深处发掘出台阶、走道、水井、房基和石壁,还在一张被淤泥压扁的桌子上,看到摆放整齐的杯盏碗盘。经考证,这就是明代周王府的遗址。继续往下,10米深处发现了北宋皇宫的遗址:庞大的灰砖房基,空旷的殿壁走廊,虽断垣残壁但一一呈现。经考证,这正是赵匡胤上朝的大庆殿。

在修复宋都御街的过程中,考古专家们发现在御街下面有5座城门:坐落在宋都御街北端,距地面4米处是明周王府紫禁城南门——端礼门,叠压其下7米处是宋代城门;坐落在宋都御街北端,距地面4.5米处是明周王府萧墙南门——午门,叠压其下6.3米处是金皇宫正门——承天门,叠压其下8.2米处的是宋代城门;叠压在宋都御街北端和南端的地下,各有一座宋代门址,其中一处应是举世闻名的宣德楼遗址。

河南省城者,宋之内京城也。是城也,自五代至宋而益饬,神宗时则更筑新城于外[1],今曰"土城"者是也。宋亡入金,历元,外城毁而内城存。我高皇帝定天下也,跸于汴驻焉,但遣将北伐于是,升汴为京,设卫十有六守焉。是故是城也,缮之视他城坚,甓皆砖也,然又重砖,而城根砖先石入之地又数尺。

天顺辛巳,河灌城,乃独北门陷,犹是城也。自降而为省也,置王府三司[2],又调其十五卫去,遂空其四隅,斥卤水国。又今百五十年,故其城若门虽大势巍壮,而中损蚀者不少矣。

嘉靖元年,太监吕公来镇兹土,登城蹑楼,俯仰者久之,乃慨然而叹曰:"谚有之曰:'些小不补,直至尺五'。是城也,及今修之,费犹省也。夫门者,城之喉;楼者,门之冕也。城修宜自门始。"于是,集三司长暨庶尹群吏议城事已,又谋之抚按之臣,乃金冈协于厥迪[3]。

于是,吕公则毅然任曰:"天子敕宪之来也,若曰:'城池军马,汝饬汝核[4]。'今之举,固费省而功倍者。"乃金冈协于厥迪。

金曰:"动大众者占之人,举大事者审乎时。事莫大于城,城非大动众不集。今兵馑役历,我民未和。"《记》有之曰:"因天事天,因地事地。度时未若占人,靡和其何城之为?"

吕公曰:"嗟!天下不有惠而不费劳,而弗怨者乎?是城也,先其五门及西城土关若门,计费万金耳。今无碍,帑金若干斤[5],更稍稍益之,便足矣。夫汴,旧京也。游食者夥,馑则归之盗。修城之役,诚计日佣之[6],菜色可活而亡命可收也。如是,则不动众而大事集矣。"

金曰:"窃又闻之:'事无巨细,人存则行。'是城也,前之修者屡矣。然上侵而下渔[7],费倍而效寡。又土木之役,破除易而稽察难。"吕公曰:"嗟!利弊由人耳。苟子之不欲,虽赏之不窃。予尝奉命修京之东门矣,人无玩心,工无耗财。是城也,举度不中[8],厥惟予咎。"

于是,巡抚都御史何公、巡按御史王公、清军御史喻公暨三司长稔知吕公贤。又计帑金得十之六七,会又有东寇,闭城而门之枢杇,铁叶烂脱。于是金议始同,而城之役兴矣。

是役也,始于东门,程能计日经费[9],即功奖勤黜惰,勾稽有簿[10],大持小维,工佣称事,执信布义,听其自来。凡城之材,砺锻砖垩、木石橅炭、胶角颜采,皆公市平取。官靡告困,民罔知劳。一门既,一门继,五门既上,城若门继,行之有序。匪棘匪纾[11],革之仍之,各适厥中。

于是,拆朽剜蚀,植颓筑虚;凸凹完嶐[12],浚浅疏塞。远而望之,楼橹翠赫[13],粉堞焕如。坚者屹屹[14],深者郁郁,直者崒崒[15],横者翼翼。迫而察之,石楣铁枢,虹梁卧冲,隍堑萦轮,盖一夫当关万夫莫前者也。登而览之,嵩行失险,大河夺色。俯而视之,司府填委[16],仓库充实,旌旐甲胄,周庐是严,足以域民威暴,壮气助武。

然计之则费省,要之则功倍,斯何也? 所谓事无巨细,人存则行者也。巡抚王公、巡按俞公、清军戴公之来,颇亦异同于斯城。及见吕公贤,乃亦咸相于厥成。乃吕公则愈心于城事,时时出督,劳之曰:"嗟尔官、尔工、尔佣,毋欺、毋玩、毋自井尔躬[17]。"是故,一门成则尽徙其余于他门,即拳石块砾、寸铁尺木,敝杵坏畚,无妄弃者。

汴之为水也,出城则甘。于是,吕公周览而叹曰:"嗟! 设卒有寇至,小门局,大门钥,乘障之士、瞭睥之子、手麾之吏渴也[18],奚救之矣?"乃默祷于卜,门穿一井,乃五井皆甘。

是时,布政左使刘公、右使宋公实经厥费,按察使张公、都指挥徐公赞画为力,乃佥议伐石为碑,树之南薰门月城亭焉,以纪实诏来;且张城大修之本也,城门故各有庙。

是役也,亦各新之而严其祀。或问李子曰:"先王之建都也,必城焉急。然孟子则云'固国不以山溪之险',何也?"李子曰:"斯恶夫专事地者也。非天不生,非地不形,非人不成。是故先王之为治也,内外交饬,本末具修,顺时豫防,设险为固。人心虽和,守战是忧。故曰:"重门击柝,以待暴客[19]。"故城者,民之扞也,障内而严外者也。虽然,《诗》有之矣"赳赳武夫,公侯干城",又曰:"宗子维城。"故不天则悖,不地则害,不人则空。故人者,本也,孟子所谓"地利不如人和者也"。善为治者,本末内外交饬而具修可也。

【注释】

[1] 神宗:即宋神宗赵顼(1048—1085)。在位时命王安石变法,史称"熙宁变法"。

[2] 王府:明初,朱元璋封其第五子朱橚于开封。洪武十四年(1381),朱橚就藩开封。后因欲谋逆而被禁锢在南京。洪熙元年(1425)死,谥号周定王。

[3] 佥罔协于厥迪:谓全都不赞成其想法。佥:全,都。罔:无,没有。迪:开导。此指想法,主意。

[4] 饬:整顿,修饰。核:仔细地对照,考察。

[5] 帑金:钱币。多指国库所藏。

[6] 佣:雇用。

[7] 渔:谋取。夺取不应得的东西。

[8] 举度:指兴办管理。

［9］程能:衡量才能。

［10］勾稽:查考核算。

［11］匪棘匪纾:谓不急不慢,不棘手不宽舒。

［12］齾:音 yà,缺齿。完齾:犹完齐,修好。

［13］楼橹:用于瞭望、攻守的无顶盖高台。辉赫:犹显赫,煊赫。

［14］屹屹:高大挺立貌。

［15］崷崷:音 lóu,高峻貌。

［16］填委:纷集。

［17］自井尔躬:谓把躬身效力的岗位变成了自己的陷井。指玩忽职守。

［18］乘障:同"乘鄣"。指守城之士。瞭陴:指侦察放哨之兵。手麾:指挥,管理。

［19］重门击柝:指建了重重门户,夜晚进行巡更。喻严加提防。典出《周易·系辞传》。

处置八寨断藤峡以图永安疏

明·王守仁

【提要】

本文选自《王阳明全集》卷四(上海古籍出版社 1992 年版),参校《古今图书集成》职方典卷一四一二(中华书局　巴蜀书社影印本)。

断藤峡又称大藤峡,位于黔江中下游的武宣至桂平间,约长百余里,是广西境内最大最长的峡谷,两岸崇山峻岭,江水迅疾。在桂平县碧滩与弩滩间,有藤粗如斗,连接两岸,当地居民赖以渡江,故称此峡江为大藤峡。明代这里又称断藤峡、永通峡。

以大藤峡为中心,包括广西东南部的浔州府、梧州府与平乐府西部及柳州府南部的方圆约六百余里地方,称为大藤峡地区,这里聚居着瑶、僮(今称壮)等少数民族和部分汉人,尤以瑶族为多。明朝政府较早地在这一地区实行改土归流政策,用武装夺取瑶、僮族居民土地,又利用食盐的垄断和专卖,对当地居民进行苛重剥削。甚至以封锁食盐进入广西,作为迫使瑶、僮族百姓就范的手段,因此,激起大藤峡地区各族的激烈反抗。因此,这一地区的各族起义自洪武时起便不断发生。

嘉靖六年(1527),明廷命王守仁以兵部尚书总制两广、江西、湖广军务。他率军突进,于嘉靖七年八月十二日连破牛肠、六寺等寨,后循横石江而下,攻克仙台、花相及上林县八寨。王守仁初赴广西时,桂萼令其乘机攻取交趾,守仁辞而不应,致遭桂萼忌恨。平定胡缘二、黄公豹起义后,王守仁在此地建讲堂、兴学校,教习"圣贤之学",以使人民服从统治。

不仅如此,王守仁还针对当地情形,提出改筑思恩府城于荒田、改凤化县治于三里、增筑守镇城堡于五屯等措施,以期永安。

但他并没有达到目的。嘉靖十五年(1536),侯胜海、侯公丁兄弟又相继率瑶民起义,直到十八年被镇压。天启六年(1626),胡扶纪再次率众反抗,但亦于次年遭镇压。至此,前仆后继、历时二百五十余年的大藤峡地区各族人民起义才告停息。峡谷的北岸,碧滩、仙人阁、三妹洞、九层楼等处,均为当年的古战场。明代著名地理学家徐霞客曾到此考察,写下了《大藤峡游记》。

嘉靖七年七月十二日

照得臣于去岁奉命勘处思、田两府[1],皆蒙皇上天地好生之仁,悉从宽宥。两府人民今皆复业安居,化为无事宁靖之地,自此可以永无反覆之患,而免于防守屯息之劳矣。惟是八寨及断藤峡诸贼,积年痛毒生民,千百里内,涂炭已极。臣既目睹其害,不忍坐视而不救,遂遵奉敕谕事理,乘机举兵征剿。仰赖神武威德,幸已剪灭荡平。一方倒悬之苦,略已为之一解。但将来之患,不可以不预防,而事机之会,亦不可以轻失。臣因督兵,亲历诸巢,见其形势要害,各有宜改立卫所,开设县治,以断其脉络而扼其咽喉者。若失今不为,则数年之间,贼以渐复,归聚生息,不过十年,又有地方之患矣。臣以多病之故,自度精神力量断已不能了此;但已心知其事势不得不然,不敢仰负陛下之托,俯贻地方之忧,辄已遵奉敕谕,便宜事理[2],一面相度举行[3],不避烦渎之诛,开陈上请,乞赐采择施行,实地方之幸,臣等之幸。

计开:

一,移筑南丹卫城于八寨

臣等看得八寨之贼实为柳、庆诸贼之根柢。盖其东连柳州陇蛤、三都岭、三北四等处贼峒以数十,北连庆远忻城、东欧、莫往、八仙等处贼峒亦以数十,西连东兰等州及夷江、土者等处贼峒以十数,南接思恩及宾州上林县诸处贼村亦以十数。各处贼巢虽多,其小者仅百数人,大者不过数百人及千人而止。各贼巢穴皆有山溪之限、险厄之守,不相通和。至期有急,或欲有所攻劫,纠合会聚,然后有一二千之众,多至数千者。惟八寨之贼每寨有众千余,四山环合,同据一险;无事则分路出劫,有警急奔入其巢;数千之众皆不纠而聚,不约而同,不谋而合。故名虽为"八"实则一寨,此八寨之贼所以势众力大,而自来攻之有不能克者也。各巢之贼皆倚恃八寨为逋逃主,每有缓急,一投八寨,即无所致其穷诘。八寨为之一呼,则群贼皆应声而聚。故群贼之于八寨,犹车轮之有轴,树木之有本。若八寨不除,则群贼决无衰息之期也。今幸八寨悉已破荡,正宜乘此平靖之时,据其要害,建置卫所,以控驭群贼。

臣等看得周安堡正当八寨之中,四方贼巢道路之所,会议于其地创筑一城,度可以居数千之众者,而移设南丹一卫于其间。盖南丹卫旧在南丹州地方,为广西极边穷苦之地,非中土之人所可居者。故自先年屡求内徙,今已三迁而至宾州,遂为中土富乐之乡。宾州既有守御千户一所官军,而又益以南丹一卫,自远来徙,无片田尺土之籍,但惟安居坐食,取给于宾州。州城之内,皆职官旗舍之居;州民反避处于四远村寨;每遇粮差徭役,然后入城。故州官号令不行于城中,而政事牵沮[4],地方益弊。今计一卫之官军虽不满五百之数,盖尽移其家众则亦不下二千。以二千之众,而屯聚于一城,其气势亦已渐盛,足充守御。遂清理屯田之在八寨者,使之屯种,又分拨各贼占据之田,使各官军得以为业,以稍省俸给月粮之费,彼亦无不乐从。且宾州之城既空,又可以还聚居民,修复有司之治,亦事之两便者也。

臣等又看得迁江八所皆土官、指挥、千、百户等职,旧有狼兵数千,以分制八寨瑶贼之势。后因贼势日盛,各官皆不敢复入,反遂与之交通结契[5],及为之居停指引,分其劫掠之所得,共为地方之害,已非一日。官府察知其奸,欲加惩究,则又倚贼为重,不可根极[6]。近臣督兵其地,悉将各官遵照敕谕事理,绑赴军门,议欲斩首示众,以警远近。而各官哀求免死,愿得杀贼立功自赎。然其时贼势已平,遂许其各率土兵入屯八寨,就与该卫官军分工效力,助筑城垣。待城完之日,就与城外别筑营堡,与南丹卫官军犄角而守。亦各分拨贼田,使之耕种,以资衣粮。今八所土兵虽已比旧衰耗,然亦尚有四千余众;若留其微弱者四所于外,以分屯其所遗之田,而调其强盛者四所于内,合南丹一卫之众以守,亦且四千有余,隐然足为柳、庆之间一巨镇矣[7]。此镇一立,则各贼之脉络断,咽喉绝,自将沮丧震慑,其势莫敢轻动;稍有反侧者,据险出兵而扑之,夕发而旦至,各贼之交,自不能合,如取机上之肉,下箸无弗得者;此真破车轮之轴,而诸辐自解,伐树木之本,而众干自枯。不过十年,柳、庆诸贼不必征剿,皆将效顺而服化矣。伏乞圣明裁允。

一,改筑思恩府城于荒田

臣等看得思恩旧治,原在寨城山内,尚历高山数十余里。其后土官岑浚始移出,地名桥利,就岩险垒石为城而居,四面皆斩山绝壁,府治亦在琊确之上[8],芒利硞砑之石冲射抵触[9],如处戈矛剑戟之中。自岑浚被诛,继是二十余年,反者数起,曾不能有一岁之安。人皆以为风气所使,虽未可尽信,然顽石之上,不生嘉禾,而阴崖之下,必有狐鼠,要亦事理之有然者。况其地瘴雾昏塞,薄午始开,中土之人来居,辄生疾疫。自春初思、田归附之后,臣时即已经营料理其事,竟未能有相应之地。近因督剿八寨,复亲往相度,乃于未至桥利六十里外地名荒田者,其地四野宽衍,皆膏腴之田,而后山起伏蜿蜒,敷为平原,环抱涵蓄,两水夹绕后山而出,合流于前,屈曲数十里,入武缘江水达于南宁,四面山势重叠盘回,皆轩豁秀丽,真可以建立府治。臣因信宿其地[10],为之景定方向,创设规则。诸夷来集,莫不踊跃欢喜,争先趋事赴工。遂令署府事同知桂整督令各役择日兴工。

盖思恩旧治皆在万山之中,水道不通,故各夷所须鱼盐诸货类,皆远出展转鬻买,往反旬月,十不致一,常多匮绝。旧府既地险气恶,又无所资食,故各夷终岁不一至府治,情益疏离,易生嫌隙。今府治既通江水,商货自集,诸夷所须,皆仰给于府,朝夕络绎,自然日加亲附归向。而武缘都里,旧尝割属思恩者,其始多因路险地隔,不供粮差;今荒田就系武缘止戈乡一图二图之地,四望平野,坦然大道,朝往夕反,无复阻隔;则该府之官自可因城头巡检之制,循土俗以顺各夷之情,又可开图立里,用汉法以治武缘之众。夷夏交和,公私两便,则改筑思恩府成于荒田者,是亦保治安民,势不容已之事。伏乞圣明裁允。

一,改凤化县治于三里

臣等勘得思恩旧有凤化一县,然无城郭县治廨宇;选来知县等官,多借居民村,或寄其家眷于宾州诸处,而迁徙无常,如流寓者然。上司怜其所依泊,则委之管理别印,或以公务差遣,往来于外,以苟岁月。故凤化之在思恩,徒寄虚名,而实无县治。臣近督剿八寨,看得上林县地名三里者,乃在八寨之间。其地平广博衍,东西数里外,石山周围,如城自厚,极高;石山之间,独抽土山一脉,起顿昂伏,分为两股,环抱而前,遂有两水夹流土山之外,当心交合,出水之口,石山十余重,错互回盘,转折二三十里,极外;石山合为城门,水从此出,是为外隘。其间多良田茂林,村落相望,前此居民十余家,皆极饶富,后为寨贼所驱杀占据,遂各四散逃亡,不敢归视其土者,已二十余年。今各贼既灭,遂空其地。不及今创设县治以据其险,或有漏殄之贼潜回其间[11],日渐生息结聚,后阻石门之险,前守外隘之塞,不过数年,又将渐为地方之梗矣。故臣以为宜割上林上、下无虞乡三里之地属之思恩,而移设凤化县治于其内。量为筑立城垣廨宇,选委才能之官兴督其役。远近闻之,不过三四月,而逃亡之民将尽来归,各修复其田业,供其粮差,蔚然遂可以成一方之保障。且其南通南丹新卫五六十里,南丹在石门之内,凤化当石门之外,内外声势连合,而石门之险亡。西至思恩一百余里,取道于那学,沿途村寨,荒塞日久,因此两地之人往来络绎,而道途益通。又上林旧在大鸣山与八寨各贼之间,势极孤悬,今得凤化为之唇齿,气势日益,虽割三里之地以与凤化,而绿茅、绿筱等村寨旧所亡失土田,皆将以次归复,则亦失之于东而收于西矣。

及照思恩虽已设立流官知府,然其所属皆土目巡检,旧属凤化一县亦皆徒寄空名,实未尝有,今割武缘止戈一图二图之地改筑思恩府城,而又割上林上、下无虞三里之地改设凤化县治,固于思恩亦已稍有资辅。但自凤化三里至于思恩一百五六十里,中间尚隔上林一县。臣以为并割上林一县而通以属之思恩,似于事势为便,而于体统尤宜。何者?

柳州一府所属二州十县,宾州盖柳州所属者,且有上林、迁江两县,今思恩既设流官知府[12],固亦一府之尊,而反不若柳州所属之一州也,其于体统亦有所未称矣。况宾州自有十五里,而又有迁江一县,虽割上林以与思恩,其地犹倍于思恩,未为遽损也。上林之属宾州与属思恩,均之为一属邑,亦未有所加损也。然以之属于思恩,则思恩始可以成一府之规模,而其间有无相须,缓急相援,气势相倚,流官之体统益尊,则土俗之归向益谨,郡县之政化日新,则夷民之感发日易,固有不可尽言之益也。

夫立新县以扼据地险,改属县以辅成府治,是皆所以抚安地方者也。伏乞圣明裁允。

一,添设流官县治于思龙

照得南宁自宣化县至于田宁,逆流十日之程。宣化所属如思龙、十图等处,相去尚有五日六日,其间错以土夷村寨,地既隔越,而穷乡小民,畏见官府,故其粮差多在县之宿奸老蠹与之包团[13]，因而以一科十，小民不胜迫胁，往往逃入夷寨，土夷又从而暴之，地日凋残，盗贼日起。近年以来，思龙之图乡民屡次奏乞添设县治以便粮差。盖亦内迫于县民之奸，外苦于土夷之暴，不得已而然。臣因人抚田宁，亲历其所。民之拥道控告者以千数，因停舟其地，为之经理相度。得村名那久者，其地亦宽平深厚，江水萦迴环匝；傍有一江来会，亦正于此合流。沿江民居千余家，竹树森翳，烟火相接，且向武各州道路皆经由其傍，亦为四通之地。若于此分割宣化县思龙一、五、六、七、八、九、十、十二及西乡之六、八图共十里之地而设立一县治，则非独以便穷乡小民之粮差赋役，亦足以镇据要害，消沮盗贼。其间小民村居，如那茄、马坳、三颜、那排之类，未可悉数，皆久已沦入于夷，今若县治一立，则此等村寨诸夷自不得而隐占，皆将渐次归复流官，而其地遂接比于田宁，固可以所设之县而遂以属之田宁矣。

夫南宁一府所属一州三县。而宣化一县自有五十二里，今虽分割十里之地以与田宁，而宣化尚有四十二里，一县之地，犹四倍于一府也。况田宁又系新创流官府治，所统皆土目巡检，今得此一属县为之傍辅，又自不同。臣于前割上林以属思恩之议，已略言之矣。且左江一带，自苍梧以达南宁，皆在流官腹里之地；自南宁以达于田宁，自田宁以通于云、贵、交趾，则皆夷村土寨。稍有疑传，易成阔隔[14]。今田宁、思恩二府既皆改设流官，与南宁鼎峙而立，而又得此新创一县以疏附交连于其间，平居无事，商货流通，厚生利用，一旦或有境外之役，道路所经，皆流官衙门，从门庭中度兵，更无阻隔之患。此亦安民经国之事，势所当为者也。伏乞圣明裁允，仍定赐县名，选官给印，地方幸甚。

一，增筑守镇城堡于五屯

照得断藤峡诸贼既平，守巡各官议调土、汉官兵数千于浔州，以防不测。该臣看得各贼既灭，纵有一二漏网，其势非三四年亦未能复聚。为今之计，正宜剿抚并行。盖破灭穷凶各贼者，所以惩恶，而抚恤向化诸瑶者，所以劝善。今惩恶之余，即宜急为劝善之政，使军卫有司各官分投遍历向化村寨[15]，慰劳而存恤之，给以告示，赐以鱼盐，因而为之选立酋长；谕以朝廷所以征剿各巢者，为其稔恶也[16]，今尔等向化村寨，自安心乐业，益坚为善之志；但有反侧悖乱者，即宜擒送官府，自当重赏，以酬尔劳；其漏殄诸贼，果能诚心悔恶，亦皆许其归附，待以良民。夫使向化者益劝于为善而日加亲附，则恶党自孤，贼势自散，不复合；纵遗一二，终将屈而顺服矣。乃今则不然，贼既破剿而犹屯兵不散，使漏殄之徒得以借口摇惑远近；其向化村分又略不加恤，奸恶之民复乘机而驱胁虐害之。彼见贼已破灭而复聚兵，已心怀惊疑矣，而又外惑于贼党之扇摇，内激于奸民之驱胁，遂勾结相连而起也；近年以来所以乱始平而变复作，皆迷误于相沿之弊而不察也。今各贼新破，势决未敢轻出，虽屯数千之众，不过困顿坐食，徒秽扰民居，耗竭粮饷，而实无益于事。今始一解其倒悬，又复自聚无用之兵以重困之，此岂计之得者哉？惟于各寨之中，相其要害之地，创立一镇以控制之，此则事理之所当行，亦正宜乘此扫荡之余而速图之者。

其在断藤、牛肠诸处，则既切近浔州府卫，不必更有所设。至于四方各寨，遍历其要害险阻,则惟五屯正当风门、佛子诸巢穴,而西通府江,北接荔浦各处瑶贼,最为紧要之区,宜设一镇,以控御远迩。而旧已有千户所统率官兵,亦几及一千之数,困于差徭,日渐躲避于附近土目村寨[17],官司失于清理,止有五百,其后上司不闻地方之艰难,又于五百之中分调哨守于他所,而所余遂不满二百。即而贼乱四起,守御缺乏,则又取调潮州之兵数百以来协守五屯。事既纷乱,人无所遵,兼以统驭非人,故地方遂致大坏;且其屯堡墙垣亦甚卑隘,不足以壮威设险。今宜开拓其地,增筑高城,度可以居二千之众,而设守备衙门于其内;取回五百之中分调哨守于他所之兵,其自潮州调来协守者,则尽数发还原卫,以免两地各兵背离乡土之苦,往复道路之费;仍于附近土寨目兵之中,清查拣补其原避差役者,务足原数一千;选委智略忠勇之官一员重任而专责之,使之训练抚摩,敷之以威信,而怀之以仁恩;务在地险既设而士心益和,自然动无不克而行无不利。参将兵备各官,又不时新至其地经理而振作之,或案行其村寨,或劝督其农耕,或召其顽梗而曲示训惩,或进其善良而优加奖赐,或救恤其灾患,或听断其是非,如农夫之去稂莠而养嘉禾,渐次耕耨而耘锄之。无事之时,随意取调附近土官兵款或百人或七八十人,以协同哨守为名,使之两月一更班,而络绎往来于道路,以惯习远近各巢之耳目。自后我兵出入,自将无所惊疑。果有凶梗,当事举动,然后密调精悍可用土目一二千名,如寻常哨守然,以次潜集城中,畜力养锐,相机而发。夫无事而屯数千之兵,则一月粮饷费逾千金,若每一年无屯军之费,用之以筑城设险,犒赏兵士,招来远人,办何军不行,何工不就?此增筑城堡以据要害,所谓谋成而敌自败,城完而寇自解,险设而敌自摧,威霸而奸自伏,正宜及今为之,而亦事势之不可已焉者也。伏乞圣明裁允。

【作者简介】

王守仁(1472—1529),字伯安,号阳明子,世称阳明先生,故又称王阳明。浙江余姚人。弘治十二年(1499)进士,授兵部主事。因反对宦官刘瑾,正德元年(1506)被廷杖四十,谪贬贵州龙场(修文县治)驿丞。驿馆破败不可居,乃居于馆旁山洞悟道,其洞后得名"阳明洞"。正德十一年(1516),因王琼荐,擢右佥都御史,继任南赣巡抚。他上马治军,下马治民,文官掌兵符,集文韬武略于一身,做事智敏,用兵神速。以镇压农民起义和平定"宸濠之乱"拜南京兵部尚书,封"新建伯"。后因功高遭忌,辞官回乡讲学。嘉靖六年(1527)复被派总督两广军事,后因疾病逝于江西南安舟中。他是明代最著名的思想家、哲学家、文学家和军事家。陆王心学之集大成者,精通儒、佛、道。封"先儒",奉祀孔庙东庑第58位。其著述后人辑为《王阳明全集》。

【注释】

[1]思、田:指思恩府,府治在今广西平果县旧城;田州府,府治在今广西田阳县境。

[2]便宜:谓斟酌。

[3]相度:观察估量。

[4]牵沮:牵制和阻碍。

[5]结契:订立契约。

[6]根极:犹彻底追究。

[7]柳、庆:指柳州、庆远府(今广西河池地区)。

[8]琅碻:谓乱石嶙峋的山。

[9]砱砑:谓奇形怪状。

[10]信宿:连宿两夜。

[11]漏殄:犹漏网。

[12]流官:明清时朝廷派遣到川、滇、黔等少数民族地区的地方官。因有一定任期,非世袭,非土著,有流动性,故称。

[13]包团:谓勾结到一起。

[14]闳隔:壅塞阻隔。

[15]遍历:普遍游历。

[16]稔恶:罪恶深重。稔:音rěn。

[17]土目:土司所属员司的称号。世袭,兼理文武,职守权力因时因地而异。

月潭寺公馆记

明·王守仁

【提要】

本文选自《古今图书集成》职方典卷一五四二(中华书局 巴蜀书社影印本)。

"兴隆之南,有岩曰:月潭。壁立千仞,檐垂数百尺,其上颎洞玲珑……"景美则美矣,然而"行者至是皆愈困饥悴,宜有休息之所"。于是,朱文瑞"捐赀备材,新其寺……又因寺之故材与址,架楼三楹,以为部使者休息之馆"。这就是月潭寺公馆的来历。

月潭寺建于明朝。明正统八年(1443),德彬(伏虎和尚广能)游方至此,始谋建寺。兴隆卫(今黄平)指挥使常智倡众捐资,首建正室,中塑佛像。因寺前有潭,清澈晶莹,故名月潭寺。正德二年(1507)副使朱文瑞建月潭公馆。时居贵州龙场驿(今修文)的王守仁(阳明)游玩至此,应请写下此《记》。清乾隆时,云贵总督福安康重修月潭寺并公馆,计有养云阁(大官厅)、接引殿、皇经楼、关圣殿、小官厅、滴翠亭、碑亭、山云亭等。现存建筑,大部分为清光绪年间所建。

兴隆之南,有岩曰:月潭。壁立千仞,檐垂数百尺,其上颎洞玲珑[1],浮者若云霞,亘者若虹霓,豁若楼殿门阙,悬若钟鼓竽磬。幨幢缨络[2],若拮风之鹏。翻隼翔鹄、螭虯之纠蟠[3],猱狖之弦攫,谲奇变幻,不可具状。而其下澄潭邃谷,不测之洞,环密回状;乔林秀木,垂荫蔽亏;鸣瀑青溪,停回引映。天下之山,萃于云贵;连亘万里,际天无极。行李之往来,日攀援下上于穷崖绝壑之间。虽雅有泉石之僻者,一入云贵之途,莫不困踣烦厌[4],非复夙好。而惟至于兹岩之下,则又皆洒然开豁,心洗目醒。虽庸佣俗侣[5],素不知有山水之游者,亦皆徘徊顾盼,相与延恋而不忍去,则兹岩之盛,盖不言可知矣。

岩界兴隆、偏桥之间各数十里,行者至是皆惫困饥悴,宜有休息之所。而岩麓故有寺附,岩之戍卒、官吏与凡苗彝、犵狫之种连属[6],而居者岁时令节皆于是焉厘祝[7]。寺渐芜废,行礼无所。

宪副滇南朱君文瑞按部至是,乐兹岩之胜,悯行李之艰,而从士民之请也。乃捐赀备材,新其寺。于岩之右,以为厘祝之所,曰:"吾闻为民者,顺其心而趋之,善。今苗彝之人,知有尊君亲上之礼而憾于弗伸也。吾从而利导之,不亦可乎?"

则又因寺之故材与址,架楼三楹,以为部使者休息之馆[8]。曰:"吾闻为政者,因势之所便而成之,故事适而民逸。今旅无所舍,而使者之出,师行百里,饥不得食,劳不得息。吾图其可久而两利之,不亦可乎?"使游僧正观任其劳,指挥狄远度其工,千户某某相其役。远近之施舍来助者,欣然而集。不两月而工告毕。

自是饥者有所炊,劳者有所休,游观者有所舍,厘祝者有所瞻依[9],以为竭忠效诚之地。而兹岩之奇,若增而益胜也。正观将记其事于石,适予过而请焉。

予惟君子之政,不必专于法,要在宜于人君子之教;不必泥于古,要在入于善。是举也,盖得之矣。况当法网严密之时,众方喘息忧危,动虞牵触,而乃能从容于山水泉石之好,行其心之所不愧者,而无求免于俗焉?斯岂非见外之轻,而中有定者,能若是乎?是诚不可以不志也已。寺始于戍卒周斋公,成于游僧德彬,治于指挥刘瑄、常智、李胜及其属,王威、韩俭之徒至是凡三葺。而公馆之建,则自今日始。

【注释】
[1]颒洞:虚弥绵延貌。
[2]幨幢:帐幕。幨,音chān。缨络:缠绕。
[3]螭虺:音chī huī,蛇类。纠蟠:纠曲缠绕。
[4]困踣:困顿潦倒。踣:音bó,跌倒。
[5]俦侣:伴侣,朋辈。
[6]犵狫:亦作"仡佬"。中国少数民族之一。
[7]厘祝:祈求福佑。
[8]部使:指御史。封建王朝的御史一般由中央各部郎官充任,故称。
[9]瞻依:瞻仰依恃。

东林书院记

明·王守仁

【提要】

本文选自《传世藏书》(海南国际新闻出版中心1996年版)。

东林书院,在今江苏无锡解放东路867号。书院创建于北宋政和元年(1111),是二程高足杨时讲学之地,杨时号龟山,书院故亦称龟山书院。

王阳明时,东林书院荒复交替。先是无锡人邵宝在此收徒讲学,但随着他入仕途,此地复又荒芜。后来,邵宝门人华氏"仍让其地为书院"。后来又有县令高君文豸延请饱学之士以教诸生。阳明感叹道:"从先生游者,其以予言而深求先生之心,以先生之心而上求龟山之学,庶乎书院之复不为虚矣!"

东林书院闻名天下是因为东林党争。万历三十二年(1604),东林学者顾宪成等人修复书院,并在此聚众讲学,倡导"读书、讲学、爱国"的精神,时声名大著。顾宪成撰写的"风声雨声读书声声声入耳,家事国事天下事事事关心"一联更是闻名遐迩,东林书院成为江南地区人文荟萃之区和议论国事的主要舆论中心。一时间,"三吴士绅"、在朝在野的各种政治代表人物、东南城市势力、某些地方实力派等,一时都聚集在以东林书院为中心的东林派周围,时称"东林党"。

东林党的主要对立面是齐楚浙党。熹宗朱由校时期,宦官魏忠贤专政,形成明代势力最大的阉党集团,齐楚浙诸党争相依附之,对东林党人实行血腥镇压。天启四年(1624),东林党人杨涟因劾魏忠贤24大罪被捕,与左光斗、黄尊素、周顺昌等人同被杀害。魏忠贤又使人编《三朝要典》,借红丸案、挺击案、移宫案三案为题,毁东林书院,打击东林党。东林著名人士魏大中、顾大章、高攀龙、周起元、缪昌斯等先后被迫害致死。魏忠贤还指使党羽制造《东林点将录》,将著名的东林党人分别加以《水浒》一百零八将绰号,企图将其一网打尽。天启七年明思宗朱由检即位,魏忠贤自缢死,次年毁《三朝要典》,对东林党人的迫害才告停止。

2002年,无锡市斥资修复东林书院,建有石牌坊、泮池、东林精舍、丽泽堂、依庸堂、燕居庙、道南祠等。

东林书院者,宋龟山杨先生讲学之所也。龟山没,其地化为僧区,而其学亦遂沦入于佛老、训诂、词章者且四百年[1]。成化间,今少司徒泉斋邵先生始以举子复聚徒讲诵于其间。先生既仕而址复荒,属于邑之华氏。华氏,先生之门人也,以先生之故,仍让其地为书院,以昭先生之迹,而复龟山之旧。先生既已纪其废兴,则以记属之某。当是时,辽阳高君文豸方来令兹邑[2],闻其事,谓表明贤人君子之迹,以风励士习[3],此吾有司之责,而顾以勤诸生则何事? 爰毕其所未备,而亦遣人来请。

呜呼! 物之废兴,亦决有成数矣,而亦存乎其人。夫龟山没,使有若先生者相继讲明其间,龟山之学,邑之人将必有传,岂遂沦入于老佛、词章而莫之知! 求当时从龟山游不无人矣,使有如华氏者相继修葺之,纵其学未即明,其间必有因迹以求道者,则亦何至沦没于四百年之久! 又使其时有司有若高君者,以风励士习为己任,书院将无因而圮,又何至化为浮屠之居而荡为草莽之野! 是三者皆宜书之以训后。

若夫龟山之学,得之程氏,以上接孔、孟,下启罗、李、晦庵[4],其统绪相承,断无可疑。而世犹议其晚流于佛,此其趋向,毫厘之不容于无辨,先生必尝讲之精矣。先生乐易谦虚,德器溶然[5],不见其喜怒。人之悦而从之,若百川之趋海。论者以为有龟山之风,非有得于其学,宜弗能之。然而世之宗先生者,或以其文翰之工,或以其学术之邃,或以其政事之良;先生之心,其殆未以是足也。从先生游者,其以予言而深求先生之心,以先生之心而上求龟山之学,庶乎书院之复不为虚矣!

书院在锡百渎之上[6],东望梅村二十里而遥,周太伯之所从逃也。方华氏之让地为院,乡之人与其同门之士争相趋事,若耻为后。太伯之遗风[7],尚有存焉,特世无若先生者以倡之耳! 是亦不可以无书。

【注释】

[1] 训诂:指解释古书中词句的意义。词章:同"辞章"。诗文的总称。二词谓讲授训诂、诗文之人据有此地。

[2] 高文豸:正德六年(1511)任县令,九年离任。

[3] 风励:用委婉的言词鼓励、劝勉。

[4] 罗:即罗钦顺(1465—1547),字允升,号整庵,江西泰和县人。历任南京国子监司业、太常卿、吏部右侍郎、吏部尚书等。早年信禅,后悟其空,"释氏之学,大抵有见于心,无见于性,故其为教,始则欲人尽离诸象,而求其所谓空,空即虚也"(《明儒学案·诸儒学案中一》)。专攻程朱理学,认为"理即是气之理","理须就气上认取,然认气为理便不是"《困知记》续卷上)。李:即李东阳(1447—1516),字宾之,号西涯,谥文正。历任弘治朝礼部尚书兼文渊阁大学士。他入阁相18年,在朝时间长、地位高,不仅才学渊博,又能奖掖后学,推荐隽才,因此文学之士大都围聚在他周围。晦庵:朱熹(1130—1200),字元晦,一字仲晦,号晦庵、晦翁。祖籍徽州婺源(今属江西)。南宋著名理学家,世称朱子。

[5] 溶然:恬静宽容貌。

[6] 渎:音 dú,水沟,小渠,亦泛指河川。

[7] 太伯:即吴太伯。吴国第一代君主,后世奉其为吴文化的鼻祖。

新建预备仓记

明·王守仁

【提要】

本文选自《传世藏书》(海南国际新闻出版中心 1996 年版)。

预备仓是明朝开国皇帝朱元璋首创的储粮备荒制度的产物。他在全国推行预备仓制度,"常存两年之蓄"。洪武以后,明政府又相继恢复社仓、义仓及常平仓之制,以为备荒之策。所以王阳明开宗明义地说道:"仓廪以储国用,而民之不给,亦于是乎取。"

他说:"绍兴之仓目如秕,大有之属凡三四区,中所积亦不下数十万。然而民之饥馁,稍不稔即无免焉。"虽然这些仓库储量不少,但一旦饥荒,还是不敷食用。更有甚者,"遇凶荒水旱,民饿莩相枕藉,苟上无赈贷之令",官吏们便"不敢发升合以拯其下",以至于"民视其官廪如仇人之垒",影响社会稳定了。

嘉靖癸亥(1563)春,太守佟公见"融风日作,星火宵陨",觉得旱情将至,决定在郡治以东的太积库地修建预备仓。四月至八月,果然不下雨,"农工大坏,比室罄悬"。事实证明佟公的决定是正确的,"今兹之旱,虽诚无补,于后患其将有裨"。

九月丁卯,三面二十六楹的仓库建成,可容十万数千斛粮食;不仅如此,二十八楹房屋房屋,自南亘北,还可以为南来北往的商旅之人提供住宿。这样每月所获银两,又可以购买粮食以充储备,正可谓"以仓养粮"。如此经营下去,"三岁可以有一年之备矣"。

"悯灾而恤患,庇民之仁也;未患而预防,先事之知也;已患而不怠,临事之勇也;创今以图后,敷德之诚也。"王阳明由衷地赞扬同乡——绍兴太守佟实。

仓廪以储国用,而民之不给,亦于是乎取。故三代之时,上之人不必其尽输之官府,下之人不必其尽藏于私室。后世若常平、义仓[1],盖犹有所以为民者,而先王之意亦既衰矣。及其大弊,而仓廪之蓄,遂邈然与民无复相关。其遇凶荒水旱,民饿莩相枕藉[2],苟上无赈贷之令,虽良有司亦坐守键闭,不敢发升合以拯其下[3],民之视其官廪如仇人之垒,无以事其刃为也。呜呼! 仓廪之设,岂固如是也哉!

绍兴之仓目如秕,大有之属凡三四区,中所积亦不下数十万。然而民之饥馁,稍不稔即无免焉。岁癸亥春,融风日作[4],星火宵陨。太守佟公曰:"是旱征也,不可以无备。"既命民间积谷谨藏,则复鸠工度地,得旧太积库地于郡治之东,而建以为预备仓。

于是四月不雨,至于八月,农工大坏,比室磬悬[5]。民陆走数百里,转嘉、湖之粟以自疗。市火间作,贸迁无所居[6]。公帅僚吏遍祷于山川社稷,乃八月己酉大雨洽旬,禾槁复颖。民始有十一之望,渐用苏息。公曰:"呜呼!予所建,今兹之旱,虽诚无补,于后患其将有裨。"乃益遂厥营。九月丁卯工毕。

凡为廪三面廿有六楹,约受谷十万几千斛。前为厅事[7],以司出纳,而以其无事时,则凡宾客部使之往来而无所寓者,又皆可以馆之于是。极南阻民居,限以高垣,东折为门,出之大衢。并门为屋廿有八楹,自南亘北,以居商旅之贸迁者,而月取其值,以实廪粟。又于其间区画而综理之,盖积三岁而可以有一年之备矣。

二守钱君谓其僚曰[8]:"公之是举,其惠于民岂有穷乎!夫后之民食公之德而弗知其所自,是吾侪无以赞公于今日,而又以泯其绩于后也。"于是相率来属某以记。某曰:"唯唯。夫悯灾而恤患,庇民之仁也;未患而预防,先事之知也;已患而不怠,临事之勇也;创今以图后,敷德之诚也。行一事而四善备焉,是而可以无纪也乎?某虽不文也,愿与执事而从事[8]。"

【注释】

[1]常平仓:中国古代政府为调节粮价,储粮备荒以供应官需民食而设置的粮仓。常平源于战国时李悝在魏所行的平籴,即政府丰年购进粮食储存,以免谷贱伤农,歉年卖出所储粮食以稳定粮价。汉以后,常平仓置废不常。明太祖洪武三年(1370),命州县皆于四乡各置预备仓(永乐中移置城内),出官钞籴粮贮之以备赈济,荒年借贷于民,秋成偿还,遂为一代定制,取代了常平仓。义仓:又称义廪。古代仓储制度民办粮仓的一种,为官督绅办。民办粮仓分为义仓和社仓,义仓在县一级政府所在地设置仓廪,而社仓一般在村镇设仓。义仓始于隋。隋开皇三年(583),长孙平为度支尚书。他见天下州县多罹水旱,百姓不给,奏令民间每秋家出粟麦一石以下,贫富差等,储之间巷,以备凶年,名曰义仓。隋文帝表彰并采纳其建议。义仓在历史上时废时设。现存较好的义仓有陕西大荔的丰图义仓,该粮仓始建于清光绪八年(1882),由户部尚书阎敬铭倡建,竣工后慈禧太后朱批"天下第一仓"。

[2]饿莩:同"饿殍"。饿死的人。

[3]升合:一升一合。比喻数量很小。

[4]融风:东北风。

[5]磬悬:空无所有。

[6]贸迁:贩运买卖。

[7]厅事:办事的公堂。

[8]二守:府佐。

[9]执事:主管其事。谓太守佟公。

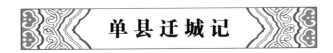

单县迁城记

明·廖道南

【提要】

本文选自《古今图书集成》职方典卷二四五(中华书局 巴蜀书社影印本)。

单县迁城是因为水患。

"三面带河"的单县元至正甲申(1344),洪武己巳(1389),正德己巳(1509)、己卯(1519)、辛巳(1521),嘉靖癸未(1523),越来越频繁地决口。乙酉(1525)年,都御史王尧封指令兖州太守喻智避开三面带河的老单县城,"望故城之阴,大河之阳,陵衍而平,土燥而刚"的地方另筑新城。

第二年龙抬头的时节,"土工伊始",按照先前卜筮的结果,"相其阴阳""定其方位""规景以测,略其广狭""野度以步,途度以轨""宫隅七雉,城隅九雉",全体参与者"无不用勤",所以新城"越三月,城成。又三月,邑治成。又三月,痒序宫宇祠成。监司有台,藩臬有署,置邮有舍,医历有肆",新城一切齐备。

新建的单县城从1526年一直沿用至今,当地正按保护性开发的原则,对单县老城进行修缮改造,目前确定的规划原则是突出"一环三片一线",扮靓护城河,整修牌坊文化街、山西会馆区和湖西礼堂等。

单县城成[1],于时山东藩臬诸君子以书来言[2]曰:"大单父古采邑也[3],东瞻泰岳,则徂徕、梁甫、伯禽之曲阜也;侧望临淄,则琅琊、渤海、吕望之营丘也;迩接邾郯,则龟蒙、凫峄、滕薛之故疆也;遐联郊费,则沂、泗、汜、汶、济、兖之支派也。而单父三面带河,元至正甲申[4],河决曹州,梁山、巨野俱为巨浸。我明洪武己巳[5],河又大决。正德己巳[6],又决杨晋口,己卯亦如之[7]。辛巳又决八里湾[8]。嘉靖癸未[9],霖雨大注,漂民室庐,坏民禾稼,荡析离居[10],邦人大恐。

至乙酉[11],都御史王公尧封喟然叹曰:"于乎单父之民其为鱼乎?夫有人、有土、有财、有用,乃今高岸为谷,出卒污莱[12],是无土矣;老稚沟壑,壮者散徙,是无人矣;府库空竭,室如悬罄[13],是无财用矣。非予,溺之而谁?

乃谓方伯郭君韶曰:"维兹城以卫民,经之营之,汝实总之。"乃谓宪使潘君埙曰:"绥善良,遏寇虐,以为民保障,惟汝力。"乃谓亚参侯君位、刘君淑相曰:"汝惟职专兹役,往视予民,毋贻民忧。"乃谓金宪陈君得鸣曰:"汝往督之,以昭汝宪。"乃谓兵备副使王君言曰:"饬汝师以防奸宄。"乃谓兖守喻君智曰:"弗城胡邑,弗邑胡民?惟汝之责。"

乃十有一月丙辰升墟[14]，以望故城之阴，大河之阳，陵衍而平[15]，土燥而刚，卜云其吉，终焉允臧。

越明年春，龙见而雩[16]，土功伊始，峙乃馈粮[17]，坻乃畚锸[18]，乃辨土物，乃课章程。相其阴阳，则策人献吉[19]，筮氏贡良；定其方位，则水泉以悬[20]，规景以测[21]；略其广狭，则野度以步，途度以轨。揆其经制，则宫隅七雉[22]，城隅九雉。揪之陾陾[23]，筑之登登。百工惟和，罔不用勤。越三月，城成；又三月，邑治成；又三月，庠宫宇祠成。监司有台，藩臬有署，置邮有舍[24]，医历有肆，巷有阛阓[25]，里有塾序[26]。疆有堠望[27]，火师监燎[28]，水师监濯。民趋如市，宾至如归。引睇平原[29]，留眄沟壑。远涵天碧，迩延野翠。而向之为民患者，举为民利矣。

单父之民相与叹曰："于乎！微王公，吾其鱼乎？"是役也，镇守太监王公思竞、巡按御史张君英、李君美、王君正宗，咸与力焉。综理于内则右布政潘君垲、参政常君道、江君晓、王君潮、副使钱君宏、任君洛、余君本，佥事边君宁。而董其役者，则同知俞鼎、县簿王怀礼、经历宋泽也。

又越明年王公出巡东兖，达观于新邑营，喜曰："单父之民自是其有瘳乎[30]？"又令陶甓数百，环而砌之，曰："斯可久矣。"予闻而叹曰："盘庚迁而民咨怨[31]，单父迁而民乐康，何也？"盖河之患同，而遇之时异也。且春秋城、邢城、郓城、郎城、楚丘，大书不一，而城韩、城齐、城朔方，诗必称之。王公设险，圣人域民，而岂徒哉！今单父在昔周王子臻邑，观单襄之聘，楚靖公之处晋，穆公之事周，施泽于民久矣。乃若宓子贱弹琴而治巫马，期戴星而理，虽劳逸则殊其勤于单者，不亦远乎？继自今其无忘三公之烈与三贤之绩也已。乃系之辞曰：

于维东土，上应虚危[32]。泰山为镇，大河为池。维兹单父，姬之封邑。襄公康之，靖穆攸立。鲁至定哀，子贱实来。尚德若人，爰有琴台[33]。巫马继之，星言夙驾[34]。蹇蹇匪躬[35]，不遑早夜。百千余年，以迄于元。河流涨溢，蛟龙吐吞。民庐漂没，宫宇为沼。菰藻交加，烟涛浩渺。下迫于今，城覆于隍。民患滋深，率吁彼苍。中丞涖止，乃新百雉。乃左乃右，乃疆乃埋。役者协力，赞者协谋。崇墉修雉，杰观飞楼。都人□喜，载笑载语。以艺稷黍，以谷士女。自兹伊始，既乐且康。援之衽席[36]，登我高冈。我观民牧，谁其作者。召伯劳之[37]，民狎于野。礼称筑郭，书戒勤墉。维兹单父，中丞之功。克成有终，王臣之节。矢诗不多[38]，以告来哲。

嘉靖戊子记[39]。

【作者简介】

廖道南(？—1547)，字鸣吾，蒲圻(今属湖北)人。正德十六年(1521)进士，改庶吉士，授翰林院编修。擢中允，充日讲官。累官至侍讲学士。有《殿阁词林记》等。

【注释】

[1]单县：今属山东荷泽。

[2]藩臬：藩司和臬司。明清两代布政使和按察使的并称。

[3]单父：即指单县。《路史》载：单父为舜师单卷所居……故称。春秋时为鲁邑，秦置县。

[4] 至正甲申:1344 年。《续资治通鉴》:四年夏五月,"大霖雨二十余日,黄河暴溢,北决白茅堤。"

[5] 洪武己巳:1389 年。

[6] 正德己巳:1509 年。

[7] 己卯:1519 年。

[8] 辛巳:1521 年。

[9] 嘉靖癸未:1523 年。

[10] 荡析离居:家人离散,没有定居。荡析:离散。

[11] 乙酉:1525 年。

[12] 污莱:谓田地荒芜。

[13] 悬罄:形容一无所有。

[14] 升墟:犹言奠基。墟:土丘。

[15] 陵衍:丘陵延伸。

[16] 龙见而雩:指二月。中国古代匠作有正月不动土之习俗。雩:音 yú,古代为求雨而举行的一种祭祀。

[17] 餱粮:亦作"糇粮"。干粮,食粮。峙:犹言干粮准备充足。

[18] 畚锸:泛指挖运泥土的用具。坿:犹言锹锸箩筐林立形状犹如鸡窝。

[19] 策人:指卜算之人。

[20] 水泉:此指以容器盛水以定水平。

[21] 规景:《考工记》:"为规识日出之景与日入之景。"郑玄注:日出入之景,其端则东西正也。本谓用规测量日影,借指衡量的标准。

[22] 雉:古代计算城墙面积的单位,长三丈高一丈为一雉。

[23] 抹:音 jū,盛土于器。陾陾:音 réng,众多貌。语出《诗经・緜》。

[24] 置邮:用车马传递文书信息。亦谓传递文书信息的驿站。

[25] 阛阓:市场的门,亦指街道。

[26] 塾序:私塾,乡学。

[27] 堠望:指用以候望的哨所。

[28] 火师:古官名。掌火事。《国语・周语》:"火师监燎,水师监濯。"

[29] 睇:斜着眼看。

[30] 瘳:音 chōu,病愈。

[31] 盘庚:商王。商朝初立时,最早的国都在亳(今河南商丘)。以后数次搬迁。盘庚时,决心将都城搬至殷(今河南安阳小屯村)。贵族们纷纷反对,还煽动平民起来反对。盘庚坚持迁都。事见《尚书・盘庚》。

[32] 虚、危:二十八星宿中,北方七宿之二宿。

[33] 琴台:台名。相传为春秋时单父宰宓子贱弹琴之所。在今单县旧城北。

[34] 星言凤驾:星夜驾车出行。言:语助词。

[35] 蹇蹇匪躬:指为君国而忠直谏诤。蹇蹇:忠直貌。蹇,通"謇"。匪躬:指忠心耿耿、不顾自身。

[36] 衽席:谓安居之所。

[37] 召伯:周文王时勤于政务,为民谋福的官吏。《诗・召南・甘棠》诗以颂其绩。

[38] 矢诗不多:语出《诗・大雅・卷阿》。意为献诗很多。矢诗:陈献诗歌。不:同"丕",大。

[39]嘉靖戊子:1528年。

修迤西大道引

明·李 铨

【提要】

本文选自《古今图书集成》职方典卷一四八四(中华书局 巴蜀书社影印本)。

"滇境分两迤,谓迤逦迢递,而盘旋曲折状已括于言中。"地处西南边陲的云南地势高拔,为众多崇山峻岭所簇拥,又为众多大江大河切割,交通向来艰险不便。青藏高原堵于西北侧,蜀道、大川缭于北方,黔贵亘于东北,十万大山障于东南,南面亦是青山群卧的东南亚诸国。

崇山深壑决定了云南交通的基本特质:人背马驮的驿道交通四方。千百年来,云南高原的一个个坝子之间,一道道险山恶水的缝隙里,茫茫的原野丛林之中,无数人马驿道从其间穿越而过,如蛛网般覆盖了云南的山川大地。

明代,朱元璋派沐英镇守、经营云南,且遣内地百姓大量填滇,在那里开筑道路、广置驿传,并以民户或兵士为驿铺夫役,屯田自给,终身服役。许多交通要道上的驿站逐渐人烟繁衍,辐辏而成村镇。至今云南各地还有不少地方以当年驿、铺、堡为地名。

"而西以人站之负者、戴者,肩相摩,踵相接,旋转出入苍箐中,如蚁行梁上。"李铨描述迤西大道修筑之前的状况说。"省西行五里,站至广山,势尤峻。首境为新铺,有冲溪,水暴至,人多为漂。"李铨讲述自己发起的修道首站便从省城开始,"余初令其地邑人倪起鹤修铲之,转其山至麓,几于平。今行人沉落蛰患悉免矣。"他还打算从这里修到楚雄,"绕折不下百里,思有以削之、培之。"但是,心有余而力不足,所以写了这篇《引》。

云南的驿道,经长年修筑开凿,逐渐形成迤南、迤东、迤西三大干线,另有无数支线蔓延出去。

迤东干线分南北两线,北线又分左右两路。北线右路由昆明往滇东北,经杨林、马龙、曲靖、沾益、富源(平彝)进入贵州毕节、安顺到贵阳,再经黔、蜀、湘入中原和京城。基本就是明代傅友德、沐英进军云南的路线,也就是历史上的滇黔线。北线左路经会泽、昭通、盐津,入四川宜宾,为滇蜀交通要道,也是明清时"京铜"外运的主要线路。左右滇黔、滇蜀两线合为迤东北线;南线一条是由昆明往滇东南,经广南、富宁东出广西、广东。迤东干线南北两线都是往内走,分别将云南与中原内地和两广沿海地区联系在了一起。

迤南干线分三条,含滇中玉溪、通海、红河、建水支线。一条是自昆明经开远、蒙自、蛮耗、河口到越南河内、海防;一条是自昆明向南,经玉溪、通海、元江、墨江、磨黑、普洱、思茅达景洪(车里)、勐海(佛海)、打洛出境至缅甸、泰国。也就是当时说的"走后路",以驮锅盐和茶叶为主,也有布匹、山货和糖等。再一条是经玉溪、通海往滇南一线,经石屏,过红河(迤萨)到元阳、绿春、江城,再经易武(镇越)抵勐腊、磨憨,再往缅甸、老挝、泰国。迤南干线的三条线路主要通往越南、老挝、缅甸、泰国等东南亚国家,是云南重要的国际交往路线。

迤西干线也分上中下三条支线:上线由昆明经安宁、禄丰、楚雄、姚安、大姚,过金沙江与四川西昌、成都相连;中线由大理往鹤庆、丽江、迪庆入西藏,再到不丹、锡金、印度和尼泊尔,也有一条路由鹤庆、丽江、永胜,经宁蒗、四川盐源、木里、九龙到泸定、康定,与川藏大道相接。这条线路现在也被称为茶马古道。下线由大理往保山、腾冲或盈江,出缅甸,一度被人们称为"南方丝绸之路";迤西干线中、下这两条路也是云南交通国际的最主要线路,并且是绵延最长、行走最为频繁的两条。

三条干线,加上蔓伸的支线,驿道把云南各地、云南与世界密切地连接在了一起。

滇历万峰,中折而为省会。虽为海为池,亦有荡漾可观,而实则陆壤,非东南泽国比。古者自黔而上为牂牁郡,牂牁者,维舟之橛[1],言至此则舍舟而徒任步履涉险阻,为入陆始事矣。

滇境分两迤,谓迤逦迢递[2],而盘旋曲折状已括于言中。然迤东犹有驿站,任驰驱迤递;而西以人站之负者、戴者,肩相摩,踵相接,旋转出入苍箐中[3],如蚁行梁上。造物者以气吸之,蚁不自知,为颠蹶致,足悲也。兵燹来,人出死力,争性命,奔踏羊肠中,有为中断者、倾圮者,日复颓一日,其道如城锯雉堞排列其间,至此者不能中返,势不得不攀援上下,而侥幸度越之。幸天明朗,石得乘霁逞劲,力出土等之,狼牙齿齿材立[4]。遇阴雨则如油沃之,泥深作堑,乘命而驰者,俨然官长尚挥汗血没泥中,又何有于背乘肩驱之小民,几何不为豕负途而鬼载车耶?张子谓"民吾胞物",吾与亦安能见此不为之黯然伤也。

省西行五里,站至广山,势尤峻。首境为新铺,有冲溪,水暴至,人多为漂。余初令其地与邑人倪起鹤修铲之,转其山至麓,几于平,今行人沉落堑患悉免矣。由此而至楚,绕折不下百里,思有以削之、培之,使向之狼牙齿齿者无所逞其势,而力不能与心相副。

有梁文学,字鼎臣者,操岐黄术[5],一过广,徘徊其径,曰:"嗟乎!是道而得坦,较之雷公庖制,利不更溥乎?"时李孝廉扶九来自榆城,与余友曹集孔先生三人者,共捐金若干,而余则出任内若干年俸节凑之,散之。父老率其子弟,于冬月晴暖时为兴工之始。客有为之愀然曰:"事繁而费简,如后继何?"

曰:"无庸也,迤兹而土,不惟楚姚、景顺道所由出,即永大蒙鹤,冠盖相望[6],多贤豪间声,留心当世,且夕往来如织,岂无悯念民生急欲出之断堑,而落其有成乎?古者炼石,称补天,乘四载以凿三巴[7],区区弹丸,小中见大,心盛而力必从继。此修凿扩充之,以抵于极边,岂惟出此一方民于涂炭耶!将歌孔道而赋皇华[8],为西南一大观。"

【作者简介】

李铨,生平不详。

【注释】

[1]橛:木桩。

[2]迢递:遥远貌。

[3]苍篁:指苍翠竹林。

[4]齿齿:喻一个接一个。

[5]岐黄:岐伯和黄帝。相传为医家之祖。借指医生。

[6]冠盖相望:谓政府使节或官员往来不绝。冠盖:指官员的冠服和车乘,代称官员。

[7]三巴:古地名。巴郡、巴东、巴西的合称。相当今四川嘉陵江和綦江流域以东的大部地区。

[8]皇华:《诗经·小雅》篇名。《序》谓:"《皇皇者华》,君遣使臣也。送之以礼乐,言远而有光华也。"后因以之赞颂奉命出使或使者。

游木塘张园记

明·张含章

【提要】

本文选自《古今图书集成》职方典卷一四九六(中华书局　巴蜀书社影印本)。

张园,是一座地处云南曲靖的园林。仲春二月,张含章约郡人联辔出城,"和风煦面,碧草翻蹄,麦秀渐渐,荞垄漫漫,类内地夏初时"。走麦岭,上江船,"鱼鹰七八头,扬翅鼓尾,撇浪拏渊,效技逞能"。到了中午,渡江逾岭,过田畈,穿过洞口"结伴而出,沿岭东行,径愈小,山愈密。约二三里,遥见翠巘摩天,碧树碍日,山脚下草屋几户,鸡犬无哗,别一天地,张子依山草堂在焉"。

这个草堂屋仅数椽,"背山面水,涂壁藜榻,编竹为牖,取象罘罳"。也有园子,不过,"园仅半亩,艺紫竹为篱,花则蕙兰、素馨、玉李、杜鹃、海棠、丹桂,果则石榴、胡桃、黄柑、翠梅"。"堂东北角筼筜无数,隙处一径,直达屋后青山"。

这样的园子,实则是大自然的点睛处;身处其间,实则是与自然呼禽和合。久在其间,终至物我两忘之境,"境遇之顺逆,人事之喜怒,居处之华葇"自然更忘了。

章来蛮中四载,沉郁怏惘[1],未尝论游。同学徐子自京师至,规章曰:"昔吾与子待诏金马门[2]，月俸一囊钱。西山岩壑，屐齿殆遍，题咏及海内，何壮也！今涉昆池，牧徼外[3]，男儿衣带间事君子，岂以书？上考迁绝，裔动厥心，且居怫悒[4]，以废登览。困神竭志，枯朽其气。量行将惰，职殒政负。厥简命吾子择焉。"章惘然自失。适水塘秀才张洪范慎余请游其园。

仲春二十二日，遂约同人，联辔出城。和风煦面，碧草翻蹄，麦秀渐渐，荞陇漫漫，类内地夏初时。行十余里，至江边，罗绅士毕集陆凉，渔人停桨以待坐。不余时，避日藉草，各极其兴。乾风暴起[5]，吹数叶小舟出没绿波内，鱼鹰七八头，扬翅鼓尾，撇浪拏渊[6]，效技逞能。茗未一行，得巨细鱼数十。

日午，渡江逾岭，过田坂，仰视石峰，矗然道左，水塘硐隐现。半岭，陟崖堑，披荒秽，愈登愈峭，同行皆舍骑就步。余与徐子奋然策马，直抵硐口。初入轩敞，巨石镌文，岁远斑剥，不可摹视，人云嘉靖时某刺史记也。深十余步，犹明亮。右登石级四、五尺双门骈立，正内黝黑。烧炬，始得进，下数盘，洞然、霍然，石乳攒突，彷彿刻额断齶[7]，若狮若象，若云若水，若茄若莲，若浮屠若肺肝。谽谺分错[8]，似斧凿初毕，焕然常新。左升类楼，右升类阁。虽有路可前，而崎岖低隘，虑倾跌。或云过此数里有天窗，或云后闷直接水塘，或云有仙人秤榻，余皆未之见也。

结伴而出，沿岭东行，迳愈小，山愈密。约二三里，遥见翠巇摩天，碧树碍日，山脚下草屋几户，鸡犬无哗，别一天地，张子倚山草堂在焉。

堂仅数椽，背山面水，涂壁藜榻，编竹为牖，取象罘罳[9]。园仅半亩，艺紫竹为篱，花则蕙兰、素馨、玉李、杜鹃、海棠、丹桂，果则石榴、胡桃、黄柑、翠梅。清风时来，无不纷红骇绿，蓊葧香气掩苒[10]，众草摇曳葳蕤[11]。堂东北角笕筧无数[12]，隙处一迳，直达屋后青山。山之丛灌陈杂，铲剃如洗，广植椿栗松杉，尽成密荫，异鸟奇声，天然箫管。登数十步，削平如掌，白石环绕，屏幛乍开，奇丽殆不可状。上客十余人，俯瞰远近无异画图。于是，草堂命酒，宾客喧阗[13]，解衣磅礴，掀髯咏诗，觥筹交错，霜刀割炙[14]。章自捧檄出都，从未此欢。而同人亦叹，罗平历来贤君，无是雅会也已。而夕阳在山，命驾遄归[15]。张子携榼与酒，至江浒更酌，无不酩酊。登舟，临风醉语。

章以素不善饮，马上独醒。因思八年于外，真成梦呓。微徐子启，余必令山水笑人。况游览骀荡[16]，悟者自省，彼郊春物，美丽以时。为政者不当若是耶？鹰不自食其力，而反为渔人仆，仆可慨。夫一拳之石，外视多蒙然，向非深入，孰知宏深其内，而光怪其腹乎？彼朴貌秀中者，往往类此。此硐中，某刺史之《记》，岂不欲与山川共永？方数年而字几漫灭，胜迹文章又乌可久耶？同一山也，辟之，有人则剧荒表异[17]，可堂可屋，可耕可读，可游可览，可诗可文；宜春宜夏，宜秋宜冬，宜朝宜暮，宜晴宜雨，老此一丘，而诒子若孙焉。追溯其始，诛一茅以至万亿之恶木奥草，结一椽以至千百之榱栌梁栅[18]，植一株以至盈目之嘉树美箭，烧一畬以致遍野之沟浍桑麻，此皆张子独力只腕，触云雾，捍龙蛇，旦旦而为，至于有成；何异学者由鼓箧以致希圣为政者，由聚邑以致成都一日宴游，因其所值而左右逢源。名理如此，则凡境遇之顺逆，人事之喜怒，居处之华犇，皆外也。章又何惮而不亟亟论游哉！

同游而得诗者,余友徐浚征源、广文杨于鼎仁庵、明经杨廷彦芳御,诸生王惺雪怀、吴尚友仲伦、张端司直、李震生用修、张洪范慎余;不同游而和诗者,荐绅李茂林君实[19]、明经张继良汉卿,诸生胡承灏子颖、皇甫宪仲叔、袁瑀章维:新得十九首。时万历十九年二月也[20]。

【作者简介】

张含章,生平不详。

【注释】

[1] 悦悃:谓落魄无聊。悦:音 kuàng,失意貌。
[2] 金马门:汉代宫门名。学士待诏处。
[3] 徼外:边界外,域外。
[4] 怫悒:忧郁,心情不舒畅。
[5] 乾风:西北风。
[6] 挐:音 ná,同"拿"。此指鱼鹰冲入水中抓鱼。
[7] 龂腭:同"龈腭"。牙床和腭。泛指口腔。
[8] 谽谺:音 hān xiā,山石险峻貌。
[9] 罘罳:音 fú sì,设在屋檐或窗上以防鸟雀的金属网或丝网。
[10] 蓊勃:旺盛。
[11] 葳蕤:草木茂盛,枝叶下垂貌。
[12] 筼筜:一种皮薄、节长而竿高,生长在水边的大竹子。
[13] 喧阗:喧哗,热闹。
[14] 霜刀:指雪亮锋利的刀。
[15] 遄:音 chuán,迅速。
[16] 骀荡:无所局限、拘束。骀:音 dài。
[17] 劚荒:垦荒,开荒。劚:音 zhú,用砍刀、斧等工具砍削。
[18] 欂栌:柱上承托栋梁的方形短木,即斗拱。栌:音 lì,房梁。
[19] 荐绅:缙绅。古代高级官吏的装束。亦指有官职或做过官的人。
[20] 万历十九年:1591 年。

看朱巷的确回奏

明·崔　铣

【提要】

本文选自《明经世文编》(中华书局 1962 年影印本)。

明朝朱元璋起身寒微,其先在句容力耕农作。一旦成了皇帝,祖上所居之地当然也就不能随而便之地对待了。于是,在礼部侍郎任上的崔铣等受命赴句容,实地踏勘"句容县有龙爪树,朱家巷系圣祖所自出之地"的情形。

传说中的圣祖所出之地通德乡很是破败:"有一土穴,树根在内,原系栎木,四枝屈曲向上,枝头各有五指,乡人异之,呼为'龙爪',今枯朽八年。穴西田一段,各众称即朱巷故址,弓量丈尺,得地五亩。西距京八十里。见今民杨春为业,自巷基西行一百五丈,斜坡土脊一段,株木一科,木下一阱,故老相传朱皇帝家坟。弓量丈尺,得地三亩,遍生荆棘,并无丘垄石碑。"

崔铣踏勘的结论是:虽称故老流传,别无碑籍可征……没有足够的证据说明这就是传说中的朱家祖地。

实事求是的崔铣。

十一月初十日准本部咨准礼部咨该副都御史王昺奏"句容县有龙爪树朱家巷[1],系圣祖所自出之地,久未显扬。今宜照近日表章尧母墓、诏书修理臣下坟事例,建园寝[2]、置守护之户"一节,合行南京礼部堂上官会同彼处抚按提学御史看验[3],钦依着访求的确奏来。

职随于本月十一日离任至句容县,会同各官亲诣其地,先自本县西门出行十一里,过二小山,地名通德乡。有一土穴,树根在内。原系栎木,四枝屈曲向上,枝头各有五指,乡人异之,呼为龙爪,今枯朽八年。穴西田一段,各众称即朱巷故址。弓量丈尺,得地五亩,西距京八十里,见今民杨春为业。自巷基西行一百五丈,斜坡土脊一段,株木一科,木下一井,故老相传朱皇帝家坟[4]。弓量丈尺[5],得地三亩,遍生荆棘,并无丘垄石碑。西比古庙一所,壁画神像,并书句容朱安八字样。石香炉上,刻朱庆杜二十八户置,凡七十六字。职等反覆看验前地,总是一片荒坡,地势欹斜,各众虽称某为巷、某为坟,略无遗迹可认。虽称故老流传,别无碑籍可征。

仰惟皇上大孝冠百王,至仁普四海,古帝之母、异代之臣,坏土可辨[6],特颁恤典。若句容此地,果如原奏,是乃圣祖千百年积庆之原,皇朝亿万载兴王之基,礼意深长,事体重大[7]。职等旬日之内,竭力访求,止于前所开载,未见的确[8],岂敢信拟扶同[9],自陷于欺罔不忠也哉!

【作者简介】

崔铣(1478—1541),字子钟,又字仲凫,号后渠,又号洹野,世称后渠先生。安阳(今河南安阳)人。弘治十八年(1505)进士,入翰林为编修。因得罪大宦官刘瑾,正德四年(1509)外放为南京吏部验封司主事。翌年,刘瑾伏诛,召还北京翰林院史馆。世宗即位后,嘉靖元年(1522)应召入京,次年升为南京国子监祭酒。三年,因议"大礼"冒犯世宗,罢职返乡。十八年起用,任詹事府少詹事兼翰林院侍读学士。后又升任南京礼部右侍郎。卒谥文敏。有《洹词》《彰德府志》等。

【注释】

[1]句容:今属江苏。

[2]园寝:建在帝王墓地上的庙。

[3]堂上官:明代各衙署长官因在衙署大堂上处理公务,故称。简称堂官。六部尚书、侍郎、都御史、副都御史、佥都御史及总督、巡抚等,皆称。

[4]故老:年高而见识多的人。

[5]弓量:犹丈量。因地不规整,故称。

[6]坏土:指坟堆。坏,通"抔"。

[7]按,原文(竖排)左侧有"阙疑慎重儒者守正之论"。

[8]的确:真实,确实,实在。

[9]扶同:附和。

杨舍城记

明·张衮

【提要】

本文选自《明经世文编》(中华书局1962年影印本)。

为何要筑杨舍城? 固江阴(江苏江阴)也。明嘉靖时,由于杨舍无城,倭寇频繁来袭,民不聊生,嘉靖丁巳(1557)年,监察御史尚维持"来按南服","周览曲衍之中,得杨舍之为要害,决意城守",于是奏请建城。第二年,筑城。起初,建城经费严重匮乏,但得益于斜桥士绅许蓉出谋规划,得协银14 000两,许蓉和里人顾雨再慷慨捐资佐以家财,不到三个月,新城建成,杨舍成为当时江阴属镇中惟一有城池的镇。

新城"凡三里,周遭五百二十丈有奇,高丈有八尺,趾阔丈若干尺,下垒坚础,上傅以砖。崇墉巀巀,列雉翚翚,屹然巨镇,藏民万户,贤于战兵百倍矣"。城开四门,东门"控海"、南门"暨阳"、西门"通江"、北门"翊京"。东西水关各一,内外城壕毕具。新城建成后,许蓉赋诗曰:"儿女欢,昔离乱,今平安。城同虎踞隍龙蟠,倭奴见此心自寒,屹然保障垂江干。工复役,民力田,商贾纷纷集市廛。室家相保乐有年,非复往日愁眉攒,儿女欢。"

堡城建成后,城内相继设立了参将署、守御千户署、巡检司署和演武厅、察院、军粮仓等官宇。驻军由明初的百名扩充到千余名。为操练兵士,城内设大、小两校场,建营房300间。清顺治、康熙年间,进士惠畴在城内东大街建文星楼,置钟鼓各一,俗称钟鼓楼。清道光年间,还设立恤寒、施椁、掩骼、蓄汲等善举的公所——同善堂,建有乡学、古暨阳文社以及供奉龙神、放置救护工具的潜安宫等,城市规模初具。

清乾隆三年(1738),在江阴知县蔡澍主持下,由杨舍、马嘶、顾山、华墅、周庄、章卿六镇分段承担杨舍堡城的维修事务。后因民力维艰,难以持久,城墙日渐颓坦,1923 年城垣全部拆毁。

东夷滑夏,三吴之地。环州县而城者以百计。杨舍一隅,在县治东,东际大海,至狼山,水势渐分而为江。杨舍枕江之上,界连姑、熟诸港,滔滔会江为险。左襟谷渎[1],仅五里许,其为屏捍。君子卒喜而大书之,与郡邑之城,相雄长焉。其故何也?固杨舍,所以固江阴也。由江阴而上,毗陵之有孟渎河[2],河复城之。贼来窘路,犄角之势成,其所防者远矣。

我太祖高皇帝尝命信国公汤和,往备倭寇,诏谕惓惓[3],惟以议立城堡、相地宜为事。神谋睿算,用之迄有成功。嘉靖丁巳,监察御史罗山尚君维持,来按南服,痛我民生,憔悴口甚,割瓜及肤,救恤不暇。乃于诛罪黜贪之余,巡行陵陆,周览曲衍之中[4],得杨舍之为要害,决意城守。适邑人薛宪副甲衷上其议,公以为是,得邑人之情矣,治之益力。乃布条约,乃召佣徒,乃营原野。引绳立表,夷险塞洼,各各以意运之,受事者莫不如指。

城凡三里,周遭五百二十丈有奇,高丈有八尺,趾阔丈若干尺。下垒坚础,上傅以砖。崇墉巀巀[5],列雉犉犉[6],屹然巨镇。藏民万户,贤于战兵百倍矣。城之费丈计帑金二十二两[7],出台中之赎锾[8],一不以烦于有司。借民之力,不过十之二三,兵居其半。而公复戒之以勿亟,慎之以勿伤,此作城之善事也。城之内有参府,有把总司,有巡检司,有军营,有廪庾[9]。四向为门,东曰某,西曰某,南曰某,北曰某,皆公所自署。门为水关者一,引流东注。此城之节目也。工始于戊午某月[10],告成于是年之某月。薛宪副复为文记之。

杜令君退而告于衮曰:"华也守工于兹,得吾贤监察作予之劝,而迄事。吾子可无一言,为予、为百姓德之。"予谢不能。既乃言曰:"夫有山川,斯有险阻。有险阻,斯有政事。是故王公设险以守国,其来尚矣。汤信国之受命圣祖[11],尚监察之祗承皇上德意,笃厚元元[12],岂非贞于谋国乎?始杨舍之未有城也,盐贩出没风涛之险。兵仗自随,有迫之欸起,而为他盗,村户夜惊。今即无虞,其利一也。民既有城以居,农得修其畎亩[13],商得通其货贿[14],工得利其器用。父子嘻嘻,乐生兴事。保有室家,无复曩时[15]。兽奔鸟骇,无所逃匿。皇皇之命,寄于贼刃,其利二也。地远于邑,民鲜知法。官署既饬,令君得以数至其地,听断为公。暇则与参戎上下其议[16],鞭挞戎虏之谋,哀矜淑问之事[17],皆于是乎出焉!其利三也。有此三利,法不当大书已乎?

【作者简介】

张衮(1487—1564),字补之,号水南,江阴(今属江苏)人。正德十六年(1521)进士,官至南京光禄寺卿。衮在谏垣,颇多建白。嘉靖中,倭扰东南,衮家居,在危城中驰书政府,条上御倭五事。有《张水南集》。

【注释】

[1] 谷渎:指长江。

[2]毗陵:即常州。

[3]惓惓:恳切貌。

[4]曲衍:曲折的湖泽。

[5]甓甓:砖垒貌。

[6]翚翚:音 huī,飞动貌。

[7]帑金:钱币。多指国库所藏。按,疑"二十二两"数字有误。

[8]赎锾:指赎罪之金钱。

[9]廪庾:粮仓。

[10]戊午:1558 年。

[11]汤信国:指汤和(1326—1395)。明朝开国勋臣。受命负责守护沿海,抗击倭寇。

[12]元元:百姓,庶民。

[13]畎亩:田地。畎:音 quǎn,田地中间的沟。

[14]货贿:财货,财物。

[15]曩时:往时,以前。

[16]参戎:参谋军务,武官参将。此亦指僚属佐官。

[17]哀矜:哀怜,怜悯。淑问:善于审判。此指判案。

谒阙里记

明·舒 芬

【提要】

本文选自《天下名山游记》(上海中央书店 1936 年版)。

阙里,孔子故里。在今山东曲阜城内阙里街。因有两石阙,故名。孔子曾在此讲学。后建有孔庙,几占全城之半。

孔庙是为纪念孔夫子而兴建的,千百年来屡毁屡建,到今天已经发展为超过 100 座殿堂的庞大建筑群。不仅如此,孔林里不仅容纳了孔夫子的坟墓,孔子的后裔中,也有超过 10 万人葬在这里。当初小小的孔宅如今已经扩建成一个庞大显赫的府邸,整个宅院包括了 152 座殿堂。曲阜的古建筑群之所以具有独特的艺术和历史特色,应归功于 2 000 多年来中国历代帝王对孔夫子的大力推崇。1994 年 12 月,曲阜孔庙、孔林、孔府入选《世界遗产名录》。

说孔庙是祠庙建筑的祖师级范本、各类艺术的璀璨宝库非常恰当。前 478 年,孔子死后的第二年,鲁哀公将其故宅改建为庙。此后历代帝王不断加封孔子,扩建庙宇,到清代,雍正帝下令大修,扩建成现代规模。庙内共有九进院落,以南北为中轴,分左、中、右三路,纵长 630 米,横宽 140 米,有殿、堂、坛、阁 460 多间,门坊 54 座,"御碑亭"13 座,占地面积约 95 000 平方米的庞大建筑群。孔庙是中国现存规模仅次于故宫的古建筑群,是中国三大古建筑群(另一为承德避暑山庄)之一。

孔庙的总体设计非常成功。现存孔庙占地327.5亩（一亩约合666.6平方米），前后九进院落，纵向轴线贯穿整座建筑，左右对称，布局严谨，气势宏伟。前为神道，两侧栽植桧柏，创造出庄严肃穆的气氛，培养谒庙者崇敬的情绪；庙的主体贯穿在一条中轴线上，左右对称，布局严谨。院落前三进为引导性庭院，院内遍植成行的松柏，浓荫蔽日，创造出使人清心涤念的环境；高耸挺拔的苍桧古柏间辟出一条幽深的通道；一座座门坊高揭的额匾，极力赞颂孔子的功绩。第四进后的庭院，建筑的黄瓦、红墙与绿枝、虬干交相辉映；供奉儒家贤达的东西两庑，长达166米，喻示着儒家思想的源远流长。这一院落中有一座三重檐的高阁奎文阁，其中藏有历代皇帝赏赐的图书。第七进院落中有"杏坛"，据说是孔子生前讲学处。

孔庙中著名的建筑主要有大成殿、棂星门、奎文阁、杏坛、两庑、寝殿、圣迹殿、孔府、十三碑林等。

大成殿。孔庙主殿——大成殿高24.8米、阔45.78米、深24.89米，重檐九脊，黄瓦飞甍，周绕回廊，与故宫太和殿、岱庙宋天贶殿并称为东方三大殿。大殿结构简洁整齐，重檐飞翘，斗拱交错，雕梁画栋，金碧辉煌，藻井枋檩饰以云龙图案，金箔贴裹，祥云缭绕，群龙竞飞。四周廊下环立28根雕龙石柱，均以整石刻成。柱高5.98米，直径0.81米，承以重层宝妆覆莲柱础，原为明弘治十三年（1500）敕调徽州工匠刻制，清雍正二年火后重刻。大殿两山及后檐的18根八棱磨浅雕石柱，以云龙为饰，每面浅刻9条团龙，每柱72条，共1296条。前檐的10根为深浮雕，每柱两龙对翔，盘绕升腾，中刻宝珠，四绕云焰，柱脚缀以山石，衬以波涛。10根龙柱两两相对，各具变化，无一雷同，造型优美生动，雕刻玲珑剔透，刀法刚劲有力，龙姿栩栩如生。这是曲阜独有的石刻艺术瑰宝，据说清乾隆皇帝来曲阜祭祀孔子时，石柱均用红绫包裹，不敢被皇帝看到，恐怕皇帝会因超过皇宫而怪罪。殿建于两层台基上，前连露台，镂花须弥石座，双层石栏干，底层莲花栏柱下均有石雕螭首，南面正中有两块浮雕龙陛。

棂星门。古代祭天，先要祭祀灵星。孔庙设门名棂星，是说尊孔如同尊天。棂星门在泮水桥后，四楹三间。石柱铁梁，铁梁铸有12个龙头阀阅。四根圆石柱中缀祥云，顶雕怒目端坐的天将。额枋上雕火焰宝珠，由上下两层石板组成，下层刻乾隆皇帝手书"棂星门"三个大字。明代此门为木制，清乾隆十九年（1754）重修时"易以石"。棂星门里建二坊，南为太和元气坊，此坊建于明嘉靖二十三年（1544）春，形制与金声玉振坊同，坊额题字系山东巡抚曾铣手书。北为至圣庙坊，明额题刻篆字，坊明代原刻"宣圣庙"3字，清雍正七年（1729）易为今名。坊为汉白玉石刻制，三间四柱，柱饰祥云，额坊上饰火焰宝珠。

奎文阁。奎文阁始建于宋天禧二年（1018），始名"藏书楼"。金章宗在明昌二年（1191）重修时改名"奎文阁"，清乾隆皇帝重新题匾。奎文阁高23.35米，阔30.1米，深17.62米，黄瓦歇山顶，三重飞檐，四层斗拱。内部两层，中夹暗层，层叠式构架，底层木柱上施斗拱，斗拱上再立上层木柱。奎文阁结构合理，坚固异常，自明弘治十七年（1504）重修以来，经受了几百年风雨侵袭和多次地震的摇撼，始终安然无恙、岿然屹立。

杏坛。相传是孔子讲学的地方。《庄子·渔父篇》："孔子游乎缁帷之林，休坐乎杏坛之上，弟子读书，孔子弦歌鼓琴。"宋天禧二年（1018），孔子四十五代孙孔道辅监修孔庙，将正殿后移扩建，以正殿旧址"除地为坛，环植以杏，名曰杏坛。"金代始于坛上建亭，由当时著名文人党怀英篆书"杏坛"二字。杏坛十字结脊，四面悬山，黄瓦朱栏，雕梁画栋，彩绘精美华丽，坛前置有精雕石刻香炉，坛侧几株杏树，每当初春，红花摇曳。

两庑。大成殿东西两侧的房子叫"两庑"，是后世供奉先贤先儒的地方，如董仲舒、韩愈、王阳明等，经过历代不断增添，到民国时，已达156人。这些配享的人原为画像，金代改为塑像，明成化年间一律改为写有名字的木制牌位，供奉在一座座的神龛中。"老桧曾沾周雨露，断碑犹是汉文章"。东庑中保存着40余块汉、魏、隋、唐、宋、元时的碑刻，最为珍贵的是"汉魏北朝石刻"，共22块。西庑内陈列着100多块"汉画像石刻"。这些石刻，既有神话传说的青龙、白虎、朱雀、玄武，又有反映当时社会生活的捕捞、歌舞、杂技、行医、狩猎场面，是研究我国汉代社会生活的珍贵资料。石刻的技法，有的细致精巧，有的粗犷奔放，风格各具。

寝殿。寝殿是孔庙三大建筑之一(另两大建筑为奎文阁、大成殿)，是供奉孔子夫人亓官氏的专祠。寝殿阔7间，深4间，间金妆绘，枋檩游龙和藻井团凤均由金箔贴成，回廊22根擎檐石柱浅刻凤凰牡丹一如皇后宫室制度。殿内神龛木雕游龙戏凤，精美异常，龛内有木牌，上书"至圣先师夫人神位"。亓官氏，宋国人，19岁嫁孔子，先孔子七年去世。北宋大中祥符元年(1008)，被宋真宗追封为"郓国夫人"；元至顺三年(1332)，又被加封为"大成至圣文宣王夫人"；明嘉靖八年(1592)，孔子改称"至圣先师"，她也被称为"至圣先师夫人"。孔子死后，"即孔子所居之堂为庙"，亓官氏同孔子一起被祭祀，唐代始有寝殿专祠。

圣迹殿。圣迹殿位于寝殿之后，独成一院，是孔庙最后的第9进庭院。该殿主要保存孔子一生事迹的石刻连环画圣迹图，故名。殿系明万历二十年(1529)巡按御史何出光主持修建的。孔庙原有反映孔子事迹的木刻图画，他建议改为石刻，嵌在殿内壁上，这就是总数120幅的"圣迹图"。圣迹图每幅约宽38厘米，长60厘米，其所表现的圣迹从颜母祷于尼山生孔子，到孔子死后子弟庐墓为止，并附有汉高祖刘邦、宋真宗赵恒以太牢祀孔子二幅。这是我国第一本有完整人物故事的连环画，其历史价值和艺术价值都极高。

孔府，旧称衍圣公府，是我国仅次于故宫的贵族府第，号称"天下第一家"。孔府是衙宅合一、园宅结合的范例。孔庙的东侧是孔府，孔子嫡长孙世袭的府第。始建于宋代，经历代不断扩建，现占地200余亩。有楼轩厅堂460余间，院落九进，布局分东、西、中三路：东路为家祠所在地，有报本堂、桃庙等；西路为旧时衍圣公读书、学诗学礼、燕居吟咏和会客之所，有忠恕堂、安怀堂，南北花厅为招待一般来宾的客室；中路是孔府的主体部分，前为官衙，设三堂六厅，外辖管勾、百户、孔庭族长及曲阜县衙四个衙门。往后是住宅，最后是孔府花园。孔府官衙和住宅建在一起，是一座集官衙、家庙、住室于一体的贵族庄园。孔府后院的花园，幽雅清新，布局别具匠心，可称园林佳作，也是园宅结合的范例。

孔林是延续年代最久、保存最完整的家族墓地。孔林又称至圣林，在曲阜城北门外，占地3 000亩，周围砖砌林墙长达14里，是孔子和他的后代子孙们的家族墓地。孔林内柏桧夹道，进入孔林要经过1 200米的墓道，然后穿过石牌坊、石桥、甬道、到达孔子墓前。孔子的坟墓封土高6米，墓东是孔子之子孔鲤和他的孙子孔伋的坟墓。孔林中，墓前石雕华表、石人、石兽，都是依照墓中人的生前品级设置。整个孔林沿用2 500年，内有坟冢十余万座，其延续时间之久、墓葬之多、保存之完好，举世罕见。

十三碑亭。十三碑亭在孔庙的第6进庭院，南8北5，两行排列，斗拱飞翘，檐牙高啄，黄瓦耀金，栉次鳞比。十三碑亭专为保存封建皇帝御制石碑而建，习称

"御碑亭"。亭内存碑55幢,是唐、宋、金、元、明、清、民国七代所刻。碑文多是皇帝对孔子追谥加封拜庙亲祭、派官致祭和整修庙宇的记录,由汉文、八思巴文(元代蒙古文)、满文等文字刻写。另外,院子的东南、西南部,各有一片丛林式碑碣。北墙朱栏内的大量刻石均为历代帝王大臣们修庙、谒庙、祭庙后所刻。

孔庙的建筑手法丰富多样,弥足珍贵。金牌亭大木作法具有鲜明的宋式特点,斗拱疏朗,瓜子拱、令拱、慢拱长度依次递增,六铺作里跳减二铺,柱头铺作与补间铺作外观相同等。正殿庭采用廊庑围绕的组合方式,是宋金时期常用的封闭式祠庙形制。大成殿、寝殿、奎文阁、杏坛、大成门等建筑采用木石混合结构,也是今日已比较少见的形式。斗拱布置和细部做法灵活,根据需要,每间平身科多少不一,疏密不一,拱长不一,甚至为了弥补视觉上的空缺感,将厢拱、万拱、瓜拱加长,使同一建筑物相邻两间斗拱的拱长不一,同一柱头科两边拱长悬殊,这是孔庙建筑的独特做法。

孔庙的雕刻技法多样。其线刻有减地,有剔地,有素地,有线地;浮雕有深有浅,有光面,有糙面。风格或严谨精细,或豪放粗犷,线条流畅,造型优美。明清雕镂石柱共74根,其中减地平镂56根,高浮雕18根。减地平镂图案多为小幅云龙、凤凰牡丹,清雍正七年刻;崇圣祠刻的牡丹、石榴、荷花等,构图优美,是明弘治十七年遗物。石雕精品是浮雕龙柱:大成殿前檐十柱,每柱高达六米,最为高大;崇圣祠二柱龙姿矫健,云形活泼,水平很高。另外,圣时门、大成门、大成殿的浅浮雕云龙石陛也有很高的艺术价值。

尤值一提的是,两千多年来,曲阜孔庙旋毁旋修,从未废弃,在国家的保护下,由孔子的一座私人住宅发展成为规模形制与帝王宫殿相埒的庞大建筑群,延时之久,记载之丰,可以说是人类建筑史上的孤例。

嘉靖三年闰月[1],芬舟抵济宁,问道谒阙里。得九川吕君为主[2],伍寒泉适以部事至[3],偕行。甲子发济宁,东趋东平驿。六十里,又东趋四十里,乃至。

是夕,薄公馆沐浴。明日早,具菜果,携麻姑泉,入庙修释菜礼[4]。九川曰:"此礼废久矣。"礼毕,入寝殿,拜郓国夫人;入右殿,拜启圣王。

出观杏坛,坛在正殿前,有新杏衍亭。出大成门,观手植桧,孤干古色,若虬旋起未已。出奎文阁,至大中门,又至仪门,见两墀柏阴鹿数十[5],皆黄色,乳而驯。

却登奎文望之,北东南皆山,环抱若人冠冕佩玉,执珪秉笏,端拱正揖,逶巡于三十里外[6]。正南为纲山,其外为凫山。山之麓,为伏羲画卦所。东南为防山,其外为尼山。尼山之南为黄山,又其外为颜母山、为峄山、为三峰山,盖二百里而遥。正东为东山,其外为九龙山,又其外为凤凰山、为陪尾、为蒙山。山之南为夹谷,盖三百里而近。东北为马鞍山,山之夕阳,为夫子删述所[7]。其外为临乐山、为昌平山,又其外为龟山,盖二百里而近。正北为九峰山,其外为甄山、为杏山,又其外为梁父、为云云、为亭亭、为介丘、为徂徕。至所聚嶂[8],为泰山,望之烟云缥缈,盖百里而遥。

其西则廓然,惟浅垄平皐[9],依稀绕抱,若宫墙,若城郭,周遭数十界水,曲曲可辨。其内为沂、为洙、为泗;其外为漕、为洸,又其外为汶、为济。大抵皆西南流,会于今之济河,乃折而东,经徐以入于淮也。然沂水出于尼山,经阙里之南,西流汇于逯泉,溢于雩木,行七十里,入于泗。非东出于岱麓之沂山,至于下邳,行六百里之沂也。洙水出临乐山西北,流浮孔林,入于泗,非出于兖城北之洙也。泗水出陪尾山,西流经阙里之北百里强,折而南,会于沂,入于济,非东出乘氏南,东流至睢陵,行千余里,入淮之泗也。汶水有仙台、原山、寨村三源,皆西流,合于泰安之下,又西流六十里,合徂徕源之小汶河,乃注于洸,西南入于济。惟良泉则仰出于黄山,北流经东峰群峰之外,以入于泗,奇矣。

九川曰:"凡山皆发于昆仑,至为都会。山必西峙,水必东流。阙里之山,环北东南三面,而沂、汶、洙、泗,又皆西逝,盖逆矣。"

芬曰:"地势东南倾而水流焉,气斯尽也。中原地气,此其障欤!夫黄河排积石,入中国,冲溃突厥[10]。其患不啻猃狁、金元[11],非岱岳诸山东奠之,则青、徐之境,与碣石俱沦矣。兹土山水俱逆,宝启中国元气之运。故岱于五岳,得称宗焉。而伏羲画八卦,以始斯文;孔子作《六经》,以终斯文,皆于兹土,亦万古人心之障也。"九川曰:"阙里当奎分[12],卫文徙曹楚丘,仍占东壁。然则斯文在兹,真天地之交,元气之会欤?"圣公曰:"余今日始有闻矣。"

遂下,东登诗礼堂,堂旧名延宾。又入观孔氏家庙,庙前为旧金丝堂基,即鲁共王欲坏处[13]。九川曰:"事亦神哉!"芬曰:"不然。昔夫子厄于陈蔡大夫[14],而弦歌不衰,大夫乃感而去。共王坏室时,孔氏子孙无如之何,亦惟金石丝竹是修耳,共王果亦感而止。故君子贵自艾[15]。"圣公寒泉皆跃然曰:"子于处忧患之道几矣[16]。"已乃访圣公宅,与修士相见礼,公固让废之。

午往拜颜庙。于阶之东北,有乐亭。于前仪门外,有古井。其陋巷在阶之东南。既而出城北四里,所拜孔林。自渐门入,二百步余,为夫子墓。土封高丈余,林木深秀,无禽鸟声。洙水漾于前,绿净可染。其西南有子贡旧场,时有为除草筑室者。东南隧道,左有驻跸亭[17]。出飨殿前,观二石人、四石兽,甚奇。古圣公曰:"人则翁仲[18],兽则或以前二为角端然欤。"芬曰:"兽则外二为神羊,内二为骏马。人则魏明帝铸铜,立于司马门外者,号翁仲。恐墓前石人,别有称,或者方相之类欤[19]。"

上前门,坐少顷。九川复引至删述所,距孔林东北,亦四里。因元有书院,九川增大之,且易书院名为洙泗讲坛。坛实据二水之胜,而马鞍山又别委二峰,如笔架于前,果神秀哉!坛后为圣公别墅,亦造焉。因与之别,而往拜周公庙于城之东北。其地隆耸,益足俯察北东南三面之奇也。公之后有东野氏,殊零落。九川曩新其垣庙,择一人典修除事,为月给米焉。

明日,返于昌平。九川曰:"大游大观,不记不可。"时九川方欲图阙里而未竟也。芬因与区别其山水向背,而成之,并书此行所观见者于左。寒泉名余福,为吴人。九川为关中人,名经。芬姓舒氏,世家江西梓溪之上。圣公为先圣六十二代孙闻韶云[20]。

【作者简介】

舒芬(1487—1531),字国裳,号梓溪,明南昌进贤(今江西南昌县)人。正德十二年(1517)

状元。登第后,出任翰林院修撰。舒芬为官清正,敢言直谏。因忧国忧民,积郁成疾,悲愤而逝,世称"忠孝状元"。有《舒文节公全集》(又名《梓溪文钞》)18卷。

【注释】

[1]嘉靖三年:1524年。

[2]吕君:即吕经(1476—1544),字道夫,号九川,宁州(今甘肃庆阳市宁县)人。正德三年(1508)进士,授礼科给事中。迁吏科都给事中。上疏言事,谪为蒲州同知。世宗时,累官右副都御史,巡抚辽东,以苛虐激起兵变,调戍茂州。

[3]寒泉:即伍余福,字君求,一字畴中,吴县(今属江苏)人,一说江西临川人。中举后,曾任济南教授。正德十二年(1517)进士,授长垣知县,选工部主事。嘉靖初转为营缮主事。历刑部郎中、兵部郎中、安吉知州、建昌府同知、镇远知府。著有《安吉州志》(嘉靖)、《三吴水利论》《莘野纂闻》等。

[4]释菜礼:古代入学时祭祀先圣先师的一种典礼,亦作"释采"。释菜礼是中国古代流传下来的两大祭孔仪式之一,在开学时举行,已有3 000多年的历史。"释菜"即将"菜(蔬果菜羹等)"拿来礼敬师尊。通常释菜礼摆放四样果蔬:水芹——代表青年学子,韭菜花——代表才华,红枣——代表早立志,栗子——代表敬畏之心。

[5]墀:音chí,台阶上的空地,亦指台阶。

[6]逡巡:徘徊。

[7]删述:指孔子删定六经。

[8]聚嶟:谓高山丛集。嶟:音zūn,山高貌。

[9]垅:音lǒng,田地分界高起的埂子。

[10]突厥:古代民族名,国名。起于阿尔泰山西南麓,建政权于鄂尔浑河流域。创文字,立官制,与中原交流、冲突频繁。

[11]猃狁:音xiǎn yǔn,古族名。即犬戎,也称西戎。活动于今陕甘一带。

[12]奎:二十八星宿中,奎星分野齐鲁。

[13]鲁共王:本名刘余。从小口吃。好声色,养狗马。为治宫室苑囿,曾破坏孔子旧宅,从中得古文《尚书》《毛诗》《孝经》等。

[14]厄于陈蔡:吴伐陈、楚救陈之际,楚昭王派人聘请孔子,孔子随即出发。陈蔡大史惧怕孔子为楚国所用,便将其围困在陈、蔡野外,孔子等人不得行,绝粮七日,多名弟子病倒。孔子仍讲诵不绝,弦歌不断。

[15]自艾:悔过自责,除恶修善。

[16]几:近。

[17]驻跸:帝后出行,途中暂停小住。

[18]翁仲:传说阮翁仲为秦朝一丈三尺的巨人,秦始皇命其守边,匈奴人很怕他。他死后始皇下令仿其形状铸成铜人。后因指铜像或石像,也专指墓前的石人。

[19]方相:上古传说中驱除疫鬼和山川精怪的神灵。

[20]孔闻韶(1482—1546):字知德,号成庵,孔子六十二代孙。明孝宗弘治十六年(1503)袭封衍圣公。明武宗正德三年(1508)孔闻韶上秦朝廷:孔氏税粮,在成化年间曾恩免三分之一,今圣裔贫困者甚多,乞尽蠲免。获准。同年,又以尼山、洙泗书院及邹县子思书院,每年各有祀事,无人主持,奏请其弟孔闻礼主之。后授闻礼五经博士,专主子思书院祀事。明正德七年(1512),闻韶与山东巡抚赵璜、金事潘珍奏准将曲阜县城从旧县迁至阙里周围,以城卫庙,次年兴工修筑。

明·毛伯温

【提要】

本文选自《明经世文编》(中华书局 1962 年影印本)。

"臣访得大同以北川原平衍,既无山险可恃,又无城堡可守。"总督宣大山西军务的毛伯温开篇即言道,边墙五堡就是在毛伯温的任内修筑的。

边墙五堡指大同明长城上修建的堡城。通常说的"边墙五堡"是指"内五堡",即镇边、镇川、宏赐、镇鲁、镇河五堡,均在大同城北。明朝,北方的蒙古人时常南侵,"虏寇一入,漫无阻遏"。创立城堡,虽为远见,但行之偶乖。"臣即移文先行出示召募,臣至聚落城",遣人"诣各堡踏勘","勘得旧堡俱狭隘坍塌,且不系要害"。最后,毛伯温在无险可据的 50 余里(古代一里约合今 375 米)边境线上选择居中的弘赐堡,将旧堡城"展修十分之六。迤东二十五里取镇川堡,展修三分之一;又东二十五里,地名南车坊,新立一堡,名曰'正边';弘赐堡迤西二十五里,地名护堡村,新立一堡,名曰'镇虏';又西二十五里,地名好女村,新立一堡,名曰'镇河'"。毛伯温认为:"以上五堡,俱当要害。且势相联络,况地脉肥饶,便于耕种。"

五堡分布在大同府城西北 50 多里的长城沿线上,每堡相距 25 里。正边堡东接阳高县,堡城周长 1 公里;镇川堡东接正边堡十六墩,堡城周长也为 1 公里;弘赐堡东接镇川堡十九墩,堡城周长 1.5 公里;镇虏堡东接弘赐堡十五墩;镇河堡东接镇虏堡二十墩。

因此,边防得以加强。毛伯温加太子少保衔。

五堡分别在万历年间城墙包砖。如镇川堡,《三云筹俎考》载,为嘉靖十八年(1539)创筑,万历十年(1582)砖包。堡城周"二里五分,高四丈一尺"。在此设守备之军六百人,分守长城"二十里,边墩二十八座,火路墩三座"。而居中的弘赐堡周"四里三十二步,高三丈六尺"(《三云筹俎考》)。因为此堡直接关系大同镇城的安危,所以万历二年(1574)便已砖包。明时在此设守备的军队达 1 100 人,分守长城"十九里,边墩二十六座,火路墩八座"。

如今,五堡虽损毁严重,但遗迹尚存,已成现代驴友探奇之地。

臣访得大同以北,川原平衍[1],既无山险可恃,又无城堡可守,原系无人之境,虏寇一入,漫无阻遏。议者每欲设立城堡,深为有见,但行之偶乖,遂至激变。自是迹涉惩羹[2],心怀谈虎[3],禁不复言。

臣尝深求其故,皆以为富家重迁,强之使去;贫人乐从,沮之不容。今欲兴复,必先召募。臣即移文先行出示召募[4]。臣至聚落城,即差守备孙麒先诣各堡踏勘,及臣至大同,旬日之内[5],应召新军共三千五百余人。行委孙麒同大同府通判李禄查审,遂会同行边使兵部尚书兼右都御史翟銮,巡抚、都御史史道,巡抚山西、右副都御史路迎行委雁门兵备副使郭宗皋、冀北道分守参议卢耿麒,分巡佥事郭时叙,采买木植将臣奏准解发银二万两[6],内先行支用。复行知州屈惟亨,通判尹竭,经历杨大清、魏准,都司王济众,分投催运。

总兵官梁震亲诣各堡相度,勘得旧堡俱狭隘坍塌,且不系要害。止取弘赐堡居中,展修十分之六。迤东二十五里取镇川堡,展修三分之一;又东二十五里,地名南车坊,新立一堡,名曰"正边";弘赐堡迤西二十五里,地名"护堡村",新立一堡,名曰"镇虏";又西二十五里,地名"好女村",新立一堡,名曰"镇河"。以上五堡,俱当要害,且势相联络。况地脉肥饶,便于耕种。

随行总兵官梁震、都御史史道、右少监杨进选取指挥五员。张升委守弘赐堡,焦桂委守镇川堡,颜世忠委守镇边堡,梁玺委守镇虏堡,文汉委守镇河堡。各部新召军士,编成行伍。弘赐堡居中,展修广阔,编军一千一百名。镇川等四堡,各六百名。俱于前银内放支五月分粮银。恐前银不敷,查得臣奏准开中盐银三万五百两,俱宣府总理粮储郎中刘继先收贮,行委都指挥任俊领回二万两交大同府库,听候支用。又委都指挥刘环支银五百两,犒劳官军,放支银两。委大同府通判张烈,查收木植。委指挥周宏,监督匠作。委指挥乔经,又委孙麒往来五堡及镇城工所,时常催督各工并作[7],不日可成。

【作者简介】

毛伯温(1487—1544),字汝厉(一作汝厉),吉水(今属江西)人。正德进士。授绍兴府推官,升御史,巡按福建、河南。嘉靖初,调任大理寺丞,升右佥都御史,巡抚宁夏,升左副都御史。屡受命领伐安南事,终不发一矢而事定。嘉靖十八年(1439),诏伯温总督宣大山西军务,创设五堡,边防得以加强。以功加太子少保。累官工部尚书,兵部尚书兼右都御史,伯温整顿兵部宿营,革新戎政,帝称善。二十三年秋,获罪被削籍,杖八十,疽发于背而死。穆宗立,复伯温官,赐恤。后追谥襄懋。有《毛襄懋集》《东塘诗集》。

【注释】

[1]平衍:平坦广阔。

[2]惩羹:"惩羹吹齑"的省称。谓被热汤烫过嘴,吃冷食时也要吹一吹。比喻受过教训,遇事过分小心。

[3]谈虎:"谈虎色变"的省称。

[4]移文:旧时文体之一。指行于不相统属的官署间的公文。亦泛指平行文书。

[5]按,原文(竖排)左侧有"屯筑外边守御要策,但恐堡成而无人居之,故旋筑旋废耳"。

[6]木植:木材。

[7]按,原文(竖排)侧有"边外筑城不可不速张仁愿之于受降亦然"。

附:修筑边墙疏

明·翁万达

臣看得该镇边墙,自阳和迤西靖虏堡起,至山西丫角山止,沿长五百余里。虽经先年陆续修完,比之今年新修阳和迤东一带,高低厚薄,委有不同。况入夏以来,雨水冲淋尤多崩塌。挈筑补修,工程必不容已。官兵不妨防秋,令操版筑,就支本等行粮,止给盐菜,为费其省。据所估计,每日每名该银一分,共该银二万九千九百七十两有零,数亦不多。但役使人力,全在鼓舞。若尽将前项银一万四千七百六十两有奇,及时均给,日勤程督,务俾事速工倍,或亦足用。不必拘定一日一分之数,亦不必临期议添,庶见边臣撙节财用之意。

即今人已赴工,抚镇诸臣已将盐菜折银,量为给赏;并将前银所买在仓粮米,准作今年防秋摆边官军应支行粮,揆之事体俱属相应,无容别议。其称要将前银五万二千一百六十三两有奇,补还先年节次借过赏功银两,亦当如拟。

但大同地方逼临虏巢,川原平衍,最称难修。所恃边墙,比之他镇,尤为紧要。今虽以防秋之卒,刻期帮修,人力有限,计终不能如阳和天城新边墙之高厚坚固也。若使高厚坚固,一如新墙,则山西丫角东南如宁武、雁门、平刑关等处,赖此以为外藩摆守之兵,自宜掣罢。顾以财用不继,众志未同,欲便举行,辄尔中辍。近得巡抚山西都御史杨守谦,议开山西自黄河东岸老牛湾至丫角山边墙,东接大同、井坪、平虏左右卫弘赐等五堡周总兵所筑边墙,直至阳和迤东,军门近所修完者,二镇仅七百余里。

又自丫角山东南至平刑关,独山西尚八百余里,山西守边官军民壮屯夫,计六万六千余人。除丫角以西,守边外,东南八百余里间,止五万二千人守之。每里六十五人,半登墙而守,半在内候援。虏之入,常二三万众,折墙登山,止须十丈,恐非此十余人所能御者。若山西将丫角东南八百里不必守移兵与大同共守七百余里,所省过半。以山西今议兵六万七千,令大同兵七万五千,并调客兵计十五万四五千余。

丫角西墙既已高厚,其地又不通大举,可用兵万五千人。阳和东墙,再用兵二万人,中止四五百里,已有丈余墙,而以十二万人守之,以四万人防护,八万人即旧墙增筑之,高二丈,底阔一丈七八尺,收顶一丈二三尺;里为二敌台,台高三丈。八万人日筑六里,月可一百八十里,八十日而讫工。且守且筑,此边既成,每岁防秋用八万人。山西三万,大同五万,其内再用二镇援兵三万人。军门居中调度,守谦与总兵并大同抚镇各分百余里,亦居中调度。左右止六七十里,参游守备止分二十余里。一有缓急援兵可以立至,事可万全。凡山西之民壮诸镇之客兵,皆可渐掣。

边内多筑堡寨,修庐舍,给牛种,募民徙耕之;凡内帑之转输,民间之供亿,又皆可渐省;等因:大意盖欲撤宁雁诸关之戍兵而并力于大同,不分彼此,相资也。

不劳大费而所备者寡,所守者要也。是其志甚公,其虑甚详,而其谋甚忠。恳以臣愚,夙有此心,格于寡助,骤闻斯语,意辄跃然,愿相从事。

今秋时已逼迫,未敢遽陈。少待冬春,当会杨守谦及詹荣等将大同靖虏至丫角边墙,及两镇合修守备,宜从长计议,期于一举,永持至安。前项余剩银两,合无存留以为他日举事之资,其借过赏功之数,户部查明开销,惟复仍照詹荣前议照数补还赏功,伏乞勅下该部,查议上请定夺施行。

重修四浮屠记

明·杨 慎

【提要】

本文选自《滇志》卷第十一《艺文志》之三(云南教育出版社 1991 年版)。

四浮图,指的是崇圣寺的三塔及弘圣寺一塔。重修者都是李元阳。

弘圣寺塔在云南大理弘圣寺旧址上,大理弘圣寺早已荡然无存。大理弘圣寺塔造型与千寻塔相似,高 43.87 米,为 16 级密檐式方形空心砖塔。全塔分基座、塔身和塔刹 3 个部分,有基座 3 台,均为正方形,以石垒砌四壁,各台之间有石阶相通。第一台石阶在南面,第二台石阶在东面,第三台石阶在西面,直对塔门。塔门呈圭角式,其上镶浅浮雕佛像 5 尊,东、南、北三面各辟假券门一道,塔身各层之间用砖砌出叠涩檐,四角飞翘。从二至十五层,每层四面皆有佛龛,龛内置佛。塔佛顶四角原有的 4 只金翅鸟,现已不存。塔刹装置在塔顶覆钵上,上为仰莲,再上为 7 圈相轮,相轮上为八角形伞状宝盖,再上为葫芦形宝珠,宝盖角上挂有风铎。

弘圣寺塔的建造年代,"或曰周昭,或曰隋文,莫详其始",但明李元阳重修则在此文中记得很清楚,元阳"归田以来,尽捐已资重修四浮图,于凡山川旧观,一洗而新之。"

1981 年,弘圣寺塔维修时,在顶部发现一批南诏、大理国时期的重要文物。其中,顶部中心柱内文物 485 件;塔身第 5 级、第 7 级 25 件,共计 510 件。其中多为宗教题材的佛、菩萨、天王、力士、明王、塔模、金刚杵、铜镜、手镯、光珠、贝等,制作十分精巧,工艺水平极高。这批珍贵文物为研究南诏、大理国时期宗教文化艺术提供了宝贵的实物资料。

城于苍、洱之间者,大理府也。汉、晋、隋、唐,或名益州郡,或名云南郡,或名建宁,多至不可胜纪。《汉书》注谓:"邪龙,云南者是已。"邪龙,一名罗刹,能为变怪以厉生民[1]。在昔观音大士以正法胜之,闭罗刹于岩下[2],古老相传,即今上羊溪,洞门宛然在焉。罗刹既伏,因作浮图以镇之:在城北者三,其寺曰崇圣;在城南者一,其寺曰弘圣。高者五百余尺,次者亦不下四百尺,盖寰中浮屠之巨丽蔑以加矣[3]。在崇圣者,有塔顶铁铸款识,云贞观尉迟敬德监造。在弘圣者,或曰周昭,或曰隋文,莫详其始。苍山溪涧在上,城郭人民在下,秋水时至,奔湃汹涌,城郭恃以无恐者,四浮屠也。弘治间[4],南涧出怪物,涌水高百丈,状如雪山,至弘圣寺,勒留久之,然后分倒而去,人以为浮屠之功。其水势虽分,然比倒入城者,犹损数百家,向使不分,满城皆鱼鳖矣。正德九年,地大震[5],城郭室庐仆阙无算[6],独浮屠无恙。崇圣中塔初亦折裂几颓,旬日后复合如故。岂非神力哉?

昔隋文皇帝方隐约时,遇异人以舍利一掬遗之曰:"以此福苍生。"后周失御,隋文果受命。盖诏分舍利于天下八十二州,大建浮屠,弘圣其一也。然则浮屠之阴翊王度[7],福利苍生,其来久远;若夫大理之塔,与城郭同休戚,是尤不可不崇修者。惟志士仁人,为能先民之忧而忧,吾于中溪李公见之[8]。公起家史馆,以文章闻;出为御史,以风节闻;三更郡邑,以遗爱闻。盖海内儿童走卒皆知公名,其所自树立于当世者,人人类能言之。归田以来,尽捐己资重修四浮屠,于凡山川旧观,一洗而新之,以至桥梁道路、济寒救饥之事,知无不为,资已罄而施不已,老将至而心不懈。予见其自壬寅至今二十年间,曾无一日辍也。人或谓公太劳,公竟不歇,旭而出郭,暝而还家,风雨不能为之阻,往来溪山之间,吟讽终日,晏如也。

予闻之师曰,君子以化利为乐。人见其化人利物之劳,而不知其先人后己之自乐其乐也。予旅食博南,路出苍洱,每见四浮屠与巇雪秋蟾争为皎洁[9],感公之志大有利于斯土也,因为四浮屠记,以见其人云。

【作者简介】

杨慎(1488—1559),字用修,号升庵,四川新都(今成都市新都区)人,祖籍江西庐陵。明朝三大才子之一。正德六年(1511),殿试第一,授翰林院修撰。参与修撰《武宗实录》,禀性刚直,每事必直书。世宗继位,任经筵讲官。嘉靖三年(1524),谪戍云南永昌卫(今保山),居云南30余年,死于戍地。

【注释】

[1]厉:谓祸害。

[2]罗刹:佛教中指恶鬼。

[3]寰中:天下,宇内。

[4]弘治:明孝宗朱祐樘(1470—1505)年号,1488—1505年。

[5]正德地震:按,当为正德十年(1515)。是年五月,云南鹤庆发生地震。地震一个多月不停,有时一天发生二三十次,黑气如雾,地裂水涌,城墙和官府、民房损坏者不计其数。死数千,伤者多数倍。地震破坏的范围较广,大理东南的凤仪,宁蒗西北的永宁、祥云、洱源东南的邓川等地都遭到不同程度的破坏。武定、禄丰、元谋、姚安、丽江、大姚等地也有震感。

云南在正德年间的大地震还有永胜地震。明正德六年(1511)五月初六,永胜发生地震。地震使各类民房建筑倒塌1 500余间。据记载,明洪武二十九年(1397)修建的城墙是当时一座非常坚固的建筑,墙围五里多,高一丈六尺,城脚厚五尺,垛口厚一尺八寸,环以濠,四门各建城楼一座,也在地震中倒塌。明初时原为田地的西山草海,经过正德六年的地震,逐渐下沉为一个范围达万米的湖泊洼地,长年积水不涸。震后下雨不停,又淹了许多田地庄稼。

〔6〕仆阙:倒塌破损。

〔7〕阴翊:暗地里辅佐、帮助。

〔8〕中溪李公:即李元阳。事参本册《重修崇圣寺记》。

〔9〕巇雪:谓山峰雪帽。秋蟾:秋月。

镇海楼诗文选

明·张 岳 等

【提要】

　　文选自《广州碑刻集》(广东高等教育出版社 2006 年版),诗选自《中国旅游名胜古代题咏诗词选释》(中国新闻出版社 1986 年版)。

　　镇海楼坐落在广州越秀山小蟠龙冈上。该楼又名"望海楼",因当时珠江河道甚宽,故将"望江"变为"望海"。又因楼高 5 层,故又俗称"五层楼"。楼前碑廊有历代碑刻,右侧陈列有 12 门古炮。

　　明洪武十三年(1380),永嘉侯朱亮祖扩建广州城时,把北城墙扩展到越秀山上,同时在山上修筑了一座五层楼以壮观瞻。最初的用途是作为军事上瞭望之用,那时常有倭寇从海路侵扰,楼名"镇海",含有"雄镇海疆"之意。

　　镇海楼历史上曾五毁五建。张岳写于嘉靖二十六年的《记》中载,镇海楼明初建成后,近百年时间内"楼渐颓",明成化间(1465—1487),两广军务提督韩雍加以修治。后"烬于火",明嘉靖二十四年(1545),提督蔡经(一名张经)、继任提督张岳重建镇海楼。这是第一次重建。经此次重建后,"规制如旧,而宏伟壮丽视旧有加。楼前为亭曰仰高,左右两端跨衢为华表,左曰驾鳌,右曰飞蜃,旧所无也"。镇海楼重建,备倭力量大为加强。明崇祯十年(1637)广东布政使姜一洪再次修缮。顺治八年(1651),平南王尚可喜在原楼基础上对镇海楼进行了始建后的第三次大修。因楼近王宫,禁止州人登临,驻军越秀山,设官守卫,楼上放鸽,楼前驯鹿。顺治十八年(1661),李栖凤任两广总督时,在楼上祀文武帝君,镇海楼再次成为广州人登临览胜之地,"任人登眺"。一时之间,"咏觞茗塵,遂无虚日"。这是入清后第二次修葺。随后,康熙二十四年(1685)至二十六年(1687),两广总督吴兴祚及广东巡抚李士桢第四次大修,这次重修的镇海楼"高计七丈五尺,广计九丈五尺,袤计五丈七尺,层计有五"。重建的镇海楼当时就有"五岭以南第一楼"的称誉。现建筑为钢筋混凝土结构,是 1928 年重修时由木构架改建而成。1929 年成为广州市市立博物馆。1950 年改名广州博物馆,分朝代陈列广州城 2 000 多年发展的文物史料。

　　"凌虚百尺倚危楼,似入仙台足胜游。半壁玉山依槛峙,一泓珠海抱城流。"关于镇海楼,传说很多:朱元璋让朱亮祖建了镇海楼,"楼成塔状,塔似楼形"以镇岭南的"霸气";堪舆家认为,古广州城就像一只大船,城中的花塔和光塔就像船上的桅杆,镇海楼就是船的"舵楼"。存而备查。

登此楼,沈元沧看到"沙洲漠漠波涛静,瓦屋鳞鳞烟火稠"。镇海楼在广州的最北端,在广州城的中轴线上,以 28 米的高度居高临下。所以,沈元沧看到的不仅仅是滔滔珠江水,还有清康熙时代的广州百业兴旺、市井繁华。

镇 海 楼 记

明·张　岳

广东,海邦也。其会城故治番禺[1],自汉以来,号称都会。我国家临制[2],宇内幅员万里。因岭海以为金汤,是邦隐然实当管钥之寄[3]。城内北偏,有山曰"越秀",拔地二十余丈。国初天兵南下,列郡既听受约束,守将永嘉朱侯亮祖,始作楼五层,以冠山巅,曰"镇海"。楼成,而会城之形势益壮。其后,楼渐圮。成化中,总督都御史襄毅韩公[4],命有司修完之。比烬于火,极图再作,以费巨力艰,持弗决者累年。

嘉靖甲辰[5],提督尚书蔡公经、巡按御史陈君储秀,折衷群议,出帑币二千三百有奇[6],以为木石、瓦甓、丹漆、儥用之费[7]。选用能吏,稽董工程[8],以明年乙巳闰月兴工。既而蔡公去,余来代之。陈君去,御史杨君以诚代之。越又明年丁未正月朔[9],工告成,规制如旧,而宏伟壮丽视旧有加。楼前为亭,曰"仰高"。左右两端,跨衢为华表[10],左曰"驾鳌",右曰"飞蜃",旧所无也。

方楼之未作也,环海百万家,挢首齐嗟[11],若失所负。及其既作,重檐飞阁,迥出云霄,以临北户,群山内向,大海浩渺,如秃者之冠,痿者之起。凡海邦之形胜精神,有不迅张翕沓以赴兹楼者乎?[12]

昔我太祖皇帝以丙午、丁未岁命大将帅师北伐[13],是岁又偏师徇岭外,然后天下合于一,楼于是乎始作。列圣继统,昭受休业,至我皇上,稽古重光[14],礼文焕然,楼之废而复兴也。又适值于斯时,盖斗纲之端,贯营室、织女以指牵牛之初,越所分星也。其日丙丁、其辰午未,其方宿为朱鸟之精,文明之象,气数参会,有足征者。斯楼之成,岂徒抗形胜于一邦[15],实所以彰国家一统休明之盛,元元本本,明示德意于无穷也。《书》称有虞氏之治曰[16]:"帝光天之下,至于海隅。苍生万邦,黎献共维。帝臣亦必以是为盛。当其时,阳德昭融,虽海隅之远,为其臣者莫不靖共一心[17],以敬承上德,无一毫阴浊以翳其间。"盖其君臣之际如此,今吏而食于岭外者,冠盖相接也[18]。登高聘望,宁独无帝臣之感矣乎?苟目前之安,而忽远图,蔽于一方,而不知自有政理之要,风俗之本。此徇禄之臣,非体国者也。撤去户牖之私,独观消息之原,不以远自肆,不以位自画,一食息,一起居,无一念不属于君父。其于政理之要,风俗之本,为之必尽其方,而又扩之以广大,持之于久远,精粹明白,夙夜匪懈,庶几于古所谓黎献欤?于以登降俯仰此楼,岂不有光而无愧也哉!故书以告后之君子。

初,左布政使朱纨、按察使屠大山请余文为记。余方有戎务,未遑也,是冬乃克为之。二君及右布政使龚辉、左参政张鏊、右参政张烜、佥事何元述皆迁去。在者左参议顾中孚、朱宪章,右参议方民悦,都指挥夏忠,而左布政使周延,右布政使蔡云程,按察使林应标,右参议陈仕贤,副使周宗镐、周大礼、黄光升、蔡克廉,佥事陈崇庆、黄大廉、徐缉,都指挥梁希孔,广州府知府曹迳,先后继至,同观厥成云。是岁丁未十一月吉,赐进士通议大夫兵部右侍郎兼都察院左佥都御史奉敕提督两广军务兼理巡抚泉南张岳书。督工,广州府同知程铎。

【作者简介】

张岳(1491—1552),字维乔,号净峰,福建泉州惠安人。正德十一年(1516)登进士第。历任广西提学佥事、江西提学、广东提举。后升浙江提学副使、参政,擢右佥都御史,抚治郧阳,转江西巡抚。嘉靖二十三年(1544),张岳迁为右副都御史,兼两广巡抚,总督两广军务。任上,张岳在处理少数民族起事中,一改前任滥杀无辜的做法,采取招讨并举的方针,严惩首恶,招抚余党;引导农耕,适时罢兵;改革习弊,恤民爱民;建立边哨,加强边防。以功加兵部右侍郎,后召为兵部左侍郎,升右都御史,掌院事。逝于沅州任所。赠太子少保。

【注释】

[1] 会城:省城。

[2] 临制:监临控制。

[3] 管钥:锁匙。

[4] 韩襄毅:即韩雍(1422—1478)。谥襄毅。明成化元年至十年任两广总督。

[5] 嘉靖甲辰:1544 年。

[6] 帑币:官钱。帑:音 tǎng,古代指收藏钱财的府库或钱财。

[7] 僦用:租用。僦:音 jiù,租赁。

[8] 稽董:考核监督管理。

[9] 丁未:1547 年。

[10] 华表:古代宫殿、陵墓等大型建筑物前面做装饰用的巨大石柱,是中国一种传统的建筑形式。华表一般由底座、蟠龙柱、承露盘和其上的蹲兽组成。柱身多雕刻龙凤等图案,上部横插雕花石板。华表常置于宫殿、陵墓外的道路两旁,也称为神道柱、石望柱、表、标、碣。华表是一种标志性建筑,已经成为中国的象征之一。最著名的华表是天安门前的一对汉白玉华表。这对华表与天安门同建于明永乐年间,迄今已有 500 多年历史。这一对华表间距为 96 米,每根华表由须弥座柱础、柱身和承露盘组成,通高 9.57 米、直径 98 厘米、重约20 000公斤。华表柱身,雕刻着精美的龙和云,柱顶上部横插着一块云形的长片石,远远地看上去,好像柱身直插云间,让人顿生庄严之感。

[11] 挢手:举起手。挢:音 jiǎo,举起,翘起。

[12] 翕沓:聚合。

[13] 丙午:1366 年。丁未:1367 年。指徐达、常遇春等平定北方。

[14] 重光:再次见到光明。

[15] 抗:犹彰显。

[16] 有虞氏:是中国古代五帝之一舜部落名称。其始祖为虞幕。

[17] 靖:恭敬。

[18] 冠盖:泛指官员的冠服和车乘。

重修镇海楼记

清·李士桢

广州为粤首都,襟山带海,称岭南一大都会,其中崇山叠嶂,蜿蜒数百里,支联属络[1],逶迤至郡而屹然隆起者,为粤秀山。山踞城之东北隅,苍郁葱茜[2],吐阳敷泽,广衍沃畴,凝灵宣畅。

形象者言地有霸气,雄长百粤,有由然哉。然是气也,必积数百年然后一聚,三代以前无论,至秦汉时则有南越王赵佗黄屋左纛[3],其泽三世。东晋孙恩、卢循曾思窃据[4]。未久,迨唐末刘隐盗号南汉[5],竟与中原五代相始终。元季何真、邵宗愚辈交结互并[6],各事强武。至明洪武间乃命朱亮祖、廖永忠定粤地,亮祖留镇于广,其为人沉毅,多远猷,不特以武功显也,有文德焉。

其所创建非一事,乃陟岖崟景冈首[7],于越秀山左建五层高楼,雄巨壮丽,以奠地脉,粤遂大安,三百年来风气日开,人文瀚郁[8],道德功业文学科名之盛,等于中州,若莫知其然而然者,岂偶尔哉!成化间总督御史韩雍修之,已烬于火。嘉靖中提督尚书蔡经重构,总督侍郎张岳继之而就。崇祯末楼日倾圮,疆场多事。

我朝延膺景命[9],抚有四方,赫声濯灵,削平僭窃。顺治辛卯平藩入粤[10],官兵悉居城内,官衙居舍迁移城外。甲寅滇黔叛变[11],相继煽和,而粤乱形成,氛祲弥天,若在汤火,楼遂废为平地。

壬戌夏[12],余从江右调抚兹土,维时师旅云屯,供亿浩繁[13],又调藩眷入京,其部曲掣留各半[14],粮茭船夫之需[15],日不暇给,民实困苦。癸亥禁旅凯旋,将军都统领旗甲三千镇守,余与制府吴公、兴祚将军王公永誉经营区划,自归德门内大街以西驻兵,以东处民,兵民各有攸处,官署民居翻还城内,劝谕招徕,年久失业之氓一旦争寻故庐,皆奔走恐后,经年始定,几费清理,使获安定,渐次可观。

于是,缙绅士庶咸进曰:"河南海幢寺阁高耸杰峙,于郡不利,五层楼关系形胜,亟宜修复。"余复再三,广咨博询,舆论金同。乙丑夏首撤高阁,致为平宇。冬相度形势,谋建斯楼,随捐俸倡,率藩宪郎君、廷枢柴君望、胡君戴仁、沈君志礼、参议汪君震元、金事杨君佐国、陈君子威、裴君宪度、都司杜君邦诸僚属佐之。郡荐绅检讨郑君际泰、金事彭君又率乡大夫士佐之,授广州知府刘君茂溶董其事,命守备陈君雄略佐之。

庀材鸠工,量期命日,以康熙乙丑岁十一月甲子日经始[16],迄康熙丁卯岁四月丁卯日落成。高计七丈五尺,广计九丈五尺,表计五丈七尺,层计有五,题曰镇海楼。

旧制楼之东西有亭,东曰"驾鳌濯旭",西曰"控蜃寨霞",今于两端各建一门,仍题旧名,以存前迹。又于楼之两旁筑立圈门,东曰环山,西曰带水,绕楼而行,周遭相通,岿然奂然[17],若胜旧观。蒲涧白云、黄木赤花[18],缭绕左右。虎头十字诸门外澄波万顷,在指顾间。遐瞩远览,洋洋乎岂特东粤一大观也哉!实五岭以南第一楼也。

楼巅奉文昌、关帝二神。文昌助天嬗化,为儒者贵神;关帝福国佑民,胼胝海内[19],皆所谓聪明正直而一者也,故并祀焉。

楼东南一冈地势宽衍,面带深林,藏风纳气,最为幽寂之境,乃建亭屋三楹,奉吕祖像于中[20],命羽士鲁全中率徒侣守之[21],饔飧香火之需[22],余与诸司绅士捐资赡给。又建屋数楹,以为晏息庖湢之所,星坛法醮步虚笙磬之声,云中飘落,下界闻之,更新胜境。

嗟夫!吾观自古宫室之作,考星揆日[23],制度眈眈[24],非徒以侈游观而顺晦明,其宣泄造化,补偏救弊,盖若有天意存焉。如汉时柏梁灭而建章宫起,凉州泉水竭而学舍兴,理有固然,不可诬也。故君子之为政,可以从众利,物不必其尽出于已。顺舆情,察事理,则馨鼓兴焉[25]。当斯楼之未建,僭乱相寻,生民日蹙;楼喜落成,而士民安诸,景象和乐,霸气消沉,蔚为文物。乃知前人之创制其深心远虑,固有在也。

今皇帝德威,遐布海隅,日出之邦,罔不率俾[26]。粤居南溟之岸,凡占城、爪哇、真脂诸国,重译献琛,岁修贡职者率以斯楼为海外之观。所谓舟行望之,常若有瑞云瑞气浮其端者。岩峣壮丽,飞甍孤骞,不特宣清淑扶舆之气[27],而长驾远驭,控制海外,比之铜柱丽谯何多让焉[28]!后之君子当念斯楼之兴废关风气之盛衰,踵事增华,时加缮治,使楝题轮奂,光景常新,襄万年有道之长,永远无极。

此余区区之意,有望于后贤者良不浅也。是为记。

【作者简介】

李士桢(1619—1695),字毅可,本姓姜,昌邑(今属山东)人。明末被俘入清营,改姓李,入旗籍。经科举入仕途,授长芦(沧州)盐运判官,一路青云,历任河东运副、两淮运同、安庆、延安知府、冀宁道参政、湖东布政使、河南按察使、浙江布政使、江西巡抚、广东巡抚,浩授光禄大夫,督察院右副都御史。每官任一地,尽力为地方百姓解决疾苦,政绩不可枚举。因与康熙有复杂的裙带关系,康熙帝的密妃王嫔娘娘之父王国栋为李士桢原配夫人王氏的亲哥哥,按传统家族辈分,康熙应该叫李士桢为姑父,而李士桢继配文氏(李煦之母)又曾是康熙的保姆,康熙每提及文氏总是用"此我家老人"来称呼。

李士桢还是曹雪芹祖母之父。李士桢长子李煦二十几岁便任苏州织造,并监管盐务。随后,李士桢又将女儿嫁予曹寅(时任江宁织造,曹雪芹祖父)。于是,身为皇家心腹的李、曹两家从此休戚与共。康熙末年,两家成为名噪一时的豪门贵族,但两家又与皇室恩怨缠结,终致后来抄家流放,走向破落。目睹了家族由盛而衰的曹雪芹便将此过程写成《红楼梦》。

【注释】

[1]支联属络:谓分支勾连,蜿蜒挽络。

[2]葱茜:指苍翠红艳。

[3]赵佗:秦恒山郡真定(今河北正定)人。秦朝著名将领,南越国创始者,南越第一代王和皇帝。

[4]孙恩(?—402):东晋五斗米道道士和起义军首领。字灵秀。祖籍琅琊(今山东胶

南),家族世奉五斗米道,是永嘉南渡世族。东晋隆安二年(398),爆发王恭之乱,孙泰以为晋祚将尽,聚众讨王恭,事未发,孙泰及其六子被诛。孙恩逃至海岛,立志复仇。元兴元年(402)三月,孙恩进攻临海失败,跳海自杀。五斗米道信徒认为他已成"水仙",投水死者百余人。义军余众数千人复推孙恩妹夫卢循为领袖。后卢循占领广州,一度大举北伐,义熙七年(411)终告失败。

[5]刘隐(873—911):南汉始创者。祖籍上蔡(今属河南)。迁到南海。继父任为封州(今广东封开南)刺史。乾宁三年(896),起兵夺取广州,升节度副使。天祐元年(904)正式任清海军节度使。后梁开平元年(907)刘隐受梁封为大澎王,三年改封南平王,四年进封南海王。隐死后,其弟在乾亨二年(918)改国号汉,史称南汉,以广州为都城。

[6]何真(1321—1388):字邦佐,号罗山,广东东莞人。先入元为官,后弃官归家,组织地方武装,保卫乡里。至正二十三年(1363),南海邵宗愚攻陷广州,大肆焚掠。何真率军收复广州,被提拔为江西、福建行中书省左丞,统辖岭南大部。明军入岭南,何真归顺。先后任山东行省参政,四川、山西、浙江布政使等。获封东莞伯,卒谥忠靖。邵宗愚(?—1368):元末广东农民起义军首领,割据势力头目。南海(今广东佛山)人。至正十三年(1353)起兵,自称元帅。二十二年,攻占广州。元朝封他为江西、福建行省参政。因与何真不和,退居三山结山寨自保。洪武元年(1368),明军进驻广州,他诈降被识破,遭捕杀。

[7]陟巘:谓登上高峰。巘:音 yǎn,极高的山峰。

[8]瀜郁:云烟弥漫。

[9]延膺:谓延续承担。景命:大命。指授予帝王之位的天命。

[10]顺治辛卯:1651年。

[11]滇黔叛变:清康熙十三年甲寅(1674),吴三桂在云南树反清大旗,联合广东尚之信(平南王尚可喜长子)、福建靖南王耿精忠叛乱。史称"三藩之乱"。

[12]壬戌:1682年。

[13]供亿:按需要而供给。

[14]掣留:抽走留下。

[15]粮苕:指粮草。苕:疑为"草"。

[16]康熙乙丑:1685年。

[17]奂然:鲜明貌。

[18]蒲涧:指未出白云山的甘溪上游。

[19]肸蚃:音 bì xiǎng,散布,弥漫。

[20]吕祖:即吕洞宾。八仙之一。号纯阳子。道教全真派奉其为纯阳祖师,故称吕祖。

[21]羽士:旧指道士。

[22]饔飧:音 yōng sūn,早饭和晚饭。此指早晚。

[23]考星揆日:指测量方位,选择时日等。

[24]眈眈:注视貌。

[25]鼛鼓:大鼓。鼛:音 gāo。

[26]俾:使。

[27]清淑:清和。扶舆:犹扶摇。盘旋升腾貌。

[28]丽谯:亦作"丽樵"。华丽的高楼。

登 镇 海 楼

清·沈元沧

凌虚百尺倚危楼[1]，似入仙台足胜游。
半壁玉山依槛峙，一泓珠海抱城流。
沙洲漠漠波涛静，瓦屋鳞鳞烟火稠。
黄气紫云消歇尽，还凭生聚壮炎州[2]。

【作者简介】

沈元沧(1666—1733)，字麟征(又作麟洲)，号东隅，又号晚闻翁，仁和(今浙江杭州)人。康熙五十六年(1717)副贡生。受荐，入武英殿校勘书籍。总裁奏请考试后再录用，康熙帝曰："沈元沧有学问，朕所素知，不必考试。"后出任广东文昌县知县，颇有政绩。因事牵连，被贬至宁夏。有《滋兰堂诗集》《滋兰堂文集》《礼记类编》《云旅词》《念旧词》《奇姓编》《充安斋杂集》《今雨轩诗话》《平黎议》等。

【注释】

[1] 凌虚:升于空际。危:高。
[2] 生聚:人口增加。炎州:泛指南方广大地区。

 陕西番僧乞拨军匠护敕寺疏

明·欧阳德

【提要】

本文选自《明经世文编》(中华书局 1962 年影印本)。

大崇教寺俗称东寺。坐落于今甘肃省定西市岷县梅川镇，原名灵鹫寺，一度称重广寺。寺始建于元代，明代宣德元年"御制重修"，占地 50 亩，宣德四年修成后诏改大崇教寺，藏语为曲德贡寺或隆主德庆寺。东寺是民间对该寺的俗称。东寺在安多地区影响甚大，被誉为"第二卫地"。

大崇教寺的显赫声名是因为班丹扎释。

班丹扎释或译作班丹扎失、班丹扎喜，是岷州(今甘肃岷县)藏传佛教发展史上的一位重要人物。他的家族在元末已经掌握岷州政教，在岷州各地兴建了一百多座寺院。其祖朵儿只班洪武二年归附明朝，赐姓为后氏，被委任为宣武将军，洪武十年受封为岷州卫土司。

班丹札释十岁开始学习藏文和各种经典，十五岁正式剃度出家，开始有步骤地学习佛法。永乐初年,班丹扎释应诏入朝,并先后5次奉旨赴乌思藏地区招谕安抚地方僧众,深受朝廷信重,曾受命担任僧录司右阐教职。宣德元年(1426),49岁时被敕封为"净觉慈济大国师",赐金印、金法冠及诰命等。为了表其功绩,明朝政府还令礼部扩建北京大隆善寺(又叫春华寺)让其居住,并为其雕刻紫檀木等身坐像,在大隆善寺中树立《西天佛子大国师班丹扎释寿像记》碑。同年八月又加封为"宏通妙戒普慧善应辅国阐教灌顶净觉慈济大国师"。宣德三年(1428),宣德皇帝为褒奖他在西藏的功绩,特颁敕书,扩建重广寺,新赐寺名曰"大崇教寺",颁御制《修大崇教寺碑文》,同年又获准在岷州茶埠建圆觉寺(大崇教寺的下院)。

班丹扎释驻锡京城的30多年里,以传教、译经,建塔修寺和处理日常僧务活动为主。明英宗即位后,再晋封他为"西天佛子大国师",直至代宗时再晋封为"大智法王"。班丹扎释曾于永乐十四年(1416)在岷州兴建隆主德庆寺,作为其家族子嗣世袭驻锡之主寺。由于班丹扎释的贡献,大崇教寺得到了朝廷的恩宠与扶持,其势力在河陇一带炙手可热。其上层僧人更频繁往来于岷州与京城之间,成为明代朝廷联系岷州藏区诸番部的纽带。而"净觉慈济大国师"的封号则由其家族出身的高僧世代承袭。中国国家博物馆就藏有明朝封赠岷州大崇教寺下寺崇隆寺、羊卷寺以及西宁西纳寺大喇嘛袭职的圣旨。

更令人称奇的是,大崇教寺建成之日起,皇帝就"给与护敕二道,赐额大崇教寺,奉兵、工二部勘合,本卫拨发军匠刘友等五十名,专一在寺看守。"派军队看护寺院,史上极为鲜见。不仅如此,寺院建成后,宣宗还专为其撰写碑文,后世称为"御制大崇教寺之碑"。汉藏文篆刻的碑至今仍高高矗立在萨子山山腰台上的大崇教寺遗址之上。汉文碑刻文字为沈粲,其平正圆润的楷书被称为"台阁式书法",永乐后风靡全国。

随着时间的推移,成化(1465—1487)年间,"寺前中殿被火烧毁三十余间,后遗銮驾等项",但即便如此,还有"殿宇二百余间见存"。问题在于,护院驻军时常员不备额,且守护之兵还常常被挪作他用,以至于殿宇、銮驾等塌坏"缺乏人匠,无人修补"。欧阳德请求"礼部转行巩昌府巡按御史,照旧免拨差役,拨补二十名看守修理敕建寺院"。

班丹扎释在沟通中央与西藏地方政、教关系方面贡献重大,他所创建大崇教寺,是家族性藏传佛教寺院,但由于明朝廷的扶持,该寺成为岷州地区的中心大寺。由于班丹扎释的关系,大崇教寺与京师大隆善寺关系密切,大隆善寺实为大崇教寺僧人在京师活动的主要据点,大崇教寺僧人也因此与明朝宫廷之间保持着不同寻常的关系。但至明末清初,大崇教寺在岷州地区中心大寺的地位逐渐由同为后氏所控制的"下院"即属寺圆觉寺所取代。

该陕西都司、岷州卫大崇教寺番僧[1],令占恓行奏先于宣德二年[2],奉钦命差太监王锦、罗玉、杜马林等起调陕西都布二司军民人夫,敕建寺院一所,给与护敕二道,赐额"大崇教寺"。奉兵、工二部勘合[3],本卫拨发军匠刘友等五十名,专一在寺看守。

后成化三年[4],有寺前中殿被火烧毁三十余间,后遗銮驾等项、殿宇二百余间见存,将军匠刘友第三十名各调城操[5]。成化十三年七月内,奉兵部职方清吏司勘合,本卫仍拨原额军匠郭玉、徐来保等二十名,在寺看守銮驾、供器等项。本卫亦不系调用人数,俱系木铁等匠,至今一百三十余年,见有勘合本卫印信、帖文存照。

近年以来,被本卫千户张德、军吏孙大经、于文、周官、罗四、张钞二等,不遵朝廷勅谕合,朦胧往往揽差军伴到寺,将原拨军匠郭玉等二十名内调去。朱友亮、杨保儿、原保、曾义姚、李加狗等六名,俱发各项当差;本寺止遗郭玉、徐来保等一十四名,又不时差发占用。

今本寺年久,坍塌数多,缺乏人匠,无人修补,殿宇有坏銮驾等物。是令占恓竹等众僧[6],倘蒙各边调遣抚化番夷,后遗銮驾勅书等项,无人看守。系是边境,一时有失难办,望皇上恩念太祖旧制,銮驾等项,乞行礼部转行巩昌府巡按御史[7],照旧免拨差役,拨补二十名看守修理,勅建寺院。

臣等僧众祝延圣寿,抚化番夷等因,看得大崇教寺,远在边围,其僧素能抚化番夷。宣德成化年间,钦赐护勅,并给军匠者,无非所以绥怀柔服之意[7]。所据令占恓竹奏免军匠差役一节,又在彼中,本部无凭查处。为此合咨贵院,烦转行彼处巡按衙门,即查该寺原拨军匠若干,是否专为看守。其千户张德等,应否差用。如无他碍,径自酌处;或照旧额二十名,追给补完[9];或据见在十四名,准免差拨。期在处置得宜[10],不失军卫之体,而又有以服番僧之心,庶争端可息,而地方亦有收赖矣。仍将查处过缘,繇转咨本部,以凭查照施行[11]。

【作者简介】

欧阳德(1496—1554),字崇一,号南野,泰和县(今属江西)人。明嘉靖二年(1523)进士,历任六安知州、刑部员外郎、翰林院编修、南京国子司业、南京太常寺卿、礼部左侍郎、翰林院学士、礼部尚书等。卒赠太子少保,谥文庄。有《欧阳南野集》《南野文选》等。

【注释】

[1]番僧:即喇嘛僧。指西番之僧。
[2]宣德二年:1427年。
[3]勘合:验对符契。
[4]成化三年:1467年。
[5]城操:明朝时,调卫所兵备边称之。
[6]占恓竹:按,与前述"占恓行"异,当为一人。
[7]巩昌府:治所在今陇西(甘肃陇西县)。辖境相当今甘肃陇西、通渭、漳县、武山、定西等。
[8]绥怀:安抚关切。柔服:谓感化。温柔顺服。
[9]补完:补全。
[10]按,原文(竖排)句侧有"朝廷羁縻驾驭之术寓于中,此亦边疆机要"。
[11]查照:旧时公文用语。要对方注意文件内容,或按照文件内容(办事)。

附：御制大崇教寺之碑

明·朱瞻基

朕惟如来具大觉性、大慧力、大誓愿，以觉群生，功化之绵永，福利之弘博，一切有情，戴之如慈父。而历代有国家天下之任者，皆崇奖其教，而隆其祀事，亦其有以助夫清净之化者矣。

夫自京师及四方郡邑，缁流之众，绀宇之盛，在在而然。况岷州其地，距佛之境甚迩，其人习佛之教甚笃，顾寺宇弗称久矣。朕君主天下，一本仁义道德，以兴治化；至于内典，亦有契于心。故致礼觉王，未始或怠，特命有司，于岷州因其故刹，撤而新之，拓而广之，殿堂崇邃，廊庑周回；金相端严，天龙俨恪；供养有资，苾刍有处。足以祗奉觉圣，足以导迎景贶，特名曰：大崇教寺。

盖如来有阴翊皇都之功，有普济万有之德，一念之悬，有所祈焉。无远而弗届，无幽而弗达，寂然不动，感而遂通矣。朕之所祈，上以为宗社，下以为生民，心之所存，坚若金石；如来至仁，明同日月，感应之机，捷于影响。将国家承庆，永安于泰山；民物蒙庥，常臻于康阜，故如来之助也。寺成，因纪其绩于碑，而系以铭曰：

> 明明世尊大智慧，以大法力觉群类。如慧日照甘雨施，兴于九天洽九地。覆载显幽普沾被，自西徂东施逾大。信受归响如川至，健陀俱胝力争致。矧兹支提国西裔，密迩佛域为邻比。弘作雄刹徇民志，巍巍妙相森拥卫。流恩布泽浩无际，华夷八达均益利，皇图巩固万万世。

大明宣德四年三月初九日，奉义大夫右春坊庶子臣沈粲奉敕书，中书舍人后××奉敕篆额。

按：本文抄自岷县梅川大崇教寺遗址碑。碑立于宣德四年(1429)，一为汉文，沈粲奉敕书；一为藏文。二碑立于方形碑亭中，为省级文物保护单位。

羊角水堡记

明·欧阳德

【提要】

本文选自《明经世文编》(中华书局 1962 年影印本)。

控"汀漳潮惠闽广之裔"，"则羊角水为之咽喉"。"盗踰羊角水以西，则袭长沙营,掠于都、信丰、赣诸县为扰;以北则攻会昌城,西犯吉,东侵抚、建,诸郡为扰。故羊角水置堡屯、戍卒,隶会昌守御千户所,与长沙营守备都指挥部兵相为声援。"

羊角水堡位于江西省东南部的会昌县筠门岭镇羊角堡村,扼闽粤赣三省咽喉。

成化年间,明廷在羊角城堡建提备所,屯兵百人,以为防守和瞭望。但每当大队"流寇"来袭时,官兵只能紧闭城堡以自守。于是,城堡邻近的千百户村民年年都要遭受劫掠。

嘉靖二十二(1543)年,羊角堡附近村民一致推举乡绅周廷试等到赣州府拜见南赣巡抚虞守愚,请求扩筑羊角堡。虞守愚亲往羊角村考察后,上奏获准。嘉靖二十三年,在南赣巡抚虞守愚、兵备副使薛甲和会昌守备等官员的具体组织下,开始实施筑城工程。羊角村的周边民众对修筑城堡给予了大量的人力物力支持,仅用不到两年的时间,一座"周三千尺、高三十尺有奇,辟门三面,公馆中居,屹然巨镇"的城堡在闽粤赣要津之地拔地而起,当地百姓"倚城为固,借卒为壮"。

有关典籍载,羊角水堡约占地 7.4 万平方米,城墙辟有防御和进攻用的垛口 564 个,城堡内街坊巷陌纵横交错,卵石铺成的大街小巷四通八达,曲径通幽。明清两朝,羊角堡内先后有兵署、卫衙、公馆、宗祠、码头、圩市等诸多公共场所,堡内军民、商贾杂处。因地处水陆交通之要道,在城堡东侧辟有羊角圩,过往的货船、客商、骡马、挑夫等川流不息,热闹非凡。羊角堡成为闽粤赣客家地区一座集防御、治安、商贸、宗族、民居等融为一体的典型乡村城堡。

清顺治年(1648)戊子兵变,年底羊角堡被攻破,垛口炮台尽皆颓塌,守备营署也被毁,把总靳养蒙战死。康熙四年(1665)守备杜应元主持重修。

羊角水堡,今只存遗址。

江右列郡十三[1],赣州边东南,当其上游,外控汀、漳、潮、惠、闽、广之裔,壤地参错,盘山薮盗[2],时出没剽劫,而安远、会昌间[3],则羊角水为之咽喉。盗踰羊角水以西,则袭长沙营,掠于都、信丰、赣,诸县为扰;以北,则攻会昌城;西犯吉,东侵抚、建,诸郡为扰。故羊角水置堡屯戍卒,隶会昌守御千户所,与长沙营守备都指挥部兵,相为声援。盖古者遮要害,远斥堠之义[4],而堡卒单弱,盗来不能侦,至不能御,则闭门自保。堡傍居民余千家,数遭毒虐。守备官弃长沙营领所部,寓会昌城中,而堡益孤悬矣。

嘉靖癸卯[5],大中丞东厓虞公抚临兹土。既擒捕诸县逋寇,乃修复长沙营,使守备守部兵还居之。次将议羊角水会,居民群聚,来诉愿自出力筑城为卫,而官董其成。公移书兵备副使薛君甲,薛君按行[6]。还言堡以卫民,而僻枕山隈,与民居相去里所。缓急非益,譬以民委盗,而为之资粮馆舍者也。如城居民,移戍卒城中,民倚城为固,藉卒为壮。小警自可支,卒有大警,益增兵戍。上之相便,捣其巢窟;下之奋武,遏其奔突。盗至无所掠,欲深入又狼顾。恐吾议其后制胜之上也。报公,公可。闻之抚按,抚按称善。申敕所司,并心一力,敬须公画。

乃度地计功,诸役竞劝,百堵皆作[7],未踰时而城成。周三千尺,高三十尺有奇。辟门三面,公馆中居。屹然巨镇,表里齿唇,盗不敢窥。

郡县吏士申民之情,来属文纪事。始予惟事弗豫无备,弗因冈功。豫者先乎几,因者顺乎人。国家置总宪行台,控江湖闽广之交。简命宪臣,提督四省军务。所辖八府二州,官方民事,无所不得问者。然而奉玺书行便宜[8]曰:"兵机戎政,张弛缓急,四省倚为女危[9]。其最要者也,此八府二州,各统于其省之抚按官,而抚按官治之,视其他郡县常略。以为兵机戎政,玺书有专责焉,使一听于提督,不可参也。"

为提督者,或以其智之所及,无巨细,无所不问;为抚按者,亦以其位之所临,无详略,无所不问。故智分于泛察,权挠于参尸[10]。惟东厓公略细而务大,提纲以振目[11]。日惟简军实,搜卒伍,申赏罚,相机宜。摘发奸慝,落其牙距[12]。剃厥由蘖,四履日靖,军声大振。犹惧变生所忽,颛颛以求[13],若将不暇乎其他! 故能智无遗虑,炳几灼情,动罔弗时。抚按诸公,亦惟忠于谋国,不私有已。凡公所画,或闻而弗议,或议而弗远,若将拱手以仰其成。故能乘时遘会,不牵道舍之谋。嗟夫! 虑精于一荒于泛,功懋于参斁于需[14],独此城也乎哉!

是役也,费不甚巨,而所关至重;保障系乎一方[15],而其道可施之天下。故予乐诵其成,以为理国者,率是道而由之,庶绩可几而凝,非谓东厓之功为极乎此也。

【注释】
[1]江右:江西省的别称。古时地理上以西为右,江西因此得名。
[2]山薮:山深林密的地方。
[3]安远:位于今江西南部。会昌:位于今江西东南部。
[4]遮:拦,障。斥堠:亦作"斥候"。侦察,候望。
[5]嘉靖癸卯:嘉靖二十二年(1543)。
[6]按行:巡视。
[7]百堵:众多的墙。亦指建筑群。
[8]便宜:谓斟酌的事宜,不拘陈规,自行决断处理。
[9]女危:犹要害。
[10]参尸:犹分解,不集中。
[11]按,原文(竖排)句侧有"能治大乃所以为智"。
[12]奸慝:指奸恶之人。牙距:犹爪牙。
[13]颛颛:音 zhuān,恭谨貌。
[14]参:不整齐。犹意见不统一,劲不往一处使。斁:音 yì,盛大貌。犹告竣。
[15]按,原文(竖排)句侧有"推拓得势"。

治 河 六 柳

明·刘天和

【提要】

本文选自《明经世文编》(中华书局 1962 年影印本)。

明嘉靖十三年(1534),黄河再次南徙,冲决赵皮寨,南向亳、泗、宿之流骤盛,东向梁靖之流渐微。梁靖岔河东出,谷亭之流遂绝,自济宁南至徐、沛数百里,运河淤塞,国计乏绝。

在此情形下,朝廷起用刘天和以都察院右副都御史总理河道。刘考察后认为:"黄河之当防者,惟北岸为重。"在曹县八里湾起,至单县侯家林止,接筑长堤各一道,以防冲决。尽管堤防之制,并非理想方案。"然势不能废。盖虽不能御异常之水,而寻丈之水,非此即泛滥矣!"他说:"余行中州,历观堤岸,绝无坚者。且附堤少盘结繁密之草。"因而,他"为之忧虑,乃审思备询,而施植柳六法"。

他在《问水集》中具体阐述了六种植柳之法:

一是卧柳。"凡春初筑堤,每用土一层,即于堤内外两边各横铺如铜钱挈。指大柳条一层。每一小尺许一枝,不许稀疏;土内横铺二小尺余,不许短浅;土面止留二小寸,不许留长;自堤根直栽至顶,不许间少。"

二是低柳。"凡旧堤及新堤不系栽柳时月修筑者,俱候春初用小引橛于堤内外,自根至顶,俱栽柳如钱、如指大者,纵横各一,小尺许。即栽一株,亦入土二小尺许,土面亦止留二寸。"

三是编柳,四是深柳,五是漫柳,六是高柳,他均一一仔细讲明栽法。

栽柳树防洪,论述如此细致者刘天和为中国历史中之仅见。他所提出的植柳六法,实际上是采用生态的方法提高防洪工程的效能。如"漫柳"密植形成的黄河大堤,由于柳树根系长,须根密,深扎堤内,盘根错节,交织成网。成排的柳树很好地固定了河槽,控制水流,黄河安澜自然多了一道安全阀。至于夹堤植柳、高柳拥堤所带来的翠荫密遮、云光四幕、莺簧蛙鼓,自是人间一处逸轶胜景。

一曰:卧柳。凡春初筑堤,每用土一层,即于堤内外两边,各横铺如铜钱挈[1]。指大柳条一层,每一小尺许一枝,不许稀疏;土内横铺二小尺余,不许短浅;土面止留二小寸,不许留长;自堤根直栽至顶,不许间少。

二曰:低柳。凡旧堤及新堤,不系栽柳时月修筑者,俱候春初用小引橛于堤内外[2],自根至顶,俱栽柳如钱、如指大者,纵横各一,小尺许,即栽一株,亦入土二小尺许,土面亦止留二寸。

三曰:编柳。凡近河数里紧要去处,不分新旧堤岸,俱用柳桩如鸡子大,四小尺长者。用引橛先从堤根密栽一层,六七寸一株,入土三小尺,土面留一尺许。却将小柳卧栽一层,亦内留二尺外二三寸,却用柳条将柳桩编高五寸,如编篱法。内用土筑实平满,又卧栽小柳一层,又用柳条编高五寸,于内用土筑实平满。如此二次,即与先栽一尺柳桩平矣。却于上退四五寸,仍用引橛密栽柳桩一层,亦栽卧柳编柳各二次,亦用土筑实平满。如堤高一丈,俱依此栽十层即平矣。以上三法,皆专为固护堤岸。盖将来内则根株固结,外则枝叶绸缪[3],名为"活龙尾埽",虽风浪冲激,可保无虞;而枝稍之利,亦不可胜用矣。北方雨少草稀,历阅旧堤,有筑已数年。而草犹未茂者,切不可轻忽前法,运河、黄河通用。

四曰:深柳。前三法止可护堤防涨溢之水,如倒岸冲堤之水亦难矣。凡离河数里,及观河势将冲之处,堤岸虽远,俱宜急栽深柳。将所造长四尺、长八尺、长一丈二尺、长一丈六尺、长二丈五等铁裹引橛,自短而长以次钉穴,俾深二丈许,然后将劲直带稍柳枝,如根稍俱大者为上,否则不拘大小,惟取长直。但下如鸡子,上尽枝稍长余二丈者皆可用,连皮栽入,即用稀泥灌满穴道,毋令动摇。上尽枝稍,或数枝全留,切不可单少。其出土长短不拘,然亦须二三尺以上,每纵横五尺[4],即栽一株。仍视河势缓急,多栽则十余层,少则四五层。数年之后,下则根株固结;入土愈深,上则枝稍长茂。将来河水冲啮,亦可障御。或因之外编巨柳长桩,内实稍草扫土[5],不犹愈于临水下埽,以绳系岸,以桩钉土,随下随冲,劳费无极者乎! 本院尝于睢州见有临河四方土墩[6],水不能冲者。询之父老,举云农家旧圃,四围柳株伐去而根犹存。彼不过浅栽一层,况深栽数十层乎? 及观洪波急流中,周遭已成深渊,而柳树植立,略不为动,益信前法可行。凡我治水之官,能视如家事,图为子孙不拔之计[7],即可望成效将来卷埽之费,可全省矣。但临河积年射利之徒[8],殊不便此治水者[9]。知其为父老土著之民惟言是听,而不知机缄之有为也[10]。凡目今卷埽斧创堤后远近适中之处,尤宜急栽、多栽数层。审思笃行[11],共图实效,勉之勉之。此法黄河用之,运河频年冲决,紧要去处亦可用。

五曰:漫柳。凡波水漫流去处,难以筑堤。惟沿河两岸,密栽低小怪柳数十层,俗名随河柳。不畏淹没,每遇水涨既退,则泥沙委积。即可高尺余,或数寸许,随淤随长。每年数次,数年之后,不假人力,自成巨堤矣。于沿河居民,各照地界,自筑一二尺余缕水小堤[12],上栽怪柳,尤易淤积成高。一二年间,堤内即可种麦。用工甚省,而为效甚大。掌印、管河等官,务宜着实举行,黄河用之。

六曰:高柳。照常于堤内外用粗大长柳桩成行栽植,不可稀少。黄河用之,运河则于堤面栽植以便牵挽[13]。

【作者简介】

刘天和(1497—1546),字养和,号松石。麻城(今属湖北)人。正德三年(1508)进士,受南京礼部主客司主事,后补御史,历任金坛县丞、湖州知府、陕西巡按御史、陕西巡抚。黄河南徙,受命部理河道,以功加工部右侍郎,旋调兵部左侍郎,总理三边军务。论功加太子太保,迁南京户部尚书,旋改兵部尚书。后告老归乡。卒赠少保,谥庄襄。有《问水集》《仲志集》《太安遗稿》《关陕奏议》《安夏录》《惠湖大纪》及医著《陶节庵伤寒六法》《幼科类萃》《经念良方》等。

【注释】

[1]拏:音 ná,牵连,连结。

[2]小引橛:小木桩。

[3]绸缪:紧密缠缚貌。

[4]按,原文(竖排)句侧有"予前见黄河决处,新堤皆掩浮沙而成,足之如踏絮中。此不过掩饰以卒,一运耳。如六柳之说,皆见功于数年之后者,今人安肯从事耶?!"

[5]稍草:指树梢谷草。

[6]睢州:治今河南商丘睢县。

[7]不拔:不可拔除,不可动摇。

[8]射利:谋取财利。

[9] 按,原文(竖排)句侧有"氏民难与虑始,况有为之言乎"数句。

[10] 机缄:犹关键。指事物变化的要紧之处。

[11] 审思笃行:慎重考虑,切实实行。

[12] 缕堤:临时处所筑小堤。因连绵不断,形如丝缕,故名。缕堤只可防御寻常洪水,特大洪水来临时难免漫溢。

[13] 牵挽:牵拉。

双屿填港工完事

明·朱纨

【提要】

本文选自《明经世文编》(中华书局1962年影印本)。

双屿港在明代很长一个时期内是个走私港。"其形势,东西两山对峙,南北俱有水口相通,亦有小山如门障蔽,中间空阔约二十余里。"明朝海禁之后,走私成了沿海普遍采取的贸易方式,而双屿港"乃海洋天险,叛贼纠引外夷,深结巢穴,名则市贩,实则劫虏"。

当时的中外走私贸易方式是:外商将货运到中国后,必须找一个中间商,负责销售。中国的中间贸易商,往往采用卖空形式,即先与外商谈妥价格与价值,先拿到货,待销售后再与外商结账。由于外国货物都是违禁物品,故而这种贸易方式很容易出现纠纷。碰到贸易纠纷,只能私了。极端的就是诉诸武力,造成流血事件。

导致双屿港走私天堂覆灭的导火线,是浙江余姚谢氏与葡萄牙商人的贸易纠纷。谢氏是余姚望族,出过阁老谢迁等大官,是浙江宁波典型的参与走私贸易的贵胄之家。谢氏进了外国货物,不断压低价格,且拖欠货款,葡萄牙商人不断上门催讨。谢氏凭借自己的权势,采用恐吓手段,声称要将他们告到官府。

嘉靖二十六年(1547)六月的一个半夜里,愤怒的双屿港走私分子及葡萄牙商人等,袭击了谢宅,烧了房子,杀了人,抢了东西,扬长而去。余姚地方官随即以"倭寇来了"上报浙江上司。七月,朱纨出任新设立的浙江、福建海道巡抚,负责打击浙江、福建沿海走私活动。朱纨走马上任后,实行"覆其巢穴"之计。他清楚宁波守军为走私商人所收买,不肯出剿,故而调用了福建军队进剿。嘉靖二十七年(1548)三月二十六日,都指挥、福建都司卢镗率福清兵1 000余人,浙江巡视海道副使沈翰指挥从丽水等地抽调的浙江乡兵1 000余人,由海门卫(今浙江黄岩东北)下海,直指走私贸易港口——双屿港。四月二日,在九(韭)山洋与走私分子交锋,官军首战大捷,活捉走私头目许栋等近60人,还有一个日本商人稽天。五日,第二次交火,活捉了走私头目李光头。六日,官军包围了双屿港区。那天晚上,风雨交加,海雾迷漫。七日,天快亮的时候,双屿港区的走私分子决定突围,大小船只倾巢出动。官军追杀堵截,走私分子死伤数百人,许六、姚大总、顾良玉、祝良贵等皆被活捉。官军进港搜查,将天妃宫 10 余间、寮屋 20 余间及遗弃的大小船 27 只,全部烧毁。史称双屿港之役。

双屿港"贼据双屿,则贼处其逸;我据双屿,则贼当其劳"。而福建"兵俱不愿留双屿,四面大洋,势甚孤危,难以立营戍守,只塞港口为当"。朱纨解释。五月二十五日,朱纨下令"聚桩采石",填塞了双屿港进出的"港门"。从此,热闹 20 余年的双屿港区消失于世。

朱纨捣毁双屿港,引起沿海地方利益集团的强烈不满。朱纨针锋相对,进一步采取强硬政策,上书朝廷,公布名单,要求严加处罚,朝廷未加采纳。朱纨凭着自己的尚方宝剑,索性未奏先斩,在宁波演武场处决了李光头等 96 名走私巨头。舆论大哗,地方及在朝的浙江籍、福建籍官员,纷纷上章弹劾。朱纨被罢官,临时增设的浙福海道巡抚一职被废。世宗甚至下诏,要将朱纨捕至北京审问。朱纨闻讯后,在家服药自杀。"人心内险,双屿外险,非一朝一夕之故矣。"

作为官员,朱纨勤政廉洁、精明强干,但他忠实执行的海禁政策却不符合当时经济社会发展的趋势。最终不但毁掉了一个贸易活跃的港口,也毁掉了他自己。朱纨后,沿海走私活动更为猖獗。双屿港区走私余部在王直的率领下,逃到日本,后来又回沿海劫扰。最终,王直被胡宗宪诱杀。虽然,双屿港走私活动猖獗,但仍称为当时江南最大的中外贸易中转港。

案照先为捷报擒斩元凶、荡平巢穴以靖海道事,该臣题开本年四月初七日,先将密计,动调官兵,剿捕双屿贼巢缘由。一面具本题知,一面行福建都指挥卢镗[1],会同魏一恭相机进剿[2],就于双屿分兵屯据为立营戍守之规,共图一劳永逸之计。及申明"贼据双屿,则贼处其逸;我据双屿,则贼当其劳"之说。

未据回报,一闻九山之捷,平时以海为家之徒,邪议蜂起,摇惑人心,沮丧士气。催据魏一恭回称福兵俱不愿留双屿,四面大洋,势甚孤危,难以立营戍守,只塞港口为当。臣亦扶病至定海县,督察军中事情,慰劳将卒,众复感奋愿留报效。

五月十六日,臣自霩衢所亲渡大海,入双屿港,登陆洪山,督同魏一恭等,达观形势,就留福建指挥张汉,千户刘定、夏纲,百户张铧,原领兵船在彼,分定中军并南北上哨,各添官兵相兼防守,惟"立寨之说"众以为非。因念济大事以人心为本,论地利以人和为先,姑从众议,行令动支钱粮、聚桩采石,填塞双港等因,于五月二十五日具题外。

本月该巡按浙江监察御史裴绅题,为条陈海防事宜,以备采择,以安地方事,内一件《防贼巢》访得贼首许二等纠集党类甚众,连年盘据双屿,以为巢穴。每岁秋高风老之时,南来之寇,悉皆解散。惟此中贼党不散,用哨马为游兵[3],胁居民为向导,体知某处单弱,某家殷富,或冒夜窃发[4],或乘间突至[5],肆行劫虏,略无忌惮。彼进有必获之利,退有可依之险,正门庭之寇也。此贼不去,则宁波一带永无安枕之期。

但前项地方,悬居海洋之中,去定海县不六十余里。虽系国家驱遣弃地,久无人烟住集,然访其形势,东西两山对峙,南北俱有水口相通,亦有小山如门障蔽,中间空阔约二十余里,藏风聚气,巢穴颇宽。各水口贼人昼夜把守,我兵单弱,莫敢窥视。

臣以为必须合闽浙二省之兵,协力夹攻,待时而动,然后可以驱逐之去,永绝祸本。贼除之后,即将此地立为水寨,屯军聚守,勿令空闲,复为贼人所据,庶外足以拒贼,内足以藩屏。题奉钦依备咨到臣。

今据前因,为照浙江定海双屿港,乃海洋天险,叛贼纠引外夷,深结巢穴,名则市贩,实则劫虏。有等嗜利无耻之徒,交通接济,有力者自出赀本[6],无力者转展称贷;有谋者诓领官银[7],无谋者质当人口;有势者扬旗出入,无势者投托假借,双桅、三桅连樯往来。愚下之民,一叶之艇,送一瓜,运一樽,率得厚利。驯致三尺童子[8],亦知双屿之为衣食父母。远近同风,不复知华俗之变于夷矣!虽有沿海官兵之设,如臣先奏所谓奉公法必见怒于私党,犯私怒必难逃于公案。随俗则有利而无害,犯法亦远害而近利,非漫言也。

不然,何近日双屿一倾,怨谤四起[9]。防闲夷馆之禁少严[10],谋杀抚臣之书遂出。此中华何等地耶?人心内险,双屿外险,非一朝一夕之故矣。先该前巡按御史裴绅议合闽、浙二省之兵,协力夹攻,待时驱逐,立寨戍守。该兵部覆议行臣,会同南赣都御史龚辉计议。此诚兵机重务,地方至计也。

本年四月初七日,双屿既破,臣五月十七日渡海达观。入港登山,凡踰三岭,直见东洋中有宽平古路,四十余日,寸草不生。贼徒占据之久,人货往来之多,不言可见。官兵屯守既严。五月十日,浙海瞭报贼船外洋往来一千二百九十余艘,已经奏报。其流入南直隶地方仅三四艘,便成震动。是双屿之为要害甚大,而浮言之为诿间甚明矣。

夫蛮夷猾夷,寇贼奸宄,尧舜之世,在所不免。兹盖伏遇圣明在上,海岳效灵,不烦会兵待时,立寨戍守之劳,而埽穴塞源[11],沿海安堵[12],往年涂炭之民,颇有壶浆迎师、耆老垂涕之风。特穷庐荒远[13],无势无力,有情不能上达耳。

【作者简介】

朱纨(1494—1550),字子纯,号秋崖,长洲(今江苏吴江)人。正德十六年(1521)进士,历官景州、开州知州,迁南京刑部员外郎、四川兵备使、广东布政使、右副都御史。嘉靖二十六年(1547),任提督闽浙海防军务。剿灭浙江走私、海盗患。后因愤自杀,朝野为之叹息。自此,中外不敢言海禁事,海防废弛,倭寇更加猖獗,荼毒东南沿海十余年。有《甓余杂集》。

【注释】

[1] 卢镗(1505—1577):字声远,明代汝宁卫(汝南)人。嘉靖二十二年(1543),由世荫嗣职福建镇海卫,升至福建都指挥佥事。二十七年(1548),闽浙沿海倭寇海盗为患,朝廷命都御史朱纨巡抚浙江。朱纨任命卢镗率军讨平鼎山、双屿贼寇。倭乱虽平,但损害了当地权势之家的利益,于是诬陷朱纨等滥杀无辜。帝大怒,下令究治朱纨死罪,卢镗等株连入狱,定成死罪。从此,闽浙沿海不设巡抚,海禁复弛,倭乱再起。嘉靖三十一年(1552),倭乱蔓延至闽浙粤腹地,卢镗受荐复起,在福建沿海各府县招募乡勇,筑垒修寨,练兵设防,近海得安。嘉靖三十五年(1556),兵部右侍郎兼总督江浙事务胡宗宪荐擢其为协守江浙副总兵,数年间,卢协其平定

倭倭患。嘉靖四十四年(1565),胡宗宪被劾入狱,卢镗成为同党,逮治下狱,后免罪遣归。万历五年(1577)在家去世。家计萧然,清贫如贫民,世人叹其清廉。

［2］魏一恭:字道宗,号定峰。莆阳(今福建莆田)人。时为浙江按察副使,分镇四明(宁波)。有倡议于定海邑海岛中筑城列戍者,一恭闻讯制止,朱纨不听。

［3］哨马:探马。

［4］冒夜:不顾黑夜。窃发:悄悄行动。

［5］乘间:趁空子。

［6］赀本:做买卖的本钱。

［7］诳领:骗领。

［8］驯致:逐渐达到,逐渐招致。

［9］怨讟:亦作"怨嘿"。怨恨诽谤。讟:音 dú,怨恨,诽谤。

［10］防闲:谓防备和禁阻。少严:同"稍严"。

［11］垝穴塞源:谓堵死巢穴,塞阻泉源。

［12］安堵:犹安居。

［13］穷庐:破房子。谓条件艰苦。

广平府中新街记

明·姚涞

【提要】

本文选自《明山先生存集》(北京图书馆据嘉靖三十六年姚稽刻本影印,收入《北京图书馆古籍珍本丛刊》)。

广平府,在今河北省永年县。自府治至京师近千里。广平府的街道自元末至入明朝,"百余年"。随着城市人口的不断增加,大家不断"即故廛而葺之"。然而,"民益稠,市益喧",大家对坑坑洼洼、杂草丛生的道路莫可奈何。

广平太守蒋原学上任后,百事安顿之余,"谋诸同事,下所司"整修街道。"听民以其便,移于闲壤。营表既定,规画有方,民竞于卜而奠厥宅里。"即官府先让整修所涉及的街道边居民就近安置。待到整修完毕,大家纷纷回迁,开始重新营造自家的房屋。

整修完毕的广平府街,道都有了新名字,在明山先生姚涞的眼里,都是嘉名,"名以义起,义以职思。属之上者寓诸讽,属之下者寓诸教"。街道用"怀仁""兴行""乐户""新兴""返朴"等等来命名,"经纬相错,曲而导之""保助相守","洺始得以乐土称美哉"。

所以,他要为之记。

幽州之南为洺,今广平郡也。当元之季,岁以兵争山东,民困于寇。其入职方[1],则洪武改元之初;而列之封畿,则永乐之六年也,时民始遂苏息[2]。城府之地,室庐落落[3],未见其绮分而鳞次也[4]。

国家承平百余年,散者欲聚,隘者欲辟矣,然皆即故墟而葺之。已而民益稠,市益喧,城中之隙地,则潦得以钟,蒿得以丛。民虽甚病,卒莫敢规尺寸焉。

乃者郡守蒋子原学以秋官郎来知是邦[5],闿敏矜恕[6],为政有经,念前之非度而为之改厘[7]。于是,核田定税而赋始[8]均,延师育材而士始振,建仓登粟而食始充,凡此数者,皆列城所未行也[9]。至于勤民之隐,不逆其施,弱者翼,劳者节,通者复,梗者锄,媮者励[10],民既植其生矣。偶一日登城,谓其僚曰:"旷城邑而不修,陋制也;弗道途而不治[11],废政也。洺民之繁也,其居弗能容而犹袭旧,以为安非父母? 洺民意也。吾将斥而营之,以利吾民。"

遂谋诸同事,下所司治之。听民以其便,移于闲壤[12]。营表既定,规画有方,民竞于卜而奠厥宅里[13]。

连庶吉士矿为之次其治状,以永年令宋瑛之意来请记于余。余索图观之,城之南为街曰"兴行",转而东则曰"遵道"、曰"怀仁"、曰"近贤";城之东为街曰"遵义",转而北则曰"太和"、曰"怀德"、曰"时雍";城之西为街曰"德化",转而南则曰"存信"、曰"亲睦"、曰"敦俗";城之北为街曰"乐户",由是以西则曰"尚礼"、曰"礼让"、曰"太平"、曰"返朴"、曰"新兴"、曰"劝善"。城之四隅为街,亦各有四,皆以角名之,从方言也。总一城论之,街之在北者为多,四鄙九邑之众,朝夕聚于府治以听令于牧,宜民居之庶,且密也。自兴行以至劝善,街二十有三,皆今所新创而其旧弗列也。旧街自"承宣""牧民"之外,凡十有六,尽易以嘉名,亦自今始。名以义起,义以职思[14],属之上者寓诸讽,属之下者寓诸教。疏而布之,经纬相错;曲而导之,长短相属;表而柝之[15],保助相守。

列肆罗隧[16],梦橑构焉[17];方轨纳驷,冠盖游焉;举袂挥汗,质剂交焉[18];填城溢郛,士女嬉焉。洺始得以乐土称美哉! 三辅之巨丽也。

或曰:"司空不视途,单子以是知陈政之衰[19]。季春开通道路,毋有障塞,则《月令》之所诫也[20]。蒋子之为政,其得周人之遗意乎? 然余观当时所论,谓"道途已设,而惧其或坠厥功",非如今日之创制为也。蒋子虑以仁,断以义,兴不费之惠,举不劳之役,开无穷之利,盖得于周人法意之外而令德之则,垂之百年后之人,永庇而休焉。以世载其德而歌其功,必将与兹壤俱敝矣。吾是以记之。

【作者简介】

姚涞(? —1538),字维东,号明山。浙江慈溪人。嘉靖二年(1523)状元。入仕途授翰林院修撰。后充经筵日讲官,升左春坊左谕德。奉敕校注《累朝宝训》毕,晋升学士,出任乡试主考官。次年,奔父丧,因过度悲伤而去世。有《明山先生存集》。

【注释】

[1]职方:犹版图。此谓入明版图。

[2] 苏息:休养生息。

[3] 落落:形容多而连续不断的样子。

[4] 绮分:谓条划分明。

[5] 乃者:谓刚刚。秋官郎:指刑部郎中。

[6] 闿敏:开朗聪敏。矜恕:怜悯宽恕。

[7] 改厘:改革,改正。

[8] 核田:核实田亩。

[9] 列城:指城邑长官。

[10] 媮:音 tōu,同"偷"。苟且。

[11] 茀:道路上杂草太多,不便走。

[12] 闲壤:闲置的土地。

[13] 宅里:犹坊里。

[14] 职思:犹得思,联想。

[15] 柝:音 tuò,古代打更用的梆子。

[16] 罗隧:谓沿街布列。

[17] 棼橑:楼阁的栋和椽。

[18] 质剂:古代贸易券契质和剂的并称。长券叫质,用以购买马牛之属;短券叫剂,用以购买兵器珍异之物。后世的合同本此。《周礼》:"七曰听卖买以质剂。"郑玄注:"质剂,两书一札,同而别之,长曰质,短曰剂。傅别、质剂,皆今之券书也。"

[19] 单子:即单襄公。他受周定王委派出使宋、楚,路过陈国时,看到路边杂草丛生,边境亦无迎送宾客的人,到了国都,陈灵公跟大臣一起戴着楚国时兴的帽子去了著名的寡妇夏姬家,而不会见他。单襄公回到京城后,对定王说,陈国一定会灭亡。

[20] 月令:是上古一种文章体裁,按照 12 个月的时令,记述政府的祭祀礼仪、职务、法令、禁令。现存《礼记》中有一篇《月令》,为汉初儒者从《吕氏春秋》中收入。其中,有季春月令"修利堤防,导达沟渎。开通道路,毋有障塞"。

新建鹤庆府城记

明·李元阳

【提要】

本文选自《古今图书集成》职方典卷一五〇〇(中华书局　巴蜀书社影印本)。

"鹤庆府在滇之西陲",鹤庆名起于元朝。到明初朱元璋时,设鹤庆军民府。崇山峻岭中,要建府城,当然难。所以从明初到嘉靖甲辰(1544),一直未建。

这一年,遂宁人周集以刑部郎中上任鹤庆知府,"郡而不城,变,谁与守"?在获批准后,他发动军民开始筑城。经过四年的努力,最终构筑成"周五里五分,几千丈；高二丈二尺，基广三丈，趺石高五尺，砖之骈比而厚者，为层六，积累而高者层四十有五，土石内附倚为固。城四门，南有郛。北因守御，旧城而门之，若重关焉。门各楼，四角如之。周庐二十有五，敌台十。堑广三丈，深丈五尺。穴城深以仞，沟洫为石孔十二。经纪周密，巨细毕张"。

李元阳所撰这篇《城记》记录了鹤庆修城的珍贵史实。明代改土归流前，鹤庆府只有土城垣，为宋代所修。周集这次重拓新城，历四年而成。古城一直沿用至民国，虽曾五次葺修，但使用不辍。建国后的 1950，古城墙被拆除。

滇之为省，在天下之西南陲。鹤庆府又在滇之西陲，视他郡尤为要害，而独未之城。

嘉靖甲辰，蜀遂宁周公集以刑部郎来知府事，抚顾山川，喟然叹曰："郡而不城，变，谁与守？"会分巡中江王公按部至，止，闻而壮之。遂相与揣其高卑，物其土方，爰卜爰度，神人既协，事期有成。因而请于巡抚钟祥刘公、巡按新城宋公，佥曰："宜城哉。"因驰奏上闻，制许之。

于是，城役乃兴，至岁丁未而城成[1]。周五里五分，几千丈；高二丈二尺，基广三丈，趺石高五尺[2]；砖之骈比而厚者，为层六，积累而高者层四十有五，土石内附倚以为固。城四门，南有郛，北因守御，旧城而门之，若重关焉。门各楼，四角如之，周庐二十有五，敌台十。堑广三丈，深丈五尺。穴城深以仞，沟洫为石孔十二。经纪周密，巨细毕张。升其城也，则石磴龈龈，长堞冯冯[3]。西南复西，藩垣用兴。居者庇德，行者颂能。

周公之初作城基也，掘地深五尺，阔三丈许。程以坚栗[4]，障蚁穴也；沉以巨石，防潦泒也。于时，城趾未盈尺，而山石为空；公帑未启钥，而私俸已罄。此则公之求诸天慊诸己而不以售之人者也[5]。然犹论说人殊，佑费中匮于时。则有巡抚仙居应公、巡按蔚州郝公、慈谿刘公主张众论临核不浮，伸缩补之，奖勤激颓。由是费乃裕用，徒佣勃然矣。

至如躬履其地，继视其事，定章程，度规制，酌财用，书廪饩[6]，各殚智虑，克成厥功，则分守阆中沈公、常熟朱公、南昌刘公、兵宪进贤曾公、宜宾卞公，分巡无锡安公其人也。

是役也，木甓砺锻餼粮之直[7]，以金数之，至三万八千有奇。用人之力，以工数之，竟百余万。凡所以为守城之具，无弗给焉；夫见小者隳大白私者，鲜。公是故劳恶其出于己也不必归己，货恶其弃于地也不必藏于己。

圣王之有府库，以为民备也，建侯置守以为民墅也[8]。今城以域民大政也，边防先务也。诸公忘己之劳而归功于郡守，国家不爱其费而贻民以安，其于为政之本末与其所先后，皆得之矣。在昔有周南仲城于朔方，则致王命以赞其决；仲山甫城于东，则有吉甫以推其贤。是故下有赫赫之名，未有不本于上之能容；上有明明之功，未有不繇于下之克任。

愚也土著鄙人，幸兹城于己有桑梓之庇，窃有感于诸公协恭之美[9]，信无负于明命,思有述以告将来。会鹤之士,若夫若者,不远数百里至吾庐取文,将刻之城隅以识岁月。遂忘其芜陋[10],作鹤庆府城记,诸有勚于城者载姓氏于碑阴[11]。

【作者简介】

李元阳(1497—1580),字仁甫、号中溪。白族,云南大理人。嘉靖五年(1526)进士。嘉靖十年(1531)授江阴县令,迁户部主事、监察御史,外放为荆州知府,所到处政声显著。终因厌倦官场,回大理老家隐居,历40年未仕。有《艳雪台诗》《中溪漫稿》《心性图说》,并在晚年编纂了《(嘉靖)大理府志》《(万历)云南通志》。被誉为"史上白族第一文人"。

【注释】

[1]丁未:1547年。

[2]趺石:指基座石。

[3]龈龈:咬啮貌。冯冯:盛貌。

[4]程:谓埋填。

[5]慊:音qiàn,不满,怨恨。

[6]廪饩:泛指薪给。

[7]砺锻:磨砺锻锤。此指金石之工。餱粮:干粮,食粮。

[8]墍:音jì,涂抹屋顶。比喻庇佑。

[9]协恭:勤谨合作。

[10]芜陋:犹才疏学浅。

[11]勚:音yì,劳,劳苦。

宣 大 修 墙

明·翁万达

【提要】

本文选自《明经世文编》(中华书局1962年影印本)。

朱元璋将蒙古人赶出中原,但穿越整个明朝,北方鞑靼、俺答等草原民族始终为明廷的心腹之患。嘉靖时,称雄河套者为小王子,号称控弦十余万,后小王子稍稍厌兵,乃徙于东方,称乃蛮。而俺答为河套后起之秀,与另一部落首领吉囊相继侵边,未久,吉囊于嘉靖二十一年(1542)死,诸子狼台吉等散处河西,势既分,俺答独盛,称雄河套。当其崛起时,以蒙人"人不耕织,地无他产",亟需粮帛铜铁诸生活必需品,俺答数求贡于明边,或挟众叩阍以求,或遣使下书以求。不以封贡得,则以武力掠夺得。于俺答而言,若明廷能予入贡地位,封其为王子,"掌管北边,各酋长谁敢不服"。且"入寇则利在部落,入贡则利在酋长"。(翁万达《夷人求贡疏》)故俺答其时志在求贡,且数以武逼贡。

俺答侵边,约始于嘉靖二十年(1541),其入侵范围,东达辽蓟,西抵延绥,尤以中部为要害。宣府、大同、山西一带乃京蓟西北门户,一旦被俺答马蹄撕破,京畿立成危卵。往年边防不严,屡屡被寇,损失惨重。故特于宣、大、山西三处重镇合设总督,以期统一指挥,加强防卫。而先于翁万达为宣大总督者有樊继祖、翟鹏和张汉三人,俱因失当而被夺职罢免(樊继祖),贬谪戍边(郭宗皋),系狱且死(翟鹏)。

嘉靖二十一年(1542)夏,边臣龙大有缚俺答求贡者,斩于市。俺答怒,当年六月纵骑南下,一月内"凡掠十卫、三十八州县,杀戮男女二十余万,牛马羊豕二百万,衣裘金钱称是。焚公私庐舍八万区,蹂田禾十万顷"。(《明史纪事本末·俺答封贡》)局势危如累卵,出任宣、大、山西三边总督无异置己于火炉上。嘉靖二十三年末,翁万达以兵部右侍郎兼都察院右佥都御史,总督宣、大、山西军务,第二年初抵任。

任上,翁万达采取一系列加强防务,增加有效抵御蒙古骑兵进攻的军事与政治措施,且取得一定成效。"万达精心计,善钩校。墙堞近远,壕堑深广,曲尽其宜,寇乃不敢轻犯。""墙内戍者得以暇耕牧,边费亦日省。初,客兵防秋,岁帑金一百五十余万,添发且数十万,其后减者几半。"(《明史·翁万达传》)缕而言之:

其一,将宣、大、山西总督官署从后方朔州迁至防区前线大同镇阳和卫,以加强对前线形势之了解、掌握,加强军事行动的联络与指挥,使总督之权责得以更有效履行。此举可见翁的识见及胆略。

其二,权衡宣、大、山西全线地理及军事形势,提出"并力守边",调整布防重点之战略方针。撤去"内边"大部分防兵,集中并力防卫"外边",增强第一纺线军事力量,"外边"不破,"内边"亦相对安全。仅此则可减省不少兵力(包括防秋时临时征调的他地兵力)及军费。

其三,根据"外边"防守之重,提出全面整修边墙(即长城)计划,并亲自设计、督建。翁万达认为,明军与蒙古骑兵各有不同特点,明军人多,但不善马战;蒙古骑兵人少但机动灵活,飘忽不定,善于野战冲杀,以抢掠财物为谋生之道。明军利在于守,以守为胜,但若无高大坚固之边墙为防御工事,面对"挥鞭山凌,结阵川拥。朝发夕至,如倏风雷"之蒙古铁骑,明守军将前无抵拒,后难追袭,战守无据。"乃请帑银六十万两,修大同西路、宣府东路边墙,凡八百里。"(《明史·翁万达传》)边墙动工于嘉靖二十四年,二十五年下半年基本完成。工竣,上《宣大山西偏保等处边关图》《宣大山西外边墙长图》,并进一步指出,边墙修建,固然增强防御能力,"自始可以言守也",然非永无边患,可以高枕无忧,还须加强政治、策略、用人诸长策,始可保证新边墙真正发挥防御作用。他称:"重关叠嶂,险在地者也;谋臣猛士,险在人者也;懔懔危惧,险在心者也。"

除此以外,翁万达还在参考古火器及西洋火器的基础上不断试制新式火器,改善军队装备;采取弃小堡,归大堡,设堡长、队长,添置枪械武器等办法整顿民间防卫组织;同时礼贤下士,善待卒伍,奖励有功官兵;加强敌情侦察,提前预备设防;加强边境与社会治安缉查,特别防止内奸破坏。尤值一提的是,鉴于形势,翁万达上疏主张和贡和复套,以化解武力冲突。建议饱受颠仆,终于在嘉靖三十年成为现实,大同、延绥、宁夏三处开马市。

翁万达任宣大山西总督的五年里,九边重镇宣大线边关一度出现了升平景象,正如唐荆川《塞下曲赠翁东涯侍郎总制》所吟唱的:"湟川冰尽水泱泱,堡堡人家唤莳秧。田中每得鸟兽骨,云是胡王旧猎场。"

议

照大同一镇,外邻住牧虏巢,内屏畿省关监,为九边第一重地。旧日相沿虽有三边名色,以其逼近虏营,且无附近城堡藉之守护,遂致掏挖倾圮,鞠为坦道[1],遗址仅存。

比年虏牧于夹墙之间,朝窥夕窥,东出西没;近边田土,日就荒闲。而驿路行旅间被杀虏,盖以障塞罔修,阻遏无恃。故且自二十年大虏深犯山西之后,边臣仰遵庙谟[2],东自阳和开山口,西至山西丫角山,修筑边墙一道,添设墩堡,募军守戍。嗣是虏贼有所忌而不敢轻犯,边人耕牧,为利颇多。独阳和天城迤东接连宣府西界,中间多有通贼要路,因未筑有边墙。近年虏众深犯,率皆由此出入,视中西二路有险足据,卒岁稍宁者,可以鉴矣。

职等日夜忧危,多方诹访[3],乃于今春会举斯役。属当春夏之交,大众一齐,复虑虏骑之侵扰,阴雨之阻滞。度工计日,约费估银,会本具奏。仰荷皇上如数蠲发[4],再命总督宣大抚镇等官,相度计议。职等初议欲自阳和口修至李信屯止,盖以声势连络,守援既便,馈饷弗艰。本有利于大同,但宣府李信屯迤北,尚有五六十里。始接西阳河边墙,既有此空缺之处,未免更费工役,添设摆守。先以事在彼中,未经会议,无从而知也,乃复改从今议。

又蒙皇上俯赐俞允[5],不惟宣府李信屯迤北五六十里之空缺包裹在内,可以不劳修守;而西阳河通贼川口直西一面,又得大同新墙为之外郭,诚一劳永逸之图,非顾此失彼之偏也。兴工之期,又值丑虏退遁[6],时日晴明,军民欢呼,夜以继日。计八十七日之工而落成,甫及五旬[7]。约二十四万之费,而节省将以亿计。以虏马盘据之地,成吾人耕牧之区。藩垣巩固,疆圉肃安。此实宗社无疆之休,中外臣民之庆也。

【作者简介】

翁万达(1498—1552),字仁夫,号东涯,谥襄毅,亦作襄敏,揭阳人(今属广东汕头)。嘉靖五年(1526)进士。入仕途累官梧州知府、广西按察副使、四川按察使、陕西布政使。嘉靖二十四年(1545),加右副都御史衔巡抚陕西,同年底拜兵部右侍郎总督宣(府)、大(同)、山西、保定军务兼理粮饷。后再以左副都御史任兵部尚书,统理北方边防事务,抵御蒙古族俺答汗数十万骑兵的侵扰,敌呼为"翁太师",闻之纷纷退却。修筑大同宣府间长城800余里,烽堠300余座,边境得以安定,并使原每年150万两之边费减少一半。后奔丧,因严嵩作梗,竟被削职为民。有《稽愆集》《东涯集》,近年其后人辑有《翁万达集》。

按:翁万达《修筑边墙疏》收入《明经世文编》的共三道。注一附二。

【注释】

[1]鞠:弯曲。此指倒塌。
[2]庙谟:犹庙谋,廷议。
[3]诹访:咨询,征询。诹:音 zōu,询问。

［4］蠲发：犹准奏。蠲：音 juān，显示，昭明。

［5］俞允：《尚书·尧典》：帝曰："俞。"俞，应诺之词。后世即称允诺为"俞允"。

［6］退遁：败退逃跑。

［7］甫：刚刚，才。

附：修筑边墙疏

明·翁万达

议照形势者，设险之所必因。而时势者，兵家之所必不能违也。兵不审时，险不度地，未免于泛然而举，倏然而罢，非所以揆事体而弭寇仇之道也。

山西起保德州黄河岸，逶迤而东，历偏关抵老营堡尽境，实二百五十四里；大同起西路丫角山，逶迤而北，东历中北二路，抵东路之东阳河镇口台，实六百四十七里；宣府起西路西阳河，逶迤而东，北历中北二路抵东路之永宁四海冶，实一千二十五里：共一千九百二十四里。皆逼临胡虏，险在外者也，所谓极边也。

山西老营堡，转南而东，历宁武、雁门、北楼至平刑关，尽境约八百里。又转南而东为保定之界，历龙泉倒马、紫荆之吴王口、插箭岭、浮图峪至沿河口，约一千七十余里。又东北为顺天之界，历高崖、白羊至居庸关，约一百八十余里。共二千五十余里。皆峻山层冈，险在内者也，所谓次边也。

我国家虽不守东胜，弃大宁。然重险天设，固犹在我也。外边西连延绥，东距蓟州，势相犄角。至于为京师屏蔽，则宣大为特重，非它镇可比。即宣大山西外边之地，有夷险迂直。合而言之，则大同最称难守，次宣府，次山西之偏老；分而言之，则大同之最难守者，北路也，次中路，次西路、东路。宣府之最难守者，西路也，次中路，次北路，次东路。而山西偏关以西百五十里，恃河为险，无待防秋。偏关以东之百有四里，则略与大同之西路同焉。内边可通大举，惟紫荆、宁雁，次居庸、倒马、龙泉、平刑诸关隘。

要之内外二边，皆所以扞蔽燕晋，保障黔黎。然外之不御内安可度，故论者有唇齿之喻，又有门户堂奥之喻。贼窥堂奥，必始门户。唇不危则齿不寒，理所易晓也。迩年以来，大虏屡寇山西，必自大同入侵犯紫荆，必自宣府入，事所可征也。盖形势之大略有如此者。

古称夷狄之众，不能当中国数大郡。若智与谋，及戈盾火器之属，长短相较，又万万不侔。然所以能为中国患者，毡裘之族，骜忿而雄捷，出于风气，异我汉人。又彼以骑射为本业，抄掠为生理，专于技而无待于教。战斗之事，人人能也。而我事隶于群牧，业分于四民，百一为兵，劳于训习，习且弗专，故亦多弗精也。彼聚寡为众，乘时而攻人；我散众为寡，画地而自守。攻无定势[1]，所资驱疾骑而运之，飘忽如风雷。守有定形，遇贼必赍粮负甲而随之，瞻顾而狼狈。彼去文字，简备令，进无所驱，退无所慑，而我则议论多端，号令多门，进退由人，上下牵制。故彼日拙巧，我日巧拙。

又国初之时,我太祖、成祖抗陵远斥,夷狄势衰,窜伏莽榛,仅存喘息。正统以后,则生齿渐繁,种类日盛,近且并海贼,吞属番,掠我居民为彼捍隶。诸酋所部,约可二三十万众,视之国初,何啻倍蓰? 沿边戍卒,较以旧额未尝加多。彼丑先年秋高入寇,控弦不满数千,掠境不能百里。我兵临时调遣,缓急仍收胜算。顷者每一大举,动称十余万人,蹂躏关南,侵骇京都。循常师旅,莫敢遮邀。盖时势之大略有如此者。

夫度形势之便,则详于外防正以扞内,量为内备所以资外。揆时势之难,则今所经略当异于昔,而后所经略当始于今。并力以守要,益兵以防秋,要皆事势之不得不然者也。

保定边事,由今之常,无大可更,但宜罢征兵于内省,分镇兵于外藩,便已得之,不敢概论。山西防秋,先年止守外边偏老一带,岁发班军六千人,专一备御大同。而内边宁雁一带,仍有官兵防守隘口,以为大同声援。及与宣大各路守兵,旧皆屯驻城堡,但遇警报,相机防剿,原无分地摆守。此因虏越大同入山西,当时地方诸臣误以大同为难与其事也。乃独筑宁雁以东至平刑边墙八百里于腹里,掣回大同备御之兵以守诸关[2],已非建置边防守要之意。继因守兵不敷,添设太原等处,参游兵马七营,召募新军,及金调新旧民壮屯夫弓兵,率已六万余人。公私转输,内地骚动,所谓财匮于兵众,力分于备多者,正谓此耳[3]。

夫山西不藉备于大同,大同不需力于山西,计两失之。宣府亦目虏犯西路,尽调本镇兵马,专备西中,而北路虽不用摆边,然而兵马已至空虚,不无可虑。连年三镇防秋,征调辽陕兵马,遂不下五六枝,费用粮赏,及本镇守兵刍饷以百四十万计。费实不赀,难于持久。并守之议,兹其所以为善经也。外边控虏,四时皆防;城堡之兵,各有分地;冬春徂夏,不必参错,征发自无不敷。秋高马肥,虏可狂逞。若复拘泥逞事,散处城堡,临时动调。近者数十里,远者百余里,仓卒遽难合营,首尾自不相应。欲以寡弱之兵,当众强之虏,势必不敌。万一又如往年溃墙而入,越关而南。内地之人,素不习战,即欲坚壁清野,或恐先被荼毒。及至京师震骇,君父殷忧,方始皇皇调征,迫迫请讨。即不爱吝,何益事机? 是知形变不同,审固当预,守边之兵,兹其所以难遽罢也。

《易》曰:"王公设险,以守其国。"设之云者,筑垣乘障,必资于人力之谓也。虏几寇边地,迂峻则易防,地平漫则难御;有墙则易者愈易,而难者亦易;无墙则难者愈难,而易者亦难。今夫百人之堡,非千人不能攻者。堡有垣堑,则寡可敌众,弱可制强。若遇虏于平旷之墟,则百人豚羊,千人狼虎,鲜不为所吞噬[4]。以是知山川之险,险与虏共也;垣堑之险,险为我专也。我恃其所专,而夺其所共,修边之役,兹其所以当再举也。况查连年修筑,如山西偏老一带,委极高厚。大同各路与宣府之西中二路,旧墙可因,亦已十之七八。再加工力,数月之内,可以告完。连亘千里,屹然长城,截然为华夷之严界矣! 而防秋之兵,所以必带甲而登墙,列营而待敌者。

臣等闻之,险而不设,与无险同;墙而不守,与无墙同。是故定规画,度工费,二者修边之事也。慎防秋,并兵力,重责成,量征调,实边堡,明出寨,计供亿,节财用,八者守边之事也。修边因垂成之功,守边贵济时之急。边墙欲图其永利,兵马不解于秋期,国家虽费,非得已也。而稽往虑来,就中揆策,如所条列于左者,虽皆常谈,无甚高异。然自是而兵不甚劳,费可渐省,期以弭寇仇而固疆圉,要皆臣等之极思也。若必倾无量之费,忍百万之师,分道遣将,深践寇庭,灭此骄狂,然后朝食,斯固安攘之壮图,亦臣等忠于陛下之职分。顾虏势未衰,我力不足,谋须积久,事必待时。以故臣等但当图其易,而不敢务其难;尽力于其所可为,而不敢妄觊于其所不可必。

【原注】

按:

[1] 原文(竖排)句侧有"汉之所以胜虏者,能先出兵以攻之也。虽卫、霍全盛时,虏入边郡亦不免于杀掠,可见攻守之势异矣。"

[2] 原文(竖排)句侧有"便是弃外边之渐,河套、东胜之失皆由此。"

[3] 原文(竖排)句侧有"不守门庭而守堂奥,非策也"。

[4] 原文(竖排)句侧有"因山川而设垣堑,自汉人已然。"

大 同 修 墙

明·翁万达

臣看得该镇边墙自阳和迤西靖虏堡起,至山西丫角山止,沿长五百余里。虽经先年陆续修完,比之今年新修阳和迤东一带,高低厚薄,委有不同。况入夏以来,雨水冲淋,尤多崩塌。封筑补修,工程必不容已。官兵不妨防秋,令操版筑,就支本等行粮,止给盐菜,为费甚省。据所估计,每日每名该银一分,共该银二万九千九百七十两有零,数亦不多,但役使人力,全在鼓舞。若尽将前项银一万四千七百六十两有奇,及时均给,日勤程督,务俾事速工倍,或亦足用,不必拘定一日一分之数,亦不必临期议添,庶见边臣撙节财用之意。

即今人已赴工,抚镇诸臣已将盐菜折银,量为给赏。并将前银所买在仓粮米,准作今年防秋摆边官军应支行粮。揆之事体俱属相应,无容别议,其称要将前银五万二千一百六十三两有奇,补还先年节次借过赏功银两,亦当如拟。

但大同地方逼临虏巢,川原平行,最称难修。所恃边墙,比之他镇,尤为紧要。今虽以防秋之卒,刻期封修,人力有限,计终不能如阳和、天城新边墙之高厚坚固也。若使高厚坚固,一如新墙,则山西丫角东南如宁武、雁门、平刑关等处,赖此以为外藩摆守之兵,自宜掣罢。顾以财用不继,众志未同,欲便举行,辄尔中辍。近得巡抚山西都御史杨守谦,议开"山西自黄河东岸老牛湾至丫角山边墙,东接大同、井坪、平虏左右卫,弘赐等五堡周总兵所筑边墙,直至阳和迤东,军门近所修完者,二镇仅七百余里,又自丫角山东南至平刑关、独山西尚八百余里。山西守边官军民壮屯夫,计六万六千余人。除丫角以西守边外,东南八百余里间,止五万二千人守之。每里六十五人,半登墙而守,半在内候援。虏之入常二三万众,折墙登山,止须十丈,恐非此十余人所能御者。若山西将丫角东南八百里不必守移兵与大同共守七百余里,所省过半。以山西今议兵六万七千,合大同兵七万五千,并调客兵,计十五万四五千余。

丫角西墙既已高厚,其地又不通大举,可用兵万五千人。阳和东墙,再用兵二万人。中止四五百里,已有丈余墙,而以十二万人守之。以四万人防护,八万人即旧墙增筑之。高二丈,底阔一丈七八尺,收顶一丈二三尺;里为二敌台,台高三丈。八万人日筑六里,月可一百八十里,八十日而讫工。且守且筑,此边既成,每岁防秋用八万人。山西三万,大同五万,其内再用二镇援兵三万人。军门居中调度,守谦与总兵并大同抚镇各分百余里,亦居中调度。左右止六七十里,参游守备止分二十余里。一有缓急,援兵可以立至,事可万全。凡山西之民壮、诸镇之客兵,皆可渐掣。边内多筑堡寨,修庐舍,给牛种,募民徙耕之。凡内帑之转输,民间之供亿,又皆可渐省等因。大意盖欲撤宁雁诸关之戍兵而并力于大同,不分彼此,相资也。不劳大费而所备者寡,所守者要也。是其志甚公,其虑甚详,而其谋甚忠恳。以臣愚凤有此心,格于寡助。骤闻斯语,意辄跃然,愿相从事。

今秋时已逼迫,未敢遽陈。少待冬春,当会杨守谦及詹荣等将大同靖虏至丫角边墙,及两镇合修守备,宜从长计议,期于一举,永持至安。前项余剩银两,合无存留以为他日举事之资。其借过赏功之数,户部查明开销,惟复仍照詹荣前议照数补还赏功。伏乞勑下该部,查议上请定夺施行。

怀来城东通济桥记

明·翁万达

【提要】

本文选自《古今图书集成》职方典卷一九五(中华书局 巴蜀书社影印本)。

"怀来直国北门,位居庸要路,自京达宣(府)、大(同)两镇,罔不由之其通。"守边名帅翁万达嘉靖二十四年(1544)以兵部右侍郎总督宣、大、山西、保定军务兼理粮饷"督军塞上",重修这座明武宗北巡时敕命用万金修成、又被水毁的桥梁。反复勘察、斟酌后,翁万达采取"深根以固其塞,远岸以杀其势,轴柱鳞密以严其隙,蹲鸥脉络而莫与之斗"的造桥策略,终于修好了通济桥。

怀来(今属河北)城为宣化府所属,明代怀来城为卫治所所在地,下辖沙城堡城、土木堡城、榆林堡城。怀来城西通晋蒙,东达京津,自古就是军事要塞。《怀来县志》称,"怀来虽区区百里,而西屏宣镇,东蔽居庸,北当枪竿、滴水崖之冲,南护白羊、镇边城之险,前代列戍屯兵,视为重镇"。又说:"宣镇厄要之区不在镇城,而在怀来。"正统十四年(1449),明英宗就是在怀来东的土木堡被瓦剌军俘虏的。

怀来城在元代就曾建有土筑城垣。明洪武二十三年(1390)赵彝重修怀来城;永乐二年(1404)又扩展修筑;景泰五年(1454)参将夏忠砖砌全城。怀来城东、北两面跨山,西、南为平地。城周长七里二百二十二步,高三丈四尺。城垣上筑城楼三座、角楼三座、铺舍 28 座、敌楼 26 座、垛口 985 个。东、南、西开三个城门,各有瓮城拱卫。城东北角开有小北门一个,但长期关闭。城墙外侧建有壕沟,深阔各一丈。

怀来城在元代为著名驿站,城内设公馆以接待递送公文的驿卒和来往的官员。城东妫水河上的古石桥,即翁万达重修的通济桥,是元朝上都(开平)到大都(北京)干道上的重要桥梁。这座石桥始建于元代,称五虎桥;明嘉靖二十七年(1548)重修;清嘉庆六年(1801)又补修,称妫水桥。全桥连码头共长一百二十多丈、宽二丈五尺,桥洞 11 孔,桥面两侧有石柱栏杆护卫,桥头两端有铸铁镇水牛四个,石牌坊两座。古石桥现已没入官厅水库。

大水之行地也,概于世为多,西北则鲜;率可舟而漕,西北则否;率易梁而渡,西北则难,何也? 其势使之然也。

水原于山,天下之山皆起于昆仑,而燕冀为天下脊,地形崇峻,水率东南走入海,其流湍激,无巨浸广陂容受润泽[1]。故西北鲜水,且水道所经,土去石出,建瓴而下[2],冲激震撼,力攫齿齿龂龂[3],故不可舟。而其霖雨集、潢潦涨也[4],则惊波电掣,骇浪雷击,值之者陵崩阜断,故又难为梁。夫鲜水则土燥,土燥则其产猛厉而寡深思;不可舟则转输困转,输困则无所广粟以食,战士而又难为梁,使咫尺之间画为两地,倚马相望莫可即救。古称西北恒多事,御戎寡全功,此其一也。

怀来直国北门,为居庸要路,自京达宣、大两镇,罔不由之其通。永宁、独石诸处犹有径也[5],妫水出隆庆州大海沱山[6],中流与洋桑乾河合,东历怀来城南,下合水关,放芦沟以达于海。既不可舟,又无渡梁。于是,军饷戎器、材官骑士,自京师调发以为宣大备者,往往告难;又其急者,边城遇警,驰上便宜,瞬息异形。一骑千里,阻于水浒,莫可以为谋:坐是望洋浩焉兴叹者屡矣。

予督军塞上,思欲桥之。故尝为之画曰:"深根以固其塞,远岸以杀其势,轴柱鳞密以严其隙[7]。蹲鸥脉络而莫与之斗[8],庶几可成也。"属军旅事殷,且有塞垣之役[9],未之能及。

土人曰:"古有石桥,永乐间废。武庙北巡[10],命内使以万金成之,寻为水坏。或于所谓四者,未之备讲也。"夫徒杠舆梁,王政攸系[11],而况通警急、关军政者耶!

岁乙巳[12],予阅边,次宣城,闻有僧慧灯者,谋于桥,谓助我者也。召见之,授以前四者之说。今戊申春[13],僧来言曰:"桥成矣,无愆初约。"愿乞所以志岁月者,使使数辈视之,良信。问所以成,则曰:"力能感中贵人捐俸金纪纲之,又能募边富人出粟为佐。"

于戏! 先民有言,近世桥梁功利之大且广者,多为浮屠氏。有盖佛以利物为心,而桥梁居八福田之一[14],岂真有是耶? 何成之速也! 然予有侈喜焉,圣天子不以某愚不肖,授钺专阃[15],擐甲利兵,四年于兹矣。连岁塞垣之役,工费颇巨,俱克有成。

今兹大熟,民以宁谧。惟天子建中和之极,赍及黎庶;疆场之臣,得保塞垣,称无事,大幸也。彼中贵人者,复能出俸金以佐时急;至于小民,亦不忍专其赢余;是僧乃藉之成桥,光其师说,更奇也。

是役也,某与边人数百万口,其敢忘圣天子丕显休德[16],遂为铭,付之榜曰:"通济",仍旧名也。铭曰:

汉后将军,是曰充国[17]。屯田金城,威震西域。治桥七十,枕席过师。千载相望,予每羞之。浮屠氏子,其名慧灯。相时所急,因年之登。请金贵人,募粟边城。材石备施,巨梁斯成。不工而妨,不事而扰。龙见波中,鹤归华表[18]。顾兹边土,比岁有战。投刃以耕,于今再见。攸攸来往,匪兵者人。马争逸足,车无停轮。亦有疆事,星轺入奏[19]。天阍九重,曾不崇宿[20]。惟天眷德,稻粱泻卤[21]。惟帝格天,干羽载舞[22]。我磬此石,以诏后贤。贡篚来庭[23],斯桥万年。

【注释】

[1]巨浸:指大河流,大湖泊。

[2]建瓴:语本《史记·高祖本纪》:"犹居高屋之上建瓴水也。"建瓴,即"建翎水"之省,谓倾倒瓶中之水。形容居高临下、难以阻挡的形势。

[3]齿齿龂龂:犹怪石嶙峋,犬牙交错。龂龂:音 yín yín,露齿貌。

[4]潢潦:地上流淌的雨水。

[5]永宁:今属北京。明十三陵在此。独石:即独石口。位于河北赤城县北,是明长城宣府镇上的一座重要关口,有"上谷之咽喉,京师之右臂"之称。

[6]妫水:即妫水河,在今北京延庆。

[7]轴柱:指桩柱。

[8]蹲鸱:大芋。因状如蹲伏的鸱(老鹰),故称。

[9]塞垣:本指汉代为抵御鲜卑所设的边塞。后泛指长城,边关城墙。

[10]武庙:即明武宗朱厚照(1491—1521)。在位期间,数至宣府、塞北、江南等地巡游。

[11]徒杠:可供人行走的小桥。典出《孟子·离娄下》:孟子曰:"惠而不知为政。岁十一月徒杠成,十二月舆梁成,民未病涉也。"

[12]乙巳:1545年。

[13]戊申:1548年。

[14]八福田:谓佛、圣人、僧三种,名敬田;和尚、阿阇黎生我法身者,父母生我肉身者,此四者名恩田;救济病人,名病田,亦名悲田。此八种皆堪种福,故名田也。

[15]专阃:专主京城以外的权事。

[16]丕显休德:谓大显美德。

[17]充国:指赵充国。字翁孙。汉武帝时著名军事家。长期充职边疆,战功显赫。卒后,与霍光等一同肖像于未央宫,谥曰壮侯。

[18]鹤归华表:感叹人世的变迁,今非昔比。典出《搜神后记》。

[19]星轺:使者所乘的车。亦借指使者。轺:音 yáo,古代轻便的车马。

[20]天阍:指帝王宫殿的门。崇宿:终宿。指不隔夜。崇,古同"终"。

[21]泻卤:此指因雨水充足,稻粮生长的土地不再盐碱化。

[22]格天:感通上天。干羽:盾牌和雉羽,供乐舞之用。

[23]贡篚:指贡物、贡品。

重修南旺湖记

明·王 道

【提要】

本文选自《济宁运河诗文集萃》（山东济宁市政协文史资料2001年编）。

南旺湖在大运河的漕运之中起到什么作用？为什么要重修南旺湖？山东东平湖管理局2005年6月所立《修复戴村坝碑纪》开篇道："明永乐九年（1411），工部尚书宋礼纳白英策筑戴村坝，开小汶河，引汶水至南旺补济大运河，使漕运畅通，成为维系明清两代之命脉。戴村坝遂成一代名坝，有北方都江堰之美誉。"

蔡桂林的《运河传》描述南旺在运河中的作用："南旺者，南北之脊也，自左而南，距济宁九十里，合沂、泗以济；自右而北，距临清三百余里，无他水，独赖汶水。筑埕城及戴村坝，遏汶水使西，尽出南旺，分流三分往南，接济徐、吕；七分往被北，以达临清。南北置闸三十八处。"

明朝迁都北京后，运河畅通与否又变成关乎国脉存亡的大事情。明成祖责成潘叔正、宋礼等对元会通河进行疏浚、置闸和局部改道。永乐九年（1411）六月，会通河疏浚成功，与事官员受到褒奖和赏赐。可是，紧接而来的夏秋之交，本该河汊涨水，运河畅通季节，但南旺以北运河段的水量却明显不足，无法通行重载漕船。

原来，南旺湖水面高出江淮水面38米，为京杭运河南北最高处。《名山藏》卷四十九《河漕记》载："南旺地耸，盍分水于南旺。导汶趋之，毋令南注洸、北倾坎。其南九十里使流于天井，其北一百八十里使流于张秋，楼船可济也。"意思是说，位于会通河上的南旺，地势比南面的济宁要高，如果将汶水引至济宁进行南北分水，北流的水就难以越过南旺再向北流，造成会通河南旺以北河段水浅。因此，应该在汶水上筑坝，拦阻汶水不使南入洸水、北入坎河，而使之全部流向南旺，在南旺进行南北分水。这样，水流就可高屋建瓴地南流九十里至济宁天水闸，北流一百八十里至张秋镇，使会通河全线都可通行楼船。

于是，宋礼受命后，"用汶上老人白英策，筑埕城及戴村坝，横亘五里，遏汶流使无入洸而北归海。"（《明史·宋礼传》）"白英策"筑埕城及戴村坝，形成南旺湖，作为运河分水枢纽，筑复闸调节水位以通漕船，"漕船到了闸口前，先打开第一道闸门放进船来，然后关闸，放水，将船只升高一二十米，再放进第二道闸，再放水，再升高，以此类推，重复操作，直到与水坝出口的水位持平。通过复闸，可使漕船航行的阻力减少到最低程度，河道畅通无虞"（《运河传》）。

500多年的历史业已证明，依"白英策"创建的南旺分水枢纽，其工程结构、技术处理和工艺水平，使"漕运通而海运罢，粮艘联帆北上，正供天庾，源源不断"（《名山藏》卷四十九《河漕记》），堪称世界水利史上的一大成功范例。

但一百余年后的嘉靖年间，这里"河沙壅而吏职旷，于是有堙塞之患；水土平而利孔开，于是有冒耕之患；私艺成而官防碍，于是有盗决之患。三患生而湖渐废，湖废而运道遂失其常。"于是，兵部右侍郎王以旂率众"先浚诸泉，以开湖源，继疏四湖，以为水柜""西湖环筑堤岸""湖内纵横复穿小渠二十余道，使相联络，引水入漕"……三个月后，修复工程竣工。

南旺湖者，古大野泽，而古今贡道之要会处也[1]。按《禹贡》："徐州大野既潴，东原底平[2]。"《周礼·职方》："兖州其薮泽曰大野[3]。"《地志》谓："大野在巨野县北。"而何承天云[4]："巨野广大，南导洙泗，北连清济。"则其他与其所钟可知矣[5]。或又云郓州中都西南有大野陂。郓州今东平州，即古东原。而中都则汶上县也。去古既远，陵谷变迁[6]，求古大野，未知孰是。顾今南旺湖实在汶上西南，会通漕河纵贯其中，湖界为二，东湖广衍[7]，倍于西湖。北接马踏武庄坡湖以及安山，南接马场坡湖以及昭阳诸湖。相属绵亘数百里，而徐、兖、东平、汶上、巨野诸郡邑，又悉环列于其左右，与古经志合。是南旺湖，即古大野无疑也。

禹治水时，大野既钟洙泗济水而成，而泗通于淮，济通于汶，淮通于沂，汶通于洸，而泗之上源又自大野而通于济，则是大江以北，中原诸水纵横交织，皆于大野乎相联。而当时入贡之路，若青之浮汶，兖之浮济，徐与扬之浮于淮泗，亦皆于大野乎相关，是大野在古已为贡道之要会处矣。后世建都不同，输将之途亦异为。

我成祖文皇帝定鼎燕京，控制上游，与尧舜禹所都同在冀州方域之内，故其经理贡赋道路，亦与禹迹大略相同。济宁之境南迄于江，中间虽有二洪五湖之险，河淮湍激之虞[8]，然所循者犹淮泗之故道也。至于漳卫合流，直趋天津，则与古达河以达帝都者，亦殊途而同归矣。惟是济宁抵于临清上下数百里，地势高仰，舟楫不通，会通河虽创自前元，未底于成也[9]。

国初，黄河决于原武，漫追安山，而会通河遂以堙废。至永乐中，始以飞挽艰虞[10]，爰命宋司空礼发丁夫十余万[11]，疏凿会通，以济漕运。顾瞻南旺，适当其冲，宋公乃用老人白英之言，导汶自戴村西南流，合洸与济伏所发徂徕诸泉之水，潴于南旺，注于会通，南北分流，上下交灌；而又建闸设坝蓄泄以时。遂使三千年已废之大野，复为圣世利涉之用，盖亘古今而再见者也。向非南旺，则会通河虽开，亦枯渎耳，乌能转万里之舳舻，来四海之朝献，以供亿万年之国计也哉。

是南旺湖，诚又今日贡道之要会也。南旺既潴，会通其道，自时厥后[12]，海运陆输一切报罢，岁漕东南粟四百万石，直抵京师，若行堂奥然[13]，上下咸利者，且百余年矣。物盛致蛊[14]，积习生常。

迩年以来，河沙壅而吏职旷，于是有堙塞之患；水土平而利孔开，于是有冒耕之患；私艺成而官防碍，于是有盗决之患。三患生而湖渐废，湖废而运道遂失其常。此所以不能不轸吾圣明宵旰之忧也[15]。乃者廷议[16]，因漕船阻滞，请遣大臣如宋司空者往任其事。而兵部右侍郎王公以旂实受专命[17]，兼宪职以行[18]，训词丁宁首以经理山东诸泉[19]，为漕河命脉，是固以宋公之任任公矣。

祗承德意[20]，奉行唯谨。视事之始，会同漕运管河都御史周公金、郭公持平，暨内外诸司，相与远稽近考，尽得湖泉放失之由，如前所云。于是案图牒以正疆界，昭典宪以摄豪强[21]，敕官联以慎法守，而又躬履地形[22]，指受方略。

先浚诸泉，以开湖源，继疏四湖，以为水柜。又以南旺地当要会，用力尤多。西湖环筑堤岸，以丈计凡万五千六百有奇。随堤既开大渠，与堤共长，而湖内纵横复穿小渠二十余道，使相联络，引水入漕。东湖迤东地势渐高，无需防遏，止于官民界分，植柳竖石，以杜侵冒[23]。而南至长沟小河口苏鲁桥，北至田家楼受水之处，则亦堤而渠之，视西湖工又倍焉。凡所新造为闸者一，在李太口弘仁桥；为坝者二，在冯家口、王严口；为河者九百丈，在李村王堂二口，皆蓄泄要害处也。至于关阑全湖[24]，伸缩漕道，有若南北端二闸，东西岸十七斗门，则皆因旧而益修浚之，以司启闭。

经始于辛丑八月十有二日[25]，至十月望告成事焉。凡役夫万五千六百，用银一万七百八十两，皆取之河道之委积云[26]。

其承委官属总督，则都水郎中张君文凤，主事刘君凤池、李君梦祥；山东参政余君镬、兖州知府程君尚宁，分理有司；自陈通判赢、刘推官恭而下，为知县王昱、胡宗宪，判官王世昌，主簿高夅、宋崇简，训导邓应龙，又若而八公既肃将明命，率由奏章，而诸君亦咸惟怀，永图恪守成算[27]。所以群策毕效，众力协齐，甫三阅月[28]，而百年漕政犁然[29]，悉还其旧。是皆圣天子神谋法祖、知人善任之效。而公等之抒忠体国[30]，果无愧于宋公也如此。呜呼盛矣！

先是经画既定，条具上闻，事下工部，复奏取可施行。仍议勒石纪成，用昭久远，于是诸君承符[31]，从事不鄙，谓愚公同年也[32]，来属笔焉。愚惟建事而有所因，则功易成；法立而后能守，则德可久。今之功叙[33]，诚不可以无传矣。抑又有大者焉，享万世永赖之利者，睹河洛而思神禹；以万民惟正之供者[34]，戒逸豫以则文王[35]。当今之世，沧海以还，全归禹贡[36]；蓟门之表[37]，尽乐尧封[38]。可谓盈成之极际[39]，而微戒之至几也[40]。则夫前所当因，后所当守者，宁一运道已耶？公等皆预闻保大定功之责[41]，所以职思其忧者，亦必有大于此矣。

嘉靖二十一年腊月朔日[42]。

【作者简介】

王道，生卒年月不详。字伯仁，武城（今属山东）人。23岁，为翰林院庶吉士，后为南京国子监祭酒，官至吏部右侍郎。博闻强记，嘉靖帝称其为"当朝圣人"，谥文定。有《王文定公文录》12卷。

【注释】

[1]贡道：进贡所经之路。要会：通都要道。

[2]东原：今山东东平。底平：谓安定。

[3]薮泽：指沼泽湖泊地带。

[4]何承天（370—447）：东海郯（今山东郯城）人。南朝宋大臣、著名天文学家、无神论思想家。承天自幼聪明好学，诸子百家，莫不博览。历官衡阳内史、御史中丞等。世称"何衡阳"。

通览儒史百家、经史子集,知识渊博,精天文律历和计算。有《何衡阳集》。

　　[5]钟:集中,汇集。

　　[6]陵谷:峻山深涧。

　　[7]广衍:宽广低平之地。

　　[8]湍激:此作动词。指冲刷,淹没。

　　[9]底:古同"抵",达到。

　　[10]飞挽:指迅速运送粮草宝货。艰虞:艰难忧患。

　　[11]宋礼:字大本,河南永宁(今洛宁县)人。事见本书《宋礼传》。

　　[12]自时厥后:自那时以后。

　　[13]堂奥:厅堂和内室。谓坦途。

　　[14]蛊:传说中一种人工培养的毒虫。

　　[15]宵旰:"宵衣旰食"的省称。天不亮就起床,天晚了才吃饭。旧时用来称诔帝王等勤于政事。

　　[16]乃者:近时。

　　[17]王以旂(1486—1553):字士招,号石冈,江宁(今江苏南京)人。正德六年(1511)进士。除上高知县。征授御史,出按河南。嘉靖年间,累迁兵部右侍郎。以修浚徐、吕二洪,拜南京右都御史,召为工部尚书,改左都御史,又代为兵部尚书兼督团营。总督延绥、宁夏、甘肃三边军务,数破敌军。延绥、宁夏开马市,市马五千余匹,市终无哗。在镇六年,修延绥城堡四千五百余所,又筑兰州边墙,边镇以安。加官至太子太保。嘉靖三十二年(1553)闰三月三日卒,军民为罢市。赠少保,谥襄敏。有《漕河奏议》《襄敏集》。

　　[18]宪职:负责弹劾纠察的都御史、御史一类官职。

　　[19]训词:指帝王的诰敕文词。丁宁:同"叮咛"。

　　[20]祗承:诚敬秉承。德义:布施恩德的心意。

　　[21]摄:通"慑"。摄伏。威慑使之畏惧屈服。

　　[22]躬履:亲自勘察。

　　[23]侵冒:侵占蚕食。

　　[24]关阑:节制。

　　[25]辛丑:嘉靖二十年,1541年。

　　[26]河道:官名。明置。以疏浚整治河流为职。此指治河官署。委积:指储备的粮草。此谓财货。

　　[27]成算:已定的方案、计划。

　　[28]甫:才,方。阅月:经一月。

　　[29]犁然:条理清晰貌。犁:指牛耕田犁出的印痕。

　　[30]体国:体念国家。

　　[31]承符:听从,附和。

　　[32]同年:古时指科举同榜录取之人。

　　[33]功叙:功绩,功绩的等级次第。

　　[34]惟正之供:《书·无逸》:"文王不敢盘于游田,以庶邦维正之供。"言惟正税是进。后指正税。古代法定百姓交纳的赋税。

　　[35]逸豫:闲适安乐。

　　[36]禹贡:本《尚书》中篇名。后指中国的疆域。

[37] 表:外。

[38] 尧封:传说尧时命舜巡视天下,划为十二州,并在十二座大山上封土为坛,以作祭祀。后因以"尧封"称中国的疆域。

[39] 盈成:完满。多指帝业。极际:边际,尽头。

[40] 微戒:暗含的律教。至几:最微妙的表象。

[41] 预闻:谓参与其事并得知内情。保大定功:安稳地居于高位,建立功业。

[42] 嘉靖二十一年:1542 年。朔日:初一。

重修崇圣寺记

明·吴　鹏

【提要】

本文选自《滇志·艺文志》卷第十一之三(云南教育出版社 1991 年版)。

崇圣寺,东对洱海,西靠苍山,位于云南省大理古城北约一公里处,点苍山麓,洱海之滨。"雪峦万仞,镂银洒翠,峙于其后;碧波千顷,蓄黛渟膏,潴于其前。层台飞阁,绀殿朱楼,接甍连幢,交辉萃影,与晴岗暮霭,掩映蔽亏于松杉梧竹之间,令人一望而神爽。"

《南诏野史》《白古通记》等载,当年崇圣寺与主塔建造时(834—840),寺基方七里,有屋 890 间,佛 11 400 尊,耗铜 40 590 斤,费工 70 万余。一千多年前,崇圣寺就是地方政权南诏国、大理国的皇家寺院。《大理县稿》记载:崇圣寺,又名三塔寺,在城西北小岑峰下。其方七里,周三百余亩,寺有雨铜观音像,高二丈四尺,统计为佛一万一千四百,为屋八百九十一间,丙辰之变尽毁,惟三塔岿然尚存。

宋代大理国时期,南诏国王信奉佛教,崇圣寺香火更旺;大理国 22 代国王中,有 9 位不爱江山不恋俗世到崇圣寺出家为僧;1056 年,缅甸国王曾两次来崇圣寺迎佛牙,大理国王段思廉在寺中以玉佛相赠。后寺毁,"元世祖南征,驻跸于兹,勑酋长段氏重修"。五百年来,颓圮殆尽。起于嘉靖壬寅(1546)的这次"竭力兴复"寺院,是郡人李元阳率族人"罄家资"而为之,至癸亥(1567)年方才完工,历时 22 年。建起"三阁、七楼、九殿、百厦。其位置之向背、基砌之崇卑,片瓦寸木,皆出李公之擘画。"更为难能可贵的是,"李公勤劳首尾二十余年,暑笠雨蓑,曾无倦色"。难怪作者"掩书回首,不觉洒然"。

李元阳重修的崇圣寺中有五宝:三塔、巨钟、雨铜观音、《证道歌》碑和"佛都"匾。至徐霞客崇祯十一年(1638)到大理时,仍见崇圣寺前"三塔鼎立……塔四旁皆高松参天。其西由山门而入,有钟楼与三塔相对,势极雄壮"。楼后为正殿,正殿后为"雨铜观音殿,乃立像,铸铜而成者,高三丈"(《徐霞客游记·滇游日记八》)。"有钟楼与三塔对,势极雄壮……楼中有钟极大,径可丈余,而厚及尺,为蒙氏时铸,其声闻可八十里。"但,巨钟已毁于清,雨铜观音毁于"文革",《证道歌》碑与"佛都"匾连同寺院一起,今已荡然无存。

崇圣寺最为出名的是相传建于南诏保和时期(824—839)的三塔,为一组前(东)一后(西)二,呈三足鼎立的塔群,如三支巨笔。三塔的主塔名法界通灵明道乘塔,又叫千寻塔,为方形16层密檐式塔,底宽9.9米,高69.13米,塔顶有铜制覆钵,上置塔刹,与西安大小雁塔同是唐代的典型建筑。南、北二小塔,位于主塔之后,两塔间距97.5米,与主塔相距70米,成三塔鼎足之势,两小塔均为八角形檐式空心砖,共10级,各高42.19米。外观装饰成楼阁式。两小塔身均涂饰一层白色泥皮,除了第二层、八层开券龛,供有石佛像以外,其余各层塑瑞云、莲花、宝瓶等。两塔顶端各有三只铜质葫芦作装饰。三塔都为偶数层,而内地多为奇数层;中原佛塔多由基座向上直线收缩,下大上小,而此三塔上下较小,中部较大,曲线美极强。三塔经历了千年风雨剥蚀和多次大地震,依然基本完好。1978年维修时,发现了600余件南诏大理国时期的佛教文物,价值极高。

南中梵刹之胜[1],在苍山洱水。苍洱之胜,在崇圣一寺。

雪峦万仞,镂银洒翠[2],峙于其后;碧波千顷,蓄黛渟膏[3],潴于其前。层台飞阁,绀殿朱楼,按堂连幢,交辉萃影,与晴岗暮霭,掩映蔽亏于松杉梧竹之间,令人一望而神爽。飞翔修然,有遗世绝尘之意。

寺门三塔,亭亭玉柱,直上干云,此寰中之仅见者也。危楼鸿钟,声闻百里。塔顶有铁记,云"贞观六年尉迟敬德监造[4]"。元世祖南征,驻跸于兹[5],敕酋长段氏重修。五百年来,颓圮殆尽。

郡人李内翰中溪氏率子弟[6],罄家资,竭力兴复。盖自嘉靖壬寅经始,至今癸亥乃得讫工。凡三阁、七楼、九殿、百厦。其位置之向背、基础之崇卑,片瓦寸木,皆出李公之擘画。释迦殿之九楹,为寺之主殿。主殿之后,曰现瑞,曰毗卢,曰极乐,曰龙华,皆梯磴而上,伟丽深窈,巍巍金像,互相辉耀。由左之瑞鹤门而入,则有不二、仙幌、天门、清都、瑶台、玄元、三清之境;旁出,则有斗母、三元、玉虚之宫,般若之台。由右总持门而入,则有船若、华严、南泉、圆通、兜率、大士、雨花诸院;至其最高处,则有月波楼、艳雪台焉。此寺之大致也。

李公勤劳首尾二十余年,暑笠雨蓑,曾无倦色。盖至是,而苍洱之胜始有归宿之地矣。微李公,则山水有遗憾焉!昔唐人纂《十道图》[7],以润之栖霞、台之国清、荆之玉泉、济之灵岩为四绝。若校其形胜,恐四寺所不及也,惜其僻在西陲,轺幌鲜经[8],骚墨寡及。所幸挺灵钟秀,得若人以发挥之,兹固造物者默有意于其间矣。

余昔督学南中,尝与李公同游赋诗,乘月而归[9],至今时梦见。适承书来,欲余作记。余掩书回首,不觉洒然[10],如执热者之濯清风[11]。因瀹茶剪烛[12],遂纪昔年所见与今所成就之大略,以为寺记云。

【作者简介】

吴鹏(1499—1579),字万里,号默泉,浙江嘉兴人。明嘉靖元年(1522)举人,次年中进士,授都水主事,累官至广西参议、云南督学副使。嘉靖二十二年,吴鹏奉旨使越南,归擢福建左参政。不久以镇压贵州苗民起义,晋升江西按察使、布政使,后以右副都御史巡抚江西。后转任工部、刑部、兵部侍郎、漕运总督等职,拜工部右侍郎。因功擢右都御史,入为工部尚书,代任吏部尚书。以附严嵩、严世蕃,家居时侵占楞严寺辟野乐园,为时人所讥议。人品不佳,但颇有才名。有《历任疏稿》11 卷、《鉴湖诗草》2 卷、《飞鸿亭集》20 卷。

【注释】

[1]南中:即云南。

[2]镂银:雕镂物体,中间嵌银。此谓山景,银色的雪与翠绿的林错杂。

[3]淳:此指积聚。

[4]尉迟敬德:名恭(585—658),朔州鄯阳(今山西朔州市朔城区)人。唐朝名将。凌烟阁二十四功臣之一。

[5]驻跸:指皇帝后妃外出,途中暂停小住。

[6]李中溪:名元阳(1497—1580),字仁甫,别号逸民。太和(今云南大理)人,白族。嘉靖五年(1526)进士,官监察御史。倜傥有奇节,工文章,郡中刹宇字碑文撰书多出其手。书法温润。有《中溪全集》《艳雪台诗》《中溪漫稿》《心性图说》等,纂《云南通志》《大理府志》。

[7]《十道图》:唐代《十道图》有三种:一是长安四年(704)《十道图》13 卷,二是开元三年(715)《十道图》10 卷,三是李吉甫的《十道图》10 卷。李吉甫的图有文字说明。"首载州县总数,文武官员数,俸料"(《唐六典》卷五)。这些《十道图》是在各州府造送的地图基础上编绘的。唐朝政府最初规定,"凡地图委州府三年一造,与版籍偕上省。其外夷每有番客到京,委鸿胪讯其人本国山川风土,为图以奏焉"(同上引)。建中元年(780)以后,改为每五年造送一次。"如州县有创造及山河改移,即不在五年之限"(《册府元龟》卷四九七·《邦计部·河渠》)。《十道图》所记"四绝"为:润州(江苏南京)栖霞寺、台州(浙江台州)国清寺、荆州(湖北当阳)玉泉寺、齐州(山东济南)灵岩寺。

[8]轺幰:谓官员。轺:音 yáo,小而轻便的车。幰:音 xiǎn,车上的帷幔。

[9]乘月:四个月。乘:古代称四为乘。

[10]洒然:欣然。

[11]执热:谓手执灼热之物。

[12]瀹茶:煮茶。瀹:音 yuè,煮。

赤 岸 堡 记

明·林爱民

【提要】

本文选自《古今图书集成》职方典卷一一〇六(中华书局 巴蜀书社影印本)。

赤岸在今福建霞浦,赤岸堡的修建是因为嘉靖乙卯(1555),倭寇"自浙入,蹂躏遍州境。州业有土城,倭攻七昼夜,挫刃去"。大家认识到:筑城堡是抗倭的好方法。于是,赤岸百姓项祚、王德浩带领大家开始筑城。用"堡内及江边民金九百五十两有奇,伐石营垣,周围三百二十丈,高二丈,址厚视高加二尺,门四,敌楼二"。工程从嘉靖癸亥(1563)正月动工,四月落成。

漳州"固七闽之门户",而赤岸堡则是"一州之襟喉"。城成,则赤岸百姓有了"虎豹之重关"了。

位于今福建霞浦的赤岸是日本高僧空海入唐之地,且唐、宋、元时期,这里荟萃"南北海船",人来货往,繁盛景象蔚成大观。今天赤岸村古迹甚多.其中,著名的有桂枝亭、留耕堂、湜然井、朱熹寓所、王右军祠、忠臣庙、赤岸堡等。

嘉靖乙卯[1],倭自浙入,蹂躏遍州境。州业有土城,倭攻七昼夜,挫刃去。继则城间峡,倭亦攻击失利去。于是,南若沙洽、竹屿、南屏,西若厚首、清皓,东若七都、三沙,北若柘洋之西林,诸凡沿海之奥区[2],竞相仿而兴城堡者,无虑二十处。而迩州松山、赤岸,亦议城。

嘉靖癸亥正月[3],赤岸民项祚、王德浩领檄于州,董城役。太守夏公戒之曰:"兹汝之子孙,千百年安全计也。功务巩固,毋苟速成。"乃裒堡内及江边民金九百五十两有奇[4],伐石营垣,周围三百二十丈,高二丈,址厚视高加二尺,门四,敌楼二。落成于四月,盖岿然一雄障矣。

秋雨圮,夏公复督以亟修毋缓,庠生辛斯和徐天泰辈纪于石。夫诸城等耳守,独拳拳于此者,岂不赤岸。距州东十里许,海航乘潮而上者,径达于桥侧。倭由浙至者,必经焉。是吾州固七闽之门户,而赤岸又一州之襟喉也。兹城成,匪徒赤岸之民安州若会城[5],实增虎豹之重关矣,岂直谓其据登龙、拱葛洪,足助东郊之壮观已哉。

然吾闻秦屿之御寇也,丁壮列于垛,妇亦运石传餐其后。即有患矢石者,毋挠避以数倭奴更番挑战,累日以疲吾于倦,而全堡之守益坚,倭怯其整,且炮毙数寇,乃宵遁[6]。倭怯间峡之整也,亦然。是得人和以雄地利,故能寒贼胆而保金汤也。若徒负埤堞之巍,而武备不讲;夸地灵之胜,而和心不协,岂善体夏公保障之盛心也哉。

【作者简介】

林爱民,福建漳州人,生平不详。

【注释】

[1]嘉靖乙卯:1556年。

[2]奥区:腹地。

[3]嘉靖癸亥:1563年。

[4]裒:音 póu,聚集。

［5］匪:通"非"。会城:省城。

［6］宵遁:乘夜逃跑。

小埋水寨

明·郑若增

【提要】

本文选自《筹海图编》(中华书局 2007 年版),参校《古今图书集成》海部卷三一〇(中华书局　巴蜀书社影印本)。

宋代以来,南方得到充分的开发,广大的江南地区渐成富庶之地。明朝立国后,朱元璋始,东南沿海防务就成了统治者心中的大事。

内外因夹杂,造成明初东南沿海及海上局势很不平静。内因是沿海割据势力虎视眈眈,明太祖虽消灭了张士诚、方国珍等武装集团,但其余党多逃亡海上,频频骚扰沿海地区,危及明政权。外因是随着东南地区经济发展,引起倭寇觊觎,闽、浙处于对倭战争最前线,流落海外的敌对势力与倭寇问题一直是明朝心腹之患。因此,明朝立国之初,就把东南海防建设列为枢机要事,须臾不敢懈怠。

明初实行"军卫法",朱元璋诏谕自京师达郡县皆立卫所,将沿海地区划分为广东、福建、浙江、南直隶、山东、辽东、鸭绿江七大海防区。其中,闽、浙为重点设防区,明代建立东南海防体系初见端倪。

洪武十六年(1383),朱元璋派信国公汤和巡视沿海防务。十九年(1386),朱元璋采纳方鸣谦提出的陆、海兼防,以陆地海岸防御为主的策略。即"倭海上来,则海上御之耳。请量地远近,置卫所,陆聚步兵,水具战舰,则倭不得入,入亦不得傅岸。近海民四丁籍一以为军,戍守之,可无烦客兵也"(《明史·汤和传》)。明初征沿海戍兵,建卫所,东南海防建设从此进入新时期。

明代东南海防体系的第一道防线是水寨。《武备志》载,福建沿海设置了五水寨,即浯屿水寨、南日水寨、烽火门水寨、铜山水寨、小埋水寨。

其中,小埋"北连界于烽火,南接壤于南日。连江为福郡之门户,而小埋为连江之藩翰也"。明景泰三年(1452),为防倭寇内侵,镇守尚书薛希琏增设小埋水寨于定海守御千户所前,有寨兵 4 402 名。寨址以城堡为中心,沿城凿濠注水,绵延数千米,气势宏伟,小埋水寨隶属于福宁卫。水寨各有把总一人,由武进士或世勋高等题请升授,以都指挥身份行事。每水寨所需之兵、船皆由负责协守的各卫所摊派。各水寨把守分巡疆界,并保持密切联系,遇敌侵,少则各为战,多则合力攻之。各水寨在春秋二汛,驾船外出巡海道。

到了明中叶,由于政治日趋腐败,财政日益拮据,军备松弛,将弁世袭,贪污腐败严重,且常骚扰人民,屯田锐减,兵员缺额,战船十不存一,兵额减少一半以上。小埋水寨仅存兵 2 117 人。嘉靖四十二年(1563),只剩下旗军 1 064 人、战船

47 艘。

明代东南海防体系的第二道防线是卫所、巡检司,第三道防线则是沿海城堡。明以卫所领军兵,专司保卫边境与镇守地方之责。洪武二十一年(1388)冬,福建沿海已设立福宁、镇东、平海、永宁、镇海 5 个指挥使司,大金、定海、梅花、万安、莆禧、崇武、福全、金门、高浦、六鳌、铜山、玄钟 12 个千户所。据不完全统计,福建沿海卫所的兵力 46 600 余人。此外还有 45 个巡检。于关隘要地设巡检司,是为补充正规军卫所力量不足而设立的地方武装,归属州、县指挥。巡检司职责是维护地方治安,并负有海防责任。沿海各府县还自行添加了一些小型城堡和山寨,约有 200 个烽堠。福建等东南沿海成为卫所有城、巡司有寨、烽堠星罗棋布、卫城互为犄角的防御体系。

关于沿海城堡。《明史·周德兴传》载:"居无何,帝谓德兴:'福建功未竟,卿虽老,尚勉为朕行。'德兴至闽,按籍佥练,得民兵十万余人。相视要害,筑城一十六,置巡司四十有五,防海之策始备。"周德兴赴福建在洪武十八年(1385),他在闽三年,筑成包括大金城在内的许多重要城堡。洪武二十年(1387),朱元璋下诏设置海防巡检司千户所,周德兴奉檄建"福宁卫大金(大京)守御千户所",大京成为福建 12 千户所首位,周德兴在大京兴建的城堡,规模远比其他千户所为大。大京城周长 2 815 米,高 6.5 至 9 米不等,墙面宽 3.6 米,座基宽 5.6 米,花岗岩砌成,辟东、西、南三门(北面依山),东门为瓮城,也叫双重城,砌石之缝均以铁水浇固。城上有数百个垛口,俯瞰远眺,视野十分壮阔,一览无遗。城外还浚有一条宽宽的护城河,城上窝铺、炮位等设备齐全,与外海烽火门、南日山互为表里,结为犄角、斥堠相望、壁垒森严,形成坚固的防御体系,人称"海涯屏藩"。大京城内一条以条石拼铺的宽 7 米的大街直贯东西,长 1 200 米,并按一定距离兴建迎恩等 4 个街亭,开凿 4 口八角大井。《福宁志》载:大京"楼橹云巍巍,旌旗云闪闪,真足以寒贼胆"。"筑福宁云藩屏,执全闽云咽喉"。如今城堡内大多是古民居,百年老屋鳞次栉比。大京城 1986 年公布为福建省文物保护单位。

洪武时期,明朝在东南沿海建筑 60 多座卫所城堡,仅福建就筑城 19 座。沿海还设置墩台、烽堠。明廷十分重视海岛筑垒,福建有海坛山(今平潭岛)、澎湖城、福宁烽火门、福州小埕、兴化南日山、泉州浯屿、漳州铜山等,都是海岛筑垒的典型。这些岛上设有水寨、城寨、望台、烽堠。江、浙、闽沿海一带还有碉堡,是百姓组织自卫、打击倭寇的防御设施。

水寨、卫所、巡检司、沿海城堡,明朝的海防立体化、多层次、全民皆兵的格局,让明代海防体系在防倭、捕盗、平叛、维护海疆安全诸方面均发挥了积极作用。

需要特别指出的是,钓鱼岛及其附属岛屿也被纳入明朝海防体系,《筹海图编》中,该岛被编入"福建七",即福建海防第七图。

小埕北连界于烽火,南接壤于南日,连江为福郡之门户。而小埕为连江之藩翰也,海坛连盘[1],雄踞耸峙,若南屏然,为贼船之所必泊。其所辖闽安镇北茭焦山诸巡司,为南、北、中三哨,无事往来探视,有警协力出战,则此寨之设为不虚矣。

三四月,东南风汛[2],番舶多自粤趋闽,而入于海南粤云。盖寺走马溪,乃番船始发之处,惯徒交接之所也。附海有铜山、元钟等哨守之兵,若先分兵守此,则有以遏其冲而不得泊矣。其势必抛于外浯屿[3],外浯屿乃五澳地方,番人之巢窟。附海有浯屿、安边等哨守之兵,若先会兵守此,仍拨小哨守把紧要港门,则必不敢以泊此矣。其势必趋于料罗、乌沙,料罗、乌沙乃番船等候接济之所也。附近有官澳、金门等哨守之兵。若先会兵守此,则又不敢以泊此矣。其势必趋于围头、峻上,围头、峻上乃番船停留避风之门户也。附海有深扈、福金哨守之兵,若先会兵守此,则又不敢以泊此矣。其势必趋于福兴,若越于福兴,计其所经之地,南日则有岱坠、湄洲等处,在小埕则有海坛、连盘等处,在烽火门则有官井、流江、九澳等处,此贼船之所必泊者也。若先会兵守此,则又不敢泊此矣。来不得停泊,去不得接济,船中水米有限,人力易疲,将有不攻而自遁者。况乘其疲而夹力攻之,岂有不胜者哉?

倭寇拥众而来,动以千万计,非能自至也,由福建内地奸人接济之也。济以米水,然后敢久延;济以货物,然后敢贸易;济以向导,然后敢深入。海洋之有接济,犹北陲之有奸细也;奸细除而后边衅可息,接济严而后倭夷可靖。所以稽察之者,其在沿海寨司之官乎。

稽察之说有二:其一曰稽其船式。盖国朝明禁寸板不许下海,法固严矣,然滨海之民以海为生,采捕鱼虾有不得禁者,则易以混焉。要之双桅尖底始可通番,各官司于采捕之船,定以平底单桅,别以记号,违者毁之。照例问拟,则船有定式而接济无所施矣。其二曰稽其装载。盖有船虽小,亦分载出海,合之以通番者。各官司严加盘诘[4],如果是采捕之船,则计其合带米水之外,有无违禁器物乎。其回也,鱼虾之外有无贩载番货乎,有之即照例问拟,则载有定限而接济无所容矣。此须海道官严行设法,如某寨责成某官,某地责成某哨,某处定以某号,某澳束以某甲。

如此而谓,通番之不可禁,吾未之信也。

【作者简介】

郑若增(1503—1570),字伯鲁,号开阳,江苏昆山人。屡与科场而不举,遂绝意仕途。务为体用之学,而不专以文章名世。大凡天文地志、山川形胜、赋税兵机、政治得失均毕志搜讨。入胡宗宪幕府为僚,参与平倭,作《筹海图编》。

【注释】

[1]海坛:指海坛岛(平潭)。岛屿南北长 29 公里,东西宽 19 公里,有"千礁岛县"之称,为福建第一大岛。

[2]风汛:风的消息。此指东南风起。

[3]浯屿:是福建东南海中的一个小岛。"左达金门,右临岐尾,极为要害"(《厦门志》卷四)。

[4]盘诘:仔细追问(可疑之处)。

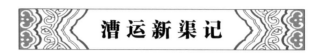

漕运新渠记

明·徐 阶

【提要】

本文选自《济宁运河诗文集粹》(山东济宁市政协文史资料 2001 年编)。

嘉靖四十年(1565)秋天,沛县河堤决口,大片农田被淹,百姓财产损失巨大。时任南京刑部尚书不久的朱衡,接到皇帝诏令,改官工部尚书兼右副都御史,总理河漕。朱衡一上任,"驾轻舠,凌风雨,周视河流",了解灾情,妥善安排百姓生活。巡查中,他发现"时潴者为泽,淤者为沮洳",疏与塞都无法恢复原有功能。

怎么办?朱衡决定召集诸吏士及父老问计。有人说"道南阳折而南,东至于夏村,又东南至于留城,其地高,河水不能及。昔中丞盛公应期尝议凿渠于此,而不果就。其迹尚存,可续也。"朱衡迅速上疏嘉靖皇帝,请求获准后,立刻"庐于夏村,昼夜督诸属","程役以工,授匠以式,测水之平,铲高而实下;导鲇鱼诸泉、薛沙诸河,会其中;坝三河口,以杜浮沙之壅;堤马家桥,遏河之出飞云者,尽入于秦沟;涤泥沙,使不得积"。

所凿"新渠起南阳迄留城,百四十一里有奇;疏旧渠,起留城迄境山,五十三里。建闸九、减水闸十有六;为月河于闸之旁者六;为坝十有三,石坝一;堤于渠之两涯,以丈计者四万一千六百有奇,以里计者五十三,为石堤三十里"。这样,漕运船只航行畅通无阻。朱衡因此封太子少保,食俸正一品。

隆庆元年(1567),山东、江苏等地洪水成灾,新河被凶猛的洪水冲坏,使数百艘漕船受损。朱衡找到了新河决口的原因在于"以一堤捍群流",决定再开 4 条支河分流,以减少洪水对新河堤岸的冲击。同时建议在东平、兖州等地改凿新渠,以远避黄河之水,保持渠流平稳。

史载,朱衡在新渠开凿过程中精打细算,"裁抑浮费,节省甚众";但体恤民夫,病则医之,雨则庇之。不仅如此,亲力亲为是他一贯的作风。为了观察洪水的流速,掌握第一手水文资料,他顶风雨,驾小舟,穿行在波峰涛谷之间,以致群臣中有"廷臣可使,无出衡右者"之评。他修治的渠道,20 年安然如故,可谓是"一费百全,暂劳永逸"。

朱衡领衔开渠,主要是为了"避黄保运"。正如徐阶所说:"自海运罢,而舟之转漕,独兹一线之渠,其通与塞,又国之大利大害也。"所以,他亲自考察新渠之后,"追感往昔,不自知涕泗之交颐也。"

现在,大运河上的三河口段因薛河、激河,使之堤岸高峻,形如山丘,已成为运河观光的景点。登上高高的运河堤,西见金光闪闪的大沙河故道,似金色飘带;东揽薛河余流、赶牛沟之水呈驯服之状,缓缓越过石坝。吏部尚书、建极殿大学士徐阶作的《漕运新渠记》,书法家周天球书写,名石匠吴鼎刻石的碑立于夏镇运河西岸皇华亭内,人呼此碑为"三绝碑"。

先皇帝之四十四年秋七月[1],河决而东注。自华山出飞云桥[2],截沛以入昭阳湖[3]。于是沛之北,水逆行,历湖陵、孟阳至谷亭[4],四十里。其南溢于徐,渺然成巨浸,运道阻焉。

事闻,诏吏部举大臣之有才识者,督河道都御史、直隶河南山东之抚臣、洪闸之司属概诸藩臬有司治之。得今万安朱公衡[5],爰自南京刑部尚书,改工部尚书兼都察院右副都御史,奉玺书总理其事。

公至,驾轻舠[6],凌风雨,周视河流,规复沛渠之旧[7]。而时潴者为泽,淤者为沮洳[8],疏与塞俱不得施。公喟然曰:"夫水之性下,而兹地下甚,不独今不可治也,即能治之,他岁河水至,且复沦没[9],若运事何?"召诸吏士及父老而问计,或曰:"道南阳折而南,东至于夏村,又东南至于留城,其地高,河水不能及。昔中丞盛公应期尝议凿渠于此[10],而不果就。其迹尚存,可续也。"公率僚属视之,果然。驰疏以请,先皇帝从之。工既举,而民之规利[11],与士大夫之泥于故常者[12],争以为复旧渠便。先皇帝若曰[13]:"兹国之大事,谋之不可不审也[14]。"敕工科给事中何君起鸣勘议焉[15]。何君具言旧渠之难复者五,急宜治新渠[16],而增其所未备,以济漕运。诏工部集廷臣议,金又以为然[17],诏报可。

公乃庐于夏村,昼夜督诸属。程役以工[18],授匠以式[19],测水之平[20],铲高而实下;导鲇鱼诸泉、薛沙诸河[21],会其中;坝三河口[22],以杜浮沙之壅;堤马家桥[23],遏河之出飞云者,尽入于秦沟;涤泥沙,使不得积。凡凿新渠,起南阳迄留城,百四十一里有奇;疏旧渠,起留城迄境山,五十三里。建闸九、减水闸十有六;为月河于闸之旁者六;为坝十有三,石坝一;堤于渠之两涯,以丈计者四万一千六百有奇,以里计者五十三,为石堤三十里;又疏支河九十六里二千六百余丈,修其堤六千三百四十六丈,而运道复通,由徐达于济,舟行坦然[24],视旧加捷。

阶惟国家建都燕蓟,百官六军之食咸仰给于东南。漕运者,盖国之大计也。自海运罢而舟之转漕,独兹一线之渠,其通与塞,又国之大利大害也。河势悍而流浊,塞之则复决,浚之则辄淤。事在往代及先朝者姑弗论,即嘉靖间疏筑之役屡矣,而卒未有数岁之宁。则今徙渠而避焉,城计之所必出也。然当议之初上也,或以为方命[25],或以为厉民[26],哗之以众口,挠之以贵势,诬之以重谤[27],胁之以危言。于其时,公之身且不能自保,况敢冀渠之成哉?赖先皇帝明圣,不怒不疑,徐以公论,付之谏臣,择两端之中[28],而因得夫久远之策。由是公始得竭智毕力,以竟其初志,而实其谋之非迂然[29]。然则兹渠之成,固公之功,实先皇帝成之也。昔禹受治水命于尧,尽舍前人湮塞之图,而创疏导之说。彼其骤闻焉者,岂无或骇且谤乎?惟尧信之深,任之笃,历八年而不二,禹是以得建万世永赖之绩,奉玄圭以告厥成[30]。则洪水底平,虽谓尧之功可也,而虞夏之史臣与后世之文人学士,咸知称禹而莫知颂尧。呜呼!此尧之德所以为无能名欤。洪惟先皇帝力持国是[31],以就兹渠,功德之隆,较之帝尧,可谓协矣。

阶曩岁备员内阁,尝奉治河之论。迨谢政南归[32],复得亲至新渠,观其水土而考论其事之始末,追感往昔,不自知涕泗之交颐也。遂因公请,僭为之记[33],且以告夫修实录者。

役始于四十四年十一月二十四日,成于次年九月初九日,用夫九万一千有奇,银四十万。赞其议者:河道都御史孙公慎、潘公季驯。综理于其间者:工部郎中程道东、游季勋、沈子木、朱应时、涂渊;主事陈楠、李汶、吴善言、李承绪、王宜、唐炼、张纯;参政熊桴;副使梁梦龙、徐节、胡涌、张任、陈奎、李幼滋;佥事董文采、黎德克、郭天禄、刘赞。并列名左方。

【作者简介】

徐阶(1503—1583),字子升,号少湖,松江府华亭县(今属上海)人。嘉靖二年(1523)以探花及第,授翰林院编修。后因忤张孚敬,被斥为延平府推官,受此挫折,从此谨事上官。和严嵩一起在朝十多年,谨慎以待;又善于迎合帝意,故能久安于位。嘉靖四十一年(1562)得知帝对严嵩父子的不法行为已有所闻,于是就命御史邹应龙参劾,终于使严嵩罢官,其子严世蕃谪戍。徐阶则取代严嵩而为首辅。在任期中,徐阶相中张居正并提拔,而正是因为这次提拔,让张居正得以施展抱负,成为一代名臣。因任首辅多年,为两朝元老,人都称为"徐阁老"。有《经世堂集》26卷、《少湖文集》10卷;另编有《岳庙集》,并行于世。

【注释】

[1]先皇帝:指嘉靖皇帝朱厚熜(1507—1566)。

[2]华山:地名。在今江苏丰县。

[3]昭阳湖:山东的主要湖泊之一。南与微山湖、北与独山湖通,为微山湖的一部分。

[4]孟阳:湖名。即孟阳泊。在今山东境。谷亭:在今山东济宁鱼台县。

[5]朱衡(1512—1584):字士南,又字惟平,号镇山,江西万安县人。嘉靖十一年(1532)进士,历知县、刑部主事、福建提学副使、山东布政使、山东巡抚,所至皆有成绩。嘉靖四十四年进为南京刑部尚书。同年秋天,改工部尚书兼右副都御史,总理河道。朱衡主张开新河,身体力行,亲督河工,完成了新河的开通工程。隆庆朝,任工部尚书。多次奏减江南织造,裁抑浮费。万历二年(1574)致仕。有《道南源委录》等。

[6]轻舠:轻快的小舟。舠:音 dāo,小船。

[7]规复:恢复。沛渠:运河原在沛县境内部分。

[8]沮洳:音 jù rù,低湿之地。

[9]沦没:下沉淹没。

[10]中丞:官名。御史中丞的简称。盛公应期:即盛应期(1474—1535)。字思征,号值庵。吴江人。弘治六年(1493)进士。授都水主事,管理济宁诸闸。转迁工部侍郎,为宦官所诬下狱,谪云南驿丞。正德时累迁为右副都御史,巡抚四川,嘉靖初改江西巡抚。后进兵部右侍郎总督两广军务,为流言所中,被劾。嘉靖六年(1527),起为右都御史治黄河。后召回致仕。黄河任上,主张开新河。《明史·河渠志三》:"(嘉靖)七年正月,总河都御史盛应期……请于昭阳湖东开新河,自汪家口出留城口,长百四十里,刻期六月毕工。工未半,而应期罢去,役遂已。其后三十年,朱衡始循其遗迹,浚而成之。"

[11]规利:谋求利益。

[12] 故常:故例常规。

[13] 若:乃。

[14] 审:慎重,审慎。

[15] 勘议:勘察审议。

[16] 急宜治新渠:《明史·河渠志三》:"给事中何起鸣勘河还,言:旧河难复有五,而新河难成者亦有三……无必不可措力之理。开新河便。"

[17] 佥:全部。

[18] 程役:限定工期。

[19] 式:图式,图纸。

[20] 平:水平,水位高度。

[21] 鲇鱼诸泉:时在沛县城东北,流入运河。薛沙:指薛河与沙河。

[22] 三河口:在今山东微山县傅村乡。

[23] 马家桥:在今山东留城北,凿新河曾于此筑长堤,同时建河闸。今无存。

[24] 坦然:安然。

[25] 方命:违命。

[26] 厉民:祸害民众。

[27] 重谤:恶劣的诽谤。

[28] 两端:谓两种不同的意见。

[29] 实:《沛县志》作"质"。质:问明,辨别。迂:拘泥固执,不切实际。

[30] 玄圭:亦作"玄珪"。一种黑色的玉器,上尖下方,古代用以赏赐建立特殊功绩的人。《书·禹贡》:禹锡玄圭,告厥成功。

[31] 国是:国家大计。

[32] 谢政:辞官。

[33] 僭:音 jiàn,超越本分。古时指地位在下者冒用在上者的名义或礼仪、器物。

张家湾城记

明·徐 阶

【提要】

本文选自《明经世文编》(中华书局 1962 年影印本)。

"自都门东南行六十里,有地曰张家湾,凡四方之贡赋与士大夫之造朝者,舟至于此,则市马僦车,陆行以达都下。故其地水陆之会,而百物之所聚也。"徐阶开篇即说道。

本来这里紧邻京师,不必造厚雄大城的,但嘉靖癸亥(1563)的房警改变了一切,嘉靖皇帝下令造城。第二年的二月二十二兴工,三个月后便筑成,城池"周九百五丈有奇,厚一丈一尺,高视厚加一丈,内外皆甃以砖。东南滨潞河,阻水为险;西北环以濠。为门四,各冠以楼;又为便门一、水关三,而城之制悉备。中建屋若干楹,遇警则以贮运舟之粟,且以为避兵者之所舍。"张家湾砖城竣工。

张家湾为大运河最北端的码头,经辽、金、元三代,成为京东重镇。明嘉靖四十三年(1564),为护漕卫京,修筑城池。城依河而建,平面呈瓦刀形,南北长,东西窄,周长约3 015米。墙体厚处3.5米,高7米。中实夯土,外甃城砖。1937年后,日本侵略军拆城墙修炮楼,破坏严重。1958年拆平,仅余南墙东段120米,残高4米。1992年按明城墙尺寸修复南门东侧城垣20米,其余80米保存残貌。东墙西北转处,还残留一段长50米的墙基,也被保护。南护城河利用萧太后河,通运桥因横跨萧太后河上,俗称"萧太后桥"。原为木桥。因地近码头,南北客货悉经此桥,经年累月,不堪重负,明神宗敕建石桥。万历三十一年(1603)正月动工,三十三年十月告竣,赐名"通运"。石桥长41米,宽9.6米,三孔。两侧护以石栏,望柱头雕狮,栏板两面浮雕宝瓶。清咸丰元年(1851)曾予小修。桥至今已有四百余年的历史。

城修成后,"四夷朝贡之使,岁漕之将士,下逮商贾贩佣,胥恃以无恐。至于京师,亦隐然有犄角之助矣"。

自都门东南行六十里,有地曰"张家湾"。凡四方之贡赋,与士大夫之造朝者,舟至于此,则市马僦车,陆行以达都下。故其地水陆之会,而百物之所聚也。

嘉靖癸亥冬[1],世宗皇帝以有虏警,诏发营兵戍之。先声播闻,虏不敢犯。然戍者无所据依,昼夜被甲立,势实不可以久。甲子春,顺天府尹刘君畿因以城请[2],司空雷公礼上议[3]曰:"城于戍便,于守固。"世宗报可。勒顺天府丞郭汝霖、通判欧阳昱、内官太监桂琦,以二月二十二日始事。财取诸官之赎及士民之助者,木取诸营建之余,砖取诸内官厂之积石,取诸道路桥梁之废且圮者。夫取诸通州之卫卒及商,若民之饶于赀者。工既举而财不时集,阶具以闻,诏光禄寺出膳羞之余金三万两贷之。于是诸臣咸悦以奋,而巡按御史董君尧封、王君用桢,程督加严[4]。

越三月,遂以成告。周九百五丈有奇,厚一丈一尺,高视厚加一丈[5],内外皆甃以砖。东南滨潞河,阻水为险;西北环以濠。为门四,各冠以楼;又为便门一,水关三,而城之制悉备。中建屋若干楹,遇警则以贮运舟之粟,且以为避兵者之所舍。设守备一员,督军五百守之。而湾之人、南北之缙绅、中国四夷朝贡之使、岁漕之将士,下逮商贾贩佣,胥恃以无恐[6]。至于京师,亦隐然有犄角之助矣。

仰惟国家建都燕蓟,百六十年于兹,乃湾之有城,实自世宗遣戍之诏始。盖世宗雄才大略,出于天纵[7],而讦谟睿算[8],又得于夙夜计安天下之心,非偶然者。其功在社稷,庙称为世,虽未易以名言,然此固其一也。夫睹河洛而思禹[9],情也,亦义也。今而后登兹城者,于世宗能无思乎?诚使文武吏士体保固郊圻之意[10],而殚谋以殿封疆。兵之守者,怀据依之便,居处之安,而竭力以奋武卫。其在宾旅[11],溯周防曲护之恩,而各修厥职以供朝廷之事,则庶几为能思世宗矣。阶不敏,敢因纪成以规焉。

【注释】

[1] 嘉靖癸亥:1563 年。

[2] 刘畿(1509—1569):字朝宗,一字子京,号羽泉,又作雨泉,长州(今属江苏苏州)人。嘉靖三十年(1551)进士。知瑞安,以绩拜吏科给事中。嘉靖三十九年,以提督内宫工成,升通政司右参议添注,兼工科给事中。嘉靖四十一年,以西苑工成,升太仆寺少卿,迁顺天府尹,进都御史,督抚浙直,巡视温州府等。复治官塘,又建梅头堡,重疏天井洋,大为民便。嘉靖四十二年,升南京兵部右侍郎。有《诸史将略》。

[3] 雷礼(1505—1581):字必进,号古和,江西丰城人。嘉靖十一年(1532)进士。累官兴化府推官,太常寺卿、顺天府尹、右都御史等。嘉靖三十七年(1558),官至工部尚书,后加升太子太保,加太子太傅。嘉靖三十五年(1556),督修卢沟桥。三十七年九月,督造三殿大工。四十一年,三殿成,改奉天为皇极,华盖为中极,谨身为建极(今故宫太和殿)。雷礼是明清建筑艺术的主要开创者,他主持修建的明十三陵为"样式雷"建筑清东陵与西陵提供了样板;清康熙年间重修的"样式雷"建筑——清宫三殿,也是在他的基础上重建的。

[4] 程督:对于法定赋税、工程劳役、学课等的监督。

[5] 句侧有:"张湾之城已为虏所破。盖城实卑薄也,增之为当。"

[6] 胥:全,都。

[7] 天纵:指上天赋予,才智超群(多用于对帝王的谀辞)。

[8] 讦谟:远大宏伟的谋划。

[9] 睹河洛思禹:指大禹治水。黄河中游有一座大山,叫龙门山(在今山西河津西北)。黄河水受其阻挡,常常溢出河道。大禹带领人们开凿龙门,河水随之畅通无阻。

[10] 郊圻:郊野,郊外。

[11] 宾旅:羁旅之人,旅行者。

阳方筑城记

明·胡 松

【提要】

本文选自《明经世文编》(中华书局 1962 年影印本)。

"国家西北边镇,莫重宣、大、山西、雁门、宁武、偏头与紫荆、倒马诸关,为国重险。"胡松开宗明义。但"国初以宣大为重,重兵大将,多在两镇。三关兵马素少,又脆弱,往时恃大同为捍蔽,故三关之备差缓"。三关中,"臣阅宁武关之阳方口,东西长可百八十里,适当朔州大川之冲,平衍夷漫。虏虽拥数十万骑,皆可成列以进。且比年贼寇内地,率径斯。工当首举"。

宁武关为晋北古楼烦(古部落名)地。战国时,赵武灵王曾在此置楼烦关,以防匈奴。宁武关故址在今山西宁武县城,当吕梁山脉北支芦芽山和云中山交会的谷口。谷口宽广,敞向北面的朔县盆地。三面环山,北倚内长城,深居于四面屏蔽的腹地,形势稳固,易守难攻。这里处于大同、朔县联合盆地的南缘,地形高亢。山西省内两条大河——桑干河和汾河源于此,分流南北。东西两面又有滹沱河、黄河的支流由此流出。因此,这里虽是山区,却具路通四方之利,交通方便。由此北上可到大同,南下可达太原。

朱棣迁都北京,将明王朝的中心近距离地展现在蒙古人面前。于是,朱棣在永乐十年以后开始北征。五次北征之后,为了抵御蒙古的进攻,在北方不断设险置关、修筑防线,形成了外边与内边。内边,是指起山西偏关县,经神池、宁武、代县、朔县,河北蔚县等地,抵河北延庆县的内线长城,蜿蜒1 000多公里。在这条防线上,创关设堡,驻守军队。在河北境内者,沿线设紫荆、倒马、居庸三关,称为"内三关"。山西境内,设偏头、宁武、雁门三关,称为"外三关"。外三关之中,偏头为极边,雁门为冲要,而宁武介二关之中,控扼内边之首,形势尤为重要。

宁武关是三关镇守总兵驻所所在地。关城始建于明景泰元年(1450),在明成化、正德、隆庆年间,均有修缮。关城雄踞于恒山余脉的华盖山之上,临恢河,俯瞰东、西、南三面,周长2公里,开东、西、南三门。成化二年(1466)增修之后,关城周围约2公里,基宽15米,顶宽7.5米,墙高约10米,城东、西、南三面开门。成化十一年(1479),由巡抚魏绅主持,拓广关城,周长3 500多米,加辟北门,建飞楼于其上,起名为镇朔城,南北较狭,东西为长,关城周长七里,呈长方形,城墙高大坚固,四周炮台、敌楼星罗棋布。弘治十一年(1498),关城又被扩展为周围约3.5公里。城墙增高了1.5米,并加开了北门,不过这时的城墙仍为黄土夯筑,砖城墙是万历三十四年(1606)包砌的。万历年间,在全部用青砖包砌城墙的同时,还修建了东西2座城门楼,在城北华盖山顶修筑了一座巍峨耸峙的护城墩,墩上筑有一座三层重楼,名为华盖楼。宁武关城不仅与内长城相连,而且在城北还修筑了一条长达二十公里的边墙。万历末年,增高城墙,加以砖包,关城更为坚固雄壮。

阳方口是明长城山西关隘,在宁武关北约13公里处。阳方口堡城,东靠长方山,西傍恢河,嘉靖十八年(1539),西蜀人,提督三关、兼巡抚山西地方的陈讲所筑,工程"经始嘉靖十九年之春三月,毕工明年之夏六月有半。""计役民壮七千九百五十人,借调旁近屯丁一千八百二十人","东起阳方口,经温岭大小水口、神池、荞麦川,迄于八角堡之野猪沟、老营堡之丫角墩"。城"土筑惟半,余则斩山之崖为之。计长三万三千一十余丈,可百八十里。无论土石,并高二丈有奇,下广一丈五尺,上广七尺加四尺为女骑。可骑以驰,可蔽以击。墙外壕堑深广之度,略如墙中。增敌台四十三座、暖铺五十五间、暗门五座、重楼三座,护水堤台称之。包筑流水沟洞百十二处"。此城是以战略据守为目的而修筑的,并与宁武关互为犄角,遥相呼应。万历四年(1576),城又增修。《读史方舆纪要》论述其战略地位:"大同有事,以重兵驻此,东可以卫雁门,西可以援偏关,北可以应云朔,盖地利得也。"

2011年,忻州开始修复宁武关阳方口堡楼。

西蜀陈公既受命上公[1],提督三关,兼巡抚山西地方。乃言于朝曰:"国家西北边镇,莫重宣、大、山西、雁门、宁武、偏头与紫荆、倒马诸关,为国重险。国初以宣大为重,重兵大将,多在两镇。三关兵马素少,又脆弱。往时恃大同为捍蔽[2],故三关之备差缓[3]。

今时则异矣,使非设险据隘,其何恃而能守? 今三关东起代之瓶形岭,西暨保德河曲[4],地东西延袤千有余里,在所皆路并当修筑。然东有雁门、勾注之险,西有老营、偏头之塞,厄岖山谷,限隔黄河,虏贼大举不甚便,工可俟时。

臣阅宁武关之阳方口,东西长可百八十里,适当朔州大川之冲,平衍夷漫[5],虏虽拥数十万骑,皆可成列以进。且比年贼寇内地,率径斯,工当首举,庶人有依而能立。

臣查山西诸路民壮可得万余,忻、代、五台诸郡邑榷金岁得数千[6],不足则取诸太原所部吏民赎锾[7]。费不伤乎正额,劳不及于齐民。说者或以版筑之劳,臣窃以为孰与杀掠之为惨? 暂时之费,孰与永世之攸宁! 筑之便。上下其奏兵部,兵部议如公指无异,乃以雁门兵备副使王镐察奸经费[8],都司署都指挥同知王松、太原府同知邢伦总督工程,其下文武百执事,并选廉慎而有干者,使摄。

经始嘉靖十九年之春三月[9],毕工明年之夏六月有半。计役民壮七千九百五十人,借调旁近屯丁一千八百二十人。东起阳方口,经温岭大小水口、神池、荞麦川,迄于八角堡之野猪沟、老营堡之丫角墩,土筑惟半,余则斩山之崖为之。计长三万三千一十余丈,可百八十里。无论土石,并高二丈有奇。下广一丈五尺,上广七尺加四尺为女骑,可骑以驰,可蔽以击。墙外壕堑深广之度,略如墙中。增敌台四十三座,暖铺五十五间,暗门五座,重楼三座,护水堤台称之。包筑流水沟洞百十二处,益三关中路之备。壮哉,盛矣! 计用金五万有奇。然中三万犹皆民壮岁饩常供数云。

始公之肇斯役也,诸以工大费巨不可就。公执弗疑,详其画约,时其省视。诸如医巫盐蔬之细,靡不综理加密;重以群贤宣力,万手并作,故民不称瘁而工卒僝[10]。

其秋八月,虏果大至,见阳方塘高堑关,不可攻,乃从其东四十里麦柳树侵入。夹柳故无墙,又平旷可驰,实代州守备信地。公先是盖尝虑之,檄守备宋宸往量土物。宸耄而畏事[11],谓土疏恶不可筑,遂不及为,虏乃乘虚以入。盖言者不谅不审而公去矣[12]。

公去而中丞刘公代,盖即虏退之岁之冬。刘公奉廷议属余与参政张君子立规计工事,补筑东路三百里,按察司佥事赵君瀛补筑西路黄河壖百五十里。其岁月、夫匠、财用之数,别有记,所缺惟水泉、滑石诸处[13]。其地迫近虏穴,时且近秋,不及为缶形、团城、泰安三口[14]。诸谓稍近内地,力有程限[15],不暇为,然他有此无终属罅缺。世有同心,计不容已。

是岁之夏,余与张君视工过阳方口,览公遗烈[16],相与感叹。张君谓余于此专且近悉公行事,属余记,而不敢以不文辞。公名讲,字子学,遂宁县人。刘公名杲,字宪甫,钟祥县人。

【作者简介】

胡松(1503—1566),字汝茂,滁州(今属安徽)人。嘉靖八年(1529)进士。历知东平州,迁山西提学副使。上边务十二事,为当道所陷,斥为民。家居十余年,屡荐屡罢。嘉靖三十五年,起陕西参政,三迁至江西左布政使,进兵部右侍郎巡抚江西,累官至吏部尚书。卒,谥恭肃。有《胡庄肃公文集》《滁州志》《唐宋元名表》。

【注释】

[1]陈公:即陈讲(?—1570)。字子学,蜀遂宁人。正德十五年(1520)进士。入仕途为翰林院庶吉士,授监察御史,巡按陕西,升山西提学使,历河南布政使,都察院右副都御史,山西巡抚。嘉靖十八年(1539),蒙古俺答犯边,直达山西大同、太原、晋阳等地,讲奏请加强防御,并提出具体方略,使北方得以稳定。有《中川文集》《茶马志》。《茶马志》为中国茶政研究的重要资料。

[2]捍蔽:遮挡,护卫。

[3]差缓:谓条件差劣而不急于改变。

[4]保德:在山西西北部,西抵黄河。

[5]夷漫:平坦而广阔。

[6]榷金:指国家对黄金实行专卖。

[7]赎锾:赎罪的银钱。锾:音 huán。

[8]察奸:按,疑有误。依文义当为"察核"。

[9]嘉靖十九年:1540 年。

[10]僎:音 zhuàn,具备。

[11]按,原文(竖排)句侧有"此亦抚臣不早更置之过也"。

[12]不谅:不体谅。

[13]按,"滑石(竖排)"左侧有"在老营之西、桦林子堡东一带"。

[14]按,"泰安(竖排)"左侧有"地在雁门以东,其东即灵丘飞狐塞界"。

[15]程限:犹限度。

[16]遗烈:前人遗留的业迹。

甓沿河水城记

明·谭大初

【提要】

本文选自《古今图书集成》职方典卷一三二四(中华书局　巴蜀书社影印本)。

南雄市处广东省东北部,大庾岭南麓,毗邻江西、湖南,自古是岭南通往中原的要道,史称"居五岭之首,为江广之冲""枕楚跨粤,为南北咽喉"。南雄南北两面群山连绵,中部丘陵沿浈江伸展,形成一狭长盆地,地质学称之为"南雄盆地"。州城就在"浈昌二水合流"处。

为防奸人弄兵，百夫啸聚，兵宪刘稳、郡守欧阳念、郡推张高协力同心沿河修筑城墙，"经始于乙丑(1565)冬十月，落成于丙寅春三月"，历时 5 个月。"东起小梅关，南抵西津桥。长凡五百一十丈，高凡二十有五尺。雉堞鳞次，仡仡言言。"南雄沿河"居民有力者自办工料，无力者计产相资"。可见，水城墙的修筑是一件民心工程。改木栅为砖石的水城墙修成后，南雄州"因江为池，家自为守"。这样一来，便"增前人之未备，杜奸宄之觊觎"了。

此前的嘉靖四十一年(1562)二月，南雄庠生冯正国，倡筑郡内延村水城，历时 20 个月落成。

雄之为州，自五代南汉乾和始[1]。州之为"南"，自宋开宝始[2]。浈昌二水合流，故附邑曰：浈昌。易"浈"为"保"，则自宋宣和始[3]。元为路，皇明革路为府县，因之。

旧城凡三创，于皇祐壬辰者曰"斗城"[4]，筑于至正乙巳者曰"顾城"[5]，甃于正德戊辰者曰"新城"[6]。斗城尚矣，顾城虽卑，犹可坚守。独新城南面滨河，水栅难固，百夫啸聚[7]，与无城同。

余昔修郡志，盖逆忧之。十年前，奸宄弄兵，睄我无备[8]，犯我郊关。猖獗蔓延，殆无宁岁。四民荼毒，所不忍言。隶册籍者，既乏精强；应召募者，漫无纪律。士民合词，恳于当道，佥曰："修水城便然。"时诎举赢，上下难之。

顷因翁源之师分巡，兵宪仁山刘公稳虑其侵轶[9]，民且无恃，乃亲临相度，毅然以为己任。人曰："劳。"则曰："吾能劳。"人曰："费？"则曰："吾能费。"移檄于郡守安福欧阳公念。议既克协[10]，二守南昌张公尚先期别委，则专属之郡推桂林张公高。

经始于乙丑冬十月，落成于丙寅春三月。东起小梅关，南抵西津桥。长凡五百一十丈，高凡二十有五尺。雉堞鳞次，仡仡言言[11]。因江为池，家自为守。增前人之未备，杜奸宄之觊觎，厥功伟哉。

是举也，沿河居民有力者自办工料，无力者计产相资，费罔官损，役匪民妨。调停剂量，综理其凡者，郡守欧阳公也；任劳任怨，兼总条贯者，郡推张公也；分丈并工，各奏尔能者，经历贺君尚志、县丞吴君臻、主簿范君大行、巡检姜君也。

士民王重、汪鹗等，砻石请纪之。大初乐观厥成，因诿于众[12]曰："古今称盗起者，必曰民穷；弭盗者，必曰惇德。故地虽利，不如人和。所谓圣人有金汤者，不专于高城深池也。继自今，诘戎兵，广储蓄，均里甲，薄征徭，余于在位仁贤三致意焉；崇节俭，黜浮奢，敦本实，戒游惰，余于乡井旄倪三致意焉。[13]"是为记。

【作者简介】

谭大初(1504—1578)，字宗元，号次川，南雄府保昌县(今属广东)人。嘉靖十七年(1538)进士，历任户部河南司主事、兵科给事中、江西按察副使、广西左参政、工部右侍郎、户部左侍郎。隆庆四年(1570)升南京户部尚书。为人刚正不阿，为官清正廉明。卒，谥庄懿。有《次川存稿》《族谱》《自叙年谱》《南雄府志》。

【注释】

[1]南汉:五代十国时刘䶮所创,917—971年。乾和:南汉中宗刘晟年号,943—958年。

[2]开宝:北宋赵匡胤年号,968—976年。

[3]宣和:北宋徽宗年号,1119—1125年。

[4]皇祐壬辰:1052年。皇祐:北宋仁宗赵祯年号,1049—1054年。

[5]至正乙巳:1365年。至正:元惠宗年号,1341—1370年。

[6]正德戊辰:1508年。正德:明武宗朱厚照年号,1506—1521年。

[7]啸聚:互相招呼着聚集起来。

[8]睸:音jiàn,窥视,偷看。

[9]侵轶:亦作"侵佚"。侵犯袭击。

[10]克协:统一。

[11]仡仡:音yì,高耸貌。言言:威严貌。

[12]谂:音shěn,规谏,劝告。

[13]髦倪:犹髦倪。老幼。

重修广海卫城池记

明·李义壮

【提要】

本文选自《古今图书集成》考工典卷二八(中华书局　巴蜀书社影印本)。

广海,在今广东台山,距大海的直线距离不到5公里。北宋时,朝廷就在此加强海防,以卫护商船,广海那时已成为海防要地。《简明广东史》:"北宋置巡海水军,下辖若干营……迄宋一代,东起潮州,西至琼雷,都立寨防海,其中以珠江口一带最为完备:扶胥都监(驻今黄埔)之下,有广惠州、广恩州、固戍角(今宝安境)、屯门、溽洲(今台山广海)、崖州、香山(今中山)诸寨或巡检,管兵2 792人。而溽洲是海舶入广州的第一站,其寨兵负责护航,因此,它同屯门一起构筑成一个宽阔的水上防御体系。"宋人朱彧的《萍洲可谈》亦载:"广州自小海至溽洲七百里,溽洲有望舶巡检司,谓之一望,稍北又有第二、第三望,过溽洲则沧溟矣。商船去时,至溽洲少需以诀,然后解去,谓之"放洋"。还至溽洲,则相庆贺,寨兵有酒肉之馈,并防护赴广州。"由此可见,广海在北宋年间,已是海防重镇,又是广州通海夷道所经之暂时停泊地,在南海中外贸易航线上,地位相当重要。

《新宁乡土地理》载:"广海卫城……原隶新会,宋置巡检司于此,是为古溽州。明洪武初,平章廖永忠、参政朱亮祖,平定广东。遂命亮祖镇守,建置诸卫所,分布要害。十七年复设沿海诸卫所,二十年命都司花茂就溽州地开创,迁巡检司于望头乡,以广海地置卫所。二十七年建卫城。"洪武十七年(1384),"又以岛夷之患"而增设沿海卫所。除广州设左、右、前、后4卫外,沿海共设11卫,"以捍外而固内"。广海是其中之一卫。

"予观于今日而益知城池之不可已也。盖自嘉靖末年以迄于今,倭贼入寇,由建康两浙入闽,以抵予广。沿海州县卫所,内讧外乱,无何而广海一卫破矣。"隆庆四年(1570)八月,新宁知县姚文炜到广海巡视后,发起重修广海卫城。筹钱兴工,"旧城广五百三十丈,高一丈一尺,厚倍之,加以女墙四尺,计高一十五尺。今墙五尺,计二十尺。城有东、西、南三门,门各建楼三楹。又警铺共一十二楹。"还疏浚城濠六百三十丈,深五尺,阔二丈,"浚所未深,通所既塞"。工程隆庆五年(1571)八月动工,次年正月竣工。

明代广海,还是政府确定的"澳(泊口)"。明朝政府对前来朝贡国家的贡船、期限、贡道、人数、表文等都有具体规定,不符合规定者不许入贡。外国贡船进入广东,规定停泊在沿海各"澳",政府设立专门机构进行管理。

予观于今日而益知城池之不可已也。

盖自嘉靖末年以迄于今,倭贼入寇,由建康两浙入闽以抵予广,沿海州县卫所内讧外乱,无何而广海一卫破矣。莆田姚君文炜来知县事,览观形胜而叹曰:"广海与吾新宁唇齿也。今县荒毁,海防摧败,又无一兵可恃,是尚可为国乎?"乃亟谋之僚属,询之父老,皆以为不可缓也。于是翻诸掌故[1],而见前署县事通判李君桁者亦尝计议于此,而以财力均派之民,公谓"东南民力竭矣,即征赋犹未可完,而又使倍出,民何以堪"。

县旧有没官房屋、田土、牛马等件共计价值三百五十余金;奸民侵占守御官房并私相典当,即不追究其罪而薄征其税,共计价值二百余金。皆先年隐匿不暇究者。至是照数检括还官[2],并原估纸赎四百余金,计及千两。又计里甲之夫若干,守御军余之夫若干,共计若干。

谋虑既周,制用亦足,具请于总制都御史李公迁、巡按御史赵公焞、广州郡守胡公心得,刻期举事,相土计工,采薪辇石。又择耆老之有行义者三十人,分董其事。守御千户王承宗、典史王澍亦皆共考其成。

旧城广五百三十丈,高一丈一尺,厚倍之,加以女墙四尺,计高一十五尺。今墙五尺,计二十尺。城有东西南三门,门各建楼三楹。又警铺共一十二楹,如旧制。旧壕六百三十丈,深五尺、广二丈。比年修治不时,堙塞既甚。公又域界以分役,凿地以筑城,浚所未深,通所既塞。未几,而池之深广亦如旧制。

事始于隆庆五年八月之吉,至今正月成。新宁之父老小子咸喜,以为久安长治之计。念惟姚公之德,图报罔称,其何以安?于是,请于黉宫博士林君效宾、彭君日芳[3],具状征文,刻之坚石,以识公思。

予谓"古之善为政者,能知其所缓急,而与时消息焉耳;不善为政者,急其所缓,缓其所急。于是事益偾[4],民益瘼[5]。"公尝伤于虎者,故于莅任之初而即以此为急务。且其治军,实除戎兵,练习以时,简阅有道[6]。凡为倭备,又无不至。不然,则前日倭贼之猖獗,直抵城下,残丘败壁,尚可守乎?抑又闻之远柔则近辑[7],外治则内安。广海一卫,去城不百里而近,实新宁之大防也。乃今玩愒若此[8],人心犹尚凛凛也^[9]。有世道之责者,其尚深念此哉,而无恃此城池以为安也。

【作者简介】

李义壮,生卒年月不详。字稚大,广东佛山三水(今佛山三水区)人。嘉靖二年(1523)进士。入仕途任浙江仁和令、户部主事、福建按察使,官至佥都御史,巡抚贵州。因平苗策略与总兵张岳相左,辞官归里。有《三洲初稿》《三洲续稿》等。

【注释】

[1]掌故:旧制旧例。故事,史实。

[2]检括:查察,清查。

[3]簧门:学校。簧:音 hóng,古代的学校。

[4]偾:音 fèn,仆倒,败坏。

[5]痹:犹麻木不仁。比喻对事物反应迟钝或漠不关心。

[6]简阅:考察,察看。

[7]辑:聚集;和睦。

[8]玩惕:"玩岁惕日"的略语。谓贪图安逸,旷废时日。惕:音 kài,荒废。

[9]凛凛:寒冷。

畏垒亭记

明·归有光

【提要】

本文选自《震川先生集》(上海古籍出版社 1981 年版)。

畏垒亭在今上海安亭,归有光妻子的老家。那时上海不如昆山知名,所以归有光文中描述,"自昆山城水行七十里"到安亭,吴淞江旁边那"土薄而俗浇"、人争弃之的地方,就是妻子的老家了。

但是,房子所处环境别有风景。西面有"清池古木,垒石为山;山有亭,登之,隐隐见吴淞江环绕而东,风帆时过于荒墟树杪之间",所以他喜欢在此读书。亭旧无名,他命名为"畏垒"。

为何? 因为庄子有言,人争避而远之的薄脊荒凉之地,有人力而耕之,必有丰厚的回报。"予妻治田四十亩,值岁大旱,用牛挽车,昼夜灌水",结果获得不少的收成,于是酿酒数石。作者在"寒风惨栗,木叶黄落"的季节,"呼儿酌酒,登亭而啸",岂能不忻忻然?

自昆山城水行七十里,曰安亭,在吴淞江之旁;盖图志有安亭江,今不可见矣。土薄而俗浇[1],县人争弃之。予妻之家在焉。予独爱其宅中闲靓[2],壬寅之岁[3],读书于此。宅西有清池古木,垒石为山。山有亭,登之,隐隐见吴淞江环绕而东,风帆时过于荒墟树杪之间[4],华亭九峰,青龙镇古刹浮屠,皆直其前。亭旧无名,予始名之曰畏垒。

庄子称:庚桑楚得老聃之道[5],居畏垒之山。其臣之画然智者去之[6],其妾之挈然仁者远之[7]。拥肿之与居,鞅掌之为使[8]。三年,畏垒大熟。畏垒之民,尸而祝之[9],社而稷之。而予居于此,竟日闭户。二三子或有自远而至者,相与讴吟于荆棘之中。

予妻治田四十亩,值岁大旱,用牛挽车[10],昼夜灌水,颇以得谷。酿酒数石,寒风惨栗[11],木叶黄落;呼儿酌酒,登亭而啸,忻忻然。谁为远我而去我者乎? 谁与吾居而吾使者乎? 谁欲尸祝而社稷我者乎? 作《畏垒亭记》。

【作者简介】

归有光(1506—1571),字熙甫,又字开甫,别号震川,又号项脊生,江苏昆山人。嘉靖十九年(1540)中举,后曾8次应进士试,皆落第。徙居嘉定(今上海嘉定区)安亭,读书讲学,作《冠礼》《宗法》二书。从学者常数百人,人称"震川先生"。他考察三江古迹,认为太湖入海的道路,只有吴淞江。但吴淞江淤塞不堪,唯有合力浚治一途,为此他写了《三吴水利录》。后来,海瑞主持疏通吴淞江时,多采其建议。嘉靖三十三年(1554)倭寇作乱,归有光入城筹守御,作《御倭议》。嘉靖四十四年(1565),他60岁终成进士,授湖州长兴县(今浙江长兴县)知县。隆庆四年(1570),为南京太仆寺丞,留掌内阁制敕,修《世宗实录》。归有光是"唐宋八大家"与清代"桐城派"之间的桥梁,被称为"唐宋派"。有《三吴水利录》《马政志》《易图论》《震川文集》《震川尺牍》《震川先生文集》等。

【注释】

[1] 俗浇:谓风气浮薄。

[2] 闲靓:安静。靓,通"静"。

[3] 壬寅:嘉靖二十一年,1542年。

[4] 树杪:树梢。杪,音 miǎo。

[5] 庚桑楚:亦作亢桑子、庚桑子。其在畏垒山一居三年,当地连年丰收,百姓奉其若神明。

[6] 画然:明察貌,分明貌。

[7] 挈然:自矜貌。挈:音 qiè。

[8] 拥肿:淳朴自得貌。鞅掌:事务繁忙的样子。

[9] 尸而祝之:谓立神像或神主以祝祷。

[10] 挽:引。挽车,谓用牛拉水车灌田。

[11] 惨栗:寒极貌。

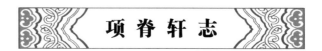

明·归有光

【提要】

本文选自《震川先生集》(上海古籍出版社1981年版)。

项脊轩,归有光家的一间小屋。"室仅方丈,可容一人居。"这间小轩是一间百年老屋,"尘泥渗漉,雨泽下注,每移案,顾视无可置者。又北向,不能得日,日过午已昏"。因为太破旧,归有光"稍为修葺,使不上漏。前辟四窗,垣墙周庭,以当南日。"一番修葺之后,小轩"日影反照,室始洞然。又杂植兰桂竹木于庭,旧时栏楯,亦遂增胜"。在这样的房子里看书、啸歌,看小鸟寻寻觅食,看"三五之夜,明月半墙,桂影斑驳,风移影动",小屋周围"珊珊可爱"。

为何要修这么小的房屋? 归有光的远祖曾居住在江苏太仓的项脊泾,把小屋命名为项脊轩,以志此事。与轩相连的院落,原本是大户人家的宅院,因为归氏先人曾经担任过太常寺卿。可是,如今"吾家读书久不效",科举无望,男大当婚,于是"诸父异爨,内外多置小门墙,往往而是。东犬西吠,客逾庖而宴,鸡栖于厅。庭中始为篱,已为墙,凡再变矣"。以至于长期在家做奶妈的老妪随手一指,即能讲述每一角落的故事细节来;更加上,这间小轩的东面曾是厨房,"余扃牖而居,久之,能以足音辨人"。小轩因人而有了温度;更奇特者,"轩凡四遭火,得不焚,殆有神护者"。

此轩是归有光的小书房。大母经常到这里鼓励他好好读书,光宗耀祖。"娘以指叩门扉曰:'儿寒乎? 欲食乎?'吾从板外相为应答。"于是,年幼的归有光哭泣、老妪也泣。小轩因此承载了人间冷暖。

妻子来了,"时至轩中,从余问古事,或凭几学书"。以至于回到娘家,还向妹妹们绘声绘色地描述这间小轩,因为爱。

6年后,妻子去世,他生病、游宦,虽然小轩修葺一番,也不常居。为何? 轩因爱而令人留恋。妻既去,爱不在,唯有庭中那棵妻亲手所植枇杷树"今已亭亭如盖矣"。

项脊轩,旧南阁子也。室仅方丈[1],可容一人居。百年老屋,尘泥渗漉[2],雨泽下注,每移案,顾视无可置者。又北向,不能得日,日过午已昏。余稍为修葺,使不上漏;前辟四窗,垣墙周庭,以当南日;日影反照,室始洞然。又杂植兰桂竹木于庭,旧时栏楯,亦遂增胜。借书满架,偃仰啸歌,冥然兀坐[3]。万籁有声,而庭阶寂寂,小鸟时来啄食,人至不去。三五之夜,明月半墙,桂影斑驳。风移影动,珊珊可爱[4]。然予居于此,多可喜,亦多可悲。

先是,庭中通南北为一。迨诸父异爨[5],内外多置小门墙,往往而是。东犬西吠,客逾庖而宴,鸡栖于厅。庭中始为篱,已为墙,凡再变矣。家有老妪,尝居于此。妪,先大母婢也[6]。乳二世,先妣抚之甚厚。室西连于中闺[7],先妣尝一至,妪每谓予曰:"某所,而母立于兹。"妪又曰:"汝姊在吾怀,呱呱而泣。娘以指扣门扉曰:'儿寒乎?欲食乎?'吾从板外相为应答。"语未毕,余泣;妪亦泣。

余自束发读书轩中[8]。一日,大母过余曰:"吾儿,久不见若影,何竟日默默在此,大类女郎也?"比去,以手阖门,自语曰:"吾家读书久不效,儿之成,则可待乎?"顷之,持一象笏至[9],曰:"此吾祖太常公宣德间执此以朝[10]。他日,汝当用之。"瞻顾遗迹,如在昨日。令人长号不自禁。

轩东故尝为厨。人往,从轩前过。余扃牖而居,久之能以足音辨人。轩凡四遭火,得不焚,殆有神护者。

项脊生曰:蜀清守丹穴,利甲天下。其后秦皇帝筑女怀清台[11]。刘玄德与曹操争天下,诸葛孔明起陇中,方二人之昧昧于一隅也[12],世何足以知之?余区区处败屋中,方扬眉瞬目,谓有奇景。人知之者,其谓与坎井之蛙何异!

余既为此志后五年,吾妻来归。时至轩中从余问古事,或凭几学书。吾妻归宁[13],述诸小妹语曰:"闻姊家有阁子,且何谓阁子也?"其后六年,吾妻死,室坏不修。其后二年,余久卧病无聊,乃使人复葺南阁子。其制稍异于前。然自后余多在外,不常居。庭有枇杷树,吾妻死之年所手植也。今已亭亭如盖矣。

【注释】

[1]方丈:谓一丈见方。

[2]渗漉:谓渗漏。

[3]冥然:沉默貌。兀坐:端坐。

[4]珊珊:晶莹明洁貌。

[5]迨:等到。异爨:谓分家。爨:音 cuàn,灶。

[6]先大母:去世的祖母。

[7]中闺:内室。

[8]束发:15岁。古人以15岁为成童之年,将头发束起盘到头顶上,谓之。

[9]象笏:象牙制的手板。古代品位较高的官员朝见君王时所执,供指画及记事。

[10]宣德:明宣宗朱瞻基年号,1426—1435年。

[11]女怀清台:秦时有寡妇名清,其夫得丹穴(朱砂矿)而致富。夫死,妇能守其业,以财自卫,人不敢犯。秦始皇以为贞妇,为筑女怀清台。台址在今重庆长寿县南。

[12]昧昧:无声无息。

[13]归宁:回家省亲。多指已嫁女子回娘家看望父母。

皇 砖 叹

明·孙 宜

【提要】

本文选自《古今图书集成》考工典卷一三九(中华书局 巴蜀书社影印本)。

"黄湖山前余古窑,开山设廨临江皋。千夫抟埴众牛踏,泊官点阅闲吏劳。连云烟火望不息,弃地瓦砾增时高。坊人窑徒告如数,洁酒虔牲谢神护。材成赤土齐方平,光发青铜尽完固。"孙宜诗中吟叹的皇砖是在湖南华容的黄湖山脚下烧制的,土质细腻黏黑的山下江边,烧砖工序:先是众牛踩踏和泥,接着千夫做砖,然后烧制。烧制前要"洁酒虔牲谢神护",最后才能得到色如青铜的皇砖。因为皇砖要求高,即使是虔诚异常,废弃的砖还是"瓦砾增时高"。

明清时期,由于紫禁城等皇家宫室的大量营建,皇砖等建筑材料长时间内保持旺盛的需求。那时,山东临清、江苏苏州和湖南华容等地都是重要的宫廷用砖产地。

在临清,随处可见与砖窑有关的地名,如张窑、窑口、窑地头、陈窑、东窑、西窑、唐窑等,它见证了临清皇砖的辉煌历史。临清贡砖击之有声,断之无孔,坚硬苗实,不碱不蚀。一般砖的硬度是70度,国家文物局曾经对临清的古砖进行测试,发现其硬度达到200度,比许多石头还硬,用临清贡砖建造的北京故宫、天坛、清东西陵等建筑,今已成为世界文化遗产。和其他地方一样,临清产皇砖的原因也是因为其地细腻无杂质的"莲花土"和紧靠运河码头的便利条件。明、清两代,临清沿卫河、会通河两岸有砖窑数百座,著名的有城东二十里铺、城南白塔窑、东北张家窑等五六处。据临清文物部门介绍,临清的官窑多达192座,而每座官窑都是两个窑口,共计384窑。按当时规定,每窑划地40亩,专供取土,仅按192口窑计算,占地面积7 680亩,光纯粹制砖的窑工就要9 600人。在明清鼎盛时期,临清在运河边上烧窑的窑工和杂工多达数十万之众,可见其场面的热火朝天。

相比临清,苏州等所产的皇砖多被用到紫禁城中铺地。苏州等地位于大运河旁,土质细腻,含胶体物质多,可塑性大,澄浆容易,制成的砖质地密实,成砖就近利用运河水运到北京,号称"金砖"。《天工开物》载,此砖要经过二十多道工序,且按正确的顺序才能铸成。首先,选取"黏而不散,粉而不沙"的泥土作为原料,经"汲水滋土,人逐数牛错趾,踏成稠泥",叫练泥。泥练好后,填满木框中,"平板盖面,两人足立其上,研转而坚固之",然后阴干砖坯,入窑烧制。

明代在苏州主持制砖的工部郎中张向之的《造砖图说》载此砖烧制情况:入窑后要以糠草熏一月,片柴烧一月,棵柴烧一月,松枝柴烧40天,凡130日而出窑。出窑的砖"或三五而选一,或数十而选一"。出窑后,还要在特制的桐油中浸泡百日,这样才能制作完成一批金砖。这样制成的砖,端正完整,颗粒细腻、质地密实,颜色纯青,敲击有金石之声,故称"金砖"。

正因为金砖要求太高,所以张向之忠实地记录了嘉靖中宫殿营造"凡需砖五万,而造至三年有余乃成"的情况,说"窑户有不胜其累而自杀者"。《四库全书》收录《造砖图说》称:"其书成于嘉靖甲午(1534),而明之弊政已至于此。盖法度陵夷,民生涂炭,不待至万历之末矣。"

龙舆凤驾西南行,有敕谋广承天城[1]。亚卿奉诏区画当,内侍督作简命精[2]。
湖南州县半雕敝,募徒取具无横征[3]。昨来羽檄冲宵至[4],御墼皇砖坐兹地[5]。
县令封柴重纷扰,藩司处价良宽倍[6]。百金须砖仅过万,民力官州足供费。
黄湖山前余古窑,开山设廨临江皋[7]。千夫抟埴众牛踏[8],泊官点阅闲吏劳。
连云烟火望不息,弃地瓦砾增时高。圬人窑徒告如数[9],洁酒虔牲谢神护。
材成赤土齐方平,光发青铜尽完固。监工动色匠氏喜,敕使行台定无怒[10]。
平原莽旷毕出砖[11],署县发卒罗砖船。大艘小舶尽查报,来商去贾无敢前。
要贿纳贿始一脱,白昼牙校明哄阗[12]。报船未已还签部,越里穷乡索殷富。
家饶斗斛那得眠,囊有锱铢悉充赂。分画宁蒙滑胥悯[13],逋逃反遭苦刑锢。
君不见砖船报尽解头过[14],未解之砖尚填布。又不见县官库吏日夕忙,秤金量银如太仓[15]。

【作者简介】

孙宜(1507—1556),字仲可,号洞庭渔人。湖南华容县人。嘉靖戊子(1528)举人,屡试礼部不售,遂绝意仕途,隐居洞庭,专心著书立说。有《洞庭集》《洞庭渔人集》《遁言》《明史略》《宋元史论》《天文书》等。

【注释】

[1] 龙舆凤驾:谓帝后出行。承天城:指皇城。

[2] 亚卿:唐以后太常寺等官署少卿的别称。内侍:太监。简命:选派任命。

[3] 取具:谓置办。

[4] 羽檄:古代军事文书,插鸟羽以示紧急,必须迅速传递。

[5] 御墼:御用烧制。墼:音 jí,烧土为砖。

[6] 藩司:明清时布政使的别称。主管一省民政与财务和官员。

[7] 廨:官署。旧时官吏办公处所的通称。江皋:江岸,江边地。

[8] 抟埴:谓以黏土捏制陶器的坯。

[9] 圬人:泥瓦匠人。

[10] 敕使:皇帝的使者。行台:台省在外者称行台。指地方大员。

[11] 莽旷:旷野。

[12] 牙校:低级武官。哄阗:吵吵嚷嚷。阗:音 tián,声音大。

[13] 分画:区分,划分。

[14] 解头:此指砖差的头目。

[15] 太仓:古代京师储谷的大仓。

附:造砖图说

明·张问之

自明永乐中,始造砖于苏州,责其役于长洲窑户六十三家。砖长二尺二寸,径一尺七寸。

其土必取城东北陆墓所产,干黄作金银色者,掘而运,运而晒,晒而椎,椎而春,春而磨,磨而筛,凡七转而后得土。复澄以三级之池,滤以三重之罗,筑地以晾之,布瓦以晞之,勒以铁弦,踏以人足,凡六转而后成泥。揉以手,承以托版,研以石轮,椎以木掌,避风避日,置之阴室,而日日轻筑之。阅八月而后成坯。

其入窑也,防骤火激烈,先以穰草薰一月,乃以片柴烧一月,又以棵柴烧一月,又以松枝柴烧四十日,凡百三十日而后窨水出窑。或三五而选一,或数十而选一。必面背四旁,色尽纯白,无燥纹,无坠角,叩之声震而清者,乃为入格。其费不赀。

嘉靖中营建宫殿,问之往督其役。凡需砖五万,而造至三年有余乃成。窑户有不胜其累而自杀者。乃以采炼烧造之艰,每事绘图贴说,进之于朝,冀以感悟。亦郑侠绘《流民》意也。

明·佘勉学

【提要】

本文选自《古今图书集成》职方典卷一四一二(中华书局 巴蜀书社影印本)。

原为百越之地的广西柳州唐宋以来得到充分的开发。明洪武元年(1368),柳州更名柳州府,再次成为统辖二州十县的府署驻在地。洪武十二年(1379),明廷扩建柳州城垣,城高旧制一丈八尺,城东西长三里,南北宽二里,即今城中区南半部到柳江北岸坡上范围之内,环城布有东、北、西、镇南、靖南共五个城门。因城的形状如壶,丽江凡四折,如环抱城郭。于是,柳州就有了"壶城"和"龙城"的别称。

然而,"吾柳郡城当五岭西南,牂牁水自西北来会,绕城郡三隅,周旋东注,虽非汉广,亦可谓天堑矣。独直北一面,通途数道,无封域之限、山溪之阻。"这种状况一直从北宋余靖平息侬智高之乱到明嘉靖二十四年(1545),持续了近500年。

嘉靖二十四年(1545),广西马平、融怀诸县瑶民作乱,张岳兵进柳州,围剿鱼窝、马鞍等处。这里是天险境域,明初以来六攻不下。张岳俘斩四千,招抚二万余人，诛首领韦金田等，柳乱遂平，时称奇功。御史徐南金上书赞岳"忠纯果毅，有古大臣风。"（《明史·张岳传》）乱平之后，开始营造郭以庇佑百姓。"命下，君侯即召工师，哀材伐石，诹日肇绪"，在"距北厢阛阓五百步"的地方营建北郭。"郭之长凡五百七十九丈，高丈有四尺，基视高省三之二。"此郭城还有"敌台十，台有舍，旗帜列焉。为军营三，营有庐楚……距郭中南十丈筑镇粤台，其高凡二十有四尺，应坤之数；纵广凡一百八十尺，当二九之数，像两仪也"。凡此种种，不一而足。

明末，出逃的明朝皇帝南下柳州，清明两朝在柳北一带长达数十年的拉锯战使得柳州遭受重大损失。

先王之建国也，树德以基，设险以守。此其为虑，豫且渊乎。昔者依寇甫平，余襄公遂城桂州[1]。君子与之，与其豫尔马平。当初征蛮寇之余，诸椎髻卉裳[2]，方向风胁息，人且以承平为贺。而亟城其北郭，岂治安之道莫是急乎！

盖先人之忧而忧之，非漫然举也。吾柳郡城当五岭西南，群牁水自西北来会，绕郡城三隅，周旋东注，虽非汉广，亦可谓天堑矣。独直北一面，通途数道，无封域之限、山溪之阻。我固可往，彼亦可来，识者有深忧焉。历数百年，卒莫之。为何？机会之难，遘如此哉！

嘉靖二十四年秋九月，兵部右侍郎兼都察院右佥都御史惠安张公净峰、征蛮将军平江伯合肥陈公竹泉[3]，以天子命督师讨蛮寇于马平之五都。师既克，乃以其暇登郡城，周览焉。顾雉堞之绵亘，俯江流之回合[4]，喟然叹曰："美哉！将将乎，洋洋乎，其斯以为固欤。然无崇冈巨阜为之殿，恐扶舆清淑之气无以萃[5]，且觇觎者易逞。徭蛮虽平，容讵无他虑乎？"时郡邑诸生有献议于兹，欲城北郭以饬外蔽者，深然之。念底厥绩[6]，须良有司，适难其人。

已而昆山王君三接以南京祠部郎来守兹郡，首谒于苍梧，即喜曰："是吴中人杰也，必能忧吾忧、事吾事矣。"遂以诸生之议畀之[7]，俾底行焉。君侯省之，即复曰："是守职也，敢不奉命？"暨归，乃布德兆谋，披草莱，躬陟降，既景乃冈[8]，考中用极，度财计工，审时约费，为计簿以请于大中丞[9]曰："是果能忧吾忧，事吾事者矣！苟利生民，财用何惜？"遂褒答俾底行焉。

命下，君侯即召工师，哀材伐石，诹日肇绪，距北厢阛阓五百步[10]，许为外郭。郭之长凡五百七十九丈，高丈有四尺，基视高省三之二。起自西江，迄于东冲，因势立基，前却委蛇[11]。甃以陶甓，实屏涂泥。故不必隐以金锤而丰坊表址，巩固如磐石焉。即郭之中为谯门[12]，凡三：正北曰"拱辰"，心王室思藩屏也；东曰"宾曦"，崇阳德布和惠也；西曰"留照"，存阳明烛幽昧也。门之上"拱辰"以楼，冒"宾曦""留照"以平屋，冒各三间，干盾备焉。

沿郭曲折为敌台十，台有舍，旗帜列焉；为军营三，营有庐楚，戍卒居焉。距郭中南十丈筑镇粤台，其高凡二十有四尺，应坤之数；纵广凡一百八十尺，当二九之数，象两仪也；覆台为层楼，高三十六尺，应乾之数；凡五间，象五行也。左右有轩，前后有廊,皆所以羽翼乎。楼旅楹四周[13],象列宿也,纵横视台。楼之中匾曰:粤西雄镇。言德威远被,胥底宁也[14]。台南下有堂,凡五间。东西为序,各如其数。直前为仪门,树坊于中。又前为外门,凡三间,门之端匾曰:龙城书院。崇文教,且将以象贤也。中仪门左右为碑亭二,即东偏为土地祠一。自堂徂门,萧墙连络,左右布分,环匝其外,缭以闬闳[15]。规模气象,翼翼如也,秩秩如也。是虽因地利,成天险,而裁成辅相乎?堪舆者,阴以寓焉。

是役也,内则取诸四所之军余,外则取诸三哨之士卒,而居民曾不知有号召之烦。凡役于公者,人日给银一分。有半圬者,倍之。梓匠视圬者为增损。木石之直,以良楛为上下[16]。总其费几千几百两有奇,皆于军饷取给,而吾民曾不知有征科之扰[17]。工经始于岁丙午冬十二月,未期而台成,踰年而郭就。楼观门堂,翚飞鸟革[18],观者惊犹神灵之所为,靡不嘉我君侯经理之有方也。而中丞成始终之功,尤章章于彝夏间[19]。然其机会之际,殆有非偶然者已。

吾闻仁者以天地万物为一体,故其视民之忧犹己之忧,天下之事犹一家之事也。昔中丞视教于兹,常以诚明之学诲我诸生。暨君侯莅政,告人每以不欺为训。是其志同,其道合,虽旷世犹能相感。矧生同一时[20],官同一方,其任之弗贰,劳之弗惜,固其宜哉!

吾柳当妖氛荡涤之余,获屡丰之庆。中丞又能散其小储,建此长策。风气既萃,人文以宣。外侮潜消,内宁益固。天人合发,交相为益,斯其时哉!《易》曰"损上益下,民悦无疆。自上而下,其道大光"之谓欤。又曰:"利用为大,作元吉,无咎。"则又君侯之谓矣。二公惠孚我民[21],利及万世。邦人士蒙其惠利,远其灾害,怀德思报,且将即是祠焉而尸祝之,以崇报于无穷,垂劝于来世。其谁曰"弗宜今而后嗣"。君侯者,皆能以中丞之忧为忧,君侯之事为事,则必敷和有民,绥厥士女。所欲与聚,所恶勿施。虽无一篑之覆,台也为益崇,郭也为益厚。若夫匪德是务,惟威刑是崇,是淫若传所称,好恶拂人之性,则民心携而叛离作。虽有金汤,其谁与守?又不若折柳以樊吾圃也[22]。诗曰:"无俾城壤,无独斯畏。"是非古今之大戒耶!

是举也,巡按监察御史丰城徐公南金,内江叶公世延先后按治,莫不嘉乃绩,俾亟成之。副使新建魏公良辅、长州徐公祯,参议莆田朱公道澜、惠安康公朗,参将庆远戚公振,咸有功于提调,而魏公职司兵备尤注意焉。府同知东筦林君时衷,通判觀县徐君栻,推官宁州邹君邦钦,知事临川周涓,咸有功于协赞,而徐君经费有制,出纳无爽,绩尤著焉。柳州卫带俸都指挥张世爵、指挥张奎、湖广永州卫领哨指挥陶礼俱有功于督理者也。至于日省月试[23],试工程佣[24],悉智殚力,佐我邦君,则惟陶子之能。

厥功告成,郡遣博士邓炳、黄处中属予为记。因次其事以遗之,且以诏夫将来。

【作者简介】

佘勉学,生卒年不详。字行甫,号东台,马平(今属广西柳州)人。嘉靖二年(1523)进士,入仕途为钱塘知县。累官广东连州判官、嘉定州(治今乐山)知州、松江府同知。因政绩突出升任徽州知府。不久,归家守母丧。此时柳州正在修建外郭城。主政之官请他撰写此《记》,留下了有关柳州古城修建的重要文献。后任常州知府,迁天津兵备道、贵州按察副使、福建布政司左参政、福建按察使。历官30余年间,佘勉学"清节著闻,不增田宅,柳人称乡先生可法者,必推勉学"(《柳州府志·佘勉学传》)。

【注释】

[1]侬寇:指侬智高(1025—1055)。北宋中期广西广源州(今靖西、田东一带)壮族首领,侬智高起事的发动者。余襄公:指余靖(1000—1064)。北宋皇祐四年(1052),以桂州知州身份经制广南东、西路盗贼。后灭侬智高。

[2]椎髻卉裳:椎状的发髻、草制的衣裳。多为边远、未开化地区的妆饰,因亦借指边远、未开化地区的人。

[3]张净峰:指张岳(1492—1553)。字维乔,号净峰,福建惠安县人。正德十二年(1517)进士,授行人,迁行人司右司副。出为广西提学佥事,改提学江西。进右副都御史,总督两广军务兼巡抚;召为兵部左侍郎,总督湖广、贵州、四川军务。嘉靖三十二年(1553)死于沅州,赠太子少保,谥襄惠。有《小山类稿》。

[4]回合:缭绕,环绕。

[5]扶舆:犹扶摇。盘旋升腾貌。

[6]底绩:谓获得成功,取得成绩。

[7]畀:音bì,给予。此谓告知。

[8]既景乃冈:语出《诗经·大雅·公刘》。谓在山岗上测月影,以定(房屋)阴阳向背。

[9]计簿:指一一记录汇总成簿籍。

[10]阛阓:街市,街道。

[11]委蛇:绵延屈曲貌。

[12]谯门:建有瞭望楼的城门。

[13]旅楹:众多的楹柱。

[14]底宁:安宁,安定。

[15]闬闳:里巷的大门,亦指里巷。

[16]良楛:精良与粗劣。

[17]征科:征收赋税。

[18]翚飞鸟革:形容宫室壮丽。语出《诗经·小雅·斯干》。

[19]章章:昭著貌,鲜明美好貌。彝夏:指汉人与少数民族。

[20]矧:音shěn,况且。

[21]孚:指施泽。犹惠及。

[22]樊:篱笆。此作动词。

[23]日省月试:每天检查监督,每月考核。犹今之工程监理。

[24]程佣:谓衡量考核佣工。

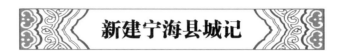

新建宁海县城记

明·秦鸣夏

【提要】

本文选自《古今图书集成》考工典卷二八(中华书局 巴蜀书社影印本)。

浙江宁海县城的修筑因为倭患。"嘉靖壬子(1552),遂大肆劫掠,焚黄岩,蹂昌国,邑不危者仅仅如线。"在成功击退倭寇后,林侯嘱其耆老准备修城。于是,"诹日庀工,度道里,平版干,均劳佚,称廪饩",开始筑城。

嘉靖壬子(1552)开始筑城,甲寅二月竣工,历时近三年。城方圆一千五百四十一丈,高二丈四尺,广一丈八尺,"费之出于公者六,出于民者四"。在宁海县令林大梁主持下,以唐朝的缑城为核心,修筑了一座新城,设靖海(东门)、迎熏(南门)、登瀛(小南门)、登台(西门)、拱辰(北门)、望阙(小北门)六座城门。每座城门之上,俱建戍楼设兵驻守。环城外侧则开凿了一条深1丈、宽1丈5尺的护城河。每座城门之外的护城河上建有石桥,供内外交通。并请当时临海籍状元秦鸣夏撰写此《记》。

元末明初,岛国日本由于多年的战乱(日本的南北朝时代),很多战败的将领、武士和破产的农民等无以谋生,纷纷逃亡海上;同时,原本统治江浙一带的张士诚、方国珍部在被朱元璋打败后,其残余力量流窜到海上;加上两国的不法商人掺杂其中,渐渐形成成规模的海盗集团。他们经常对明朝的沿海地区进行侵扰和抢劫,形成"倭患"。到了嘉靖时期,倭患已经愈演愈烈。

林大梁虽修城池,但倭寇并未停止骚扰。嘉靖三十三年(1554),胡宗宪出任浙江巡按御史后,重用包括俞大猷、戚继光、徐渭在内的各种人才,斩杀徐海、王直等倭首,倭患才最终平息。

邑治东南北俱岸大海,唯台、姥逶迤与西壤接。按《志》:"唐永昌元年[1],自海游徙今地。故无城郭,所恃健跳、越溪、铁场、窦峤、曼峤、长亭戍所,巡寨城守骈错,足为外翰已尔。

有明顺德,海波不扬者凡二百年,治极而蛊,边民挟倭为寇,阒逼关隘,莫敢何问。比嘉靖壬子,遂大肆劫掠,焚黄岩,蹂昌国,邑不危者仅仅如线[2]。

闽进士双湖林侯莅治,未几寇至,而瘁力捍御。寇退,而开心拊[3],循逃遁[4],还集民,用底定[5]。乃属其耆老而告之曰:"夫生厉有阶,御寇无策,曩所恃以为安者,今无赖矣,无已其城乎?夫城之为役固巨,然与其委积聚以资寇,孰与并汗血以自守。且吾诚不欲靳一时财力[6]，而不为吾民建万世长策也。"众唯唯，惟侯命。则以请于抚、按、藩、臬[7]，咸以可报。

于是，诹日庀工，度道里，平版干，均劳佚，称廪饩[8]，凡费之出于公者六，出于民者四。以嘉靖壬子十月始作，而以甲寅之二月成城。延袤一千五百四十一丈[9]，高二丈四尺，广一丈八尺。城之东曰"靖海"，南曰"迎薰"，西曰"登台"，北曰"拱辰"，又仍其旧为"小北门"。

役成，侯与士民登而乐之。射孔星连[10]，曲洞森卫，睥睨峚起[11]，闸闸高悬，言言屹屹[12]，足以耸观视而消奸慝矣。

由是，邑博朱君华宗、熊君秀、陈君朝辅暨合庠多士[13]，征言勒石以昭后来。予维世之言治者，祖袭在德、在险之论，莫不以城郭沟池为保邦末务，其说似也然。莒陋不备[14]，师溃于楚，《春秋》以为讥；而南仲城朔方[15]，山甫城东方[16]，诗人歌之，夫子录焉，抑何以称乎？盖物有本末，而推行先后之间，则存乎时。时之所先，末也，有不容以后夫本者。故医家缓急标本之喻，未尝不为岐黄之要诀也[17]。

夫民患孔棘[18]，恃吾以为命。乃吾不为长虑，却顾方泄泄然[19]曰："吾民义可使也，其礼可用也。"卒不可为，则诿曰："吾其如何？"此其与传舍视民者相去能以寸哉？矧今寇氛甚恶，劳师匮财，迄无宁岁。惟天子喟然觉悟，宽失职之诛，重死节之奖，总其责于守令，一时州邑无城者，咸听修筑。盖硕画之臣[20]，其见同矣。

唯侯恭宽敏惠，举数百年废坠之役，屹然以身与民，民亦欣然成侯之志。公无羡费[21]，人无留力，功无余技，不动声色而丕绩用成，其于本末先后之间不既有成算乎！吾不知他邑之兴是役者如何也？

是役也，董之以邑丞李君定，参画程督、劳勤居多若主簿许君俊[22]，典史王君椿咸预有事者也，义得并书于石。

侯名大梁，字以任，闽之同安人。双湖其别号云。

【作者简介】

秦鸣夏，生卒年月不详。字子升，浙江临海人。嘉靖十一年(1532)进士。入选庶吉士，后累左春坊左中允、顺天乡试官，受朝中党派斗争牵连，革职下狱。

【注释】

［1］永昌：唐睿宗李旦年号，689 年。

［2］黄岩：今浙江台州黄岩区。昌国：今浙江定海。

［3］拊：古同"抚"，安抚，安慰。

［4］循：古同"巡"，巡行。

［5］底定：达到平定。引申为安定。

［6］靳：吝惜，不肯给予。

［7］抚：巡抚。按：按察使。明朝时按察使主管一省的司法监察及驿传事务。又称臬台、臬司。藩：布政使。掌一省的财赋、民政。

［8］廪饩：指薪给。类今天"薪酬"。饩：音 xì，赠送人的粮食。

［9］延袤：长度和广度。

[10]星连:如星星连亘。形容多而密集。

[11]睥睨:城墙上锯齿形的短墙。埤:音yè,高峻。

[12]言言:高大貌,茂盛貌。仡仡:音yì,威壮貌,高耸貌。

[13]邑博:指县学教员。多士:指众多的贤士。

[14]莒:春秋时诸侯国之一。在今山东境内。《左传·成公九年》:"冬十一月,楚子重自陈伐莒,围渠丘。渠丘城恶,众溃,奔莒……楚师围莒。莒城亦恶。庚申,莒溃。楚遂入郓,莒无备故也。君子曰:'恃陋而不备,罪之大者也;备豫不虞,善之大者也。莒恃其陋,而不修城郭,浃辰之间,而楚克其三都,无备也夫!'"

[15]南仲:开拓周国西方疆域的名将。周文王命南仲征伐猃狁。南仲受命后,先构筑固守的城堡,稳扎稳打,步步进逼。等到猃狁斗志懈怠时,南仲突然发起攻势,猃狁大败而远遁,从此解除了周文王东进灭商的后顾之忧。

[16]山甫:即仲山甫。周宣王元年受举荐入王室,任卿士,位居百官之首,封地为樊。从此以樊为姓,为樊姓始祖,所以又叫"樊仲山甫""樊仲山""樊穆仲"。"王命仲山甫,城彼东方。"《诗经·大雅·烝民》颂其功绩,说他品德高尚,为人师表,不侮鳏寡,不畏强暴,总揽王命,颁布政令,天子有过,他来纠正等。仲山甫废除了"公田制"和"力役地租",全面推行"私田制"和"什一而税",鼓励农民开垦荒地,大力发展商业等。这些改革的成功,形成了周宣王时期的繁荣景象,史称"宣王中兴"。

[17]岐黄:岐伯和黄帝。相传为医家之祖。

[18]孔棘:很紧急,很急迫。

[19]泄泄然:舒缓貌。

[20]硕画:远大的谋划。

[21]羡费:谓无点滴浪费。

[22]劳勩:辛劳。勩:音yì,劳。

横山水洞记

明·罗元祯

【提要】

本文选自《滇志·艺文志》卷第十一之二(云南教育出版社1991年版)。

400多年前,云南昆明城西一段水渠,长仅10余千米,却转了73个弯,并开凿了1 000余米的隧洞,历时30多年而竣工,这就是至今仍在使用的古代水利工程——横山水洞。

在今昆明城西北的蛇山和玉案山之间,是一个平坦的坝子,因玉案山西麓多泉水,形成海源河,所以叫做海源坝子。明代,这里成为军民屯垦比较集中的地点,仅龙院等8个村子就有田地4.5万余亩。不过,这里虽然名为海源,而且当时滇池水位就在海源寺附近,但距离此寺不远的龙院村一带却饱受干旱的困扰,"池抵村,地势隐起,差具倾倚伏,可立上游走丸,以故池水不可逆引而仰溉";村以西三十五里有白石崖,崖中泉因"山形隐起,则又高龙院诸村什九","度崖泉可引而东以灌,然横山墙立于前,岸然峭阻",只有劈山凿洞一条路。

嘉靖乙未(1535),苦于"旱为焦土"的村民在李文温的带领下自发到山中寻找水源,终于在白石崖找到了水源。白石崖之水至龙院村后的尹家山落差30米,可以引水灌溉,但白石崖距尹家山直线距离虽只有三四千米,其间却隔着22道山梁和深谷,且山体大多岩石,引水开沟甚为艰难。没有测量仪器、没有像样的开凿工具,村民们仍然义无反顾地凿石开沟,一干就是34年,"开崖导山七十三曲,为水凡十三,条邸横山,止于石丘"。石丘,即尹家山。

然而,尹家山"墙立于前,岸然峭阻"。若继续开沟渠,则需劈开高达100多米高的山麓,无法绕过的横山,只有开挖隧洞才能引水下山浇地。隆庆己巳(1569),又逢大旱,村民杨应春率领百姓"凿丘为东西洞,约穿三十丈,未穿者如其数。"这年四月,布政使司右使陈善视察农耕至此,看到村民开凿隧道的艰难,便将此事向云南巡抚、都御史陈大宾和布政使司左使、御史刘鹤年报告,他们认为"此功一成,为万世利",同意由官府出面办理后续的开凿工程。此时的工程现状是:"洞高广各三尺有咫,仅仅容一人反身屈膝以镌,用二人递畚所镌而出入之,弥坚难而解焉。声冲冲若咫尺,东西竟不相植。"据此,陈善拨给经费,命令下属官吏尹德先、向敬荣、刘德先负责继续开凿。本以九旬为期,可是又九旬,仍然竣工无期。陈善又叫舍人袁应登前去察看究竟,袁用矿工20人替代村民继续开凿。

由于进度缓慢,"人惧弗卒",普遍担心工程又会半途而废,此时已升左使的陈善说:"泰山之溜穿石,渐靡使然也。人而凿空,其弗然乎?"一年后,工程经费告罄。陈善又向都御使曹云山、御史许保宇报告。他们认为:"功既垂成,费安惜乎?"资金继续拨。又过了一年,隆庆五年(1571)二月八日,陈善因为与其他官员不和,愤然离任,"去志久矣,为此水而止。今未卒业,幸诸大夫图之"。3天后,陈善出发,民众"数万人泣留遮道,忽传水道穿,欢呼若雷而神之"。

横山水洞工程,花费金不到300两,工期六十五旬余。从此,八村之地"可无凶年忧矣"。洞通后,龙院诸村数万亩农田得以灌溉,"利巨而贻休远"以至今日。1978年,当地政府在长山沟出口处建自卫村水库,库容105万立方米。水库建成后,为增加蓄水再次扩建横山水洞,水洞加高为2.5米,宽1.8米,全部用钢筋水泥预制件衬砌。

去会城而西凡三十里,为龙院诸村。村凡八,村之田凡若干顷,田税岁输县官凡若干石。村故枕山而襟水,水即滇池也。池抵村,地势隐起,差具倾倚伏[1],可立上游走丸,以故池水不可逆引而仰溉。村之负山而田者,无论愆阳[2],即旬日不雨,土脉辄龟裂,岁辄不登;中岁,他境稔而兹境不厌半菽[3],民苦之。村迤西三十五里为白石崖,崖故有泉,其山形隐起,则又高龙院诸村什九。度崖泉可引而东以灌,然横山墙立于前,岸然峭阻。

先是,议凿山之凹为渠,引泉逾山而东,乃其山石脊而土麓,石坚不可凿;议凿属郡,恃其旁池肥饶,多蓄产之富,安知泉流灌寖[4],所以育五谷,为通沟渎以备旱计也? 自成义侯造起陂池,迄元咸阳王辈,复为陂池及屯田求源泄水,始知蚕桑。明兴,方伯陈公乃开昆明横山水洞。洞在县西乡,源自城西清水关外龙泉,汇为干海子。东行八里为白石崖,十五里为横山、龙院等八村,军民定垦田四万五千六百余亩。其地高平,比之岐峻缘崖磻石不同,泉流不及,旱为焦土,有可用溉,则沃野也。

嘉靖乙未,李文温等开崖导山七十三曲,为水凡十三;条邸横山,止于石丘。隆庆己巳,大旱,杨应春等凿丘为东西洞,约穿三十丈,未穿者如其数。四月,公以右使治道,遇之其徒,累累告疲。公悯而省其山,以请于都御史江陵陈公、御史内江刘公,咸曰:"此功一成,为万世利。"乃命兴工。洞高广各三尺有咫,仅仅容一人反身屈膝以镌,用二人递畚所镌而出入之,弥坚难而解焉。声冲冲若咫尺,东西竟不相植[5]。初以九旬为期,又九旬,公乞归。人惧弗卒,公曰:"噫乎! 泰山之溜穿石,渐靡使然也。人而凿空,其弗然乎?"以舍人袁应登视之,乃用易门矿夫二十人。明年三月,公为左使,工周岁,弗给。请于都御史宜兴曹公、御史安肃许公,咸曰:"功既垂成,弗安惜乎?"给之如初。九旬又请,公谢事,不以请。右使长乐陈公摄之,又借公帑以给。矿夫马廷弼乃止其西,从东。又明年二月八日,长乐公代为左使,公曰:"去志久矣,为此水而止。今未卒业,幸诸大夫图之,敬诺。"越三日,公出祖[6],数万人泣留遮道,忽传水道穿,欢呼若雷而神之。公曰:"亦偶然尔。且谓召公将明农,惓惓告周公诫小民[7]。秦汉水工,郑国、徐伯之名以传[8]。矿夫系之一年良苦,西乡万夫,粒食二十人汗血耳[9],其补助之,勿缓。官终事者库副使刘升、应登,虽舍人,劳甚,其论赏宜优。"为具奏记,惓惓授长乐公而行。凡用不满三百两,为日六十五旬余,盖费省劳暂,利巨而贻休远也。民共立祠横山,属余记之。

徐子中行曰:滇之庙祀,自成义始,亦有咸阳,岂非陂池之泽乎? 史起论西门豹之未尽,起于徒利导之者耳,奚有蜀道之难? 若冰之凿离堆[10],世传蜀江神有之,乃冰精诚所至。横山不下离堆,公每旦必斋祷,虽舍人亦然。洞穿与行会,偶然耶? 滇田号雷鸣者,匪雷雨冈秋,八村之有龙泉,沛若雷雨矣。允惟岳牧,实代天工,以百世祀,岂成义、咸阳尽之乎? 代公治渠股引,尽属长乐公。率土如两公者,可无凶年忧矣!

公名善,钱塘人。长乐公,名时范。同举嘉靖辛丑进士,先后八年,于滇迭为左右伯,成是水功云。

【作者简介】

罗元祯,生平不详。

【注释】

[1] 差具:犹略呈。倾倚:倾斜,歪斜。

[2] 愆阳:阳气过盛。本谓冬天温暖,有悖节令。后亦指天旱或酷热。

[3] 半菽:谓半菜半粮,指粗劣的饭食。

[4] 灌浸:亦作"灌浸"。犹灌溉。

[5] 植:按,当为"值"。

[6]出祖:本意为古人外出时祭路神。引申为饯行送别。

[7]明农:劝勉农业。明,通"勉"。《尚书·洛诰》:"兹予其明农哉"惓惓:恳切貌。诚:音 xián,和。

[8]郑国:生卒年不详。战国时期韩国人。秦始皇元年(前247),受命入秦游说,建议引泾水东注北洛水为渠,企图疲弊秦人,勿使伐韩。秦王采纳其议,命他主持开凿工程。工程进程中意图被秦察觉,欲杀之,他说渠凿成亦秦利,因得继续施工,终于完成。渠从仲山(今陕西泾阳西北)引泾水向西至瓠口作为渠口,利用西北微高、东南略低地形,沿北山南麓引水向东伸展,注入北洛水,全长300多里。利用泾水含沙而有肥效的特点,用以灌溉,并冲压、降低耕土层中的盐碱含量,收到改良土壤的效用,产量大增。灌溉土地4万余顷。"于是关中为沃野,无凶年,秦以富强,卒并诸侯,因命曰郑国渠"(《史记·河渠书》)。徐伯:生卒年不详。齐郡(今山东临淄)人。西汉治水专家。汉武帝元光六年(前129),主持开凿漕渠。渠起自长安昆明湖,中经山区,沿终南山一直延至黄河,全长300余里。农业灌溉有了稳定的水源,漕运条件大为改观。随后,他又主持从商颜山西麓引水到商颜山东麓的引水渠开凿,渠长10余里,名为"龙首渠"。

[9]粒食:以谷物为食。

[10]离堆:亦作"离碓"。古地名。在四川都江堰。《史记·河渠书》:"蜀守冰凿离碓,辟沫水之害,穿二江成都之中。"

议筑简便墩城疏

明·杨 博

【提要】

本文选自《明经世文编》(中华书局1962年影印本)。

墩城是何模样?"五七家之村,令其近村合力筑一小城。周回止二十八丈,底阔一丈二尺,高连垛口二丈,收顶七尺。于中各筑一墩,每座周围八丈,高连垛口二丈五尺。实台上盖房一层,架楼一层,最上盖天棚一层。此外更有栏马墙壕二道。近墩又有漫道,将至墩门悬置板桥,防贼循道而上。大村则令其左右夹峙,各筑二墩,或四墩六墩。盖守御之方。"

嘉靖二十五年(1546),朝廷破格升任杨博为右佥都御史,巡抚甘肃。到任后,杨博大兴屯田,又利用农闲季节,修筑肃州、榆树泉、甘州和平川境外的大芦泉等地的墩台,开凿龙首等地的水渠。杨博为避土鲁番人骚扰而迁至肃州境内的罕东属人修筑金白城等7座屯堡,并召集罕东属人的首长率领部属迁至堡内居住,于是肃州境内秩序井然。

这样的墩城,"随在皆设,虏势虽重,岂能一一攻之"。"家自为守""人自为战","纵使攻破一墩必先自伤数十百人,所以不足以偿其所失"。

因为守边有功,杨博升右副都御史、兵部右侍郎,不久又转为兵部左侍郎,经略蓟州和保定军务。嘉靖三十三年(1554),蒙古10多万骑兵劫掠蓟镇并猛攻边墙。杨博身不解甲,在古北口关上枕戈待旦,并督促总兵官周益昌等全力抗敌。因功升右都御史、兵部尚书,授太子少保。

在边境,杨博根据守边驻军不习车战,无法阻挡敌骑驰突的状况,奏请建造偏箱100辆,分左、右卫车,御敌时可互相声援;大同边墙年久失修,罅漏甚多,杨博即组织军民,急速修缮,改善守备条件;为保障紫荆关和明各帝陵寝的安全,他一面派兵严守银钗、马驿各山岭,一面加强居庸关南山的守备;为了堵塞蒙古人进入山西的通路,又修缮阳神等地的边墙和壕堑。经过杨博50天的整修,总计在大同牛心山等地,筑城堡9座、墩台92座,连接大同左卫的高山站,直抵大同镇城,同时疏浚了两条各长18里的大壕、64条小壕;他还上疏请求"量发官银","劝民以次修筑"墩城以自保。杨博鼓励百姓兴修水利,招民屯垦,减少租额,"九边"晏然,皇帝倚其为左右手,进杨博为少师兼太子太师。

臣惟腹里城堡,固当为堂室之图。沿边墙堑,尤当先门户之计。于是不避艰险,周历诸隘,以次经略。除一切军务事宜,各另具题外[1],复念蠢兹丑虏,拥众远夹,其志原在抢掠。不遂其欲,不能但已,必然极力攻墙。万一我兵力竭,一处不支,别墙尽属无用。如嘉靖二十九年[2],既过黄榆沟、潮河川,突入密云、怀柔一带。但有城堡去处,若不来攻。至于散居村落,任其杀掳,如入无人之境。事后虽尝分遣佥事张铎等修筑城堡,于时仓卒举事,计处未周[3],总合数村,筑一空堡,有相去十余里者,甚至有二三十里者。堡内既无井泉,理难持久。穷民各有家缘[4],岂肯轻弃,虏未至而先行收敛,妨废不赀;虏已至而方行收敛,缓不及事。

臣往年巡抚甘肃之时,尝创为墩城之法,即如五七家之村,令其近村合力筑一小城。周回止二十八丈,底阔一丈二尺,高连垛口二丈[5],收顶七尺。于中各筑一墩,每座周围八丈,高连垛口二丈五尺。实台上盖房一层,架楼一层,最上盖天棚一层。此外更有栏马墙壕二道。近墩又有漫道,将至墩门悬置板桥,防贼循道而上。大村则令其左右夹峙,各筑二墩,或四墩六墩。

盖守御之方,大则为城,其次则为堡。城非万金不能成,堡非千金不能成,惟此墩城,通计不过百金。为费甚少,随处可筑。大城必须数千人,堡须千人,方能拒守。惟此墩城,十数人可以守。虏少则势力单弱,料彼不能攻挖;虏多则人马稠密[6],惧我乘高击打。纵使攻破一墩,必先自伤数十百人,所得不足以偿其所失,虏必不肯为之。况我之墩城,随在皆设,虏势虽重,岂能一一攻之,不烦收保之劳,坐收障蔽之益,此之谓家自为守。且贼既入边,势必散抢若各城之中,分置步兵与土人相兼按伏[7],俟有零骑到墩,邀而击之,自然可以成功。此之谓人自为战。先年大举达虏尝犯凉州,彼时墩城告完。臣适在彼调度,既无毫毛疏失,且有斩获微功。是乃明效大验。

臣今奉命月余,所过州县见其闾里萧条,财匮民劳,以故不敢轻率建议。徐而思之,利害有轻重,关系有大小。土木之害,较之抢杀为小;残破之患,比之劳费为大。若使得人综理,激劝有方,是虽不可虑始之民,亦当翕然感动。近日民间苦虏侵暴[8],亦有自为之者,但与臣之规制少异。一二豪强之徒,又为其私筑,因而挟制,臣切痛之。

如蒙乞勅兵部计议,如果相应,容臣画一图式,责成都御史吴嘉会、艾希淳、王轮,督同兵备及府州县等官,将蓟、保二镇地方[9],审时度势,不限以时,不拘以地,劝民以次修筑。不宜遇于严急,反致骚动。沿边去处,就行总兵徐珏、成勋、张琮一体整理。中间或有土脉疏碱,不堪修筑,必须多用砖石包砌以图经久,难以惜费。其昌平、怀柔、顺义、密云、三平谷曾经被虏州县,仍乞不为常例,量发官银三四万两。如内帑不便,或于真、顺等府解到民夫银内,准其如数动支。听吴嘉会、王轮审其人力果有十分不能自处者,量为补助以仰副我皇上日勤宵旰、爱护元元之意[10]。然此虽有小费,果得民命曲全。比之调发客兵[11],日费千金,无益有损者万万不侔。臣无任恳切觊望之至[12]。

【作者简介】

杨博(1509—1574),字惟约,山西蒲州(今运城永济)人。嘉靖八年(1529)进士,初任陕西周至、长安知县。累官职方郎中、山东提学副使、督粮参政、甘肃巡抚。嘉靖三十四年(1555),因战功显赫晋兵部尚书,加封太子太保。嘉靖三十七年(1558),居父丧期未满,因大同危急,皇帝急命杨博为兵部尚书,负责宣化、大同、山西军务。嘉靖四十五年(1566)十月,改任吏部尚书。隆庆元年(1567)七月,为少傅兼太子太傅。隆庆六年(1573)五月,穆宗中风亡,太子年幼,杨博同徐阶抱太子登基,杨博改任吏部尚书加少师兼太子太师。万历二年(1574),病故。帝又赠授太傅,谥号"襄毅"。帝下诏建陵园,派内阁大学士张居正料理丧事,并亲撰墓志铭。有《杨襄毅公奏疏》《大椿堂诗选》《虞坡文集》《杂著》《山堂汇稿》《万官奏议》《归钦漫兴稿卷》《本兵疏议》等。

【注释】

[1]具题:谓题本上奏。

[2]嘉靖二十九年:1550年。

[3]计处:安排。

[4]家缘:家业,家产。

[5]按,原文(竖排)句侧有"今北边官民筑楼以防盗,意亦仿此。"

[6]按,原文(竖排)句侧有"此法不特拒守,兼之烽火周密。"

[7]按,原文(竖排)句侧有"不独可以藏人,且使地形高下错杂,虏骑不能以大队驰骤矣。"

[8]侵犯:侵犯暴掠。

[9]蓟:蓟州。在今天津市北,燕山脚下。保:今保定。地处北京、天津、石家庄三角地带,素有"京畿重地"之称。

[10]宵旰:"宵衣旰食"的省称。即天不亮就起床,天晚了才吃饭歇息。元元:平民。

[11]客兵:由外地调来的军队。

[12]觊望:希望,企望。

木 兰 陂 记

明·慎 蒙

【提要】

　　本文选自《古今图书集成》职方典卷一八一五(中华书局　巴蜀书社影印本)。

　　木兰陂位于今福建省莆田市区西南5公里的木兰山下,木兰溪与兴化湾海潮汇流处。木兰陂始建于北宋治平元年(1064),"宋治平初,长乐钱氏女悯四境苦于耕种,始议堰陂于将军岩前"。为何要修陂塘?"海水与山水交,则卤与淡杂,不能耕耨,止生莆草,故曰:莆田。"

　　木兰溪两岸的兴化平原,频遭上游冲下的洪水和下游漫涨的海潮侵害。北宋治平元年(1064),长乐妇女钱四娘,携巨金动工截流筑堰。因水流湍急,建起来的陂堰很快被山洪冲垮。钱四娘悲愤至极,投入溪洪以身殉陂。此后,钱四娘同邑进士林从世又来莆继续筑陂,也因水流过急仍未成功。北宋熙宁八年(1075),侯官人李宏"应诏募而来",他"相度计算者期月",总结出前两人"陂工之不就,其失在于截山水与海水为二,而不能分。"他在冯智日的帮助下,重新勘察地形水势,把陂址改择在水道宽、流水缓、溪床布有大块岩石的木兰陂今址,经过8年的苦心营建,至北宋元丰六年(1083),终于建成木兰陂。"创陂三十二间,间各树石柱二而置闸其中,以时纵闭。陂深二丈五尺,阔三十五丈。即陂之右,疏渠导水",以灌溉万余顷,"岁输军储者三万七千斛"。

　　木兰陂工程分枢纽和配套两大部分。枢纽工程为陂身,由溢流堰、进水闸、冲沙闸、导流堤等组成。溢流堰为堰匣滚水式,长219米,高7.5米,设陂门32个,有陂墩29座,旱闭涝启。堰坝用数万块千斤重的花岗石钩锁叠砌而成。这些石块互相衔接,极为牢固,900多年间经受无数次山洪的冲击,至今仍然完好无损。配套工程有大小沟渠数百条,总长400多公里,其中,南干渠长约110公里,北干渠长约200公里,沿线建有陂门、涵洞300多处。整个工程兼具拦洪、蓄水、灌溉、航运、养鱼等功能。1958年,在陂附近兴建架空倒虹吸管工程,引东圳水库之水到沿海地区,使木兰陂的灌溉、排洪能力大大提高,灌溉面积从原来的15万亩增加到25万亩。

　　为了纪念建造木兰陂的功臣,当地百姓在陂南建协应庙,亦称李宏庙,以供奉钱四娘、林从世、李宏、冯智日等。现改为木兰陂纪念馆。

　　木兰陂为全国五大古陂之一,至今仍保存完整并发挥水利效用。1999年,成为全国重点文物保护单位。

陂在府城西南惟新里木兰山下,溪源自永春、仙游西南,下合涧壑之水三百有六十,会流东注于海。海水与山水交,则咸与淡杂,不能耕耨[1],止生莆草,故曰莆田。

宋治平初[2],长乐钱氏女悯四境苦于耕种,始议堰陂于将军岩前,据溪上流。陂成,郡人陈盛宴拜以谢之。忽报陂坏,钱氏往观之,愤功之不成,遂投水而死。既而,同邑林从世复来,相溪下流,改筑于上杭温泉山口。将成,潮势冲激,陂亦坏。

熙宁八年[3],候官李长者宏实应诏募而来,始相地于今址,即其所兴工处,商度计算者期月,始悟钱氏与林从世陂工之不就,其失在于截山水与海水为二,而不能分。山水之流,其横流冲突,有必然者。盖山水多而急,海水少而缓。不杀其急,则急与缓合并,欲其分流溉田不可得也。乃率众,用钱七十余万缗,叠石创陂三十二间,间各树石柱二而置闸其中,以时纵闭[4]。陂深二丈五尺,阔三十五丈。即陂之右,疏渠导水,障东流而南注者三十余里,为大沟七、小沟无算,溉南洋上、中、下三段民田。上段惟新南匿胡公三里,为水泄九,塘四,沟圳八[5],水瓣斗门一;中段莆田南匿国清三里,为水泄一,沟四,林墩、洋城斗门二;下段莆田连江、兴福三里,为水泄二,沟四。合之,盖所泄愈多,则其势愈缓。遂使二水分流各注,所谓因势利导。虽大禹之治水,不能过也。计溉田万余顷,岁输军储者三万七千斛,其利亦云博哉。

抑考李宏于工之未兴前数载,会友冯仙智日者,贳酒宏家[6],三年不责偿。将行,曰:“当与子遇于木兰山前。”宏先期而俟,智日乃以方略,夜役鬼物,朝成竹樊。先是,木兰亦有逢筑则筑之识[7]。至是,宏乃依竹作堤,而始成。又故老相传,陂基下有石盘,据水底,横亘北山。陂盖因石为址,而石成之。凡两石相凿处,各为函,如银锭状,而范铁汁于其中[8],故能与洪流相敌,虽经久不坏,有由也。长者家富不赀,已,析为七子所有,且曰:“吾费从其长始,若费而功成,即其所余者,复分之。后七子之家荡尽,计三十年而陂始成。夫以是功之成,其精诚仁爱,上通于天。使智者授之,以术占者先之以识,而钱氏与林从世则创始开端,且殉之,以身家而不顾。合是数者,不能以一人而开万世之利,是殆天授,非人力也。

昔之颂德者有曰:“壶山水绕恩波在,村北村南处处耕[9]。”又云:“群黎共戴东西庙,一水平分南北溪[10]。”夫以一布衣而轻财尚义,舍身殉民。若此有足称者,故乐为之记云。

【作者简介】

慎蒙(1510—1581),字子正,号山泉,归安(今浙江湖州)人。嘉靖十年(1531)举人,嘉靖三十二年榜眼。三十四年,为漳浦令。累官至监察御史。因科举案牵连罢官。有《天下名山诸胜一览记》《皇明诗选》《贵阳山泉志》等。

【注释】

[1]耕耨:耕田除草。泛指耕种。耨:音nòu,古代锄草的农具;锄草。
[2]治平:北宋英宗赵曙年号,1064—1067年。
[3]熙宁:北宋神宗赵顼年号,1068—1077年。

［4］纵闭:犹开合。

［5］圳:田间水沟。

［6］贳:音 shì,赊欠。

［7］逄筑:谓塞筑。逄,音 páng。

［8］范:模子。此作动词。

［9］"壶山"句:宋代诗人柯举诗。

［10］"群黎"句:明朝诗人朱元道诗。

明·蒋宗鲁

【提要】

本文选自《古今图书集成》职方典卷一四七〇(中华书局　巴蜀书社影印本)。

大理石原产于云南大理苍山,很早就被用来作为装饰材料。大理石的色彩略略归类就有近 300 种。其品种一般分为三种:其一为云灰大理石。其色灰,花纹似云,又称"水花";其二为彩花大理石。花纹带彩,自成图画。按色调不同,又有绿花、春花、秋花、水墨花等。尤以"水墨花"意境深远,稀少难见,最为名贵;其三是苍山玉。大理石因取材苍山,色白如玉得其名。不同种类的大理石,因色泽的浓淡,线条的变异,构图的繁简,颜色的搭配幻化出万千景象,若云似雾,若水若山,若天若地,若幻若梦。

大理石早已与白族民居、日常生活密不可分。行走在大理街头村寨,家家大理石,户户养鲜花。白族民居特有的"三方一照壁""四合五天井"的院落中,照壁上、墙上、柱脚都常有大理石镶嵌。院中大理石挂屏、匾额、石桌石椅等随处可见。

到明代,大理石装点房舍之风更盛。明朝"开国勋臣"沐英,被朱元璋封为"黔宁王",其家族世袭镇守云南。苍山大理石自然被其大量用来享用、进贡。

然而,长期无节制的滥开乱采,大理石渐渐成为当地百姓和军民的伤心石,地方官员弹劾沐氏,谏止开采的事情便不断发生。明正德、嘉靖间,巡按云南的陈察上疏弹劾都督沭崧、太监刘玉,要求"议请封闭"开采大理石,未获准,他也被召回;嘉靖八年(1529),云南巡抚都御史欧阳重,目睹沐绍勋、镇守太监杜唐与大理府知府刘守绪等人,"相比为奸利",派遣百姓和军匠上山采石,常常被山崩之石压死,他上疏言:黔国公沐绍勋、镇守太监杜唐、知府刘守绪、副使邵有道,"擅发民匠,攻山取石,土崩压死不可胜计。请求为封闭,不许复开,切仍责绍勋及唐,逮问守绪等,以惩贪残"(《明实录·世宗嘉靖实录》)。嘉靖帝最初还是听取了欧阳重的意见,立即下诏指责沐绍勋,并下令太监杜唐回京听候审查。但随后因沐绍勋、杜唐买通了权臣张璁。明世宗随后解除了欧阳重的职务,最终欧阳重被罢官回乡,从此终身不愿再仕。

欧阳重因目睹开采大理石而"积尸山道"的惨状,上疏谏止以失利告终。大理石的开采规模日渐扩大,百姓、军民越发苦不堪言。嘉靖末年,蒋宗鲁再上《奏罢屏石疏》,提出"或量减尺寸,或准停免"。他说:"嘉靖十八、九年,曾奉勘合,取大屏石。难寻崖险,压伤人众。及至大路,行未百里,大半损缺。众复采补,沿途丢弃,所解石块二年外方得到京。"言辞十分恳切,语气极为婉转,但其情竭尽忠诚,他提出"采获三尺、四尺者,先行进用;五尺者,一面设法采取;六七尺者,或准停免",以此苏解民艰。他声称,自己也是"出于军民迫切之至情,万不得已,冒罪上闻!"显然,蒋宗鲁吸取了陈察、欧阳重等人的前车之鉴,只字未提沐氏家族等的恶行。即使如此,他也还是不能幸免厄运,第二年,他被调外任用,离开云南。

到清代,大理石大量被用于宫殿、皇家园林的修筑,号称万园之园的圆明园离开了大理石,其魅力就大打折扣。

2002 年 5 月 30 日,云南省第九届人民代表大会常务委员会第二十八次会议批准通过《云南省大理白族自治州苍山保护管理条例》。规定:苍山保护区范围内彩花大理石实行定点限量开采,除定点地区外不得开采大理石及其他矿产资源。

臣准工部咨照依御用监题奉钦,依事理、依式照数采取大理石五十,块见方七尺五块,六尺五块,五尺十块,四尺十五块,三尺十五块等,因案行金沧道分委大理卫太和县督匠采取[1]。

据者民段嘉琏等告称[2],嘉靖十八、九年[3],曾奉勘合[4],取大屏石,难寻崖险,压伤人众。及至大路,行未百里,大半损缺,众复采补。沿途丢弃,所解石块二年外方得到京。至三十七年,取石六块,见方三尺五寸,自本年六月至十一月,始运至普溯小孤山,因重丢弃在彼。且自大理至小孤山,止有三百余里,自六月以半年行三百里,未免有违钦限[5],徒劳无功。乞转达奏请量减数目、尺寸等。

因又据石匠杨景时等告称,原降尺寸高大,石料难寻;且产于万丈悬崖,难以措手。纵使采获,势难扛运等。

因俱批行布政司会议,为照云南地方僻在万里,舟楫不通,与中州平坦不相同。先年采取三尺石,自苍山至沙桥驿,陆运抵五程,劳费踰四月,供给不前,所过骚扰,军民啼泣。今复取六七尺者,其难十倍。况值上年兵荒,民遭饥窘,流离困苦,实不堪命,应请量减尺寸,通详巡抚蒋宗鲁、巡按孙用会题议,照锡贡方物[6]。

为臣子者,均当效忠;民瘼艰难[7],凡守土者,尤宜审度。前项屏石,臣等奉命以来,催督该道有司,亲宿山场,遵式取进。匠作、者民人等俱称,产石处所,山洞坍塞。崖壁悬陡三四尺者,设法可获;其五六尺者,体质高厚,势难采运。且道路距京万有余里,峻岭陡箐[8],石磴穿云,盘旋崎岖,百步九折。竖抬则石高而人低,横抬则路窄而石大。虽有良策,实无所施。今大理抵省仅十三程,尚不能运至,何由得达于京师? 是以官民忧慌,计无所出。议将采获三尺、四尺者,先行进用;五尺者,一面设法采取;六七尺者,或准停免,以苏民艰。

实出于军民迫切之至情,万非得已,冒罪上闻。

【作者简介】

蒋宗鲁,生卒年月不详。字道父,普安州(今贵州盘县)人。嘉靖十七年(1538)进士,为普安州的第一位进士。入仕途为河南浚县知县,迁户部主事。嘉靖三十一年(1552),迁云南临沅兵备副使。三十九年(1560),升副都御史,巡抚云南。

【注释】

[1]案行:巡视。

[2]耆民:年高有德之民。

[3]嘉靖:明世宗朱厚熜年号,1522—1566年。

[4]勘合:验对符契。古时符契文书,上盖印信,分为两半,当事双方各执一半。用时将二符契相并,验对骑缝印信,作为凭证。凡调遣军队、车驾出入皇城、官吏驰驿等,均须勘合。

[5]钦限:皇帝亲自规定的期限。

[6]照锡:犹依照诏命。

[7]民瘼:民众的疾苦。

[8]陡箐:谓山崖陡峭,竹林茂密。